Clarivate™
科睿唯安™

全球工程前沿 2022

中国工程院全球工程前沿项目组 著

中国教育出版传媒集团

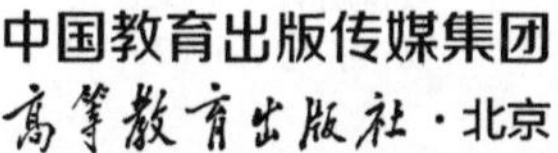

高等教育出版社·北京

内容提要

为研判工程科技前沿发展趋势，敏锐抓住科技革命新方向，中国工程院自2017年起开展全球工程前沿研究项目，每年研判并发布全球近百项工程研究前沿和工程开发前沿，以期发挥学术引领作用，积极引导工程科技和产业创新发展。2022年度全球工程前沿研究项目依托中国工程院9个学部及中国工程院《工程》系列期刊，联合科睿唯安开展研究工作。研究以数据分析为基础，以专家研判为核心，遵从定量分析与定性研究相结合、数据挖掘与专家论证相佐证、工程研究前沿与工程开发前沿并重的原则，凝练获得95个工程研究前沿和93个工程开发前沿，并重点解读29个工程研究前沿和29个工程开发前沿。报告由两部分组成：第一部分主要说明研究采用的数据和研究方法；第二部分包括机械与运载工程，信息与电子工程，化工、冶金与材料工程，能源与矿业工程，土木、水利与建筑工程，环境与轻纺工程，农业，医药卫生和工程管理9个领域报告，描述与分析每个领域的工程研究前沿和工程开发前沿，并对重点前沿进行详细解读。

本书适合各相关领域的科研人员、工程技术人员、高校师生以及政府相关部门的公务员阅读。

图书在版编目（CIP）数据

全球工程前沿. 2022 / 中国工程院全球工程前沿项目组著. -- 北京：高等教育出版社，2022.12
ISBN 978-7-04-059826-1

Ⅰ. ①全… Ⅱ. ①中… Ⅲ. ①工程技术－研究 Ⅳ. ①TB

中国国家版本馆CIP数据核字(2023)第005556号

全球工程前沿 2022
QUANQIU GONGCHENG QIANYAN 2022

策划编辑 张 冉　　责任编辑 张 冉　　封面设计 易斯翔　　版式设计 徐艳妮
责任印制 赵义民

出版发行	高等教育出版社	网　址	http://www.hep.edu.cn
社　址	北京市西城区德外大街4号		http://www.hep.com.cn
邮政编码	100120	网上订购	http://www.hepmall.com.cn
印　刷	北京中科印刷有限公司		http://www.hepmall.com
开　本	850 mm×1168 mm　1/16		http://www.hepmall.cn
印　张	17.75		
字　数	447千字	版　次	2022年12月第1版
购书热线	010-58581118	印　次	2022年12月第1次印刷
咨询电话	400-810-0598	定　价	150.00元

本书如有缺页、倒页、脱页等质量问题，请到所购图书销售部门联系调换

物 料 号　59826-00

目录

引言 1

第一章 研究方法 2
1 工程研究前沿遴选 2
1.1 论文数据获取与预处理 2
1.2 论文主题挖掘 3
1.3 研究前沿确定与解读 4
2 工程开发前沿遴选 4
2.1 专利数据获取与预处理 4
2.2 专利主题挖掘 5
2.3 开发前沿确定与解读 5
3 发展路线图 5
4 术语解释 5

第二章 领域报告 7
一、机械与运载工程 7
1 工程研究前沿 7
1.1 Top 10 工程研究前沿发展态势 7
1.2 Top 3 工程研究前沿重点解读 11
2 工程开发前沿 19
2.1 Top 10 工程开发前沿发展态势 19
2.2 Top 3 工程开发前沿重点解读 23

二、信息与电子工程 33
1 工程研究前沿 33
1.1 Top 10 工程研究前沿发展态势 33
1.2 Top 3 工程研究前沿重点解读 38
2 工程开发前沿 49
2.1 Top 10 工程开发前沿发展态势 49
2.2 Top 3 工程开发前沿重点解读 54

三、化工、冶金与材料工程 65
1 工程研究前沿 65
1.1 Top 12 工程研究前沿发展态势 65
1.2 Top 3 工程研究前沿重点解读 69
2 工程开发前沿 78
2.1 Top 10 工程开发前沿发展态势 78
2.2 Top 3 工程开发前沿重点解读 82

四、能源与矿业工程 92
1 工程研究前沿 92
1.1 Top 12 工程研究前沿发展态势 92
1.2 Top 4 工程研究前沿重点解读 96
2 工程开发前沿 109
2.1 Top 12 工程开发前沿发展态势 109
2.2 Top 4 工程开发前沿重点解读 114

五、土木、水利与建筑工程 124
1 工程研究前沿 124
1.1 Top 10 工程研究前沿发展态势 124
1.2 Top 3 工程研究前沿重点解读 128
2 工程开发前沿 138
2.1 Top 10 工程开发前沿发展态势 138
2.2 Top 3 工程开发前沿重点解读 142

六、环境与轻纺工程 150
1 工程研究前沿 150
1.1 Top 10 工程研究前沿发展态势 150
1.2 Top 3 工程研究前沿重点解读 154
2 工程开发前沿 163
2.1 Top 10 工程开发前沿发展态势 163
2.2 Top 3 工程开发前沿重点解读 167

七、农业 174
1 工程研究前沿 174
1.1 Top 11 工程研究前沿发展态势 174
1.2 Top 3 工程研究前沿重点解读 179
2 工程开发前沿 190
2.1 Top 11 工程开发前沿发展态势 190
2.2 Top 3 工程开发前沿重点解读 195

八、医药卫生 202
1 工程研究前沿 202
1.1 Top 10 工程研究前沿发展态势 202
1.2 Top 3 工程研究前沿重点解读 209
2 工程开发前沿 221
2.1 Top 10 工程开发前沿发展态势 221
2.2 Top 3 工程开发前沿重点解读 227

九、工程管理 241
1 工程研究前沿 241
1.1 Top 10 工程研究前沿发展态势 241
1.2 Top 4 工程研究前沿重点解读 245
2 工程开发前沿 260
2.1 Top 10 工程开发前沿发展态势 260
2.2 Top 4 工程开发前沿重点解读 264

总体组成员 277

引　言

工程科技是改变世界的重要力量，工程前沿代表工程科技未来创新发展的重要方向。当今时代，世界之变、时代之变、历史之变正以前所未有的方式展开，新一轮科技革命和产业变革持续深入演进，人类社会面临前所未有的挑战。前瞻把握世界科技发展动向，准确识变、科学应变、主动求变，已成为各国的共同选择。

为研判工程科技前沿发展趋势，敏锐抓住科技革命新方向，中国工程院作为国家工程科技界最高荣誉性、咨询性学术机构，自 2017 年起开展全球工程前沿研究项目，每年研判并发布全球近百项工程研究前沿和工程开发前沿，以期发挥学术引领作用，积极引导工程科技和产业创新发展。

2022 年度全球工程前沿研究项目依托中国工程院 9 个学部及中国工程院《工程》系列期刊，联合科睿唯安开展研究工作。研究以数据分析为基础，以专家研判为核心，遵从定量分析与定性研究相结合、数据挖掘与专家论证相佐证、工程研究前沿与工程开发前沿并重的原则，凝练获得 95 个工程研究前沿和 93 个工程开发前沿，并重点解读 29 个工程研究前沿和 29 个工程开发前沿。

为提高前沿研判的科学性，在前五年实践经验的基础上，2022 年度的研究工作进一步创新，在研究最初阶段探索制定技术体系，明确 9 大领域的技术边界和结构，梳理各分支技术之间的关联关系；在重点前沿解读过程中引入发展路线图工具，研判重点工程前沿未来 5~10 年的发展方向和趋势。

本报告是 2022 年度全球工程前沿项目研究成果，由两部分组成：第一部分为研究概况，主要说明研究采用的数据和研究方法；第二部分为领域报告，包括机械与运载工程，信息与电子工程，化工、冶金与材料工程，能源与矿业工程，土木、水利与建筑工程，环境与轻纺工程，农业，医药卫生和工程管理共 9 个领域分报告，分别描述与分析各领域工程研究前沿和工程开发前沿概况，并对重点前沿进行详细解读。

工程前沿研判是一项复杂且有挑战性的工作。六年来，项目研究聚焦全球工程科技发展的热点和难点，将前沿研究、学术论坛与期刊建设紧密结合，相互促进，逐步探索出一条别具特色的研究路径。工程前沿研究得到了来自我国工程科技界各领域、各机构近千位院士和专家的支持，在此向所有指导工程前沿研究的院士、参与工程前沿研究的专家表示感谢！

第一章　研究方法

工程是人类借助科学技术改造世界的实践活动。工程前沿指具有前瞻性、先导性和探索性，对工程科技未来发展有重大影响和引领作用的关键方向，是培育工程科技创新能力的重要指引。根据前沿所处的创新阶段，工程前沿可分为侧重理论探索的工程研究前沿和侧重实践应用的工程开发前沿。

2022 年度全球工程前沿研究采用专家与数据多轮交互、迭代遴选研判的方法，通过专家研判与数据分析深度融合，在 9 个领域共遴选出 95 个工程研究前沿和 93 个工程开发前沿，并重点解读 29 个工程研究前沿和 29 个工程开发前沿。各领域前沿数量分布如表 1.1 所示。

工程前沿研究基本流程包括三步：数据对接、数据分析和专家研判。数据对接，主要是领域专家和图书情报专家依据各领域的技术体系，制定论文和专利数据检索式，明确数据挖掘的范围；数据分析，主要是通过共被引聚类形成文献聚类主题、共词聚类形成专利地图，获得前沿主题；专家研判，主要是通过前沿主题筛选、前沿名称修订、专家研讨等方法逐步筛选确定前沿。同时，为弥补因数据挖掘算法局限性或数据滞后所导致的前沿性不足，鼓励领域专家结合定量分析结果修正、归并、扩充前沿。研究实施流程如图 1.1 所示，其中绿色部分以数据分析为主，紫色部分以专家研判为主，红色方框为专家与数据多轮深度交互的过程。

1　工程研究前沿遴选

工程研究前沿遴选包括两种途径：一是基于 Web of Science 数据库 SCI 期刊论文和会议论文数据，经数据挖掘聚类形成工程研究前沿主题；二是通过专家提名，提出工程研究前沿问题。以上结果经过专家研判论证、提炼得到备选工程研究前沿，再经过问卷调查和多轮专家研讨，遴选得出 9 个领域 95 个工程研究前沿。

1.1　论文数据获取与预处理

首先构建中国工程院 9 个学部领域技术体系与 Web of Science 学科的映射关系，获得每个领域对应的学术期刊和学术会议列表。经领域专家核实

表 1.1　9 个领域前沿数量分布

领域	工程研究前沿 / 个	工程开发前沿 / 个
机械与运载工程	10	10
信息与电子工程	10	10
化工、冶金与材料工程	12	10
能源与矿业工程	12	12
土木、水利和建筑工程	10	10
环境与轻纺工程	10	10
农业	11	11
医药卫生	10	10
工程管理	10	10
合计	95	93

与修订后，确定本年度重点分析的 9 个领域共计 12 709 本学术期刊和 48 260 个学术会议。此外，针对 79 种综合性国际学术期刊，采用单篇文章归类的方法，即根据文章参考文献的主要归属学科来确定相关期刊中单篇文章的研究领域。

针对每个领域的期刊论文和会议论文，参照 Web of Science 高被引论文确定方法，综合考虑期刊论文和会议论文差别、出版年等因素，筛选出 2016—2021 年期间发表的被引频次位于前 10% 的高影响力论文（截至 2022 年 1 月），作为研究前沿分析的基础数据集。各领域数据源概况如表 1.1.1 所示。

1.2 论文主题挖掘

基于基础数据集，利用共被引方法对高影响力论文进行聚类分析，获得每个领域的前沿聚类主题，每个聚类主题由一定数量的核心论文组成。其中，2016—2019 年出版的期刊论文和会议论文，按照核心论文的数量、总被引频次、平均出版年、常被引论文占比依次筛选，每个领域获得 35 个不相似的文献聚类主题；2020—2021 年出版的期刊论文和会议论文，按照核心论文的数量、总被引频次、常被引论文占比依次筛选，每个领域获得 25 个不相似的文献聚类主题。以上聚类分析中，如果各领域聚类主题有交叉，则递补不交叉的聚类主题，对

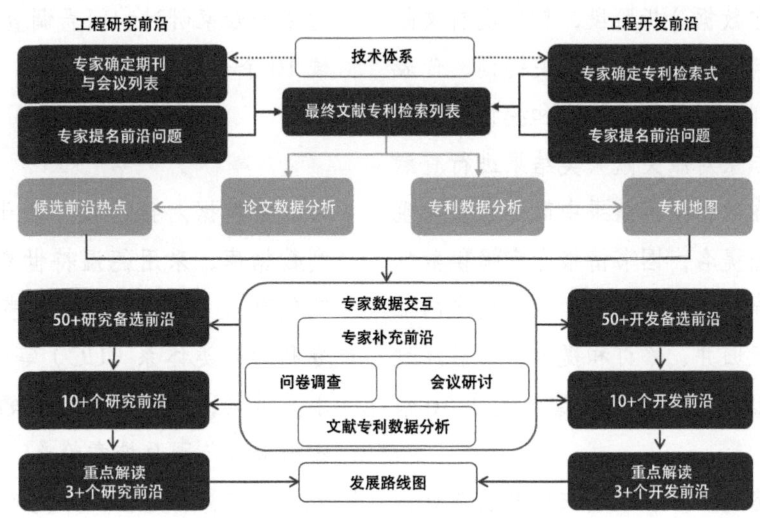

图 1.1 全球工程前沿研究流程

表 1.1.1 各领域数据源概况

序号	领域	期刊 / 本	会议 / 个	高影响力论文 / 篇
1	机械与运载工程	533	3 026	96 918
2	信息与电子工程	999	21 306	220 667
3	化工、冶金与材料工程	1 209	4 259	292 796
4	能源与矿业工程	938	2 682	149 334
5	土木、水利和建筑工程	650	1 284	71 484
6	环境与轻纺工程	1 362	1 376	225 197
7	农业	1 363	934	165 566
8	医药卫生	4 835	12 072	499 690
9	工程管理	820	1 321	55 778

于没有聚类主题覆盖的学科，按照关键词进行定制检索和挖掘，最终筛选得到 9 个领域 772 个备选研究热点（包括相似和不相似的主题），如表 1.2.1 所示。

1.3 研究前沿确定与解读

与论文数据处理挖掘同步，领域专家基于专业背景知识并结合其他综合性科技情报信息，如科技动态、科技政策、新闻报道等进行分析判断，提出工程研究前沿问题，并将其融入前沿确定的每个阶段。

在数据对接阶段，图书情报专家将领域专家提出的研究前沿问题转化为检索式，作为初始数据源的重要组成部分；在数据分析阶段，针对没有文献聚类主题覆盖的学科，领域专家提供关键词、代表性论文或代表性期刊，用于定制检索和挖掘；在专家研判阶段，领域专家对照文献聚类结果进行查漏补缺，对于未出现在数据挖掘结果中而专家认为重要的前沿进行第二轮提名，图书情报专家提供数据支撑。最终，领域专家对数据挖掘和专家提名的工程研究前沿素材进行归并、修订和提炼，而后经过问卷调查和多轮会议研讨，每个领域遴选出 10 余个工程研究前沿。

工程研究前沿确定后，各领域依据发展前景、受关注度选取 3（或 4）个重点研究前沿，邀请前沿方向的权威专家从国家和机构布局、合作网络、发展趋势、研发重点等角度详细解读前沿。

2 工程开发前沿遴选

工程开发前沿遴选同样包括两种途径：一是基于 Derwent Innovation 专利检索平台，对 9 个领域 53 个学科组中被引频次位于各学科组前 10 000 的高影响力专利家族进行文本聚类，获得 53 张专利地图，领域专家从专利地图中解读出备选工程开发前沿；二是通过专家提名，提出工程开发前沿问题。在这两种途径获得的备选开发前沿基础上，通过多轮专家研讨和问卷调查，最终遴选产生每个领域 10 余个工程开发前沿。

2.1 专利数据获取与预处理

在数据对接阶段，基于 Derwent Innovation 专利数据库，采用德温特世界专利索引（DWPI）手工代码、《国际专利分类表》（IPC 分类）、美国专利局分类体系（UC）等专利分类号和特定的技术关键词，初步构建 9 个领域 53 个学科组的专利数据检索范围及检索策略。领域专家对专利检索式删减、增补和完善，并提名备选前沿主题，图书情

表 1.2.1 各领域文献聚类结果

序号	领域	聚类主题 / 个	核心论文 / 篇	备选研究热点 / 个
1	机械与运载工程	10 734	43 833	103
2	信息与电子工程	22 342	96 506	71
3	化工、冶金与材料工程	29 447	119 038	61
4	能源与矿业工程	16 204	68 338	96
5	土木、水利和建筑工程	7 893	34 302	126
6	环境与轻纺工程	24 309	98 407	93
7	农业	17 736	69 902	78
8	医药卫生	50 805	214 345	65
9	工程管理	5 662	22 140	79

报专家将其转化为专利检索式。以上两部分检索式整合后确定53个学科组的专利检索式，在2016—2021年“DWPI和DPCI（德温特专利引文索引）专利集合”中检索（专利引用时间截至2022年1月），进而获得相应学科的专利文献。最后对检索得到的百万量级专利文献根据“年均被引频次”和“技术覆盖宽度”指标进行筛选，综合评估得到每个学科前10 000个专利家族。

2.2 专利主题挖掘

在前面形成的专利家族数据基础上，针对9个领域53个学科组被引频次位于前10 000的高影响力专利家族，开展专利文本语义相似度分析，基于DWPI标题和DWPI摘要字段进行主题聚类，获得53张能快速直观呈现工程开发技术分布的Theme Scape专利地图，以关键词的形式展现所聚集专利的总体技术信息。

领域专家在图书情报专家的辅助下，从专利地图中提炼技术开发前沿、归并相似前沿、确定开发前沿名称，得到每个学科组的备选工程开发前沿。同时，为避免遗漏新兴的或交叉的前沿，领域专家重视专利地图中低频次、关联性较低的离群技术点的研判。

2.3 开发前沿确定与解读

在专利数据处理与挖掘的同时，领域专家基于专业背景知识并结合其他综合情报信息，如产业动态、科技政策、新闻报道等进行分析判断，提出开发前沿问题，并将其融入前沿确定的每个阶段。

在数据对接阶段，图书情报专家将领域专家提出的开发前沿问题转化为专利检索式，作为基础数据集的重要组成部分；在数据分析阶段，领域专家开展第二轮前沿提名，补充数据挖掘中淹没的专利量少、影响力尚未显现的新兴技术点；在专家研判阶段，领域专家研读高影响力专利，图书情报专家辅助领域专家从“高峰”“蓝海”和“孤岛”等多角度解读专利地图。最终，领域专家对专利地图解读结果与专家提名前沿进行归并、修订和提炼，得到备选工程开发前沿，而后通过问卷调查或多轮专题研讨，遴选出每个领域10余个工程开发前沿。

工程开发前沿确定后，各领域依据发展前景、受关注度选取3（或4）个重点开发前沿，邀请前沿方向的权威专家从国家和机构布局、合作网络、发展趋势、研发重点等角度详细解读前沿。

3 发展路线图

技术路线图是描绘技术未来发展趋势的重要工具。为强化工程前沿的学术引领作用，在本年度研究中，各领域深入分析重点工程研究前沿和重点工程开发前沿的发展方向、发展重点和发展趋势，以可视化的方式绘制该前沿未来5~10年的发展路线图。

4 术语解释

文献（论文）：包括Web of Science中经过同行评议的公开发布的研究性期刊论文、综述和会议论文。

高影响力论文：指被引频次在同出版年、同学科论文中排名前10%的论文。

文献聚类主题：对高影响力论文进行共被引聚类分析获得的一系列主题和关键词的组合。

核心论文：根据研究前沿的获取方式不同，核心论文有两种含义——如果是来自数据挖掘经专家修正的前沿，核心论文为高影响力论文；如果是来自专家提名的前沿，核心论文为按主题检索被引频次排前10%的论文。

论文比例：某个国家或机构参与的核心论文数量占全部国家或机构产出核心论文数量的比例。

施引核心论文：指引用核心论文的文献。

被引频次：指某篇论文被Web of Science核心

合集收录的所有论文引用的次数。

平均出版年：指对文献聚类主题中所有文献的出版年取平均数。

常被引论文：指引文速度排名前10%的论文。

引文速度：是一定时间内衡量累计被引频次增长速度的指标。在本研究中，每一篇文献的引文速度是从发表的月份开始，记录每个月的累计被引频次。

高影响力专利：每个学科依据DPCI年均被引频次排前10 000的DWPI专利家族。

核心专利：根据开发前沿的获取方式不同，核心专利有两种含义——如果是来自专利地图的前沿，核心专利指高影响力专利；如果是来自专家提名的前沿，核心专利指按主题检索的全部专利。

专利比例：某个国家（作为专利优先权国家）或机构参与的核心专利数量占全部国家或机构产出核心专利数量的比例。

Theme Scape专利地图：基于Derwent Innovation中的DWPI增值专利信息，通过分析专利文献中的语义相似度，将相关技术的专利聚集在一起，并以地图形式可视化展现，是形象反映某一行业或技术领域整体面貌的主题全景图。

技术覆盖宽度：指每个DWPI专利家族覆盖的DWPI分类的数量。该指标可以体现专利的领域交叉广度。

中国工程院学部专业划分标准体系：按照《中国工程院院士增选学部专业划分标准（试行）》确定，包含机械与运载工程，信息与电子工程，化工、冶金与材料工程，能源与矿业工程，土木、水利与建筑工程，环境与轻纺工程，农业，医药卫生，工程管理共9个学部53个专业学科。

第二章 领域报告

一、机械与运载工程

1 工程研究前沿

1.1 Top 10 工程研究前沿发展态势

机械与运载工程领域 Top 10 工程研究前沿涉及机械工程、船舶与海洋工程、航空宇航科学技术、兵器科学与技术、动力及电气设备工程与技术、交通运输工程等学科方向（表 1.1.1）。其中，属于传统研究深化的有人 – 机器人非接触式协作、水下导航定位技术、协同式无人驾驶与运行优化技术、高速列车湍流流场的主动 / 被动控制技术、机器人变刚度控制技术和小微型无人机探测；新兴前沿包括飞行器船舶甲板自主着陆技术、摩擦纳米发电技术、连续多维变构型飞行控制理论与方法和微型机器人主动给药技术。2016—2021 年，各前沿相关的核心论文发表情况见表 1.1.2。

（1）飞行器船舶甲板自主着陆技术

飞行器船舶甲板自主着陆是指在飞行器降落阶段，将机载设备得到的信息通过处理，获得精度足够高的降落信息，使飞行器自行完成着陆的过程，涉及船舶与海洋工程、飞行器设计、卫星导航、雷达跟踪、计算机视觉、人工智能等多学科的交叉融合。飞行器船舶甲板着陆技术经历了全人工模式、人工辅助半自动模式、全自动模式以及无人飞行器全自主模式四个阶段。相关研究主要分为两个方面：一是自主着陆引导技术研究，主要用于确定机舰相对位置、生成基准下滑轨迹、计算或测量轨迹跟踪误差等；二是自主着陆控制技术研究，探究具有鲁棒性的着陆控制策略及方法，在复杂环境下实现快速跟踪理想下滑轨迹，并能保持飞行器姿态的稳定性。到目前为止，飞行器船舶甲板着陆技术的研究已经向多信息、全方位、自主化方向发展，同时随着卫星导航、精密雷达、视觉导航、人工智能以及先进控制等相关技术的不断发展，飞行器甲板着陆的可靠性将越来越高，最终实现自动化、智能化着陆。

表 1.1.1 机械与运载工程领域 Top 10 工程研究前沿

序号	工程研究前沿	核心论文数	被引频次	篇均被引频次	平均出版年
1	飞行器船舶甲板自主着陆技术	8	191	23.88	2018.0
2	人 – 机器人非接触式协作	3	161	53.67	2019.7
3	摩擦纳米发电技术	21	1 157	55.10	2019.5
4	水下导航定位技术	85	2 836	33.36	2017.6
5	协同式无人驾驶与运行优化技术	10	226	22.60	2018.0
6	连续多维变构型飞行控制理论与方法	15	232	15.47	2017.7
7	微型机器人主动给药技术	41	2 564	62.54	2019.0
8	高速列车湍流流场的主动 / 被动控制技术	20	866	43.30	2017.7
9	机器人变刚度控制技术	6	344	57.33	2017.2
10	小微型无人机探测	6	175	29.17	2017.0

表 1.1.2 机械与运载工程领域 Top 10 工程研究前沿逐年核心论文发表数

序号	工程研究前沿	2016	2017	2018	2019	2020	2021
1	飞行器船舶甲板自主着陆技术	1	2	2	2	1	0
2	人–机器人非接触式协作	0	0	1	0	1	1
3	摩擦纳米发电技术	0	0	5	6	4	6
4	水下导航定位技术	26	16	20	13	9	1
5	协同式无人驾驶与运行优化技术	2	3	2	0	2	1
6	连续多维变构型飞行控制理论与方法	4	2	3	6	0	0
7	微型机器人主动给药技术	1	5	10	9	9	7
8	高速列车湍流流场的主动 / 被动控制技术	3	6	7	3	1	0
9	机器人变刚度控制技术	1	3	2	0	0	0
10	小微型无人机探测	2	3	0	1	0	0

（2）人–机器人非接触式协作

人–机器人非接触式协作是指在同一物理空间中机器人与人保持足够的安全距离，同时辅助人类完成特定作业任务、降低人类劳动负担。它凸显了协作机器人的安全性、适应性和舒适性，即在人机协作过程中，机器人不伤害人，机器人能够准确理解人的需求并主动适应人的运动，机器人的动作符合人的认知习惯，让人理解机器人的动作意图。主要的研究方向包括：① 预防碰撞事件的传感技术与机器人设计方法，探究感知物体距离、接触力、关节力矩等多模态信息的新型传感技术，研究刚–柔–软耦合的机器人运动规律与变形机理，研发自主回避碰撞的协作机器人；② 基于机器视觉的人体运动意图的预测方法，研究非结构化环境中的物体识别算法，建立顺应人体操作意图、手眼协调的自适应控制算法，建立人机交互的混合现实界面；③ 分析人体肢体多自由度运动的生物力学特征，揭示人体肢体自然运动规律，建立机器人拟人运动的仿生设计理论与机械生成方法，建立符合人类认知习惯的机器人运动轨迹规划方法与反馈控制技术。随着软材料科学、智能感知技术、人因工程等学科的发展，协作机器人可望在多模态感知、意图识别、环境建模、拟人运动、决策优化等关键技术取得突破，强化人–机器人非接触式协作的交互体验与作业效能。

（3）摩擦纳米发电技术

摩擦纳米发电技术是指两种不同材料在机械力的作用下接触和分离时产生正负静电荷，相应地在材料的上下电极上产生感应电势差，从而驱动电子通过外电路在两个电极之间流动，进而将机械能转变为电能的技术。摩擦纳米发电技术经历了发电原理与工作模式探索、复合式发电拓展与电路集成和自驱动智能微系统三个阶段。相关研究主要分为三个方面：一是对摩擦纳米发电机的机理、材料、结构与性能提升的研究，探究摩擦起电的原理、发电机的工作模式，进而开发高性能的发电机；二是摩擦与压电等多机理融合的复合式发电机拓展并与电源管理电路进行集成，重点研究如何高效采集环境中的多元能量并进行有效转化存储和应用的技术；三是将发电机与传感等功能进行一体化集成，实现能够长期稳定工作的“功能＋供能”自驱动智能微系统。摩擦纳米发电技术以其高效采集环境能量、主动式高灵敏传感、易于微小型系统集成等优势，为低功耗可穿戴智能电子器件和微系统的创新发展提供了具有吸引力的技术方案，代表了微系统的发展趋势，在微纳能源、主动传感、自驱动系统等领域具有广泛的应用前景。

（4）水下导航定位技术

水下导航定位技术是解决各类水下潜航器在特

定坐标系下的位置、姿态、速度等运动状态信息主被动测量问题的一类技术的总称。惯性导航、水声导航、海洋地球物理特性导航是传统水下导航的基本方法。随着导航定位性能要求的不断提升，单一的导航模式已不能满足精度要求。以惯性导航为主，地球物理匹配导航和水声导航等为辅的组合导航系统已成为水下高精度、长航时导航定位技术发展的重要特点。惯性导航装置、海洋地磁场与重力场传感器、水下声波、海床地图、海洋水文环境、全球定位系统、水面浮标、水下信标等多源信息的高精度感知、时间同步、特征融合与匹配、位置推算处理等问题是当前该领域主要的研究热点。天文导航、多潜航器集群协同导航等新型水下自主高精度、高可靠导航方法也越来越受到关注。

（5）协同式无人驾驶与运行优化技术

由于道路和水路运输系统的复杂性与多样性，其无人化研发应用相较于航空、铁路运输方式起步较晚，但近年来以上两种运输方式运载工具的无人化、少人化以及单体智能技术取得了长足进步，道路交通中港口、物流园区、露天矿山等特定区域的无人驾驶已有规模化应用。水路交通的岛际间航行、渡轮和封闭水域的船舶智能航行也有应用案例。但在道路交通的干线运输和城市交通运输的车辆无人化，水路交通的远距离内河航道、远海和远洋船舶的智能航行仍存在技术瓶颈，突破道路和水路交通运输协同式无人驾驶与运行优化技术关键理论及方法，可以大幅提升无人驾驶可靠性和实现交通系统的高效运行。车辆无人驾驶和运行优化主要集中在群体智能决策控制方面，主要研究方向包括：车辆群体多维立体感知技术；运载过程车辆状态、道路条件、交通环境等各因素对车辆动力学的作用机理；特定区域下时间、空间和任务等高约束影响下的车辆群体决策优化方法，以及时变拓扑结构下异构车辆群体智能控制方法。船舶智能航行与运行优化主要集中在船舶协同远程控制技术方面，主要研究方向包括：复杂海况环境扰动下的船舶多体动力学建模、单船环境态势感知与自主航行、多船协同运动控制理论与方法、多船编队布局与路径规划方法等。未来发展重点强调单体动力学向群体动力学、个体感知向协同感知以及自主决策向交互决策转变，体现单个动作规划向群体系统优化的技术跃迁。

（6）连续多维变构型飞行控制理论与方法

连续多维变构型飞行器作为一种新兴前沿武器装备，已成为世界各主要军事强国重点发展的方向之一。该类飞行器能够大尺度改变气动构型，实现大飞行包线内的多任务飞行，在未来战场必将发挥颠覆性作用，对维护我国国家安全和发展利益具有重大意义。连续多维变构型飞行控制的主要研究方向包括：连续变形引起的飞行器模型不确定性和非线性分析方法；强不确定环境下飞行动力学耦合控制机理；刚－柔－液耦合的动力学特性与控制系统建模理论；大攻角敏捷机动下的平滑切换控制理论；变构型与飞行器的一体化智能控制方法；跨域无缝自主导航及环境－任务自匹配的在线自主规划决策等。未来连续多维变构型飞行器控制，将在以下方向实现突破：基于自适应强化学习方法的飞行器变形控制；分布式变形结构的网络通信特性和分布式驱动器之间的协调控制问题；时变特性、非线性和不确定性大尺度变体飞行器的飞行控制理论；通信受约束的大数目的驱动器的协调控制；共享信道的大规模分布式系统的协调控制；连续多维大变构下适应力学与控制弱模型、多物理场强耦合、任务与环境等强不确定条件的智能决策、自主控制与轨迹规划方法。

（7）微型机器人主动给药技术

微型机器人由于其具有体积小、可自主运动与可精确操控等特点，在主动给药和精准治疗等生物医学领域具有很好的发展前景。与传统药物粒子被动依赖于人体循环系统相比，微型机器人主动给药技术可以通过自我驱动或外部环境驱动，让微型机器人精确到达预定组织，从而实现精准给药的目标。目前，主要的驱动方式有化学/生化驱动、外场驱动和生物驱动等。这一技术的关键在于根据病理情况，有针对性地设计微型机器人的载药、驱动与释药方式，实现药物的精确送达，提高药物的效率，并减少药物副作用。未来，微型机器人主动给药技术在生物/人体安全性，驱动及导航等方面仍然存在诸多挑战。

（8）高速列车湍流流场的主动/被动控制技术

随着高铁列车速度的不断提高，列车所受到的气动阻力急剧增高，并在总阻力中所占的比重越来越大；与此同时，气动噪声将超过牵引噪声与轮轨噪声成为最主要的噪声源。上述现象会导致巨大的能源消耗和噪声污染问题。列车在高速运行时受到的气动阻力和产生的噪声均与列车周围的湍流流场密切相关。因此，为了保证列车安全运行并达到“节能、环保、舒适”的要求，对列车周围的湍流流场实施主、被动控制成为一个日益突出并亟待解决的问题。而近年来不断发展的主、被动流动控制技术和理论为高速列车湍流流场的控制提供了可能，并已成为领域研究热点。高速列车湍流流场的控制研究旨在通过控制大尺度湍流涡结构或近壁湍流特征，实现减阻的目标，具体的研究方向包括：基于列车气动外形优化的减阻降噪研究；基于仿生结构扰流装置的高速列车气动减阻研究；基于表面球窝结构的被动减阻研究；基于尾部射流的列车减阻研究；基于新型等离子体激励器的高速列车壁面湍流减阻研究等。未来的发展趋势和研究方向包括开发能够适应列车严苛运行环境的高可靠性、高鲁棒性主动流动控制新技术，突破目前控制技术的瓶颈，以及发展基于机器学习的闭环式湍流流动控制方案和理论。

（9）机器人变刚度控制技术

机器人的刚度刻画了其与外部环境接触交互的行为特性。机器人变刚度技术将顺应机器人的优势与传统刚性机器人的性能相融合，不仅是机器人领域诸多分支的一项使能技术，而且也是机器人“具身智能”的重要体现。随着机器人从空间隔离的自动生产线走进人类工作生活环境，蓬勃兴起的人机协作共融、医疗康复助力、多指精细作业、足式仿生移动、软体机器人等应用依据交互过程的动态事件主动、实时地改变刚度，可以更好地达到任务鲁棒性、协作安全性、动作柔顺性、操作灵巧性、运动高能效的目标。传统变刚度技术通常采用被动变刚度方式，依靠在机器人的刚性结构上串联/并联弹性部件，离线调整弹性元件形态、尺寸的方式来改变机器人的支链刚度，往往导致结构尺寸大、整体质量重、刚度变比小、动态响应慢、“软”“硬”难以兼顾，无法满足新兴应用领域大刚度变比、高带宽、快速响应的要求。融合机器人的材料、结构和控制，实现“结构–驱动–传动–感知–控制”一体化，达成机器人主动变刚度是机器人技术发展的必然趋势，已成为机器人领域的热点。机器人变刚度控制技术的主要研究方向包括：智能材料–智能结构一体设计和控制，实现大变形运动和大刚度变比的统一，达到软体结构的“软”“硬”兼施；突破高功率密度(准)直驱技术，实现“驱动–传动–感知–控制”一体化，降低结构惯量，提高变刚度控制的快速性；突破机器人全身优化控制方法，降低高维复杂变刚度控制的复杂性，提高变刚度实时性和精准性；针对人–机器人–环境交互应用场景，采用机器学习方法，构建应用场景下的刚度规划库，提高应用场景引导的变刚度智能决策水平。

（10）小微型无人机探测

近年来，由于携带便利、操控简单、获取渠道多，小微型无人机已经出现滥用状况，无人机被用于非法肇事的可能性大幅增加，成为日益突出的安全威胁。然而，由于小微型无人机具有飞行高度低、速度慢、体积小等特点（“低慢小”目标），导致小微型无人机探测面临诸多挑战。目前探测手段主要有雷达探测、无线电探测、声波探测和光电探测等。雷达探测必须在低空复杂的背景和杂波的干扰下完成目标检测，目前相关研究集中于杂波和干扰抑制技术、回波信号的精细化信号处理技术等方面。无线电探测设备只能被动侦测空中目标的无线电信号。声学探测方面，由于无人机为电动机式驱动方式，其扰动小、噪声低、速度慢，以致很难被探测到。光电探测设备可以利用不同波段实现目标无人机图像的采集，具有广泛的应用前景。但是，可见光相机的探测距离相对有限，且与探测视野、探测细节不可兼得。红外探测分辨率有限，当距离较远时，很难将无人机像素与噪声点区别开来，基于人工智能的图像信息处理技术逐渐受到高度关注。为了满足实际复杂环境下的无人机探测需求，借助多源信息融合技术集成两种及以上传感器进行联合探测成为未来发展趋势。

1.2 Top 3 工程研究前沿重点解读

1.2.1 飞行器船舶甲板自主着陆技术

飞行器船舶甲板着陆技术是衡量舰载飞行器安全飞行的重要指标。根据相关数据统计，在起飞和降落阶段，人为因素所导致的航空事故甚至高达50%。因此，为飞行器提供自动化程度高、导航定位精度可靠的系统性引导降落方案将有助于进一步推广其应用场景，降低人员操作负担，所以研究飞行器甲板着陆技术具有极其重要的现实意义。与固定平台上降落相比较，在移动的船舶上成功降落需要克服更多的挑战，主要是着陆区域狭窄，并且在降落过程中会同时进行平移和旋转运动。此外，着陆阶段不可避免地会面临大气湍流、甲板风、舰船尾流等严重的外部扰动，当天气和海况条件恶劣时，这些情况将会更加复杂。

随着科学技术的发展与应用，飞行器自主控制成为当前航空宇航科学与技术、控制科学与工程、信息与通信工程等学科领域的研究热点。为此，飞行器船舶甲板自主着陆是舰载机自主着陆和飞行器自主控制等相关技术的重要发展趋势。飞行器船舶甲板着陆技术经历了全人工模式、人工辅助半自动模式、全自动模式和无人飞行器全自主模式四个阶段。由于着陆环境十分复杂，精确的制导与控制技术成为舰载飞行器安全着陆的重中之重。我国关于飞行器船舶甲板自主着陆技术的研究起步较晚，但近年发展迅速。相关研究主要分为两个方面：一是自主着陆引导方面，探究多模态信息融合着陆引导技术，设计高可靠性的无线数据链路，发展高效率的实时图像处理技术，实现高精准度的自主导航定位；二是自主着陆控制方面，开发具有强鲁棒性的飞行控制技术，利用人工智能方法提高舰船甲板运动状态的估计精度，抑制舰船尾流、甲板运动、空中阵风等因素干扰，研究多系统集成的自主着陆控制技术，在复杂环境下实现快速跟踪理想下滑轨迹，并能保持飞行器姿态的稳定性。飞行器船舶甲板着陆技术离不开控制工程、传感器、计算机、人工智能等信息技术的发展，在导航、制导与控制、仪器科学、飞行器设计等学科领域具有重要理论研究价值，对我国实现强大海军力量、迈向海洋强国具有重要实际意义。

"飞行器船舶甲板自主着陆技术"工程研究前沿中，核心论文发表量靠前的国家是中国和新加坡，篇均被引频次靠前的国家是澳大利亚、加拿大和突尼斯（表 1.2.1）。在发文量前六的国家中，中国与新加坡合作较多，加拿大与突尼斯合作较多（图 1.2.1）。核心论文发文机构方面，南洋理工大学、北京航空航天大学和南京航空航天大学具有优势，篇均被引频次排在前列的机构是新南威尔士大学、迦太基学院、斯法克斯大学和魁北克大学（表 1.2.2）。在发文量前十的机构中，迦太基学院、斯法克斯大学、魁北克大学合作较多，而南洋理工大学、新加坡国立大学、新加坡国防科技研究院合作较多（其中南洋理工大学与北京航空航天大学存在合作）（图 1.2.2）。施引核心论文的主要产出国家是中国（表 1.2.3），施引核心论文的主要产出机构是北京航空航天大学和南京航空航天大学（表 1.2.4）。图 1.2.3 为"飞行器船舶甲板自主着陆技术"工程研究前沿的发展路线。

表 1.2.1 “飞行器船舶甲板自主着陆技术”工程研究前沿中核心论文的主要产出国家

序号	国家	核心论文数	论文比例 /%	被引频次	篇均被引频次	平均出版年
1	中国	4	50.00	84	21.00	2018.5
2	新加坡	2	25.00	46	23.00	2017.5
3	澳大利亚	1	12.50	42	42.00	2017.0
4	加拿大	1	12.50	33	33.00	2017.0
5	突尼斯	1	12.50	33	33.00	2017.0
6	韩国	1	12.50	13	13.00	2020.0

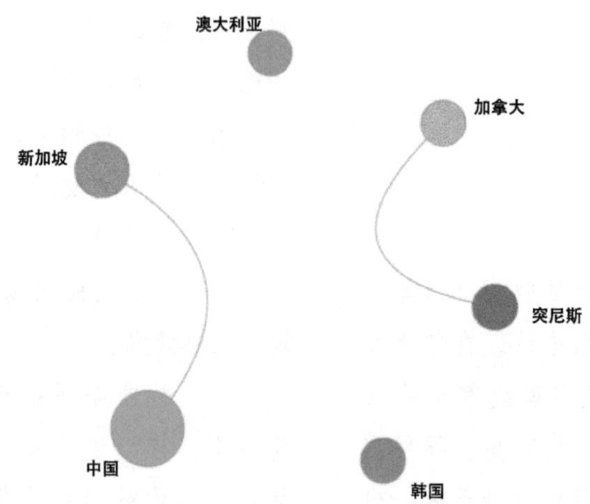

图 1.2.1 “飞行器船舶甲板自主着陆技术”工程研究前沿主要国家间的合作网络

表 1.2.2 “飞行器船舶甲板自主着陆技术”工程研究前沿中核心论文的主要产出机构

序号	机构	核心论文数	论文比例 /%	被引频次	篇均被引频次	平均出版年
1	南洋理工大学	2	25.00	46	23.00	2017.5
2	北京航空航天大学	2	25.00	44	22.00	2019.0
3	南京航空航天大学	2	25.00	40	20.00	2018.0
4	新南威尔士大学	1	12.50	42	42.00	2017.0
5	迦太基学院	1	12.50	33	33.00	2017.0
6	斯法克斯大学	1	12.50	33	33.00	2017.0
7	魁北克大学	1	12.50	33	33.00	2017.0
8	新加坡国防科技研究院	1	12.50	19	19.00	2016.0
9	新加坡国立大学	1	12.50	19	19.00	2016.0
10	蔚山国立科学技术研究所	1	12.50	13	13.00	2020.0

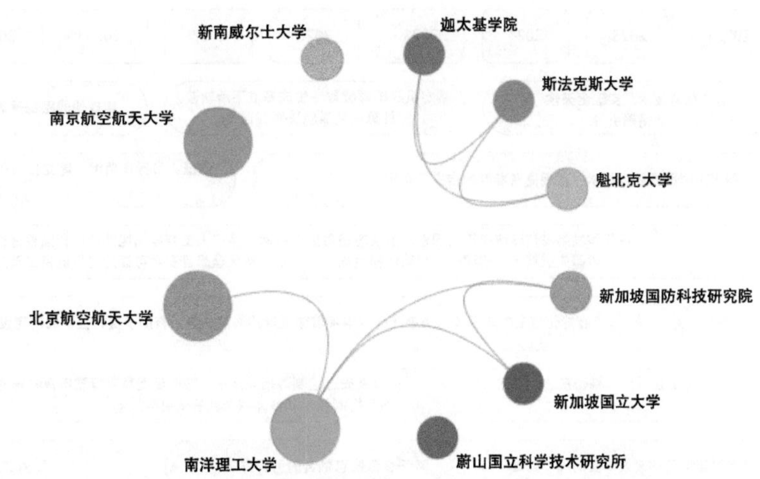

图 1.2.2 “飞行器船舶甲板自主着陆技术”工程研究前沿主要机构间的合作网络

表 1.2.3 “飞行器船舶甲板自主着陆技术”工程研究前沿中施引核心论文的主要产出国家

序号	国家	施引核心论文数	施引核心论文比例 /%	平均施引年
1	中国	105	63.64	2020.0
2	美国	13	7.88	2019.1
3	韩国	12	7.27	2019.6
4	意大利	7	4.24	2019.4
5	新加坡	6	3.64	2020.0
6	英国	5	3.03	2019.6
7	加拿大	5	3.03	2020.2
8	澳大利亚	4	2.42	2020.2
9	罗马尼亚	3	1.82	2020.3
10	印度	3	1.82	2020.7

表 1.2.4 “飞行器船舶甲板自主着陆技术”工程研究前沿中施引核心论文的主要产出机构

序号	机构	施引核心论文数	施引核心论文比例 /%	平均施引年
1	北京航空航天大学	18	21.95	2019.9
2	南京航空航天大学	15	18.29	2020.3
3	北京理工大学	9	10.98	2019.7
4	同济大学	7	8.54	2019.7
5	哈尔滨工程大学	7	8.54	2020.0
6	北京科技大学	6	7.32	2019.7
7	南洋理工大学	5	6.10	2020.0
8	西北工业大学	4	4.88	2020.0
9	湖北经济学院	4	4.88	2020.2
10	重庆大学	4	4.88	2020.2

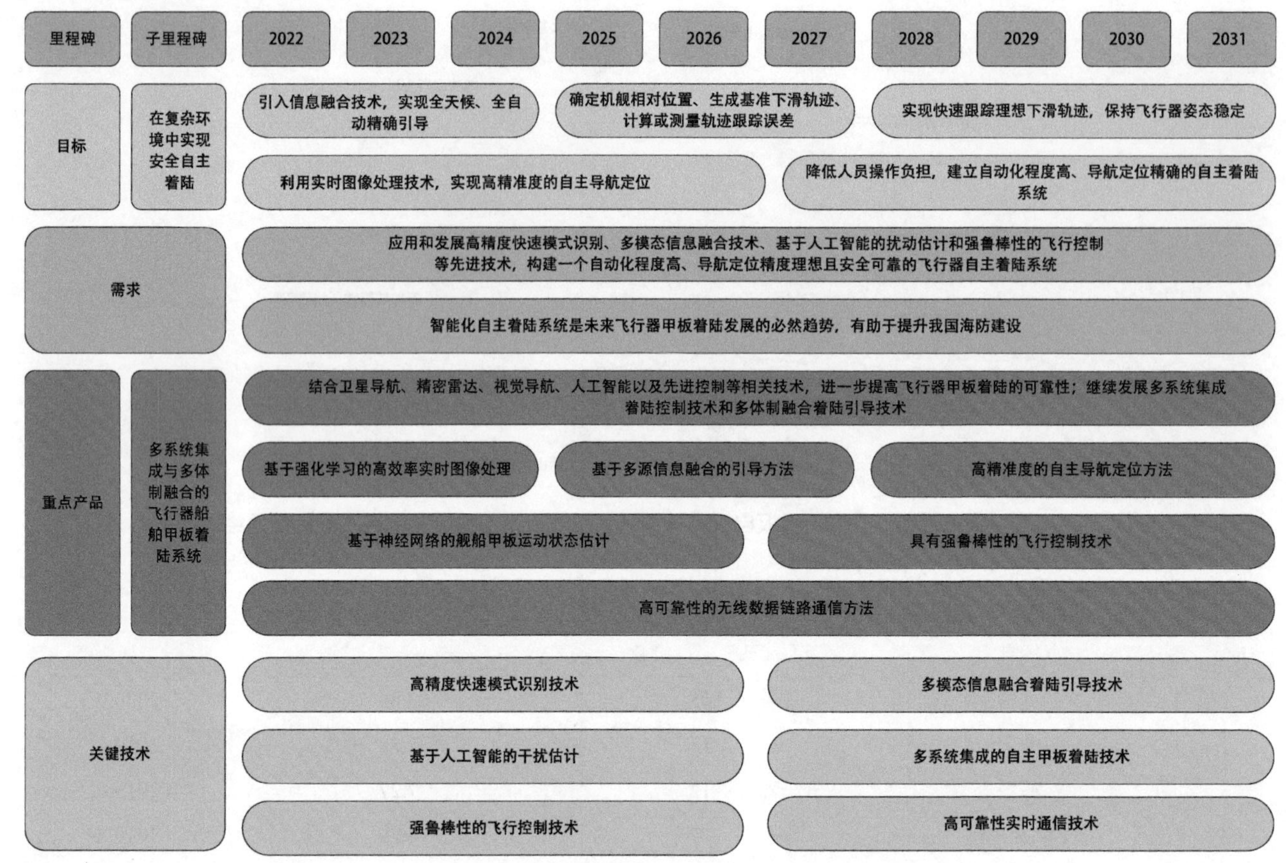

图 1.2.3 “飞行器船舶甲板自主着陆技术”工程研究前沿的发展路线

1.2.2 人－机器人非接触式协作

随着绿色制造、智能制造、个性化定制等先进制造需求的日益强烈，机器人将人类专家的智慧与经验物化在制造活动中，使得制造系统能进行自主感知、推理、学习、决策等智能活动，并在制造中通过与人合作共事分担人类体力劳动，扩大、延伸和部分地取代专家的脑力劳动，提高制造系统的灵活性、适应性和自治性。人与机器人的密切协作正向人机共融方向发展，与人共融是新一代机器人系统的本质特征。传统工业机器人由于刚性高、响应快、力矩大等特点，只能在与人隔离的物理环境中工作以确保人员安全。协作机器人由于具有体积紧凑、灵活度高、主从示教等优点，已作为智能制造过程中的重要组成部分被广泛应用于电子加工、零件打磨、油漆喷涂、货物分拣或部件装配等场景中。自 1995 年通用汽车试图研制与工人协同工作的机器人起，相继出现了优傲机器人公司（Universal Robots）的 UR5、库卡机器人有限公司（KUKA）的 LBR iiwa、ABB 公司的 YuMi、发那科公司（FANUC）的 CR-35iA 等协作机器人，2016 年国际标准化组织针对协作机器人发布了最新的工业标准 ISO/TS 15066。

人机共融的应用场景要求协作机器人具有安全性、适应性和舒适性，即通过人－机器人非接触式协作来防止人员伤害，机器人能够准确理解人的需求并主动适应人的运动，机器人的动作符合人的认知习惯，让人理解机器人的动作意图。主要的研究方向包括：① 预防碰撞事件的传感技术与机器人设计方法，探究感知物体距离、接触力、关节力矩等多模态信息的新型传感技术，研究刚－柔－软耦合的机器人运动规律与变形机理，研发自主回避碰撞的协作机器人；② 基于机器视觉的人体运动意图的预测方法，研究非结构化环境中的物体识别算法，建立顺应人体操作意图、手眼协调的自适应控制算法，建立人机交互的混合现实界面；③ 分析人类肢体多自由度运动的生物力学特征，揭示人类肢体自然运动规律，建立机器人拟人运动的仿生设计理论与机械生成方法，建立符合人类认知习惯的机器人运动轨迹规划方法与反馈控制技术。随着软材料科学、智能感知技术、人因工程等学科的发展，有望在多模态感知、意图识别、环境建模、拟人运动、决策优化等关键技术上取得突破，强化人－机器人非接触式协作的交互体验与作业效能。

“人－机器人非接触式协作”工程研究前沿中，核心论文的主要产出国家是意大利（表 1.2.5）；核心论文的主要产出机构为莫德纳和勒佐艾米利亚大学与罗马大学（表 1.2.6），这两所机构有较多合作（图 1.2.4）。施引核心论文发文量排在前三位的国家是意大利、中国和美国（表 1.2.7）。施引核心论文的主要产出机构是莫德纳和勒佐艾米利亚大学、中国科学院和武汉理工大学（表 1.2.8）。图 1.2.5 为“人－机器人非接触式协作”工程研究前沿的发展路线。

表 1.2.5 “人－机器人非接触式协作”工程研究前沿中核心论文的主要产出国家

序号	国家	核心论文数	论文比例 /%	被引频次	篇均被引频次	平均出版年
1	意大利	3	100.00	161	53.67	2019.7

表 1.2.6 “人－机器人非接触式协作”工程研究前沿中核心论文的主要产出机构

序号	机构	核心论文数	论文比例 /%	被引频次	篇均被引频次	平均出版年
1	莫德纳和勒佐艾米利亚大学	2	66.67	158	79.00	2019.0
2	罗马大学	2	66.67	22	11.00	2020.5

图 1.2.4 “人－机器人非接触式协作”工程研究前沿主要机构间的合作网络

表 1.2.7 “人－机器人非接触式协作”工程研究前沿中施引核心论文的主要产出国家

序号	国家	施引核心论文数	施引核心论文比例 /%	平均施引年
1	意大利	47	23.74	2020.5
2	中国	43	21.72	2020.3
3	美国	23	11.62	2020.6
4	英国	18	9.09	2020.7
5	德国	14	7.07	2020.3
6	瑞典	13	6.57	2020.2
7	西班牙	9	4.55	2020.2
8	法国	8	4.04	2020.2
9	芬兰	8	4.04	2020.5
10	葡萄牙	8	4.04	2020.8

表 1.2.8 “人－机器人非接触式协作”工程研究前沿中施引核心论文的主要产出机构

序号	机构	施引核心论文数	施引核心论文比例 /%	平均施引年
1	莫德纳和勒佐艾米利亚大学	11	17.19	2020.5
2	中国科学院	9	14.06	2020.2
3	武汉理工大学	7	10.94	2020.4
4	都灵理工大学	5	7.81	2020.4
5	意大利技术研究院	5	7.81	2020.4
6	意大利国家研究委员会	5	7.81	2020.8
7	梅拉达伦大学	5	7.81	2020.0
8	米尼奥大学	5	7.81	2020.8
9	米兰理工大学	4	6.25	2020.2
10	伯明翰大学	4	6.25	2020.0

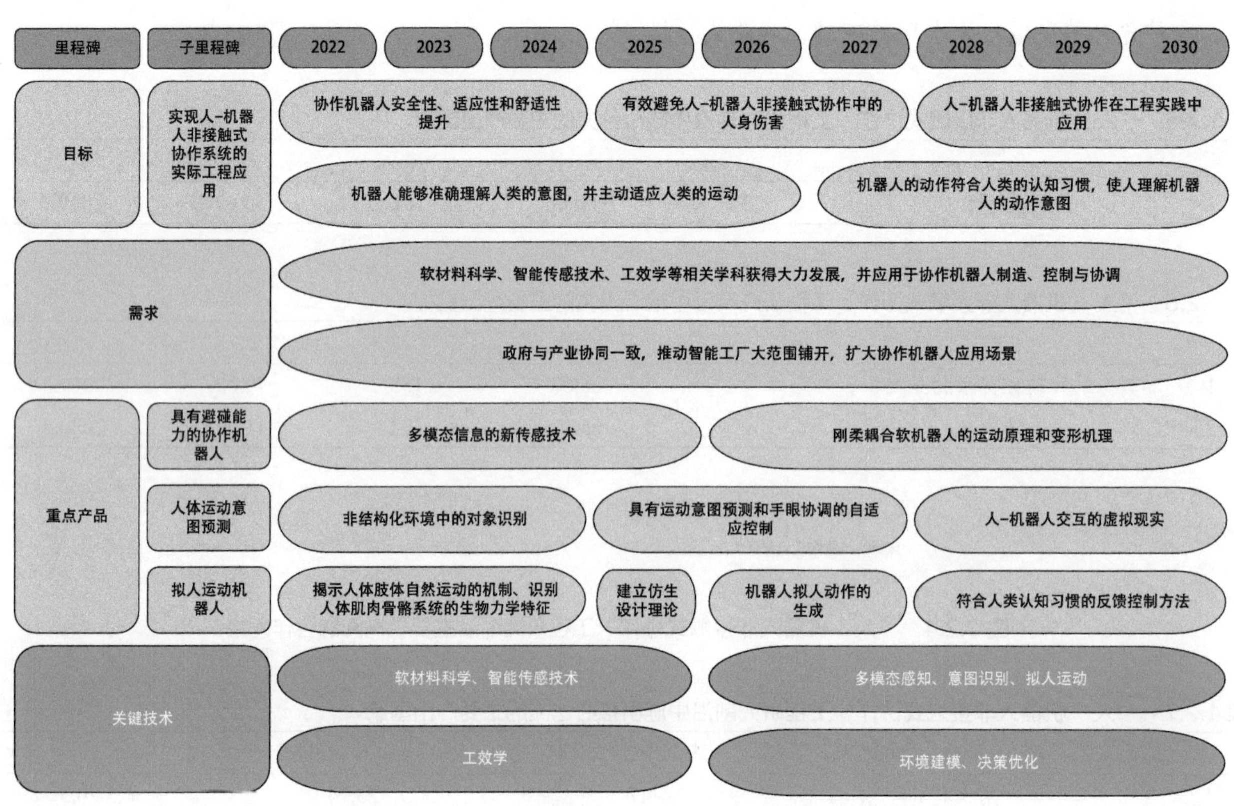

图 1.2.5 “人－机器人非接触式协作”工程研究前沿的发展路线

1.2.3 摩擦纳米发电技术

进入 21 世纪，随着电子产品的推广和普及，便携式电子设备激增，随之而来的能源供给和存储问题也愈发突出。虽然器件本身能耗低，但是整体数目巨大，且分布式、高集成、智能化特性突出，依赖单一的传统电池技术已无法满足其深入发展的迫切需求。因此，能够收集人体自身和所处环境中无处不在的多源能量并转化为电能的摩擦纳米发电技术应运而生。它能够为穿戴式电子、电子皮肤、柔性电子等器件和系统提供可持续、无人值守、清洁的能源供给，是一种稳定可靠、高效的能量来源，在健康监测、生物传感、环境监测、人工智能等领域有着巨大的应用潜力。

过去10年里，国内外研究机构针对摩擦纳米发电技术开展了深入广泛的研究，并经历了发电原理与工作模式探索、复合式发电拓展与电路集成和自驱动智能微系统三个发展阶段。当前相关研究主要聚焦在以下三个方面：① 在发电原理与工作模式方面，以电磁场分析和物理模型构建为切入点从源头分析摩擦起电的原理，全面研究接触分离、相对滑动、单电极、悬浮层等四种工作模式及其应用，建立摩擦发电机的理论模型，研究能量转换机制，实现高性能的材料–结构–应用一体化设计；② 在复合式发电与电路集成方面，重点研究摩擦与压电、电磁、光电等原理融合，从而实现高效采集多种环境能量的复合式发电机，研发与发电机输出特性相适应的高效电源管理与存储电路，实现能够高效稳定为微系统供能的电源模块；③ 在自驱动智能微系统方面，研发集中在发电机与传感功能的集成上，一方面从发电机的输出信号中分析实现外界信号的传感，另一方面让发电机输出的电能为分布式传感器供能，从而让低功耗的微系统能够在无须人为更换电池的情况下长期稳定工作。

摩擦纳米发电机作为可持续发展的微能源领域的下一个难点和制高点是实现智能微系统长期稳定工作的重要技术支撑，通过技术创新和性能提升，有望满足电子器件分布广、数量大、种类多、长期不间断工作的实际需求，为探索微系统的可持续供能模式提供了极具吸引力的实现方法和技术手段。推进摩擦纳米发电技术的深入发展，可提高我国在可持续发展微能源领域的自主技术水平，从而在自驱动智能微系统的研发领域占据领先地位。

“摩擦纳米发电技术”工程研究前沿中，核心论文发表量与篇均被引频次排在前列的国家是中国和美国（表1.2.9），且两个国家合作较多（图1.2.6）。在发文量前十的机构中，核心论文发文量排在前列的机构是加利福尼亚大学洛杉矶分校与电子科技大学，篇均被引频次排在前列的机构是斯坦福大学、重庆师范大学和重庆大学（表1.2.10）。其中，重庆师范大学、重庆大学、中国科学院、斯坦福大学合作较多（图1.2.7）。施引核心论文发文量排在前三位的国家分别是中国、美国和韩

表1.2.9 “摩擦纳米发电技术”工程研究前沿中核心论文的主要产出国家

序号	国家	核心论文数	论文比例 /%	被引频次	篇均被引频次	平均出版年
1	中国	18	85.71	1 053	58.50	2019.3
2	美国	13	61.90	711	54.69	2020.2
3	英国	2	9.52	44	22.00	2020.0
4	加拿大	1	4.76	30	30.00	2019.0

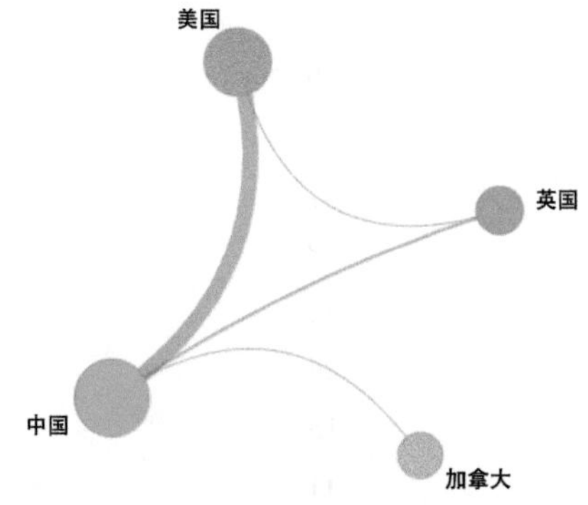

图1.2.6 “摩擦纳米发电技术”工程研究前沿主要国家间的合作网络

国（表 1.2.11）。施引核心论文的主要产出机构是中国科学院、佐治亚理工学院和加利福尼亚大学洛杉矶分校（表 1.2.12）。图 1.2.8 为“摩擦纳米发电技术”工程研究前沿的发展路线。

表 1.2.10 “摩擦纳米发电技术”工程研究前沿中核心论文的主要产出机构

序号	机构	核心论文数	论文比例 /%	被引频次	篇均被引频次	平均出版年
1	加利福尼亚大学洛杉矶分校	11	52.38	449	40.82	2020.5
2	电子科技大学	6	28.57	353	58.83	2019.2
3	重庆师范大学	3	14.29	347	115.67	2019.0
4	重庆大学	3	14.29	347	115.67	2019.0
5	中国科学院	3	14.29	326	108.67	2018.3
6	斯坦福大学	2	9.52	262	131.00	2018.5
7	苏州大学	2	9.52	90	45.00	2018.5
8	西南交通大学	1	4.76	96	96.00	2020.0
9	佐治亚理工学院	1	4.76	95	95.00	2019.0
10	宾夕法尼亚州立大学	1	4.76	71	71.00	2020.0

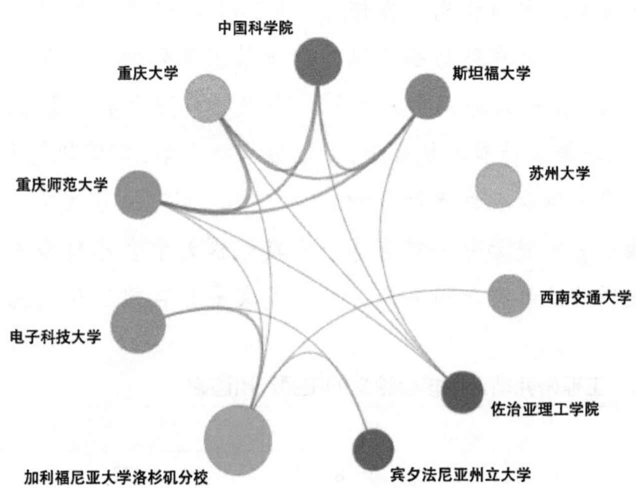

图 1.2.7 “摩擦纳米发电技术”工程研究前沿主要机构间的合作网络

表 1.2.11 “摩擦纳米发电技术”工程研究前沿中施引核心论文的主要产出国家

序号	国家	施引核心论文数	施引核心论文比例 /%	平均施引年
1	中国	524	53.58	2020.3
2	美国	180	18.40	2020.3
3	韩国	86	8.79	2020.1
4	新加坡	47	4.81	2020.3
5	印度	38	3.89	2020.4
6	英国	36	3.68	2020.4
7	澳大利亚	24	2.45	2020.6
8	马来西亚	13	1.33	2020.8
9	伊朗	11	1.12	2020.7
10	沙特阿拉伯	10	1.02	2020.7

表 1.2.12 “摩擦纳米发电技术”工程研究前沿中施引核心论文的主要产出机构

序号	机构	施引核心论文数	施引核心论文比例 /%	平均施引年
1	中国科学院	115	25.50	2020.2
2	佐治亚理工学院	53	11.75	2019.9
3	加利福尼亚大学洛杉矶分校	53	11.75	2020.6
4	电子科技大学	40	8.87	2020.0
5	新加坡国立大学	39	8.65	2020.3
6	重庆大学	31	6.87	2020.1
7	广西大学	30	6.65	2020.4
8	苏州大学	29	6.43	2019.7
9	清华大学	26	5.76	2020.2
10	西南交通大学	18	3.99	2020.3

	2020	2025	2030	2035	2040
	设计创新	器件与性能	系统集成	产业化	
目标	发电机与传感等功能进行一体化集成，实现能够长期稳定工作的“功能+供能”自驱动智能微系统				
工作原理与材料和结构	新原理与新工艺的研发	功率提升与效率提升	电源管理	发电单元与组网策略	
	新型复合式多能量采集器	完备性与耐久性	能量存储	自充电电池包	
	新材料的研发与结构设计	柔性与生物兼容性	混合能源采集	织物/生物体等	
自驱动传感与智能系统	自驱动式力学传感器	准度与精度	大数据分析	智能/低功耗人机交互界面	
	自驱动式化学/生物传感	稳定性耐久性	可扩展性	设施/环境/交通/车况监测	
	自驱动式声学/磁学传感器	微小型化与阵列化	集成策略	健康监测	
	柔性自驱动式传感器	便携性与安全性	传感网络	体内植入式生物医疗传感	
发展建议	研发多种能量复合式发电机以及与之相适应的高效电源管理与存储电路，实现能够高效稳定为微系统供能的电源模块				
	通过技术创新和性能提升实现智能微系统长期稳定工作的关键技术，满足电子器件分布广、数量大、种类多、长期不间断工作的实际需求				

图 1.2.8 “摩擦纳米发电技术”工程研究前沿的发展路线

2 工程开发前沿

2.1 Top 10 工程开发前沿发展态势

机械与运载工程领域的 Top 10 工程开发前沿涉及机械工程、船舶与海洋工程、航空宇航科学技术、兵器科学与技术、动力及电气设备工程与技术、交通运输工程等学科方向（表 2.1.1）。其中，属于传统研究深入的前沿有自主无人系统多传感器融合技术、大涵道比涡扇发动机、航空碳纤维增强复合材料 3D 打印技术、基于声光探测的水下无人机、智能移动机器人控制与感知系统和高功率密度高效率电动机；新兴前沿包括用于船舶舰艇的隐身超材料、新一代氢能燃料电池汽车技术、可回收复用航天器和可调曲度变形柔性机翼。各个开发前沿涉及的核心专利 2016—2021 年公开情况见表 2.1.2。

（1）用于船舶舰艇的隐身超材料

超材料具有天然材料所不具备的性能，拥有超常的物理特性，可以在电磁、声学、光学等维度上

表 2.1.1 机械与运载工程领域 Top 10 工程开发前沿

序号	工程开发前沿	公开量	引用量	平均被引数	平均公开年
1	用于船舶舰艇的隐身超材料	52	496	9.54	2018.7
2	自主无人系统多传感器融合技术	468	2 117	4.52	2019.5
3	新一代氢能燃料电池汽车技术	333	1 335	4.01	2018.1
4	可回收复用航天器	71	348	4.90	2017.9
5	大涵道比涡扇发动机	360	4 094	11.37	2015.8
6	可调曲度变形柔性机翼	359	1 965	5.47	2017.5
7	航空碳纤维增强复合材料 3D 打印技术	67	219	3.27	2019.1
8	基于声光探测的水下无人机	93	344	3.70	2018.6
9	智能移动机器人控制与感知系统	146	2 359	16.16	2018.5
10	高功率密度高效率电动机	112	303	2.71	2017.9

表 2.1.2 机械与运载工程领域 Top 10 工程开发前沿核心专利逐年公开量

序号	工程开发前沿	2016	2017	2018	2019	2020	2021
1	用于船舶舰艇的隐身超材料	0	3	12	11	16	6
2	自主无人系统多传感器融合技术	12	38	56	80	105	169
3	新一代氢能燃料电池汽车技术	48	35	45	58	49	65
4	可回收复用航天器	3	5	10	13	16	11
5	大涵道比涡扇发动机	50	37	24	23	18	15
6	可调曲度变形柔性机翼	44	44	59	54	58	36
7	航空碳纤维增强复合材料 3D 打印技术	3	6	8	10	14	22
8	基于声光探测的水下无人机	9	6	23	11	19	18
9	智能移动机器人控制与感知系统	6	21	26	22	26	32
10	高功率密度高效率电动机	11	17	20	20	14	15

展现优越的隐身效果。电磁隐身超材料通过多个谐振结构单元耦合、加载高阻超表面等手段提高隐身性能，与传统雷达吸波材料相比，厚度小、吸波性能强，对水面舰艇对抗雷达探测优势显著，在各类隐身超材料中通用性最强。利用声学超材料的低频带隙特性和超常物理特性，可以实现超强的低频吸声、减振、声目标强度控制等功能，其对潜艇的隐身效果最佳，有效降低声波探测的威胁。光学隐身超材料使目标目视发现距离大幅缩短，对光电探测隐蔽性好，但难以对抗雷达探测，适合视距范围内的隐身。目前，舰艇隐身正逐步从以隐身外形为主、局部应用吸波材料向隐身外形和隐身材料并重的方向发展，隐身超材料必将极大地提高装备隐蔽性和作战效能。

（2）自主无人系统多传感器融合技术

自主无人系统的多传感器融合技术是指以多无人个体构成的集群系统通过融合不同个体间以及同一个体不同类型传感器之间的信息来实现对周围环境的感知，进而完成集群对于复杂环境的理解、目标追踪、区域探测和灾害救援等任务。一方面，各类非结构化作业环境遮挡严重，电磁干扰强，且无人系统户外作业容易受到各类恶劣天气影响，导致单一的探测手段精准性差、探测范围严重受限。此外，复杂环境下的待检测目标存在类型多、尺度变化多、形态多样、特征不显著等特点，极大地加大了目标检测识别的难度。另一方面，多传感器融合可以实现各类传感器之间的优势互补以及系统内个体间的信息融合，从而有效地增大无人系统的感知范围，拓展其在各类复杂恶劣环境下的感知能力，显著提升目标检测的准确率。因此，实现多传感器融合技术将成为无人系统自主化、智能化的重要基石。主要研究方向包括：克服恶劣天气条件和复杂环境影响的多源信息预处理；异源、异构、异步信息的时空配准；大差异低质、弱相关信息的精确关联。

（3）新一代氢能燃料电池汽车技术

氢燃料电池汽车是一种用车载燃料电池装置产生的电力作为动力的汽车。在“碳中和”背景下，氢能已成为加快能源转型升级的重要战略选择。氢燃料电池与现有技术（如内燃机、柴油发动机）相比具有多个优势，如高能量转换效率和扭矩、零排放和低噪声等。氢燃料电池车系统的核心部件包括空压机、氢循环系统、车载储氢系统以及燃料电池电堆。其中燃料电池电堆约占汽车总成本的60%，电堆中核心材料部分包括催化剂、质子交换膜、气体扩散层和双极板等。目前的商业贵金属铂基催化剂成本较高（约占电堆成本的45%），同时其活性和稳定性仍需提高，因此发展高性能的低铂或非铂催化剂是未来方向。质子交换膜是一种固态电解质，目前研究集中于全氟磺酸质子交换膜和复合质子交换膜，但膜稳定性需要提升，同时制备工艺需要优化。气体扩散层需要满足收集电流、传导气体和排出反应产物水等重要作用，在导电性、结构稳定性、传质特性上仍需提升。双极板是电堆中的“骨架”，高导电导热性、超薄超轻是发展方向。目前，氢燃料电池关键材料（如催化剂和质子交换膜）仍严重依赖进口，部分技术被国外垄断，因此国内研究仍需不断深入。

（4）可回收复用航天器

可回收复用航天器作为未来航天器发展的重要方向，是一种能够以有效延长航天器寿命、降低航天器运行成本、提升航天器可靠性和使用便捷性为目标的先进航天器应用模式，可复用载人飞船和货运飞船、航天飞机、重复使用可机动轨道飞行器等均属于典型的可回收复用航天器。随着人类太空探索与开发活动的日益频繁，目前一次使用的航天器由于成本高、准备周期长，已很难满足需求。因此，能更加便捷与廉价地探索、开发和利用太空资源的可回收复用航天器应运而生，已成为当前世界航天技术研究的前沿热点，各航天大国均将其作为未来航天技术可持续发展的重点突破方向。可回收复用航天器需具备的可回收及可重复使用要求，对传统一次使用航天器的设计理念和方法提出重大挑战，其重点研究方向包括：可重复使用设计理论与方法、可回收复用航天器总体设计、可靠精确返回着陆技术、长时在轨精确轨 / 姿 / 热控与维护技术、高可靠可复用耐高温抗烧蚀热防护技术、结构寿命评估与健康管理技术等。

（5）大涵道比涡扇发动机

大涵道比涡扇发动机通常是指涵道比为 4 以上的涡扇发动机。大涵道比涡扇发动机的耗油率低、噪声小，广泛应用于大型民用和军用运输机等。大涵道比涡扇发动机的关键技术和发展方向包括：① 高性能，包括大尺寸风扇、高压压气机和低压涡轮的先进热力气动设计与加工制造，如三维叶片的气动设计、叶顶间隙的控制等；② 低污染，采用燃烧控制技术降低氮氧化物等污染物的排放，如分级燃烧、贫油直接喷射、富油 / 快速掺混 / 贫油燃烧等；③ 低噪声，采用先进的气动声学设计和吸声降噪技术降低叶轮机械噪声、喷气噪声和燃烧噪声等；④ 高可靠性，提升发动机整机和关键部件的可靠性，如长寿命大功率减速器的设计和加工制造等。

（6）可调曲度变形柔性机翼

可调曲度变形柔性机翼是通过结构的柔性变形来调控机翼弯度和厚度的连续、无缝变化。和传统刚性翼面相比，柔性翼面延迟了气流分离，提高了机翼升阻比，降低了气动噪声。相关研究包括四个方面：一是柔性可变形蒙皮，探究面内弹性大变形与面外抗弯承载的解耦设计机制，研究周期性胞元微结构的大变形机制与成型工艺，研究新型拓扑胞元微结构/超弹基体复合材料结构技术与变形协调，目标是实现柔性可变形蒙皮在变形方向具有良好的弹性、在非变形方向具有足够刚度、同时驱动蒙皮变形的力较小；二是可变形支撑骨架结构，开发基于刚柔耦合的结构型式和通过协同优化设计的全柔性结构，研究考虑柔性结构的可调曲度变形柔性机翼气动弹性分析方法与验证，研究变形骨架结构的低应力和高寿命设计方法；三是轻质高效驱动机构，开发新型轻巧驱动机构，研制高效比的压电、人工肌肉等驱动器，设计智能化控制策略，实现高效率、轻量化和高稳定性驱动系统；四是可调曲度变形柔性机翼集成与实验平台，研究新型结构、智能材料、先进传感与测试技术、高效小型化驱动器等技术与飞机机体集成，开展典型样件风洞测试和全尺寸机翼试飞验证。可调曲度变形柔性机翼技术是变体飞行器的重要方向，是未来绿色航空的发展趋势和飞机结构设计变革的大趋势。

（7）航空碳纤维增强复合材料3D打印技术

航空碳纤维增强复合材料3D打印技术是一种基于三维模型数据，通过逐层堆积的方式实现航空碳纤维复合材料零部件制造的技术。该技术根据实现方法的不同，可分为熔丝沉积成形（fused deposition modeling，FDM）法、陶瓷膏体光固化成形（stereolithography apparatus，SLA）法、激光选区烧结（selective laser sintering，SLS）法、薄材叠层快速成形（laminated object manufacturing，LOM）法，其中FDM法因其工艺成熟、成本低、可设计强等优点是当下3D打印航空碳纤维复合材料特别是连续碳纤维增强复合材料最常用、研究最广泛的方法。目前大量研究聚焦于揭示FDM工艺相关控制参数，如打印路径、打印温度、打印层厚度、打印材料、材料堆叠方式、打印扫描间距等对碳纤维复合材料的微观结构、孔隙率、界面特性、宏观力学性能的影响规律，由此提出针对打印设备、工艺参数、材料预处理等方面的改进与优化方法，并建立针对3D打印航空碳纤维复合材料的力学性能测试方法与评价体系，实现高力学特性复杂航空碳纤维复合材料结构一体化打印制造的目标。

（8）基于声光探测的水下无人机

基于声光探测的水下无人机主要是指搭载声学和光学类探测传感器执行水下环境目标探测任务的一类水下无人机。目前典型的水下声光类探测传感器包括声呐、激光雷达、视觉摄像头等。

不同探测传感器由于探测原理不同，其探测的效果、完备性也各不相同。水下声学探测传感器原理是指通过接受水声目标辐射噪声或者散射回波，在一定范围内实现对水声目标的探测、跟踪、定位与识别，在广域海洋环境目标探测中，声学探测是最重要的也是最有效的方式。水下光学探测传感器探测效果易受海洋光学环境条件影响，在可见度良好、平静的浅水海域可实现高精度的目标定位，是声学探测手段的有效补充。

目前该领域主要技术方向包括基于声光传感器的水下目标定位技术、基于深度学习的水下目标检测与识别技术、基于特征学习的自主探测技术等。结合水下无人机自主可控、隐身性能好、机动性能强等优点，为了实现在高维、动态、复杂、多变的水下环境中的有效探测，基于无人移动平台的声光联合探测技术将是该领域未来的发展方向，主要包括环境背景场建模、海洋环境目标特征库构建、多源传感器信息融合、水下无人机结构匹配优化等研究方向。

（9）智能移动机器人控制与感知系统

智能移动机器人是集环境感知、动态决策与规划、行为控制与执行等多功能于一体的综合系统，包括陆地移动机器人、水下移动机器人和以无人机为代表的飞行机器人。大部分移动机器人工作在非结构化动态环境，其性能的优劣涉及自主感知、自主导航、运动控制等多种关键技术。自主感知是移动机器人能够自主移动、适应环境、自主完成作业的前提，涉及多传感器信息融合、外参标定、三维目标检测与识别、场景识别与理解等技术。自主导航是移动机器人最为基础和核心的技术，涉及环境感知、地图创建、自主定位、运动规划等一系列技术。运动控制方法影响移动机器人运动和作业的稳定性，代表性的方法有基于运动学、动力学的同时镇定和跟踪控制，基于动态非完整约束的神经网络自适应控制等。移动机器人应用场景众多，要实现移动机器人的自主工作，需要发展高自适应性、高实时性、高可靠性和高移植性的智能化导航系统，其中涉及的环境信息获取、环境建模、环境认知、导航避障等关键技术将成为智能化移动机器人控制与感知研究的重点。

（10）高功率密度高效率电机

高功率密度高效率电机是一类结构紧凑、功重比高、节能性好的电磁机电能量转换装置，应用于新能源发电、电气化交通、高档数控机床和机器人以及航空航天装备等多领域，是上述装置装备的核心动力单元和关键执行部件。以电气化为代表的新一轮能量动力系统技术革命正在重构全球载运工具、制造业等产业格局，高功率密度高效率电机技术作为电气化核心机电能量转换装备，成为各国竞相争抢的技术制高点。但是由于受到材料、热管理及严苛环境条件等因素的制约，电机功率密度和效率的提升遇到多重挑战。目前业界主要围绕新型高转矩密度电磁拓扑、先进电工材料应用及精细化建模、高频损耗抑制、高效散热方法、结构集成与轻量化、多物理场协同优化设计等方向来展开研究，力图从强聚磁及多谐波磁场调制电磁新原理，超级铜线、超导等新电工材料，相变传热及直接油冷等新冷却技术，电－热－力多物理场协同智能优化新设计方法等方面进行关键技术突破来进一步提高电机的功率密度与效率运行极限，满足高功率密度高效率电机在新一代电气化交通载运工具和智能制造等新兴产业及多电战机、多电坦克等尖端武器装备中的应用需求并实现性能突破。

2.2 Top 3 工程开发前沿重点解读

2.2.1 用于船舶舰艇的隐身超材料

增强隐蔽性、对抗敌方综合探测体系，能直接提高舰艇生命力和作战效能。面对不断发展的探测手段，传统吸波材料的性能亟须提升，具有超常物理特性的超材料成为研究热点，在电磁、声学、光学等维度上展现出优越的隐身效果。

电磁隐身超材料通过多个谐振结构单元耦合、加载高阻超表面等手段提高隐身性能，与传统雷达吸波材料相比，其厚度小、吸波性能强，美军DDG1000大型驱逐舰、雷神公司透波率可控人工复合蒙皮材料是其典型应用。利用声学超材料的低频带隙特性和超常物理特性，可以实现超强的低频吸声、减振、声目标强度控制等功能。美国研究机构将六角晶胞铝制超材料用于水下装备的涂覆层，使水下装备可在声呐探测下隐身，拟将其应用于“弗吉尼亚”级核潜艇。中国科学院声学研究所研制的“三维水下隐身毯”、美国杜克大学的“声学斗篷”均利用超材料实现对声波隐身。此外，可见光波段的隐身超材料使目标目视发现距离大幅缩短，以“变色龙”超材料为代表，美国、俄罗斯等国家的研究机构利用电致变色玻璃原理研制出能随环境改变颜色和纹理的超材料，并应用于装备涂层实现光学隐身。

总体来看，电磁超材料对水面舰艇对抗雷达探测优势显著，在各类隐身超材料中通用性最强。声学超材料对潜艇的隐身效果最佳，可以有效降低声波探测的威胁。光学隐身超材料对光电探测隐蔽性好，但难以对抗雷达探测，适合视距范围内的隐身。目前，舰艇隐身正逐步从隐身外形为主、局部应用吸波材料向隐身外形和隐身材料并重的方向发展，隐身超材料必将极大地提高装备隐蔽性和作战效能。

目前，该前沿核心专利产出数量较多的国家是中国，核心专利的平均被引数排在前列的国家是加拿大、英国和美国（表 2.2.1）。其中，加拿大与英国合作较多，美国与印度合作较多（图 2.2.1）。核心专利产出数量较多的机构是光启尖端技术股份有限公司、航天特种材料及工艺技术研究所和洛阳尖端装备技术有限公司（表 2.2.2）。在核心专利的主要产出机构中，中国航空工业集团公司沈阳飞机设计研究所与中国人民解放军国防科技大学存在合作（图 2.2.2）。图 2.2.3 为“用于船舶舰艇的隐身超材料”工程开发前沿的发展路线。

2.2.2 自主无人系统多传感器融合技术

近年来，世界各发达国家和经济体纷纷提出了无人系统技术发展路线图，加紧布局，抢占战略制高点。国务院印发的《“十三五”国家信息化规划》中提到，海洋无人系统需要与北斗导航、卫星、浮空平台和飞机遥感协作形成全球服务能力，强调了多源信息融合的重要性。国家“十四五”规划进一步指出要加强重大灾害防治先进技术装备创新与应用，对自主无人系统在复杂环境下的感知与探测能力提出了越来越严苛的要求。如何兼顾高精度和大范围这两个需求，保证无人系统探测既“看得清”

表 2.2.1 “用于船舶舰艇的隐身超材料”工程开发前沿中核心专利的主要产出国家

序号	国家	公开量	公开量比例 /%	被引数	被引数比例 /%	平均被引数
1	中国	38	73.08	114	22.98	3.00
2	美国	8	15.38	322	64.92	40.25
3	韩国	2	3.85	2	0.40	1.00
4	加拿大	1	1.92	44	8.87	44.00
5	英国	1	1.92	44	8.87	44.00
6	印度	1	1.92	20	4.03	20.00
7	日本	1	1.92	10	2.02	10.00
8	荷兰	1	1.92	3	0.60	3.00
9	西班牙	1	1.92	1	0.20	1.00

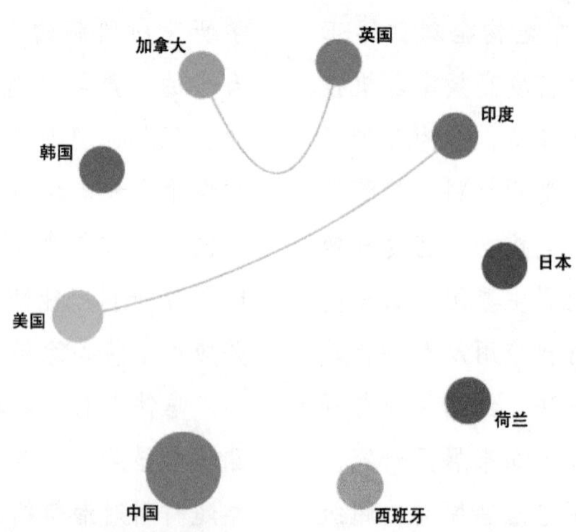

图 2.2.1 “用于船舶舰艇的隐身超材料”工程开发前沿主要国家间的合作网络

表 2.2.2 “用于船舶舰艇的隐身超材料”工程开发前沿中核心专利的主要产出机构

序号	机构	公开量	公开量比例 /%	被引数	被引数比例 /%	平均被引数
1	光启尖端技术股份有限公司	7	13.46	8	1.61	1.25
2	航天特种材料及工艺技术研究所	5	9.62	20	4.03	4.00
3	洛阳尖端装备技术有限公司	3	5.77	7	1.41	2.33
4	东南大学	2	3.85	10	2.02	5.00
5	豪威集团	1	1.92	285	57.46	285.00
6	Lamda Guard 科技公司	1	1.92	44	8.87	44.00
7	Invictus Oncology 公司	1	1.92	20	4.03	20.00
8	中国航空工业集团公司沈阳飞机设计研究所	1	1.92	17	3.43	17.00
9	中国人民解放军国防科技大学	1	1.92	17	3.43	17.00
10	中国船舶工业集团有限公司	1	1.92	13	2.62	13.00

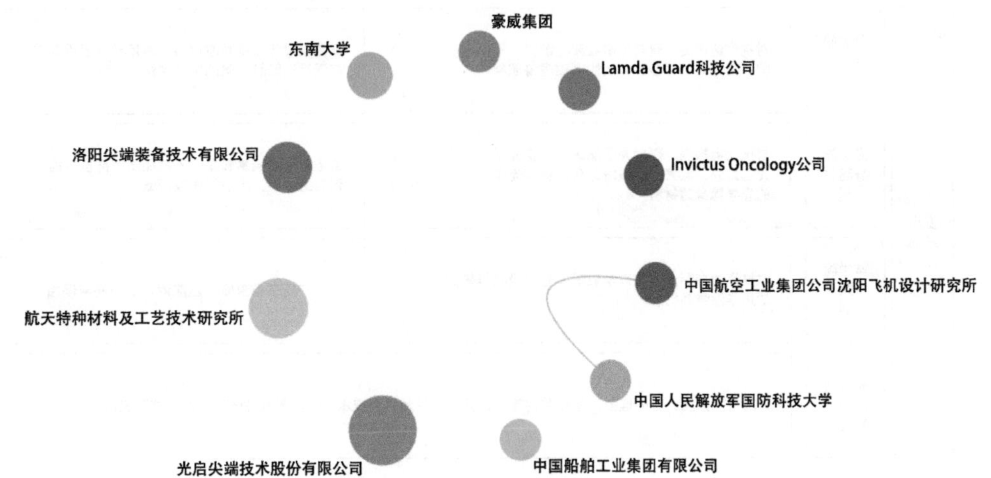

图 2.2.2 “用于船舶舰艇的隐身超材料”工程开发前沿主要机构间的合作网络

又“识得全”已经成为研究的重点。多传感器融合技术可以实现多体多源传感器协同动态感知，做到同时提升感知系统的精度和范围，是解决复杂环境感知问题必不可少的一环。

目前国内外已开展了自主无人系统多传感器融合的相关研究，出现了搭载双目视觉、激光雷达、导航雷达、毫米波雷达、侧扫声呐等传感器的多源信息配准系统，以及搭载侧扫声呐、磁力仪等多源传感器的异构无人集群海洋探测系统，对空中、水面、水下传感信息的动态配准与同步传输也已取得了一定的成果。例如，华中科技大学人工智能与自动化学院已实现多源配准 – 深度融合 – 协同追踪的一体化技术将探测模式从平面拓展为立体，检测遗落率小于 0.8%。

但是，自主无人系统多传感器融合仍存在着低质信息关联、深度特征融合、时空同步配准等重大挑战。不同传感器之间存在采样频率不一致、空间坐标不统一、数据形式多样化的特点，给多传感器融合带来了困难。而集群中个体之间的姿态差异以及环境特征不显著的特点进一步加剧了空间配准的难度。此外，坑洼、泥泞、树林、障碍物等会阻挡和衰减信号，影响无线通信的可靠性，导致个体间的信息交互不能保证连续，由此产生的大量异质和残缺信息难以关联和互补。因此，亟须提出异源、异构、异步传感器信息的融合方法，开展自主无人集群多传感器融合，构建广域感知地图，使系统具

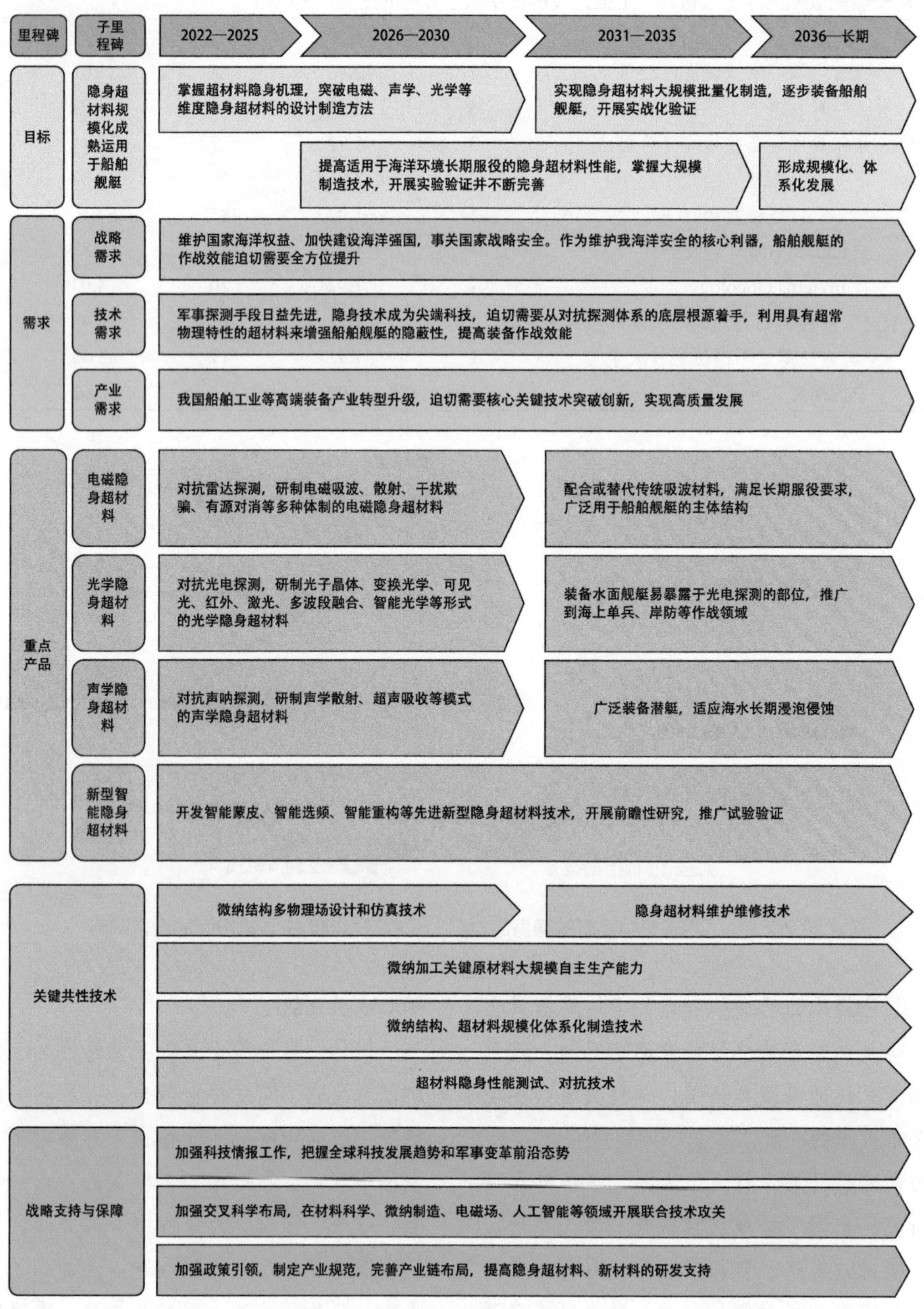

图 2.2.3　“用于船舶舰艇的隐身超材料”工程开发前沿的发展路线

备全天候、适应复杂天气的环境感知能力。相关研究方向包括：针对传感器之间标定步骤多、耗时长的特点，研究传感器快速标定与配准方法；研究异源、异构、异步信息的时空配准方法，揭示异源、异构、异步感知信息的融合规律；研究大差异弱相关传感信息的精确关联方法；研究基于多传感器数据融合的语义地图和环境网络的构建方法；研究各类传感器特征空间的映射方法，实现信息的特征层深度融合。

目前，该前沿核心专利产出数量较多的国家是中国，核心专利的平均被引数排在前列的国家是美国和英国（表 2.2.3），核心专利的主要产出国家之间没有合作。核心专利产出数量排在前列的机构是南京航空航天大学、国家电网有限公司和航天特种材料及工艺技术研究所（表 2.2.4），其中，南京航空航天大学与北京航空航天大学存在合作（图 2.2.4）。图 2.2.5 为“自主无人系统多传感器融合技术”工程开发前沿的发展路线。

表 2.2.3　“自主无人系统多传感器融合技术”工程开发前沿中核心专利的主要产出国家

序号	国家	公开量	公开量比例 /%	被引数	被引数比例 /%	平均被引数
1	中国	458	97.86	1 940	91.64	4.24
2	美国	5	1.07	152	7.18	30.40
3	韩国	2	0.43	1	0.05	0.50
4	日本	2	0.43	0	0.00	0.00
5	英国	1	0.21	24	1.13	24.00

表 2.2.4　“自主无人系统多传感器融合技术”工程开发前沿中核心专利的主要产出机构

序号	机构	公开量	公开量比例 /%	被引数	被引数比例 /%	平均被引数
1	南京航空航天大学	15	3.21	138	6.52	9.20
2	国家电网有限公司	12	2.56	29	1.37	2.42
3	航天特种材料及工艺技术研究所	10	2.14	37	1.75	3.70
4	哈尔滨工程大学	9	1.92	49	2.31	5.44
5	北京航空航天大学	9	1.92	33	1.56	3.67
6	中国电子科技集团公司	9	1.92	27	1.28	3.00
7	深圳大疆创新科技有限公司	8	1.71	109	5.15	13.62
8	清华大学	8	1.71	71	3.35	8.88
9	中国人民解放军国防科技大学	8	1.71	22	1.04	2.75
10	天津大学	7	1.50	88	4.16	12.57

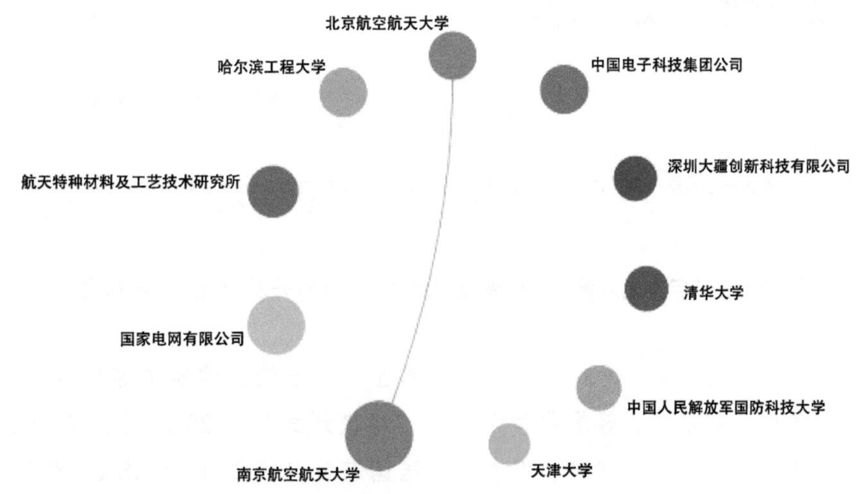

图 2.2.4　“自主无人系统多传感器融合技术”工程开发前沿主要机构间的合作网络

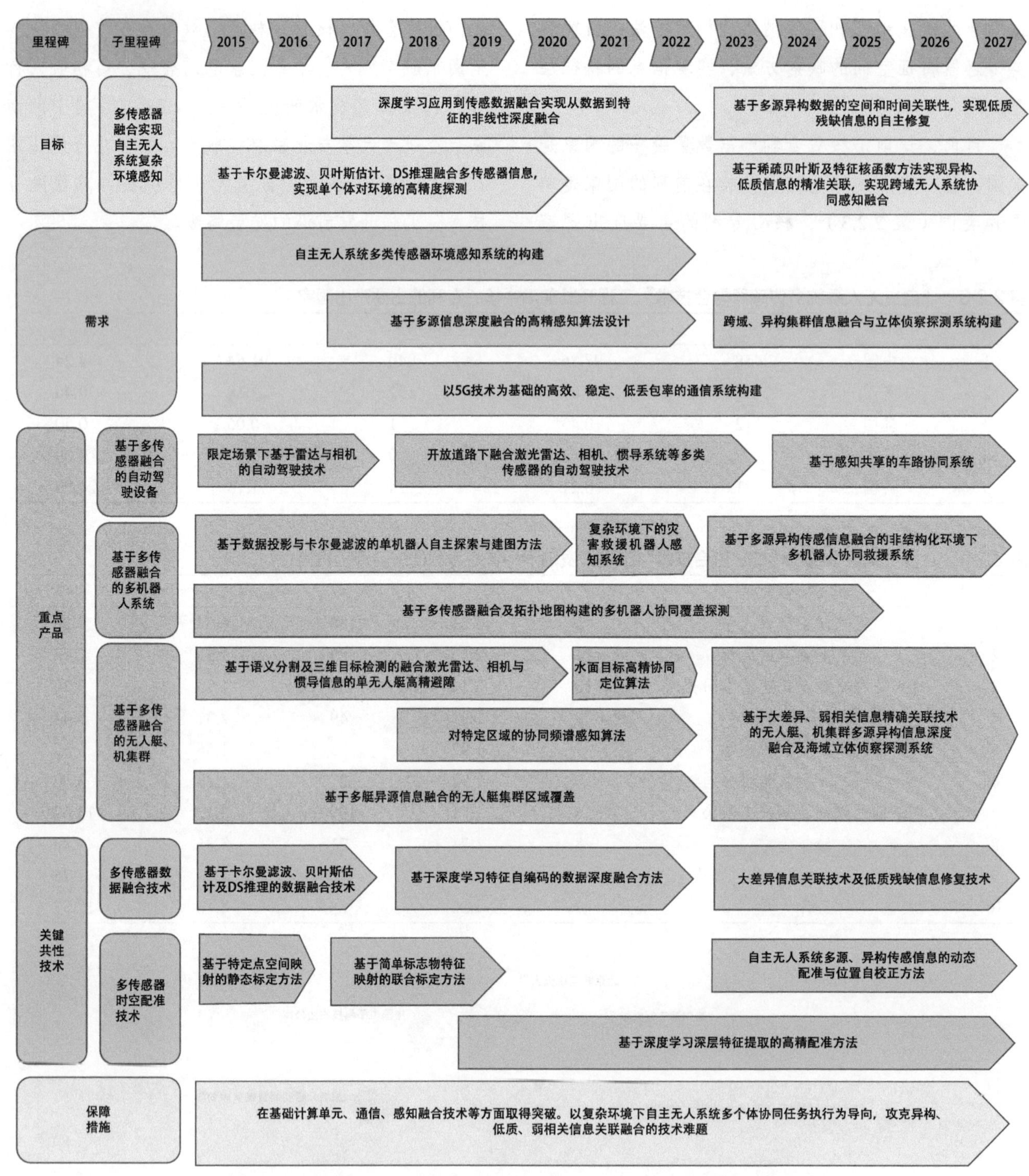

图 2.2.5 “自主无人系统多传感器融合技术”工程开发前沿的发展路线

2.2.3 新一代氢能燃料电池汽车技术

氢燃料电池可实现氢能的移动化、轻量化和大规模普及，能广泛应用于交通、工业、建筑、军事等领域。在道路交通领域中，氢能凭借零污染、可再生、加氢快、续航足等优势被誉为车用能源的“终极形式”。20 世纪 60 年代，燃料电池在美国国家航空航天局（NASA）双子星航天飞船上首次被应用。21 世纪，氢能技术发展逐渐成熟，日本丰田2014年推出全球首款量产型氢燃料电池汽车MIRAI，2020年推出的二代车续航里程可达到850 km。结合氢燃料电池的技术特性，我国工业和信息化部与中国汽车工程学会确定氢燃料电池未来主要应用于固定路线、中长途干线、高载重的卡车，计划在未来5~10年内实现燃料电池重型载卡车商业化运营，逐步替代传统燃油车市场。

为了满足商业化的需求，目前氢燃料电池中的关键材料如催化剂、质子交换膜、气体扩散层和双极板的性能仍需改进。在催化剂侧，通过铂颗粒纳米化和合金化能够显著提升催化剂的质量活性并降低铂使用量，但是合金催化剂在燃料电池高电压、强酸性工况条件下的稳定性仍需要进一步提升。非贵金属催化剂如金属－氮－碳催化剂的活性已经可以媲美商业铂碳，但是稳定性亟须提升。商业的质子交换膜为全氟磺酸树脂，需要通过材料复合提升其结构强度并降低成本。气体扩散层由宏观多孔基材和微孔层组成，需要满足高电阻率、电极结构稳定、亲水/憎水平衡以及气体传输效率高等，目前技术仍被国外垄断。双极板的质量和体积占电堆的80%以上，所以降低双极板密度和厚度是提升电堆功率密度的重要一环。除电堆外，在储氢技术方面，低温液态储氢将成为未来车载长续航使用需求的最佳解决方案。同时在整个燃料电池系统管理中，氢气供给循环系统、空气供给系统、水热管理系统、电控系统以及数据采集系统都需要进一步优化，以保证燃料电池具有高的能量转换效率以及能量输出功率。

总的来说，发展氢燃料电池汽车，需要进一步降低燃料电池中关键材料的成本并提升材料的重要性能指标（如在工况条件下的稳定性）。同时，配套的电解水制氢以及氢的运输技术问题也亟待解决。

目前，该前沿核心专利产出数量较多的国家是中国、日本和韩国，核心专利的平均被引数排在前列的国家是沙特阿拉伯、法国和比利时（表2.2.5）。其中，日本与美国、奥地利两个国家存在合作，美国与韩国之间存在合作（图2.2.6）。核心专利产出数量较多的机构是现代汽车公司、丰田汽车公司和起亚汽车公司（表2.2.6）。专利主要产出机构中，现代汽车公司与起亚汽车公司存在合作（图2.2.7）。图2.2.8为“新一代氢能燃料电池汽车技术”工程开发前沿的发展路线。

表2.2.5　“新一代氢能燃料电池汽车技术”工程开发前沿中核心专利的主要产出国家

序号	国家	公开量	公开量比例/%	被引数	被引数比例/%	平均被引数
1	中国	123	36.94	222	16.63	1.80
2	日本	94	28.23	484	36.25	5.15
3	韩国	84	25.23	412	30.86	4.90
4	美国	14	4.20	93	6.97	6.64
5	德国	14	4.20	37	2.77	2.64
6	比利时	2	0.60	21	1.57	10.50
7	沙特阿拉伯	1	0.30	52	3.90	52.00
8	法国	1	0.30	11	0.82	11.00
9	西班牙	1	0.30	3	0.22	3.00
10	奥地利	1	0.30	0	0.00	0.00

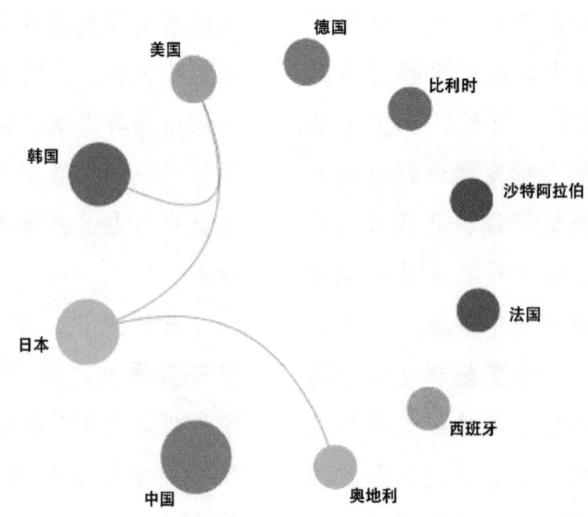

图 2.2.6 “新一代氢能燃料电池汽车技术”工程开发前沿主要国家间的合作网络

表 2.2.6 “新一代氢能燃料电池汽车技术”工程开发前沿中核心专利的主要产出机构

序号	机构	公开量	公开量比例 /%	被引数	被引数比例 /%	平均被引数
1	现代汽车公司	79	23.72	408	30.56	5.16
2	丰田汽车公司	63	18.92	272	20.37	4.32
3	起亚汽车公司	38	11.41	190	14.23	5.00
4	武汉格罗夫氢能汽车有限公司	32	9.61	41	3.07	1.28
5	本田汽车公司	9	2.70	45	3.37	5.00
6	东风日产汽车公司	5	1.50	113	8.46	22.60
7	奥迪汽车公司	5	1.50	30	2.25	6.00
8	国家电网有限公司	5	1.50	3	0.22	0.60
9	武汉地质资源环境工业技术研究院有限公司	4	1.20	11	0.82	2.75
10	三菱汽车公司	4	1.20	5	0.37	1.25

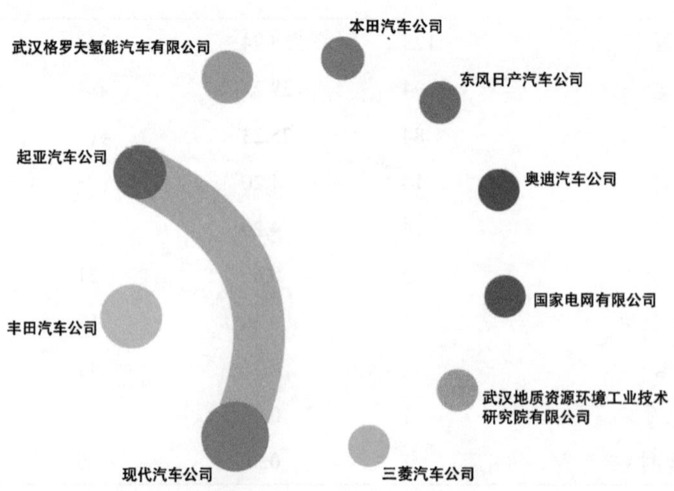

图 2.2.7 “新一代氢能燃料电池汽车技术”工程开发前沿主要机构间的合作网络

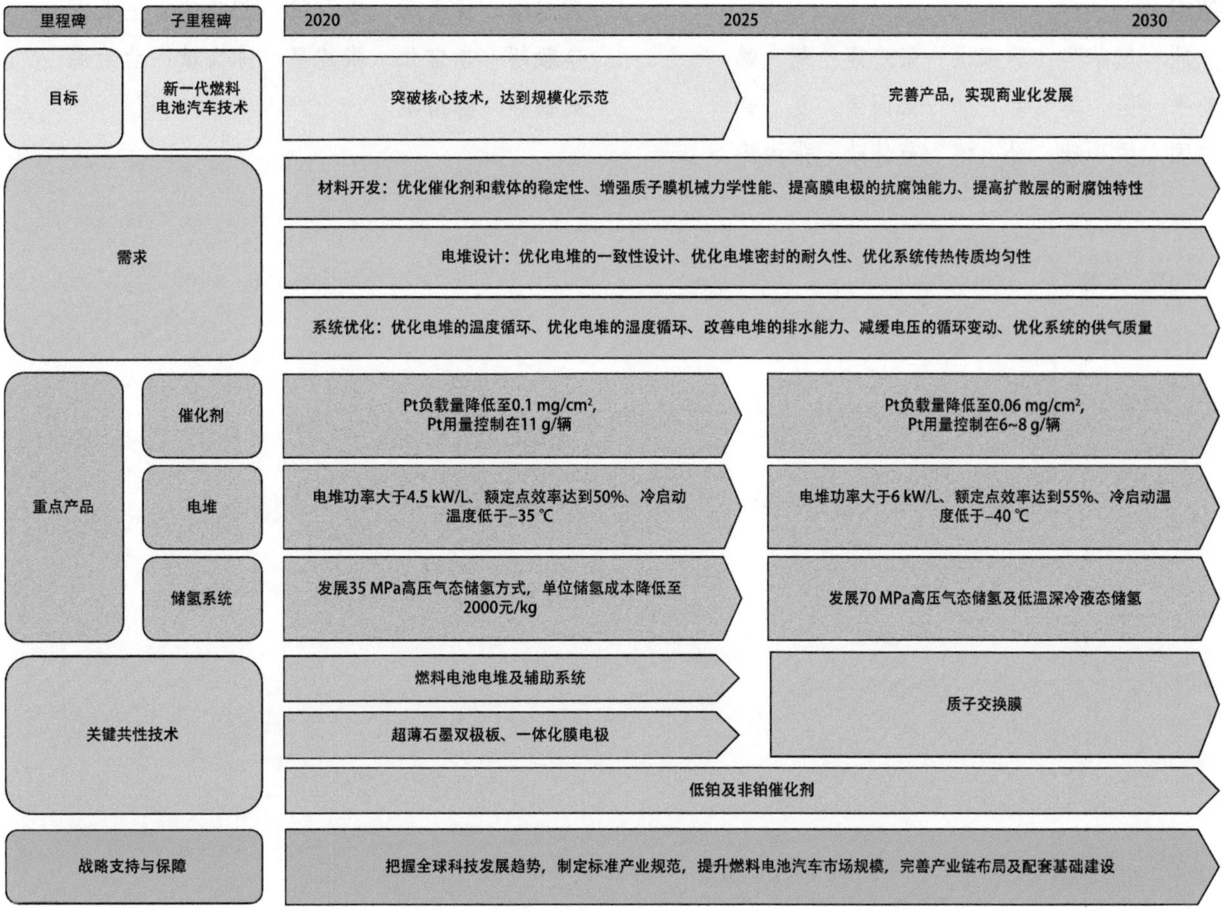

里程碑	子里程碑	2020	2025	2030
目标	新一代燃料电池汽车技术	突破核心技术，达到规模化示范	完善产品，实现商业化发展	
需求		材料开发：优化催化剂和载体的稳定性、增强质子膜机械力学性能、提高膜电极的抗腐蚀能力、提高扩散层的耐腐蚀特性		
		电堆设计：优化电堆的一致性设计、优化电堆密封的耐久性、优化系统传热传质均匀性		
		系统优化：优化电堆的温度循环、优化电堆的湿度循环、改善电堆的排水能力、减缓电压的循环变动、优化系统的供气质量		
重点产品	催化剂	Pt负载量降低至0.1 mg/cm², Pt用量控制在11 g/辆	Pt负载量降低至0.06 mg/cm², Pt用量控制在6~8 g/辆	
	电堆	电堆功率大于4.5 kW/L、额定点效率达到50%、冷启动温度低于−35 ℃	电堆功率大于6 kW/L、额定点效率达到55%、冷启动温度低于−40 ℃	
	储氢系统	发展35 MPa高压气态储氢方式，单位储氢成本降低至2000元/kg	发展70 MPa高压气态储氢及低温深冷液态储氢	
关键共性技术		燃料电池电堆及辅助系统	质子交换膜	
		超薄石墨双极板、一体化膜电极		
		低铂及非铂催化剂		
战略支持与保障		把握全球科技发展趋势，制定标准产业规范，提升燃料电池汽车市场规模，完善产业链布局及配套基础建设		

图 2.2.8 “新一代氢能燃料电池汽车技术”工程开发前沿的发展路线

领域课题组人员

课题组组长：李培根 郭东明

院士专家组：

王华明 冯煜芳 严新平 杨德森 林忠钦
高金吉 徐 青 肖龙旭 杨树兴 王向明
朱 坤 徐芑南 徐德民

其他专家组：

樊小强 吴家刚 杨勇平 杨树明 宋 波
司小胜 蔡建国 田大新 李隆球 刘 俊
刘海涛 刘 巍 刘辛军 田 煜 黄海鸿
向先波 陈玉丽 刘佳敏 李长河 袁成清
徐 兵 曹华军 侯淑娟 陈根良 武元新
姚 涛 王新云 李秦川 豆志河 王文先
王 平 张卫华 王少萍 王西彬 王开云
陈本永 陈 蓉 何清波 王海斗 毕传兴
朱继宏 张 珂 杨立兴 黄明辉 谷国迎
郭为忠 王文先 陈伟球 尧命发 殷国栋
杨明红 郗继贵 于溯源 詹 梅 李永兵
黄传真 蒋文春 曾祥瑞 李新宇 杨新文
史铁林 夏 奇 龙 胡 刘智勇

执笔组：

陈 欣 熊蔡华 郭家杰 张海霞 范大鹏
严新平 张 晖 金 朋 张园园 夏 奇
郑建国 罗 欣 孙 博 苑伟政 张海涛
黄志辉 黄云辉 李 箐 刘晓伟 毛义军
李毅超 李宝仁 张建星 陈文斌 曲荣海
史铁林 陈惜曦

二、信息与电子工程

1 工程研究前沿

1.1 Top 10 工程研究前沿发展态势

信息与电子工程领域 Top 10 工程研究前沿见表 1.1.1，涉及电子科学与技术、光学工程与技术、仪器科学与技术、信息与通信工程、计算机科学与技术、控制科学与技术等学科方向。2016—2021 年，各前沿相关的核心论文发表情况见表 1.1.2。

（1）空天地海一体化通信组网理论与技术

空天地海一体化网络是以地基网络为基础，天基网络、空基网络和海基网络为补充和延伸，为广域空间范围内的各种网络应用提供泛在、智能、协同、高效的信息保障基础设施。在空天地海一体化网络中，空基网络由高空通信平台、无人机自组网络等组成，具有覆盖增强、使能边缘服务和灵活网络重构等作用；天基网络由各种卫星系统构成天基骨干网和天基接入网，实现全球覆盖、泛在连接、宽带接入等功能；地基网络主要由地面互联网、移动通信网组成，负责业务密集区域的网络服务；海基网络主要是通过海上无线网络、海上卫星网络等满足海洋活动的通信需求。通过多维度网络的深度融合，空天地海一体化网络可以有效地综合利用各种资源，进行智能网络控制和信息处理，从而游刃有余地应对需求迥异的网络服务，实现“网络一体化、功能服务化、应用定制化”的目标，在广域移动覆盖、物联网、智能交通、遥感和监控、军事等领域中展现出广阔的应用前景。天基网络——特别是低轨卫星星座相关技术——处于核心地位，是构建无所不在、无所不联、无所不知的空天地海一体化网络的关键使能技术。目前，美国 SpaceX 公司的“Starlink”（星链）项目是低轨卫星星座竞争中的佼佼者，其计划发射 4.2 万颗卫星，构成一个可以覆盖全球的宽带卫星通信网络。截至 2022 年 8 月，已有超过 3 000 颗在轨低轨卫星，全球已有超越 50 万宽带接入订阅用户。空天地海一体化网络同时面临着高动态、强异构、超复杂、多需求等挑战，其主要研究方向包括网络架构设计、通信协议设计、网络资源管理与优化、高效传输技术以及网络安全

表 1.1.1 信息与电子工程领域 Top 10 工程研究前沿

序号	工程研究前沿	核心论文数	被引频次	篇均被引频次	平均出版年
1	空天地海一体化通信组网理论与技术	41	3 283	80.07	2019.6
2	可信人工智能理论与算法	157	29 067	185.14	2019.5
3	互补金属氧化物半导体（CMOS）硅基太赫兹成像技术	122	1 528	12.52	2018.3
4	硅基人工智能光子计算芯片理论与设计	86	2 505	29.13	2019.8
5	空间引力波超精密探测技术	220	38 208	173.67	2018.9
6	原子尺度集成电路制造	69	5 595	81.09	2018.7
7	脑机接口技术临床应用研究	219	8 489	38.76	2018.8
8	类人机器人行为发育学习与认知技术	77	519	6.74	2018.5
9	量子电路与芯片理论	57	7 432	130.39	2019.0
10	未来工业互联网体系架构与全要素互联技术	77	5 146	66.83	2019.4

注：序号 3、4 这两个前沿采用全部检出论文作为核心论文。

表 1.1.2 信息与电子工程领域 Top 10 工程研究前沿核心论文逐年发表数

序号	工程研究前沿	2016	2017	2018	2019	2020	2021
1	空天地海一体化通信组网理论与技术	2	2	6	5	10	16
2	可信人工智能理论与算法	5	14	22	31	32	53
3	互补金属氧化物半导体（CMOS）硅基太赫兹成像技术	22	25	22	17	20	16
4	硅基人工智能光子计算芯片理论与设计	3	6	5	10	25	37
5	空间引力波超精密探测技术	25	29	34	35	43	54
6	原子尺度集成电路制造	10	10	12	12	12	13
7	脑机接口技术临床应用研究	25	31	35	39	41	48
8	类人机器人行为发育学习与认知技术	12	12	14	14	13	12
9	量子电路与芯片理论	7	7	7	8	14	14
10	未来工业互联网体系架构与全要素互联技术	4	6	12	14	15	26

与隐私等。

（2）可信人工智能理论与算法

可信人工智能，旨在增强复杂人工智能系统和算法（如深度神经网络）的可信度。具体地，可信性概念蕴含了不同层面的含义：① 人工智能系统在知识表征方面的可解释性与可量化性；② 人工智能系统在表达能力方面的可解释性与可量化性，包括泛化能力、鲁棒性、公平性与隐私保护性等；③ 人工智能系统在学习与优化能力方面的可解释性；④ 众多人工智能算法内在机理的可解释性。

为了推进可信人工智能的发展，当前的研究热点聚焦于：① 定性或定量地解释人工智能系统建模的知识表征，如可视化深度神经网络中间层特征所蕴含的语义信息、量化输入变量对系统决策的重要性等；② 评估、解释、提升人工智能系统的表达能力，包括泛化能力、鲁棒性和公平性等；③ 解释人工智能系统优化算法有效性的原因，探索并发现当前经验性优化算法的潜在缺陷等；④ 设计可解释的人工智能系统，在系统设计阶段增强可信性。

尽管可信人工智能近年来受到广泛关注，但几大关键性瓶颈问题仍少有涉及与探索。这些问题包括：① 探索、定位并量化决定人工智能系统表达能力的本质因素；② 对众多经验性的人工智能算法内在机理的统一与解释，揭示众多算法有效性背后的公共本质，实现对前人算法的去芜存菁；③ 理论驱动的人工智能系统的设计与优化。事实上，国际上已有少数研究机构与团队（如麻省理工学院、上海交通大学等）发现上述关键性问题，并对这些问题做出一些前瞻性探索。

（3）互补金属氧化物半导体（CMOS）硅基太赫兹成像技术

太赫兹成像技术利用连续或脉冲太赫兹波作用于目标物，用太赫兹探测器接收透过物体或被物体表面反射的太赫兹波信号，获得目标各点透射或反射的太赫兹波强度和相位信息，通过频谱分析和数字信号处理实现目标成像。在电磁波谱中，太赫兹波位于微波与红外波段之间，具有高透射性、低能量性、相干性、瞬态性等特点。这使得太赫兹成像技术具有传统成像技术（如可见光、超声波和 X 射线成像）无法比拟的优势，在国家安全、安全检查、生物医学以及环境监测等方面表现出广阔的应用前景。近年来，随着硅基工艺的不断升级，其射频性能得到很大提升，基于硅基工艺实现的太赫兹成像技术引起国内外学者的研究兴趣。互补金属氧化物半导体（complementary metal oxide semiconductor，CMOS）太赫兹成像技术具有小尺寸、低功耗等特点，能够满足高集成和低成本的太赫兹成像商用需求。CMOS 硅基太赫兹成像技术已经在分辨力方面取得了多项技术突破，康奈尔大学基于 55 nm BiCMOS（双极互补型金属氧化物半导体）工艺研制出具有 2 mm 横向分辨力和 2.7 mm 距离分辨力的 220 GHz 成像系统。但如何突破衍射极限，进一步提升成像分辨力，依然是重要的研究方向。此外，针对硅基工艺在太赫兹频段的复杂寄生和耦合效应、太赫兹集成电路分布效应以及太赫兹源同步技术的研究，也是该领域的研究重点。

（4）硅基人工智能光子计算芯片理论与设计

人工智能（artificial intelligence, AI）是引领未来的战略性技术，而算力是支撑人工智能蓬勃发展的坚实基础。随着微处理器性能提升滞缓，摩尔定律面临失效，传统电子计算芯片由于“功耗墙”和“内存墙”的存在难以适应 AI 算力增长需求。与电子相比，光子作为信息载体具有先天的优势：低延迟、低功耗、高通量和并行性。硅基人工智能光子计算芯片通过利用硅基光子集成工艺，在硅基波导内基于光的物理传输特性实现线性模拟计算，可为人工智能应用提供具有强劲算力的光学芯片方案。

近年来，硅基人工智能光子计算芯片研究受到国内外广泛关注。主要研究方向包括可应用于图像处理的矩阵卷积光子计算芯片、积分与微分光子芯片、复数域傅里叶变换光子芯片、储水池光子计算芯片、光子神经形态计算（类脑计算）芯片、NP 问题的启发式算法求解器、脉冲神经网络光子芯片等。

硅基光子计算被视为后摩尔时代突破传统电子计算极限的潜在可行方案。随着硅基光电子集成度的不断提高，光子计算芯片不仅能极大地加快 AI 算法处理速度，同时也为新型处理器架构创造了可能。将光子模拟计算和电子数字逻辑运算结合，实现优势互补的光电协同信号处理架构，将变革现有计算系统模式，构建高算力、低功耗的新型计算基础体系，是未来必然的发展趋势。

（5）空间引力波超精密探测技术

空间引力波探测是指利用多颗卫星在太空中组成巨型激光干涉仪进行引力波探测的方法。

空间引力波探测主要面向毫赫兹附近的引力波探测频段，该频段在引力波源方面有类型丰富、数量众多、空间分布多样的优势，在对应的引力波信号方面有强度大、持续时间长等特征，这些因素使得毫赫兹频段成为引力波探测中的黄金频段，对于天体物理、宇宙学和基础物理等的研究都具有十分重要的意义。

空间引力波探测的核心技术包括两大方面：一是建立引力波探测的“探头”，利用一组在引力场中做近乎理想惯性运动的参考物体为测量引力波导致的距离变化提供空间位置上的基准点，对应的技术称为空间惯性基准技术，需要攻克高精度惯性传感、微牛顿级推进、高精度无拖曳控制等难题；二是建立引力波探测的“尺子”，利用激光测量位于不同卫星上的惯性基准点之间的距离变化，对应的技术称为星间激光干涉测量技术，需要攻克超稳光学平台、长寿命星载稳频激光、弱光锁相等难题。

空间引力波探测还要求革新航天器研制理念，比如原本属于卫星平台的推进器现已成为构建引力波“探头”的关键一环，卫星平台的结构和热稳定性等也已成为决定引力波探测能否成功的关键因素，因此引力波探测航天器的设计和研制需要打破平台和载荷之间的界限，作为一个整体来考虑。

空间引力波探测对于任何一个科技强国都是一大挑战。欧洲航天局在经过近 30 年准备后，初步计划在 21 世纪 30 年代发射人类第一个空间引力波探测器，美国计划以参与者身份加入该项目；日本一直在推动发射自己的空间引力波探测器；中国正在积极开展空间引力波探测研究，力争抢占该领域制高点，科技部已于 2020 年启动实施“引力波探测”重点研发计划，重点包括对空间引力波探测关键共性技术的支持。

（6）原子尺度集成电路制造

所谓原子尺度，在集成电路中一般是指原子层厚度的尺度。原子层厚度取决于原子大小和晶格结构，通常是在 0.1 nm 的量级范围，比如 0.2~0.5 nm。集成电路发展到 10 nm 节点以下，关键物理尺寸、关键微图形的误差容许范围、测量设备的精度等都已进入原子尺度范围。晶体管结构中越来越多的关键层厚度或宽度达到几个原子层厚度的范围，比如栅介质厚度、功函数金属栅材料厚度、鳍式场效应晶体管（fin field-effect transistor，FinFET）中 Fin 的宽度等均不超过 10 个原子层，集成电路制造工艺中常用的原子层沉积（atomic layer deposition，ALD）设备，每个周期（cycle）能够实现 0.03~0.07 nm 厚度的薄膜沉积，远低于原子层厚度。除了这种绝对尺度，在集成电路大规模量产中，为了提高良率，更为关注厚度或宽度的控制范围，比如功函数金属栅材料厚度偏差不能超过一个原子层，否则晶体管阈值电压和性能将出现不可接受的偏差，包含有上百亿个晶体管的芯片将会失效。为了确保上述尺寸的可精确测量，集成电路制造中使用的高精度测量设备其最高精度已经达到 0.01 nm，小于一个原子层厚度。除此之外，学术界对于用二维材料、氧化物沟道材料制备晶体管等相关元器件及简单电路的研究较多，也为将来进一步实现原子尺度集成电路制造提供新的途径。

（7）脑机接口技术临床应用研究

脑机接口系统旨在建立一种脑与外部设备之间直接的双向交流通道，以同时实现对外部设备的控制和对脑的调控，从而达到监测脑状态、治疗脑疾病、增强脑功能等目的。自 20 世纪 70 年代“脑机接口”概念首次提出，脑机接口技术迎来了长足发展，并在近十年呈现爆炸式发展趋势。脑机接口关键技术包括：用于采集大规模神经信号的电极设计、制造与微创植入技术；从复杂大规模神经信号中估计脑状态的神经解码技术；用于调控神经群活动的电、磁、光刺激干预技术；基于神经反馈的智能优化神经调控技术；融合神经信号存储、解码、干预与调控为一体的高性能、低功耗智能芯片技术等。

脑机接口技术在精神 / 神经疾病的诊断、治疗、康复等方面具有丰富广泛的应用场景。例如，面向恢复运动和感知功能的脑机接口主要通过神经信号解码大脑的运动状态，之后用于驱动外界设备，并同时直接向大脑提供感觉反馈，为治疗瘫痪等运动失能疾病提供了全新手段。近年来，这一类脑机接口进一步延伸到探索语言功能解码、视力功能恢复等更加精细的运动和感知功能修复。面向认知功能增强的脑机接口主要通过外界设备重建或者增强脑区间的沟通通路，进而修复或增强特定的认知功能，例如开发记忆假体以探索增强患者受损的记忆功能。面向神经和精神疾病治疗的脑机接口主要通过利用神经信号实时引导外界设备刺激脑区以精准干预疾病，这一类脑机接口在治疗帕金森综合征、癫痫、难治性抑郁症等重大神经和精神疾病方面展现了巨大潜力。

虽然脑机接口技术的临床应用前景广阔，但在性能、精准、高效、安全等方面仍存在众多挑战，例如：开发长期稳定、生物兼容、时空分辨率高的神经信号采集及神经刺激硬件；开发精确、稳定的脑机接口解码算法，以达到对各种复杂外部设备的精细控制；开发精准、鲁棒的脑机接口调控算法，以达到对各种大脑状态有效、安全的调控；研究脑接机口技术的伦理与数据安全等。

（8）类人机器人行为发育学习与认知技术

类人机器人能够在与周围物理世界的交互中，以发育学习方式强化自身行为能力，提升机器人的运动、操作，以及理解、记忆和推理等类人认知水平，表现出更加智能的行为动作。相关技术称为类人机器人发育学习和认知技术。其研究方向包括：① 自主行为发育；② 具身智能（机器人在真实物理环境下执行各种各样的任务中完成本体结构和智能的进化过程）；③ 可供性研究（机器人与环境之间的潜在行为以及这些潜在行为的影响）；④ 机器人学习平台（仿真软件或者实物真机）。因此，首先需要开发具有学习和认知能力的类脑构架的新算法，尤其是记忆和学习。开发行为认知系统，可以使机器人像人类一样做到在运动技能和行为智能上主动、内驱和终身地学习与发育。在不同环境和任务中的可泛化的感知表示方法以及交织的多模态感知联合学习也至关重要。其次，将人工智能看作具有物理实体去进行研究，在仿真环境中研究机器人身体随自然选择的变化——区别于将 AI 仅看作算法，这是完全不同的范式。同时，对机器人任务的可供性研究在救援和探索等任务中是必要的。分析机器人与环境之间的潜在行为以及这些潜在行为的影响，可以使机器人更好地在未知环境中完成任务。最后，需要进一步改进或者开发机器人平台，这更有利于对机器人与人类、环境之间的相互作用功能关系进行细致分析。

（9）量子电路与芯片理论

量子电路模型是描述量子算法的一种通用语言，其将量子算法表示为一系列量子门和测量等操作。许多著名量子算法（包括 Shor 算法、Grover 算法和 HHL 算法等）都使用量子电路模型来给出具体描述。除此之外，量子电路模型也被广泛应用于量子物理、化学系统的模拟。目前，量子计算已经进入含噪中尺度量子（noisy intermediate-scale quantum，NISQ）时代，物理实验硬件所能支持的量子电路规模、深度和量子比特数都存在固有限制，量子电路的优化程度直接影响着量子计算机的适用范围。针对各种实际计算问题，设计规模尽量小、深度尽量浅、比特数尽量少的量子电路是量子电路领域的重要研究方向之一。另外，刻画不同资源禀赋下量子电路的计算能力以及与经典电路计算能力的差异也是一个重要研究方向。

量子芯片是将量子电路小型化、集成化的工程化实现，是量子计算与量子通信等任务实现实用化与商业化的必然路径。根据量子电路所依赖物理平台的不同，量子芯片的技术路线可以分为超导量子芯片、半导体量子点量子芯片、光量子芯片等。目前，超导量子芯片从可集成的量子比特规模上领先于其他系统；半导体量子点系统由于其良好的扩展性和集成性，是实现固态量子计算的有力候选者；光学量子系统由于传统光芯片工艺和光通信技术的积累，在工程层面具有天然优势。量子芯片目前最主要的挑战是量子门的保真度、弛豫时间、串扰和测量误差，未来发展的重要方向之一是实现更大规模的电路集成，并不断提升量子比特相干特性、操控精度与速度以及可扩展性。

（10）未来工业互联网体系架构与全要素互联技术

“工业互联网”一词最早由美国通用电气公司（GE）于 2012 年提出，主要面向预测性维护，走向工业自动化智能化。随后，以德国为代表的欧洲国家于 2013 年提出“工业 4.0”，中国于 2015 年提出“中国制造 2025”，赋予了“工业互联网”更丰富的内涵，逐渐完善形成当前工业互联网全要素体系。

工业互联网体系架构包括基础网络、平台能力和安全保障三大方面。全要素互联包括人、机器、物料、法则、环境等通过网络、标识系统的连接。同时，也涵盖贯穿价值链、供应链、产业链及研发、生产、物流等全生命周期的连接技术。这些技术包括四个方面：一是互通互联、确定性传输、标识解析以及算网融合等网络技术；二是数据的采集、清洗、训练、分析等数据技术；三是信息物理系统（cyber-physical systems，CPS）、模型和应用分析、供应链和生命周期管理等智能化平台和管理技术；四是网络、数据、物理安全等安全技术。

工业互联网已经由概念共识进入尝试部署阶段。平台、标识、5G 等具体技术已经开始应用于工业中。工业互联网标识解析体系已在中国五大顶级节点上线运行。其技术和应用呈现以下趋势：① 更具体，基于工业互联网总体体系架构，考虑衍生出适用于指导各类场景落地的子架构，拓展中小企业应用；② 更融通，信息技术（IT）、运营技术（OT）和通信技术（CT）进一步一体化发展，解决云网生态互联问题，并通过虚实结合、数字孪生、确定性无损连接等提升生产制造各个环节的效率和质量；③ 更安全，隐私保护、数据可信技术将进一步受到重视，解决人员、系统、设备的安全问题；④ 更完备，以通信领域的优势推动整个自动化系统的发展，构筑先进的工业全要素互联体系，贯通上下游，支持新的工业结构的形成。

1.2 Top 3 工程研究前沿重点解读

1.2.1 空天地海一体化通信组网理论与技术

空天地海一体化通信组网是融合空基、天基、地基、海基的一体化组网技术，它能弥补传统地面网络在覆盖性、组网灵活性和节点差异性方面的不足，是实现“网络随地接、服务随心想”的重要条件和基础设施。然而，由于现有各通信系统机制不统一，资源分布差异性强，无线信道更加复杂多变，且网络安全性难以保证，空天地海一体化网络亟须在网络架构、通信协议、资源管控和高效传输四方面突破，因此对于该领域的技术前沿解读也从这四方面展开。

第一，在网络架构设计方面，主要有两大趋势。国际移动通信标准化组织 3GPP（3rd Generation Partnership Project，第三代合作伙伴计划）力主推进非地面网络（non-terrestrial network，NTN）（包含卫星、无人机等所有非地面网络）与地面蜂窝网络融合，使得 NTN 成为 5G 网络以及未来 6G 网络中的一部分，从而形成互联互通的空天地海一体化网络。另一个趋势是以软件定义网络和网络功能虚拟化技术为核心的虚拟化网络架构，形成高效、全局可控、低成本的空天地海一体化网络管控架构。该方向的主要研究机构包括滑铁卢大学、清华大学、北京交通大学等。

第二，在通信协议设计方面，CCSDS 协议通过对相邻帧的迭代处理，可实现空天地海网络中有效载荷限制下近乎无损的多媒体流传输，极大地扩展了空间飞行任务信息系统的配套交换能力；DVB 系列协议克服了传统上行链路功率控制对射频前端体积的限制，有效提高了卫星通信链路的频谱效率，从而能进行空间段的优化，并大幅度降低基于卫星的 IP 服务成本。然而，这两种协议提出的时间较早，目前包括 3GPP 在内的多家组织和机构也在探索新型空天地海一体化网络通信协议。

第三，在网络资源管控方面，目前主要有两个研究趋势：一是 AI 驱动的资源管控技术，它能适应传统空天地海融合网络中网络节点多、决策空间大、资源异构的特点，从而有效提高网络资源的利用率；二是以服务功能链或者网络切片为载体的资源调度技术，它通过软件定义网络和网络功能虚拟化技术将全网资源切片化，在保障用户之间业务隔离性的同时，亦能保障多维需求指标的满足，从而实现未来网络服务定制化的关键目标。该方向的主要研究机构包括清华大学、滑铁卢大学、西安电子科技大学、中国人民解放军国防科技大学等。

第四，在高效传输技术方面，星间激光通信被认为是实现高速星间链路的潜在技术，相比于基于射频的星间通信，其可通过更小的天线尺寸实现更高的数据传输速率。同时，由于激光光束的特性，星间激光链路具有更窄的波束和更高的指向性，从而能在消除干扰的同时提供更高的安全性。目前，工程应用中主要的星间链路通信方式仍然是微波通信，预计将于 2023 年年底实现初步的星间激光通信测试及部署。该方向的主要研究机构有北京航空航天大学、西安电子科技大学、东南大学、北京交通大学和美国东北大学等。

此外，低轨卫星星座系统建设也是空天地海一体化通信组网的重要发展方向。铱星移动通信系统是目前最早计划实施并部署的全球覆盖卫星网络，提出于 20 世纪 90 年代，但由于资金和技术等原因，美国铱星公司破产重组，逐渐淡出人们的视野。

2015年，美国 SpaceX 公司提出的“Starlink”让低轨卫星网络成为学术界和工业界的热点，其宣布将发射上万颗低轨卫星为全球提供高速带宽接入。截至目前，“Starlink”已经完成初步部署，下载速度最高可达 301 Mbps，并向几十个欧美国家提供了网络接入。除此之外，中国也有多个预备建设的低轨卫星通信系统，包括“天启”“鸿雁”“蔚星”“星网巨型星座”等，其中最早的预计能于 2023 年年底完成部署。

“空天地海一体化通信组网理论与技术”工程研究前沿中核心论文的主要产出国家分布情况见表 1.2.1。中国的优势明显，核心论文数排名世界第一，约为第二名加拿大的 3 倍。中国的国际合作对象主要是加拿大，并与英国、美国和日本等都有一定程度的合作（图 1.2.1）。排名前十的核心论文主要产出机构（表 1.2.2）中，滑铁卢大学产出的论文最多；另外，有 6 家机构来自中国，其余分布在日本、挪威和英国。在机构合作（图 1.2.2）方面，中国的 5 家机构与滑铁卢大学、2 家机构与萨里大学的合作较为密切，北京理工大学与挪威奥斯陆大学也有部分合作。施引核心论文数量（表 1.2.3）方面，中国排名第一（占比为 49.62%），第二名是美国，其余国家的占比均低于 10%；排名前十的施引核心论文产出机构（表 1.2.4）中，除第五名滑铁卢大学外，其余都来自中国，体现了中国对该方向较高的关注度。

目前，“空天地海一体化通信组网理论与技术”在国内外处于不同发展水平，但整体而言，都正处

表 1.2.1 “空天地海一体化通信组网理论与技术”工程研究前沿中核心论文的主要产出国家

序号	国家	核心论文数	论文比例 /%	被引频次	篇均被引频次	平均出版年
1	中国	35	85.37	2 958	84.51	2019.6
2	加拿大	13	31.71	1 260	96.92	2019.9
3	英国	8	19.51	613	76.62	2019.9
4	日本	7	17.07	781	111.57	2020.0
5	美国	6	14.63	328	54.67	2020.7
6	挪威	3	7.32	499	166.33	2019.0
7	沙特阿拉伯	3	7.32	127	42.33	2021.0
8	新加坡	3	7.32	126	42.00	2020.0
9	澳大利亚	2	4.88	220	110.00	2019.0
10	印度	2	4.88	129	64.50	2020.5

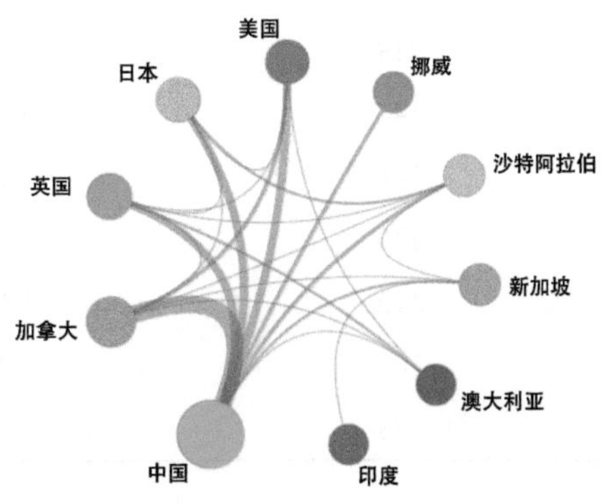

图 1.2.1 “空天地海一体化通信组网理论与技术”工程研究前沿主要国家间的合作网络

表 1.2.2　“空天地海一体化通信组网理论与技术”工程研究前沿中核心论文的主要产出机构

序号	机构	核心论文数	论文比例 /%	被引频次	篇均被引频次	平均出版年
1	滑铁卢大学	8	19.51	978	122.25	2019.6
2	西安电子科技大学	7	17.07	788	112.57	2019.9
3	东南大学	7	17.07	483	69.00	2020.0
4	清华大学	5	12.20	296	59.20	2019.8
5	日本东北大学	4	9.76	677	169.25	2019.2
6	奥斯陆大学	3	7.32	499	166.33	2019.0
7	北京理工大学	3	7.32	456	152.00	2018.3
8	萨里大学	3	7.32	362	120.67	2020.3
9	北京交通大学	3	7.32	341	113.67	2018.3
10	紫金山实验室	3	7.32	285	95.00	2020.7

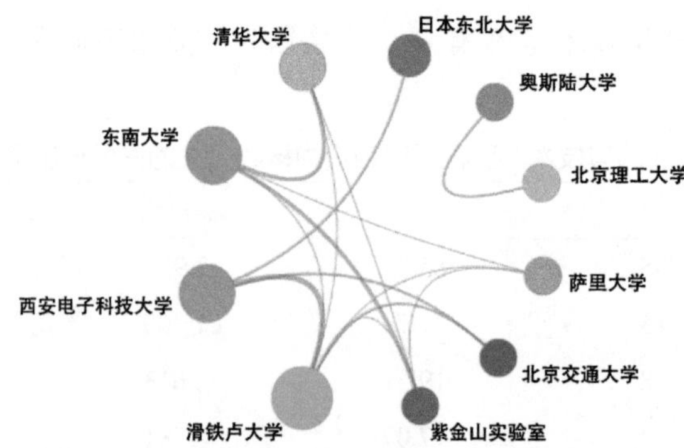

图 1.2.2　“空天地海一体化通信组网理论与技术”工程研究前沿主要机构间的合作网络

表 1.2.3　“空天地海一体化通信组网理论与技术”工程研究前沿中施引核心论文的主要产出国家

序号	国家	施引核心论文数	施引核心论文比例 /%	平均施引年
1	中国	1 634	49.62	2020.4
2	美国	340	10.32	2020.4
3	加拿大	310	9.41	2020.2
4	英国	219	6.65	2020.5
5	韩国	147	4.46	2020.6
6	印度	141	4.28	2020.5
7	澳大利亚	130	3.95	2020.3
8	沙特阿拉伯	119	3.61	2020.6
9	日本	107	3.25	2020.4
10	德国	75	2.28	2020.3

于设计和初步部署阶段。图 1.2.3 为“空天地海一体化通信组网理论与技术”工程研究前沿的发展路线。从技术指标来看，到 2025 年，全球低轨卫星的星座最大规模为千颗级别，预计到 2030 年，单星座卫星规模将达到万颗级别；从传输性能来看，未来 5 年内，低轨卫星网络的测试速率可达 500 Mbps，延迟最低可实现 60 ms，而在 2027 年到 2032 年，低轨卫星网络的测试速率将达到最低 5 Gbps，延迟

表 1.2.4 “空天地海一体化通信组网理论与技术”工程研究前沿中施引核心论文的主要产出机构

序号	机构	施引核心论文数	施引核心论文比例 /%	平均施引年
1	西安电子科技大学	166	15.26	2020.3
2	北京邮电大学	161	14.80	2020.3
3	东南大学	141	12.96	2020.6
4	清华大学	111	10.20	2020.2
5	滑铁卢大学	110	10.11	2019.9
6	南京邮电大学	76	6.99	2020.6
7	北京航空航天大学	76	6.99	2020.2
8	北京交通大学	67	6.16	2020.0
9	鹏城实验室	66	6.07	2020.7
10	南京航空航天大学	59	5.42	2020.5

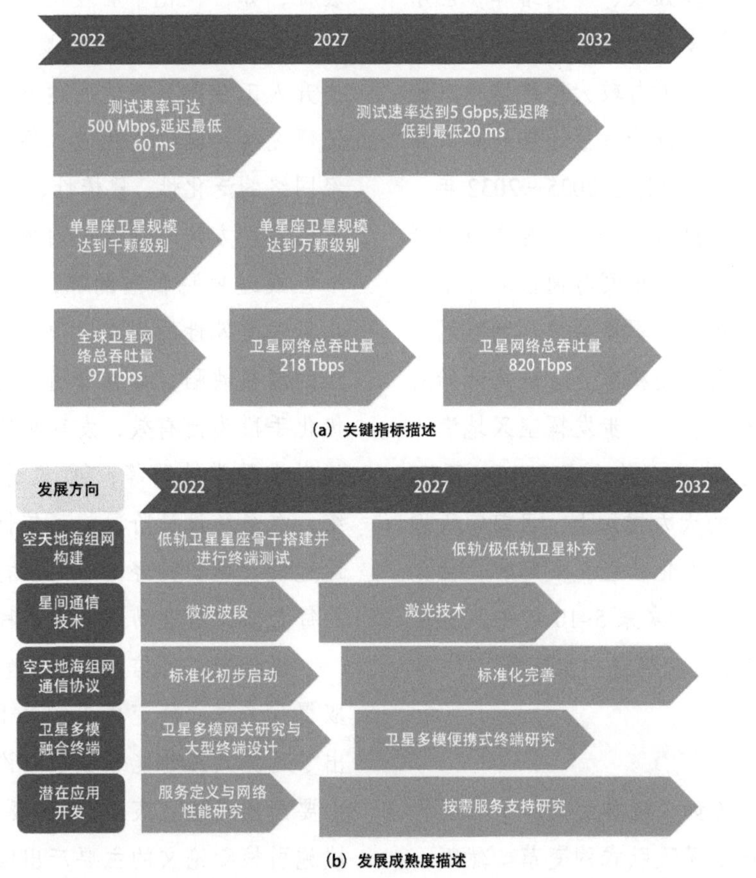

图 1.2.3 “空天地海一体化通信组网理论与技术”工程研究前沿的发展路线

最低能实现20 ms；从全球卫星网络总吞吐量来看，2022年到2024年将达到97 Tbps，而在2025年到2028年将达到总吞吐量218 Tbps，并在2032年前达到820 Tbps。从发展方向来说，目前该工程研究前沿主要发展方向有空天地海组网构建、星间通信技术、空天地海组网通信协议、卫星多模融合终端和潜在应用开发五个主要方面。其中，在空天地海组网构建方面，目前全球正处于初步的低轨卫星星座骨干搭建与系统终端测试阶段，预计到2025年年底完成星座骨干的搭建，并在2032年之前根据应用需求补充低轨和极低轨卫星。在星间通信技术方面，当前低轨卫星星座网络星间通信技术较为薄弱，所使用的通信技术主要为微波通信，激光通信尚处研发阶段，预计在2025年开始激光传输技术的普及和正式使用。在卫星多模融合终端方面，终端对质量、体积、异构组网兼容、应用集成等方面有较高要求，同时需要适应于多系统、多频段、多网络和多应用等。目前看来，有关卫星多模的技术只处于初步阶段，相关的产品也局限于网关与较大型终端，这给野外工作、边境巡逻、应急抢险救援通信及单兵作战等带来极大的不便利性，预计在2025—2032年，便携终端将能设计完成并投入市场。在潜在应用开发方面，目前空天地海一体化组网与通信的应用场景主要集中于广域宽带接入、军事通信、物联网、车联网等方面，应用范围比较狭窄。未来将开始对更多潜在业务进行探索，以进一步发挥空天地海一体化网络的潜在能力。除此之外，在3GPP、IMT-2030等国际标准化组织的大力推动下，目前空天地海一体化通信与组网的标准化已经正式起步，部分议程正在逐步开展，预计在未来5~10年中，相关的技术、协议、指标要求等都将进一步完善。

1.2.2 可信人工智能理论与算法

复杂人工智能系统（如深度神经网络）的巨大成功令人工智能领域产生了飞跃式的变革。然而，由于其复杂的结构和庞大的参数体量，这些系统通常被视为黑盒系统。人们既无法理解系统内在的决策逻辑，也无法解释系统在表达能力方面的优势与缺陷，如解释神经网络为何具有优越的性能但却在对抗攻击下极其脆弱等。人工智能系统在决策过程、表达能力、优化能力等方面的不可解释性，极大地损害了系统的可信、可控与安全性，进而阻碍了人工智能在应用领域尤其是智能医疗、自动驾驶等高风险领域的广泛普及。

为了建立可信、可控、安全的人工智能，学术界与工业界致力于增强人工智能系统与算法的可解释性。具体地，可信人工智能旨在增强人工智能系统在知识表征、表达能力、优化与学习能力等方面的可解释性与可量化性以及增强人工智能算法内在机理的可解释性。

近年来，可信人工智能的主要研究方向包括：① 定性或定量地解释人工智能系统所建模的知识表征，如可视化中层表达蕴含的语义信息、量化输入变量对系统决策的重要性等；② 评估、解释、提升人工智能系统的表达能力，包括理论证明或实证研究神经网络泛化性、鲁棒性等的边界，解释神经网络的泛化性、鲁棒性、表征瓶颈等的内在机理，发展各种方法（如对抗训练）提升系统鲁棒性、公平性或避免隐私泄漏等；③ 解释人工智能系统优化算法有效性的内在机理，探索当前经验性优化算法的潜在缺陷，如解释随机梯度下降、随机失活等优化手段为何有效，发现批归一化等经典优化操作的潜在数学缺陷等；④ 设计可解释的人工智能系统，在系统设计阶段将可信性嵌入系统结构中，如通过设计卷积神经网络的目标函数，使高层卷积层的每个滤波器自动地表示某种语义。

近年来，可信人工智能领域受到广泛关注，并取得众多核心研究成果。表1.2.5和表1.2.6分别列出了可信人工智能领域核心论文的主要产出国家、主要产出机构。表1.2.7和表1.2.8分别列出了该领域施引核心论文的主要产出国家和主要产出机构。可以看出，代表性的研究机构主要包括麻省理工学

表 1.2.5 "可信人工智能理论与算法"工程研究前沿中核心论文的主要产出国家

序号	国家	核心论文数	论文比例 /%	被引频次	篇均被引频次	平均出版年
1	美国	67	42.68	21 672	323.46	2018.9
2	中国	36	22.93	1 990	55.28	2020.0
3	英国	19	12.10	1 389	73.11	2019.8
4	德国	18	11.46	1 501	83.39	2019.5
5	意大利	12	7.64	319	26.58	2020.3
6	奥地利	9	5.73	627	69.67	2020.0
7	韩国	8	5.10	750	93.75	2019.8
8	澳大利亚	7	4.46	1 170	167.14	2019.9
9	加拿大	7	4.46	776	110.86	2019.3
10	瑞士	7	4.46	282	40.29	2019.3

表 1.2.6 "可信人工智能理论与算法"工程研究前沿中核心论文的主要产出机构

序号	机构	核心论文数	论文比例 /%	被引频次	篇均被引频次	平均出版年
1	加利福尼亚大学洛杉矶分校	11	7.01	875	79.55	2019.2
2	斯坦福大学	8	5.10	2 638	329.75	2018.2
3	高丽大学	6	3.82	716	119.33	2019.5
4	格拉茨医科大学	6	3.82	586	97.67	2019.7
5	比萨大学	6	3.82	199	33.17	2019.8
6	加利福尼亚大学伯克利分校	5	3.18	4 561	912.20	2017.2
7	柏林工业大学	5	3.18	710	142.00	2019.2
8	弗劳恩霍夫·海因里希·赫兹研究所	5	3.18	695	139.00	2019.4
9	上海交通大学	5	3.18	123	24.60	2020.6
10	格拉纳达大学	4	2.55	1 086	271.50	2020.2

表 1.2.7 "可信人工智能理论与算法"工程研究前沿中施引核心论文的主要产出国家

序号	国家	施引核心论文数	施引核心论文比例 /%	平均施引年
1	中国	7 372	33.09	2020.4
2	美国	5 719	25.67	2020.2
3	英国	1 722	7.73	2020.3
4	德国	1 471	6.60	2020.4
5	韩国	1 130	5.07	2020.4
6	澳大利亚	915	4.11	2020.4
7	加拿大	901	4.04	2020.3
8	日本	890	3.99	2020.3
9	意大利	771	3.46	2020.4
10	印度	739	3.32	2020.4

院、中国科学院、上海交通大学等，分布在美国、中国等国家。另外，许多核心论文是由不同国家的不同研究机构合作完成的，其中主要产出国家之间的合作网络和主要产出机构间的合作网络分别见图 1.2.4 和图 1.2.5。

尽管可信人工智能近年来受到广泛关注，但大

表 1.2.8 “可信人工智能理论与算法”工程研究前沿中施引核心论文的主要产出机构

序号	机构	施引核心论文数	施引核心论文比例 /%	平均施引年
1	中国科学院	750	22.27	2020.3
2	浙江大学	333	9.89	2020.4
3	清华大学	325	9.65	2020.1
4	哈佛大学	282	8.37	2020.4
5	斯坦福大学	276	8.19	2020.2
6	上海交通大学	266	7.90	2020.3
7	麻省理工学院	260	7.72	2020.2
8	电子科技大学	245	7.27	2020.4
9	北京大学	216	6.41	2020.2
10	武汉大学	212	6.29	2020.4

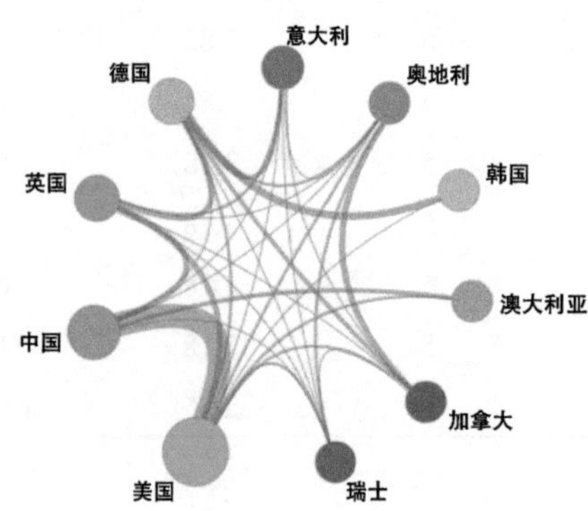

图 1.2.4 “可信人工智能理论与算法”工程研究前沿主要国家间的合作网络

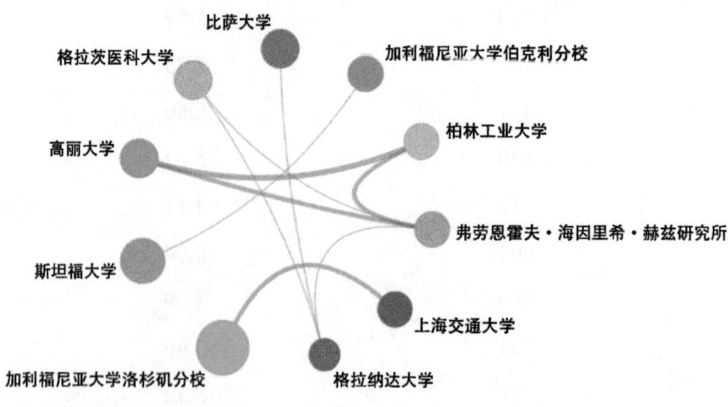

图 1.2.5 “可信人工智能理论与算法”工程研究前沿主要机构间的合作网络

多数研究仍停留在工程性算法层面，如可视化神经网络的神经元、估计输入变量的重要性、用对抗攻击下的准确率评估神经网络的鲁棒性等，而对于可信人工智能领域中几大关键性、根本性的瓶颈问题却少有涉及与探索。这些问题包括：

1）探索、定位并量化决定人工智能系统表达能力的本质因素。具体地，人工智能系统的众多指标（如网络结构、优化手段等）都会影响系统的表达能力，但这些指标往往蕴含了许多与表达能力无关的冗余因素，并不能揭示决定表达能力的根本因素。只有确切地定位表达能力的决定性因素，才能准确地评估、解释系统的表达能力。

2）对当前众多经验性的人工智能算法内在机理的统一与解释。为解决某一个研究问题，学者们往往会从不同的经验性角度提出不同的人工智能算法。实际上，这些算法背后往往蕴含着相同或相似的内在机理。对这些不同经验性算法内在机理的统一与解释，可以揭示这些算法的公共本质，并从本质层面评估和比较这些算法的可靠性。

3）理论驱动的人工智能系统的设计与优化，尤其是神经网络系统。目前人工智能系统的结构设计、训练优化大都是经验主义的，即人们从大量实验观察中找出行之有效的结构设计和优化方法。然而，我们需要找到统一的理论反馈指导系统的设计与优化，令人工智能系统具备满足特定任务需求的表达能力，方能真正实现系统的可控性。

事实上，国际上已有少数研究团队，发现并重视了上述关键性问题，并在这些方向上做出了前瞻性的探索。例如，上海交通大学的团队统一地解释了众多提升对抗迁移性的算法；加利福尼亚大学伯克利分校的团队提出“自洽性”与“简约性”原则是人工智能系统的基石，并用这些原则指导设计了表征可解释、训练可解释的人工智能系统。

在过去 10 年中，可信人工智能取得诸多研究成果。然而，从整个领域的发展进程看，其仍处于起步阶段，仍存在众多亟待解决的关键性瓶颈问题。具体地，如图 1.2.6 所示，未来 5~10 年的重要发展方向包括如下几个方面。

第一，完善对知识表征的解释。当前对知识表征的解释大多源于启发性直觉，缺乏理论可靠性；这些解释也往往没有标准的答案以供参考，因此无法从实证角度验证解释的可靠性。因此，未来的研究重点可能包括：① 统一现有众多经验性解释，揭示其公共本质；② 发展具有理论保证的新解释；③ 客观评估解释的可靠性。

第二，深入发展对表达能力的解释与量化。未来的研究重点可能包括：① 探索并定位决定人工智能系统表达能力的本质因素；② 如何统一地解释众多提升表达能力的人工智能算法的内在机理；③ 提出精确的量化指标，评估系统的真实表达能力；④ 解释并证明系统在表达能力方面的特点和缺陷。

第三，理论驱动的人工智能系统的设计与优化。

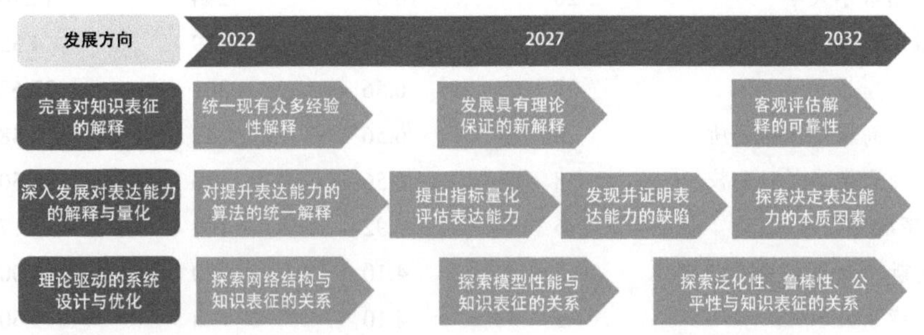

图 1.2.6 “可信人工智能理论与算法”工程研究前沿的发展路线

目前，人们往往是从大量实验观察中找出行之有效的结构设计和优化方法，而可信人工智能需要我们找到统一的理论，有的放矢地反馈指导系统的设计与优化。为了实现这一目标，未来的研究重点可能包括：① 探索神经网络的网络结构与知识表征的关系；② 探索神经网络的模型性能与知识表征的关系；③ 探索神经网络的众多表达能力（如泛化性、鲁棒性、公平性等）与知识表征的关系。

1.2.3　互补金属氧化物半导体（CMOS）硅基太赫兹成像技术

传统太赫兹成像器件及系统的实现方式主要基于纯电子器件和纯光电两种。前者主要依赖于肖特基二极管和Ⅲ - Ⅴ族器件，后者主要依赖于光电导、光整流和量子级联激光器。这些设备在实际使用中成本高昂、体积庞大，有些甚至需要冷却设备辅助。此外，它们与传统的微电子封装不兼容，进一步增加了集成化难度。近年来，随着硅基工艺的快速发展，基于互补金属氧化物半导体（CMOS）硅基工艺实现的太赫兹成像技术具有低功耗和小尺寸等特点，能够满足低成本和高集成度的市场化需求，逐渐成为国际太赫兹成像领域的研究热点。

针对 CMOS 硅基太赫兹成像技术的研究情况分析如表 1.2.9 所示。美国、德国和中国在核心论文数量方面位居世界前三名，但在论文被引频次方面，中国下滑至第五名，被日本和法国赶超。表 1.2.10

表 1.2.9　“互补金属氧化物半导体（CMOS）硅基太赫兹成像技术”工程研究前沿中核心论文的主要产出国家

序号	国家	核心论文数	论文比例 /%	被引频次	篇均被引频次	平均出版年
1	美国	38	31.15	519	13.66	2018.3
2	德国	33	27.05	359	10.88	2018.7
3	中国	18	14.75	107	5.94	2018.4
4	法国	10	8.20	147	14.70	2017.6
5	波兰	10	8.20	42	4.20	2020.4
6	立陶宛	10	8.20	41	4.10	2020.3
7	以色列	6	4.92	17	2.83	2016.8
8	瑞士	6	4.92	12	2.00	2017.2
9	日本	5	4.10	222	44.40	2018.8
10	英国	4	3.28	102	25.50	2017.0

表 1.2.10　“互补金属氧化物半导体（CMOS）硅基太赫兹成像技术”工程研究前沿中核心论文的主要产出机构

序号	机构	核心论文数	论文比例 /%	被引频次	篇均被引频次	平均出版年
1	伍珀塔尔大学	20	16.39	294	14.70	2018.5
2	维尔纽斯大学	9	7.38	39	4.33	2020.7
3	普林斯顿大学	8	6.56	301	37.62	2018.8
4	波兰科学院高压物理研究所	8	6.56	39	4.88	2020.8
5	加利福尼亚大学洛杉矶分校	8	6.56	20	2.50	2019.6
6	密歇根大学	6	4.92	109	18.17	2018.0
7	立陶宛约纳斯·泽梅蒂斯军事学院	5	4.10	20	4.00	2020.8
8	南京大学	5	4.10	8	1.60	2018.6
9	格拉斯哥大学	4	3.28	102	25.50	2017.0
10	康奈尔大学	4	3.28	97	24.25	2017.5

展示了对该工程研究前沿中核心论文主要产出机构的分析：在核心论文数量方面，伍珀塔尔大学和维尔纽斯大学位居前列，中国只有南京大学排进前十。在论文被引频次方面，普林斯顿大学、伍珀塔尔大学和密歇根大学进入前三，南京大学论文被引频次位居末位。在国家间的合作网络（图 1.2.7）方面，中国的主要合作伙伴为美国；德国与欧洲、美洲和亚洲地区国家建立了广泛的合作关系。在机构间的合作网络（图 1.2.8）方面，欧洲大陆的立陶宛约纳斯·泽梅蒂斯军事学院、维尔纽斯大学和波兰科学院高压物理研究所建立了稳定的合作关系，美国的康奈尔大学分别与加利福尼亚大学洛杉矶分校、密歇根大学建立了合作关系。表 1.2.11 所示为该前沿中施引核心论文的主要产出国家。中国占比超过三分之一，位居世界第一，美国和德国分别位列第二、第三名。在表 1.2.12 所示施引核心论文的主要产出机构排行榜中，中国占据绝对优势，有 7 家中国机构位列世界前十，另外 2 家为美国机构、1 家为德国机构。

CMOS 硅基太赫兹成像技术的研究主要集中在高灵敏度、高集成度和高分辨力三个方面。最初的成像技术采用非相干的直接检测技术，但其灵敏度低、输入功率要求大，对固态电子产品也极具挑战性。0.13 μm SiGe BiCMOS（锗化硅双极互补金属氧化物半导体）工艺相干成像收发器芯片的提出，将灵敏度提升 10 倍以上。为实现更高的分辨力成像，基于相干成像的阵列规模也逐渐扩大。但传统的相干检测阵列中的本振信号大多采用中心化设计，很不利于阵列规模的扩大。基于 65 nm CMOS 工艺的 32 单元锁相密集外差接收阵列，可允许 2 个交错的 4×4 阵列芯片在 1.2 mm^2 的芯片范围内集成，使得整个接收机阵列更加紧凑。在成像横向

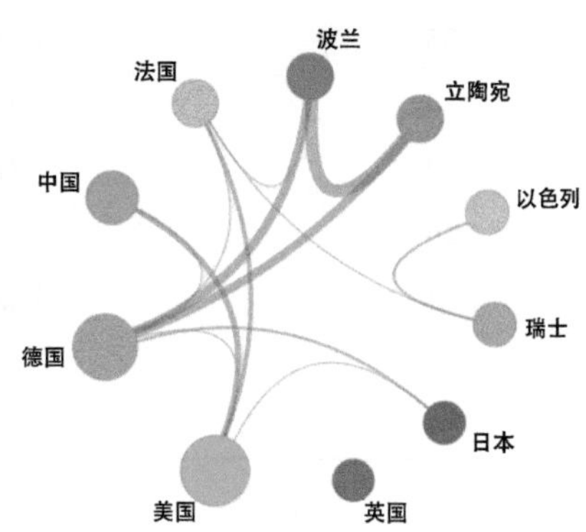

图 1.2.7 “互补金属氧化物半导体（CMOS）硅基太赫兹成像技术”工程研究前沿主要国家间的合作网络

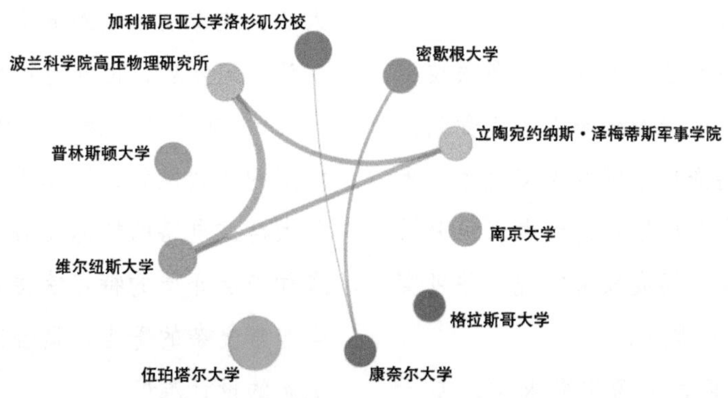

图 1.2.8 “互补金属氧化物半导体（CMOS）硅基太赫兹成像技术”工程研究前沿主要机构间的合作网络

表 1.2.11 “互补金属氧化物半导体（CMOS）硅基太赫兹成像技术”工程研究前沿中施引核心论文的主要产出国家

序号	国家	施引核心论文数	施引核心论文比例 /%	平均施引年
1	中国	464	34.73	2020.1
2	美国	276	20.66	2019.7
3	德国	150	11.23	2019.7
4	日本	76	5.69	2020.3
5	韩国	76	5.69	2019.9
6	英国	63	4.72	2019.8
7	西班牙	52	3.89	2019.9
8	印度	51	3.82	2020.2
9	意大利	50	3.74	2020.0
10	法国	44	3.29	2019.6

表 1.2.12 “互补金属氧化物半导体（CMOS）硅基太赫兹成像技术”工程研究前沿中施引核心论文的主要产出机构

序号	机构	施引核心论文数	施引核心论文比例 /%	平均施引年
1	中国科学院	89	23.67	2019.9
2	华中科技大学	40	10.64	2019.8
3	伍珀塔尔大学	36	9.57	2019.3
4	天津大学	35	9.31	2019.9
5	电子科技大学	34	9.04	2020.2
6	普林斯顿大学	29	7.71	2019.8
7	北京大学	26	6.91	2020.0
8	浙江大学	23	6.12	2020.2
9	东南大学	23	6.12	2020.0
10	麻省理工学院	21	5.59	2019.6

分辨力提升方面，基于 55 nm BiCMOS 工艺的完全集成超宽带逆合成孔径成像技术可实现 2 mm 的横向分辨力和 2.7 mm 的距离分辨力。

迄今为止，太赫兹成像分辨力取得了多项技术突破，但硅集成太赫兹成像器的分辨力一直受到衍射极限的限制，只能达到毫米范围的光斑尺寸。生物医学或材料表征中的许多应用需达到微米级分辨力，这可以通过从远场到近场成像来实现，并可实现 10~12 μm 范围的横向分辨力。

在低成本和高集成度的市场化需求下，基于 CMOS 硅基的太赫兹成像研究在过去 10 年逐渐成为热点，并取得飞速进步，产生了大量研究成果并推动太赫兹成像技术的发展。随着工艺的持续进步，太赫兹成像技术逐渐向高集成度、高精确度、大阵列等方向发展，但同时也面临着三大挑战：

1）在不断提高的工作频率条件下，有源器件模型的有效性和无源器件的损耗逐渐制约了硅基工艺太赫兹电路的快速发展。同时，硅基工艺多层金属和多层介质的特点使得各个器件在太赫兹频段产生非常复杂的寄生、耦合效应，大大增加了太赫兹电路的设计难度。

2）太赫兹频段波长短，有利于系统的集成。

但太赫兹电路容易产生分布效应，也更容易受到表面粗糙度的影响，因此需要根据创新封装和互联技术实现系统的集成。

3）为了实现较高的角度分辨力，当从单个通道到阵列芯片的扩展时，需要保证多通道的协同工作，因此对源同步的技术提出了更高的要求。为了保证探测和信号传递的准确性，需要更复杂的校准系统来协同工作。

BCC Research 预测，2029 年全球主流太赫兹技术的市场规模可达 35 亿美元。其中不包括硅基集成电路行业带来的市场份额，主要原因在于 CMOS 硅基太赫兹技术的发展与成熟化相对滞后。图 1.2.9 所示为该前沿的发展路线。到 2029 年左右，将可实现芯片制作并启动相关在片测试；到 2032 年方可完成技术优化和集成研究，并实现芯片尺寸和分辨力的突破。可以预见，在未来 10 年，利用 CMOS 硅基实现太赫兹技术的集成化将推动太赫兹成像技术迈向更大的市场规模。

2 工程开发前沿

2.1 Top 10 工程开发前沿发展态势

信息与电子工程领域 Top 10 工程开发前沿见表 2.1.1，涉及电子科学与技术、光学工程与技术、仪器科学与技术、信息与通信工程、计算机科学与技术、控制科学与技术等学科方向。2016—2021 年，各开发前沿涉及的核心专利公开情况见表 2.1.2。

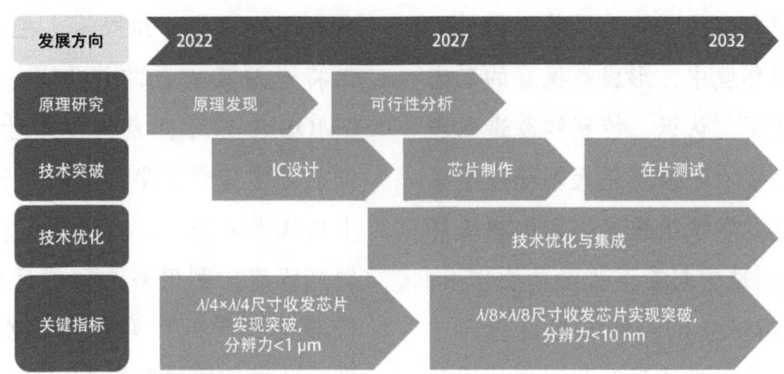

图 1.2.9 “互补金属氧化物半导体（CMOS）硅基太赫兹成像技术”工程研究前沿的发展路线

表 2.1.1 信息与电子工程领域 Top 10 工程开发前沿

序号	工程开发前沿	公开量	被引频次	平均被引频次	平均公开年
1	超大规模数字孪生可视化与仿真系统	483	2 865	5.93	2020.1
2	集成片上光源	832	1 548	1.86	2018.7
3	多源信息融合的定位技术	909	3 745	4.12	2018.7
4	人机物融合泛在操作系统	404	1 095	2.71	2018.6
5	量子微波测量技术	638	4 523	7.09	2017.3
6	光学元件原子及近原子尺度制造与测量技术	224	1 766	7.88	2017.8
7	超低功耗物联网技术及芯片制造	987	2 691	2.73	2019.3
8	人工智能电子设计自动化（EDA）技术	954	4 468	4.68	2019.7
9	基于强化学习的无人系统进化算法	990	5 867	5.93	2020.0
10	中低轨空间通信网络技术	908	4 957	5.46	2019.1

表 2.1.2　信息与电子工程领域 Top 10 工程开发前沿核心专利逐年公开量

序号	工程开发前沿	2016	2017	2018	2019	2020	2021
1	超大规模数字孪生可视化与仿真系统	6	7	28	69	164	209
2	集成片上光源	122	97	164	153	121	175
3	多源信息融合的定位技术	116	125	182	145	145	196
4	人机物融合泛在操作系统	73	50	78	52	85	66
5	量子微波测量技术	188	247	120	40	22	21
6	光学元件原子及近原子尺度制造与测量技术	62	46	44	34	26	12
7	超低功耗物联网技术及芯片制造	40	79	179	213	245	231
8	人工智能电子设计自动化（EDA）技术	31	39	81	181	289	333
9	基于强化学习的无人系统进化算法	15	29	54	192	266	434
10	中低轨空间通信网络技术	77	101	143	155	179	253

（1）超大规模数字孪生可视化与仿真系统

数字孪生是实现物理与虚拟实体之间实时连接、双向映射、仿真推演、动态交互与反馈控制的技术体系，能够将物理实体或系统的结构、属性、状态和行为映射到虚拟环境中，形成高保真的动态数字模型，为观察、理解、认识、控制和改造物理世界提供了一种有效的技术手段。超大规模数字孪生可视化与仿真技术是数字孪生技术体系的核心环节，在科学研究、生产制造中起着至关重要的作用，是地理信息、生物医药研究，大型工程设计，生产制造等领域的重要工具。云计算以及图形处理器（GPU）等技术的发展产生的巨大并行处理能力，结合时空同步、分布式并行仿真、可视化算法、数据结构以及体系结构等技术，使得计算密集型操作成为可能，在云计算平台分布式访问、调度和管理大规模仿真数据，并支撑数亿个三角面的大规模网格，使得仿真和可视化达到极高的分辨率。多尺度建模、分布式高性能计算成为解决此类问题必备的技术，同时随着数据驱动的机器学习方法的发展，以及物联网技术使得更多的物理要素数字化在线，融合机器学习、多尺度建模以及分布式计算技术，为解决超大规模数字孪生的建模、仿真模拟和可视化提供了无约束创新的潜力，也为系统自身可持续进化提供了无限可能。

（2）集成片上光源

随着后摩尔时代的到来，集成电路正向着集成光子芯片的方向过渡，目的是实现光子产生以及超高速传输、处理和探测。在集成光子芯片领域，如何将光源集成在芯片上是一大难题。利用成熟的 CMOS 工艺可批量大规模生产硅基光电子芯片，但硅是间接带隙半导体，出光效率较差。为了在片上集成发光器件，可采用载流子注入技术提高硅的发光强度，利用多晶硅的反向偏置 PN结结合雪崩倍增现象产生可见光和红外光；另一种方法是将Ⅲ - Ⅴ族半导体激光器通过晶圆键合或外延生长的方式单片或异质集成在硅晶圆上，目前磷化铟、氮化硅、铟镓砷等材料在硅晶圆上的集成技术已经成熟并实现商业化。最近，片上集成光源领域有如下一些新的发展趋势和方向：第一，多材料融合光电芯片，即按照集成光子芯片的功能划分，将相应多种半导体材料集成在一个芯片上，可大大提高芯片的功能化和适用性；第二，针对片上光源多波长输出的迫切需求，采用光参量振荡集成的方法，通过微弱泵浦光和微腔中材料的非线性效应，在片上实现波长的高效非线性转换；第三，利用片上光源结合光频梳技术，实现多个频率激光梳的片上光谱输出，在光原子钟和片上精密检测领域应用广泛；第四，光量子芯片中的单光子量子源的集成，采用量子点或色心光源实现多功能光量子芯片。

（3）多源信息融合的定位技术

多源信息融合的定位技术是指对多传感器提供的多类型数据进行处理，提取与目标位置有关的特征信息，并利用这些特征信息实现目标定位的技术。常用的特征信息包括到达时间、到达时间差、到达角及接收信号强度等。对这些特征信息建立相应的数学模型，再根据参数估计准则构建非线性估计问题，最后通过求解该非线性估计问题获得目标位置估计。目标定位的技术方向主要有：① 精确性，定位精度通常为这一技术所考虑的首要目标；② 鲁棒性，复杂传输环境下的测量值存在大量不确定因素，因此定位技术的鲁棒性也成为必须考虑的重要因素之一；③ 高速性，定位技术的计算复杂度以及工程易实现性是工程应用中的关键因素。

未来多源信息融合的定位技术有以下发展趋势：

1）融合多类型传感器和多类型测量，解决异构异步异质多源信息融合难题。例如，毫米波系统能够提供高精度的测距和测向信息，使厘米级定位成为可能；图像信息与电磁波信息的结合将提供更丰富的信息，全面覆盖可见和不可见环境的定位需求。

2）复杂场景下的多 / 群目标与弱目标定位。例如混合近远场多点目标、刚体 / 集群目标定位，以及深空、水下等弱探测目标精准定位等。

3）数据驱动的智能定位技术。机器学习等理论方法的快速发展为复杂定位问题提供新的求解手段。

（4）人机物融合泛在操作系统

互联网、大数据、人工智能、物联网等新一代信息技术的发展开启了信息化的新阶段，特别是随着人机物融合泛在计算时代的到来，出现了面向各种新型应用模式和新的应用场景的人机物融合泛在操作系统（ubiquitous operating system，UOS）。泛在操作系统拥有与 Linux、Windows 等传统操作系统一致的功能目标，即向下屏蔽管理异构资源、向上凝练沉淀应用共性；同时也体现了操作系统概念的泛化，即面向不同的计算模式和应用场景，需要构建不同的操作系统。广义上，泛在操作系统既包括面向服务器、计算机、智能移动设备、传感器等不同规模计算设备的操作系统，也包括面向物联网、机器人、智慧城市、智慧家居等不同应用场景的操作系统。狭义上，泛在操作系统特指秉承泛在计算思想，面向泛在化计算资源管理，支持泛在应用开发运行，具有泛在感知、泛在互联、轻量计算、轻量认知、反馈控制、自然交互等新特征的新形态操作系统。国际上，泛在操作系统在物联网、智能机器人、智慧城市等领域已有相关的系统实现与应用，但是并没有统一的研发部署，也没有形成大规模研发成果、技术体系和标准规范。在中国，泛在操作系统得到学术界和产业界广泛关注，获得国家自然科学基金专项项目支持，并且被写入工业和信息化部“十四五”软件与信息服务业发展规划。在产业界，腾讯、海尔等一批企业在物联网、云计算、智慧城市、智慧交通、智慧建筑、智能家居等领域的新型操作系统研发上也开展了积极探索和实践，为不同行业用户的数字化转型提供了重要的系统软件平台支撑。

（5）量子微波测量技术

量子微波测量技术是基于量子力学特性——特别是量子纠缠、量子叠加和量子隧穿等效应——在量子系统中产生、操控、传输和测量微波的技术。量子微波测量技术将量子技术的高关联、高复用、强鲁棒与微波的灵活性、全天候、易调控等优势相融合，其探测灵敏度较传统微波技术提升 50 dB，实现微波探测能力从当前的数百千米拓展至 2 000 km 以上的跨越；其工作带宽相比于传统微波技术提升 1 个量级，达到 100 GHz，显著提升现有微波探测信道容量；其抗毁伤能力提升 3 个量级，并且同等探测威力下反射截面缩小 4 个量级，实现“自隐身”功能。因此，量子微波测量技术被认为是新一代信息系统跨代变革的颠覆性技术。

量子微波测量的主要研究方向可分为两类：一是将量子系统（原子、金刚石、光子等）应用于雷达、电子对抗等微波系统中，利用量子系统特有的巨大优势进行微波信号的传输和处理；二是利用传统系统（光频梳、机械谐振腔）实现微波频段的量子关联，拓展量子信息技术的多频域发展。量子微波测量的进一步发展将围绕解决未来微波探测和信息系统面临的跨波段、跨介质、跨尺度、跨系统的科学难题展开，朝着多功能、小型化、集成化、网络化、协同化方向发展。

当下全球范围都开展了以实际应用为牵引的量子微波探测，已在功率灵敏度、抗毁伤能力、动态范围等技术指标上实现了对传统微波技术的超越，在带宽和电场灵敏度方面也制定了明确的技术提升方案，以尽快将量子微波测量的优势工程化、实用化。整体来看，量子微波技术将是新一代微波信息领域的核心技术，在雷达探测、电子对抗、集约通信等军事领域，以及医疗、安检、导航、电信等商业领域中有着广泛的应用前景。

（6）光学元件原子及近原子尺度制造与测量技术

随着科学技术的不断发展，以极紫外光刻、先进光源和超透镜等为代表的现代光学工程迫切需要具有超光滑无损表面、极小尺度特征结构的高端核心光学元件。目前，广泛基于机器精度实现的可控光学制造技术已无法满足此类光学元件原子级精度及性能的需求，以制造对象及过程直接作用于原子，实现材料原子级去除、增加或迁移的原子及近原子尺度制造（atomic and close-to-atomic scale manufacturing，ACSM）将是制造此类极端光学元件的下一代核心技术。光学元件 ACSM 的最终目标是将光学制造技术全面引入原子级精度及尺度，这需要从内在机理、工艺、表征与测量、仪器与设备等领域的共性问题出发，探索新的光学制造范式。在原子及近原子尺度下，ACSM 的基础理论体系已从经典理论跨越到量子理论，基于量子理论阐释 ACSM 过程中单原子操纵、多原子相互作用及其与宏观尺度联系的内在机理研究将是开展后续研究工作的基石。光学元件 ACSM 工艺需要将能量直接作用于原子，建立具有一定通用性的多维制造系统，并创新性地借助原子间的作用力，使原子自发形成特定的功能结构，以达到核心光学元件的规模化、高效能、高精度制造目标。ACSM 高精度测量技术是保证基于 ACSM 的光学元件最终使用性能和可靠性的前提。然而，ACSM 的量子特性使得测量过程存在影响测量对象状态的可能性，解耦 ACSM 测量过程引入的扰动将成为提高测量精度的关键技术问题。

（7）超低功耗物联网技术及芯片制造

以智能芯片为基石和核心，智能物联网设备需要融合数据的感知、存储、计算、决策等多种功能。在传统物联网系统中，传感器芯片、模数转换芯片、处理器芯片、存储器芯片等都是分立器件，这使得设计环节割裂，缺乏全局优化，难以克服系统的功耗和能效瓶颈。低功耗物联网芯片技术通过将感知、存储、计算等处理过程融合，形成一体化的异构芯片架构，有效降低数据搬移的开销，减少无效数据的处理，从根本上突破整体系统能效瓶颈。在该研究领域，前沿的技术发展方向有低功耗数据感知技术、高能效 AI 硬件加速技术、低功耗芯片架构技术等。

低功耗数据感知技术旨在通过新型数据采集电路拓扑降低数据采集芯片功耗，提升数据感知精度，如从传统“电压域”数据转换转变为“电荷域”“时间域”等数据转换模式，从传统奈奎斯特转换转变为自适应采样转换等；高能效 AI 硬件加速技术旨在通过轻量级硬件加速器设计提升芯片计算能力，提升芯片计算能效，如从传统“冯·诺依曼架构”计算模式转变为“存内计算”的计算架构模式，减少数据传输损耗并提升芯片计算能力；低功耗芯片架构技术旨在通过新型芯片体系架构设计降低芯片功耗，尤其是长时间的待机功耗，如从传统“同步计算”体系架构转变为“异步事件驱动型”无时钟低功耗架构，通过匹配芯片的工作活跃度与实际事件行为来显著降低待机功耗。此外，前沿研究也在持续探索数据感知、计算、存储、传输的多环节协同创新，发展“感知–计算–存储–传输”一体化集成的高能效超低功耗物联网芯片。

（8）人工智能电子设计自动化（EDA）技术

电子设计自动化（electronic design automation，EDA）是指利用计算机算法和软件辅助集成电路设计的方法，是现代超大规模芯片设计、验证与制造的必要手段。人工智能电子设计自动化，又称人工智能辅助 EDA，指利用人工智能技术辅助 EDA 算法流程进行建模、优化、验证等。它能够有效提升优化效果，加速设计流程迭代，进而提升芯片设计的质量。根据 EDA 算法所处流程环节的不同，人工智能辅助 EDA 的研究大体可以分为六类：系统级解空间探索、综合、物理设计、制造、验证测试和运行时管理。这六大方向的研究近年来增长迅猛，自 2016 年以来，在主流 EDA 会议和期刊发表的相关论文数量增长约 2 倍，特别是在系统级解空间探索、综合、物理设计、制造等方向，吸引了包括来自中国、美国、欧洲、日本、韩国等国家和地区工业界与学术界团队展开探索性研究。EDA 三巨头中的新思科技（Synopsys）公司和楷登电子（Cadence）公司近两年分别发布商用解空间探索工具 DSO.ai 和 Cerebrus。随着制造工艺演进和芯片设计复杂度提高，人工智能技术在 EDA 领域有广泛的应用前景。

（9）基于强化学习的无人系统进化算法

基于强化学习的无人系统进化算法旨在利用强化学习算法生成无须人工干涉的智能体行为决策与控制策略，并随时间不断提升性能。强化学习介于监督学习与非监督学习之间，通过单个或群体智能体与环境的交互以及评价机制产生经验并用于训练。

相比于非人工智能无人系统决策控制算法，基于强化学习的无人系统进化算法不受线性化等既定手段的约束，有更宽的工作区间，能够适应更多变的复杂场景。

无人系统进化算法除需要考虑收敛速度、训练精度、抗过拟合等常规指标以外，还面临着系统实物性能约束、仿真域–现实域差异、策略实物安全性和持续进化等新挑战，进而产生了新的科学问题和技术手段。

由于现实世界中无人系统的运算性能普遍低于专用计算设备，基于强化学习的无人系统进化算法需要有较低的运算规模，以适应低性能条件下的高频率、高动态交互。现阶段涌现出多任务多场景元学习、高维策略知识蒸馏、高维输入表征学习、云计算与边缘计算等技术。

同时，为提升数据采集效率和规避机械损耗，早期训练通常在仿真环境中进行。仿真域与现实域不可避免的差异导致了向现实无人系统迁移时，强化学习策略的性能有所下降。为提升面对域差异的鲁棒性，现阶段涌现出域参数在线辨识、对抗式训练域随机化、分布式鲁棒优化、自编码策略变换等技术。

另外，现实场景对无人系统进化算法的安全性也提出更高要求。现阶段涌现出多传感器融合风险检测、信任域策略优化、动作空间动态约束等技术。

持续进化性要求算法在现实世界部署后仍能继续收集数据并优化策略、提升性能，具备更高的数据利用效率和适应动力学系统或场景条件剧变的能力。现阶段涌现出先验奖励塑型、小样本迁移学习、分布式计算等技术。

基于强化学习的无人系统进化算法下一阶段发展方向包括：更精确的仿真环境和在线系统辨识、无人系统本体能力提升、融合无人系统动力学先验知识的具身智能、复杂场景多任务综合自主决策、异构无人系统群智协作与多智能体信息融合、现实场景中的高效安全能力演进等。

（10）中低轨空间通信网络技术

中低轨空间通信网络技术指依托运行在中低地球轨道的卫星星座，通过星间、星地链路构建广域通信系统，实现空间探测器、载人飞船、卫星、地面站、地面终端、高空飞行器的网络接入和互联互通，服务环境监测、军事侦察、太空探险、空中上网、偏远地区通信等。主要技术方向包括空间激光通信、星间路由转发、卫星波束管理、切换控制等。空间激光通信主要包括高速激光调制、捕获追踪对准、激光信号检测等技术。星间路由转发主要包括卫星和终端用户编址、路由规划等技术。卫星波束管理主要包括星载多波束天线、预编码、捷变跳波束、频率多色复用等技术。切换控制主要包括波束间切换、星间切换、星间链切换等技术。未来发展趋势包括：① 为提升网络容量，卫星星座由低密度向高密度演进，但需解决星间按需建链、干扰规避以及星间频繁切换等问题；② 网络将与软件定义和虚拟化技术深度结合，实现可编程的空间路由转发及网络功能灵活部署，研究重点包括软定义卫星载荷设计、网络功能部署策略等；③ 网络由单一通信功能向“通信－计算－感知－定位”一体化发展，实现低时延遥感信息分发和精准定位，研究重点包括通信定位一体化信号设计、遥感信息在轨智能处理、位置辅助的通信功能增强等。

2.2　Top 3 工程开发前沿重点解读

2.2.1　超大规模数字孪生可视化与仿真系统

数字孪生是企业数字化转型的深化阶段和未来愿景，融合多种技术支撑以数据为核心的业务发展。“孪生（twins）”概念最早可追溯到 20 世纪 60 年代美国国家航空航天局（NASA）的“阿波罗计划”。随着计算机仿真、网络通信、传感器等技术的发展，2002 年，Michael Grieves 教授提出数字孪生的概念和模型，并将其应用到产品全生命周期管理中。2010 年，NASA 发布的 Area 11 技术路线图的“基于仿真的系统工程”部分中，首次提出数字孪生的概念，定义为：“数字孪生是指充分利用物理模型、传感器、运行历史等数据，集成多学科、多尺度的仿真过程，它作为虚拟空间中对实体产品的镜像，反映了相对应物理实体产品的全生命周期过程。”2017—2019 年，Gartner 连续三年将数字孪生列为十大战略科技发展趋势之一，并定义其为对现实世界中实体或系统在虚拟空间的数字化映射。与此同时，西门子、通用电气、微软等也不断提出数字孪生概念定义，并推出相应产品。

超大规模数字孪生可视化与仿真系统是数字孪生的核心，是数字孪生技术业务价值化、规模化和商业化的关键。数字孪生涉及全真映射、仿真维护以及闭环控制三个方面。全真映射是采用数字孪生技术提供一个观察和认识世界的上帝视角，将现实世界中分布在不同空间的人、事、物同步到一起，在虚实环境中全真呈现，而且可以超越现实实现空间折叠、时间坍缩，支持跨越时空的在场协同，让人能够沉浸式地参与到生产过程中，更真实和更亲密地互动。数字孪生的仿真维护是基于全真互联的模拟复现或预测，是静态与动态、虚拟与现实、过去与现在融合的模拟，是基于大规模、精细化数据和优化与智能算法驱动的，一定程度上超越了传统意义的模拟仿真。在全真映射和仿真维护方面，超大规模数字孪生可视化与仿真是数字孪生最核心的基础能力，比如飞机设计和总装模拟应用，有 400 万到 1 800 万个零部件，传统的技术和方法无法满足总体评估；另外一个典型案例就是建筑领域的建筑信息模型（building information modeling，BIM）可视化和结构分析，目前为了利用 BIM 数据做可视化或结构分析，必须做轻量化处理，极大地限制了整体研究或全量结构模拟的可能。在智慧城市、城市级交通以及海洋治理等领域也存在类似的现实问题，要想实现全真孪生的数实融合，超大规模数字孪生可视化与仿真系统是必备的核心技术。

“超大规模数字孪生可视化与仿真系统”工程开发前沿中，核心专利的主要产出国家以及机构情况见表 2.2.1 和表 2.2.2。中国、美国以及德国基础研究和应用落地都比较明显，在专利方面处于明显的领先位置。从专利产出的机构看，西门子和通用电气领先优势明显，在产业化落地方面取得非常明显的成果。比如，西门子把数字孪生作为“工业 4.0”的核心技术支柱，与其传统同业软件优势相结合，在智能制造方面领先优势明显；通用电气很早就采用孪生技术，支撑飞机发动机的状态检测和预测性维修，并把发动机售卖逐步升级到全生命周期维护，是从产品到服务的商业模式升级。中国以北京航空航天大学、北京理工大学等院校为主，主要还是理论和应用基础研究，同时也体现了数字孪生在航空航天和国防领域的应用需求。在应用领域，能源和工业也是潜力巨大的行业，国家电网无人值守变电站、设备质检维修等方向已落地。由上可见，在“超大规模数字孪生可视化与仿真系统”工程开发领域，各国政府都将其放在重要位置，企业和相关科研机构也都有很好的进展，但从主要国家间以及主要机构间的合作来看，横向合作相对比较少，只有美国和德国在国家层面有一些交流合作（图 2.2.1）。

表 2.2.1 “超大规模数字孪生可视化与仿真系统”工程开发前沿中核心专利的主要产出国家

序号	国家	公开量	公开量比例 /%	被引频次	被引频次比例 /%	平均被引频次
1	中国	356	73.71	1 715	59.86	4.82
2	美国	68	14.08	747	26.07	10.99
3	德国	24	4.97	196	6.84	8.17
4	韩国	13	2.69	28	0.98	2.15
5	日本	4	0.83	34	1.19	8.50
6	澳大利亚	4	0.83	21	0.73	5.25
7	芬兰	2	0.41	9	0.31	4.50
8	瑞士	2	0.41	1	0.03	0.50
9	英国	1	0.21	78	2.72	78.00
10	加拿大	1	0.21	17	0.59	17.00

表 2.2.2 “超大规模数字孪生可视化与仿真系统”工程开发前沿中核心专利的主要产出机构

序号	机构	公开量	公开量比例 /%	被引频次	被引频次比例 /%	平均被引频次
1	西门子公司	23	4.76	274	9.56	11.91
2	通用电气公司	22	4.55	305	10.65	13.86
3	北京航空航天大学	17	3.52	89	3.11	5.24
4	国家电网有限公司	15	3.11	22	0.77	1.47
5	广东工业大学	11	2.28	196	6.84	17.82
6	西安交通大学	11	2.28	69	2.41	6.27
7	中国电子科技集团有限公司	8	1.66	94	3.28	11.75
8	广东电网有限责任公司	8	1.66	22	0.77	2.75
9	北京理工大学	8	1.66	21	0.73	2.62
10	国际商业机器公司（IBM）	6	1.24	40	1.40	6.67

超大规模数字孪生可视化与仿真系统是构造现实社会的镜像、扩展和延伸的关键技术之一。当前超大规模数字孪生可视化与仿真系统加速向建模精确化、呈现实时化、分析精准化、计算高效化、应用灵活化等方向发展。在可视化方面，精细化、沉浸式是其核心发展方向，通过视觉、听觉、触觉等全息提高虚拟场景或虚实融合场景的动态逼真度，同时会对交互方式产生巨大改变，在虚拟现实中添加全新的维度。在仿真方面，逐步向机理与数据驱动融合、虚拟与现实集成方向发展，由单体、过程仿真向分布式群体仿真演进，从而更好地支撑群体智能和人机混合群体智能发展。在计算方面，分布式、并行以及高性能计算等不断和数字孪生可视化与仿真系统结合，提升数字孪生系统的计算性能。此外，借助5G乃至6G等高速通信网络，实现万物互联和实时的虚实融合，伴随着数字化转型共识在各行各业的形成，其在城市治理、工业制造、零售、医疗等领域应用逐步深入，并向全生命周期渗透，将催生一批行业数字化转型新模式、新业态，未来发展前景广阔。

图2.2.2为未来5~10年“超大规模数字孪生可视化与仿真系统”工程开发前沿的发展路线。根据咨询公司Markets & Markets 2019年发布的报告，数字孪生市场有望从2019年的38亿美元跃升至2025年的358亿美元。超大规模数字孪生可视化与仿真系统作为数字孪生技术的核心，其应用将在交通、物流、城市、制造等领域不断渗透，并从单点场景应用走向行业全生命周期应用。例如：交通领域会涉及道路施工和设计、交通优化分析、资产智能运维、安全驾驶智能辅助等多类场景；城市领域会涉及设计优化和仿真、智慧工地、雨洪模拟、智能应急响应等多类场景；制造领域会涉及智能产品研发、生产工艺优化、车间智能调度、设备预测性维护、工厂安全生产等多类场景。这些都涉及规模化、大尺度、精细化的可视化和模拟仿真，以便更好地实现人在环的仿真推演，最终辅助决策。此外数字孪生的应用也将向医疗、农业等领域不断延伸。

2.2.2 集成片上光源

从1947年第一只晶体管问世开始，集成电路技术极大地推动了科技进步，成为信息社会的重要基石。随着社会进步和技术发展，人们对信息的需求也越来越多，这对集成电路的信息获取和处理能力提出更高要求。然而，在后摩尔时代，集成电路面临着不可逾越的电互联导致的延时和功耗方面的

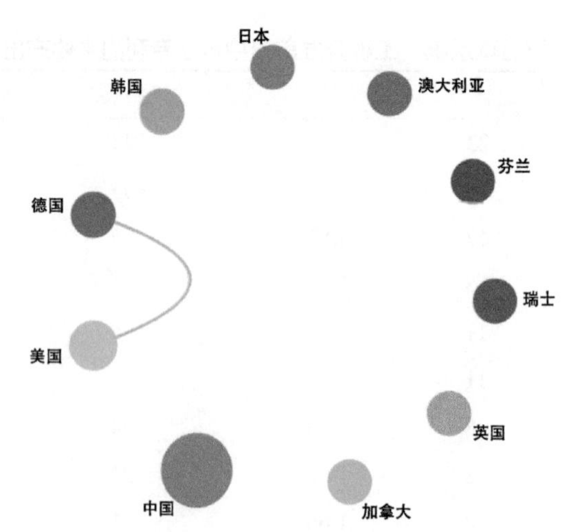

图2.2.1 “超大规模数字孪生可视化与仿真系统”工程开发前沿主要国家间的合作网络

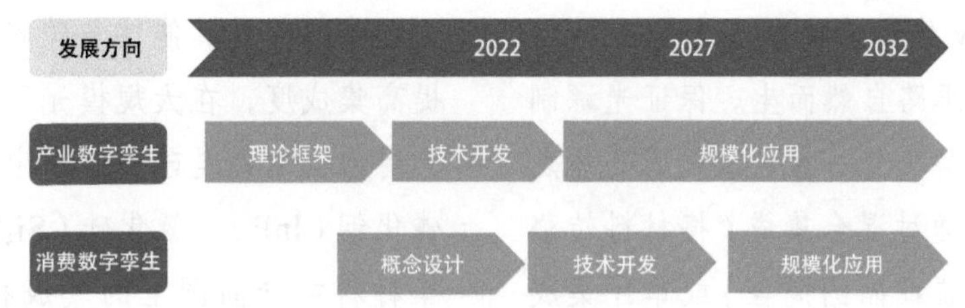

图 2.2.2 “超大规模数字孪生可视化与仿真系统”工程开发前沿的发展路线

限制。于是，随着摩尔定律走向末路，人们提出利用光子作为信息载体替代电子的设想，即通过光电子和微电子的融合，利用片上光互联代替传统的电互联，实现信息的高速传输，同时降低电互联的寄生电阻。对于微电子而言，深亚微米下电互联存在严重的延时和功耗问题，迫切需要引入光电子，利用光互联解决电互联问题。对于光电子而言，需要借助成熟的微电子加工工艺平台，实现大规模、高集成度、高成品率、低成本的批量化生产。

光电集成芯片能在片上完成光子产生、光信息传输、处理和探测，在过去 10 年中已成为学术界和产业界最热门的方向之一。其中，片上集成光源可为光电集成芯片提供相干光源，产生光信息，其性能决定了芯片的应用范围和实现功能。集成片上光源通过一体化设计和现代半导体加工工艺，相比于传统的光设备，在降低尺寸、质量、功耗和成本方面优势巨大，同时推动先进光刻技术、纳米制造技术、微纳制造工艺和材料科学发展的产业升级。

硅基光电集成芯片技术是指基于硅材料的光电子芯片设计、制作与集成技术。单晶硅凭借其大光学带宽、强可扩展性、低廉的成本、高效的片上路由和高折射率，成为光子芯片最成熟、广泛的平台。硅基光电集成电路（optoelectronic integrated circuit，OEIC）可以与 CMOS 工艺兼容，借助成熟的微电子加工工艺平台，可以实现大规模批量生产，具有低成本、高集成度、高可靠性的优势，是实现光电子和微电子集成、光互联的最佳方案。晶圆集成的片上光源技术在光互联和高速光计算领域将给光通信链路带来更高的带宽密度和速度。此外，在精密测量领域，将实现小型化和低功耗化的特性，将光原子钟和光谱仪从设备迁移到芯片上。在光计算上，利用多波长光梳技术可实现多波长的并行计算能力，在计算速度上实现多个数量级的提升。在传感领域，片上光源技术将实现并行激光雷达体系，提升采样速率，降低功耗，实现复杂应用（如自动驾驶等）的物联网高速传感和处理。

当前，硅基探测器、光调制器、光开关、光波导等均已实现突破。但是，片上硅基光源依然缺少成熟方案。硅材料的间接带隙特性，决定了其发光效率低下，难以作为有源材料制作高性能发光器件。如何将光源集成在硅基芯片上是一大难题。近年来，人们从发光原理、材料、器件结构等多个角度开展了大量硅基光源研究，从早期硅基发光二极管（light emitting diode，LED），如 PN 结发光、金属 – 绝缘层 – 半导体（metal-isolator-semiconductor，MIS）结构发光、肖特基结发光，到载流子注入硅基雪崩倍增发光、硅稀土掺杂发光，硅纳米晶体激光器、硅锗激光器等，发光效率不断提高。但这些光源的性能与Ⅲ-Ⅴ激光器相比还有一定的差距。所以，在集成片上光源未成熟前，工业界的方案是利用高精度封装将外部光源与硅光芯片耦合成组件。那么，如何让性能优异的硅基光电子芯片集成具有低功耗、长寿命、大功率等优异功能的片上光源呢？

Ⅲ-Ⅴ族半导体是具有直接带隙和优秀光学、电学性质的材料，砷化镓（GaAs）、磷化铟（InP）量子阱和量子点激光器已经商用。传统的Ⅲ-Ⅴ族光源虽然有较高的量子效率，但是与现有的集成电路工艺不兼容。将Ⅲ-Ⅴ族半导体激光器与硅材料集成在一个硅晶圆上的思路自然而生。保证光源制造工艺兼容现有集成电路工艺一直是该领域的热点和难点。目前的技术是通过混合集成(将材料转移至硅晶圆上，如直接放置或晶圆键合)或单片集成(直接在硅晶圆上生长材料，如外延生长)将成熟的Ⅲ-Ⅴ族材料激光器引入到硅晶圆上。混合集成工艺成熟，例如通过晶圆键合技术，人们可将Ⅲ-Ⅴ族材料外延层利用苯并环丁烯（BCB）辅助黏结键合技术集成至硅芯片上方，由Ⅲ-Ⅴ族材料产生的光可通过倏逝波耦合的方式进入硅光子回路，完成片上光源与硅光子芯片的混合集成，但其工艺成本较高，难以实现较大规模的集成。单片集成有望把原生Ⅲ-Ⅴ族材料光子器件的工艺与技术应用于硅光子光源中，得到性能优异的片上光源，被认为是硅芯片上光源大规模生产的终极解决方案。硅上异质外延Ⅲ-Ⅴ族材料技术面对的问题主要是Ⅲ-Ⅴ族材料与硅间严重的晶格失配，这将导致位错、反相畴等缺陷的产生，严重限制Ⅲ-Ⅴ激光器的寿命和性能。位错缺陷，在生长中可在衬底和有源区之间加入位错阻挡层或其他缓冲层结构。而对于反相畴缺陷，采用选区生长技术在图形化的硅衬底上外延Ⅲ-Ⅴ族材料，能够有效地限制反相畴缺陷对有源区的影响。与混合集成光源相比，单片集成方案最主要的优势是其能够与硅光子工艺同步缩小线宽、提高集成度，在大规模光子集成芯片的研制中有巨大潜力，这也是硅光子技术的主要发展方向。目前磷化铟（InP）、氮化硅（Si_3N_4）、铟镓砷（InGaAs）等材料在硅晶圆上的集成技术已经成熟并实现商业化。此外，具有极低损耗、大透光窗口、优秀的非线性效应的SiN-on-Si平台，弥补了Si在低于1 100 nm波长时透光窗口截止的缺陷，在AR/VR、度量、生物医药、传感等领域具有新的应用。

“集成片上光源”工程开发前沿中专利的主要产出国家分布情况见表2.2.3，中国、美国和日本分列前三位。其中，中国的专利公开量优势巨大，是第二名美国的三倍多，反映出中国在国家战略中将片上集成光源领域列为优先发展方向，在该领域涉及的材料、物理、光电子学、精密制造等细分领域取得长足进步。但专利的平均被引频次只及美国的三分之一，反映出中国在原创专利方面还有很多不足。在国家合作方面（图2.2.3），美国作为集成片上光源领域原创技术最多的国家，与韩国、英国和澳大利亚有着紧密合作。这几个国家在片上集成光源领域分工比较明确，技术优势可以实现互补。在排名前列的主要机构合作方面，各机构之间合作不紧密，表明目前该领域竞争非常激烈，头部机构非常注意保护自己的原创技术。具体来说，美国制

表2.2.3 “集成片上光源”工程开发前沿中核心专利的主要产出国家

序号	国家	公开量	公开量比例/%	被引频次	被引频次比例/%	平均被引频次
1	中国	565	67.91	724	46.77	1.28
2	美国	165	19.83	602	38.89	3.65
3	日本	31	3.73	67	4.33	2.16
4	韩国	20	2.40	14	0.90	0.70
5	德国	7	0.84	45	2.91	6.43
6	加拿大	7	0.84	21	1.36	3.00
7	英国	5	0.60	34	2.20	6.80
8	新加坡	5	0.60	19	1.23	3.80
9	印度	5	0.60	0	0.00	0.00
10	澳大利亚	3	0.36	6	0.39	2.00

造集成光子研究所（AIM Photonics）、英特尔公司和惠普实验室，拥有多条高水平硅光工艺线，具备从硅光芯片设计培训到制造封装的全流程能力。例如，2016 年，英特尔公司公布了第一个商业化硅基异质集成产品，实现了 InP 激光器与 Si 高速 Mach-Zehnder 干涉仪的单片集成，实现 100 Gbps 收发器产品系列，英特尔公司的成果和其垂直整合的商业模式已证明硅基异质集成的技术可行性。中国在科研和产业化水平上同国外差距逐步缩小，在硅光集成领域，中国目前有联合微电子中心有限责任公司（CUMEC）、中国科学院微电子研究所（IMECAS）和上海微技术工业研究院（SITRI）的硅光平台具有芯片加工能力，例如 CUMEC 基于自主工艺平台实现了硅基窄线宽激光器，波长调谐范围 1 520~1 580 nm，功率大于 10 dBm，线宽小于 100 kHz，具备低相位噪声、高集成度、成本低等特点，在基于相干检测的硅光雷达、高速相干光通信模块、气体检测、光纤传感方面有较广泛的应用前景。科研机构方面，北京大学、浙江大学、上海交通大学、中国科学院半导体研究所等单位在片上光源频率梳、多材料融合芯片等方面做了大量前沿工作（表 2.2.4）。

集成片上光源领域有如下一些新的发展趋势和方向（图 2.2.4）：

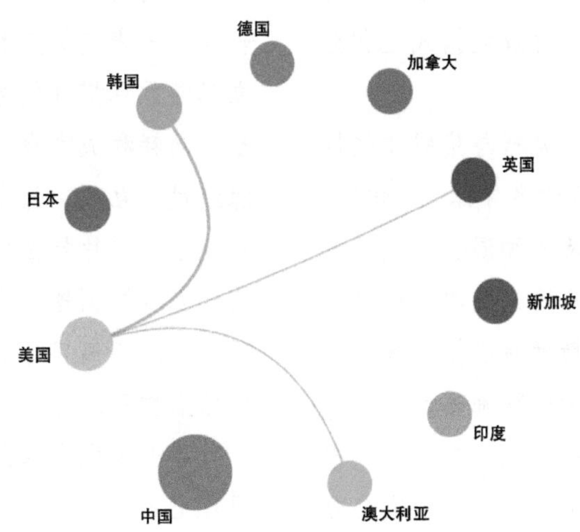

图 2.2.3 “集成片上光源”工程开发前沿主要国家间的合作网络

表 2.2.4 “集成片上光源”工程开发前沿中核心专利的主要产出机构

序号	机构	公开量	公开量比例 /%	被引频次	被引频次比例 /%	平均被引频次
1	Inphi 公司	26	3.12	50	3.23	1.92
2	宁波大叶园林设备股份有限公司	23	2.76	20	1.29	0.87
3	浙江大学	14	1.68	21	1.36	1.50
4	中国科学院半导体研究所	13	1.56	27	1.74	2.08
5	国际商业机器公司（IBM）	13	1.56	26	1.68	2.00
6	美国海军	12	1.44	5	0.32	0.42
7	北京大学	11	1.32	21	1.36	1.91
8	英特尔公司	9	1.08	57	3.68	6.33
9	武汉光迅科技股份有限公司	9	1.08	43	2.78	4.78
10	上海交通大学	7	0.84	28	1.81	4.00

第一，多材料体系融合光电芯片，实现Ⅲ-V族化合物、氮化硅、二氧化硅、聚合物、铌酸锂、铝钾砷和磷化铟等材料在硅晶圆上的集成工艺技术开发，目标能涵盖可见光、近红外、中红外、太赫兹等频段。使用的方法包括转移印刷工艺，基于可逆黏附技术，将数千个由不同材料制成的设备集成到一个晶圆上。多材料集成打造硅/先进光电材料（Ⅲ-V、$LiNbO_3$ 等）混合集成工艺平台。

第二，针对片上光源多波长输出的迫切需求，开发纳米级光参量振荡器（optical parametric oscillator，OPO）硅基芯片级光源，通过微弱泵浦光和微腔中材料的非线性效应，在片上实现波长的高效非线性转换，得到传统硅基芯片技术难以实现的波长输出，在基于芯片的原子钟或便携式生化分析器件领域应用广泛。

第三，将片上半导体锁模激光器与集成非线性光频梳器件结合起来，实现化合物半导体、氮化硅、铌酸锂等材料和硅晶圆的单片集成和混合集成并实现量产，达到低功耗和窄线宽超短光脉冲，提供数百条等距且相干的激光线，能精确对应梳齿线的频率间隔，不仅可以制造光原子钟以精确测量时间，也可以让光纤通信各通道之间的干扰减少，使单根光纤传输的信号量增加几个数量级，在气体成分分析、全球定位系统（GPS）、天体观测、激光雷达等技术上也有广泛应用。目前可以实现最小线宽达到 140 Hz 的窄线宽外腔激光器、梳齿宽度为 12 nm 的量子点激光梳。

第四，量子点激光器。量子点（quantum dot，QD）的离散分布特点使基于量子点的激光器具有更好的温度特性和更低的阈值电流。例如，胶质量子点采用简单的无模板自组装方法可制备谐振腔，砷化铟量子点作为增益介质，可外延生长 GaAs 衬底。在光泵浦作用下，实现微纳片上激光器。此外，集成光量子芯片中的片上纠缠光源可通过集成半导体高品质量子点、金刚石色心和二维材料缺陷态等实现，未来的可能方向为对自组装量子点的偏振纠缠光子对的混合集成片上量子光源的研究。目前最好的按需单光子和纠缠光子量子点源发射的能量大大高于硅带隙，所以需要混合Ⅲ-V集成技术。

片上集成光源一个典型的应用场景是激光雷达。目前的激光雷达体积和质量较大、功耗和成本较高，未来趋势是利用光子集成芯片代替目前由分立光学元件搭建的激光雷达，可大大减小体积和质量，功耗和成本也大幅降低。这可通过集成片上光源经过光互联，片上光信号与光开关进行路由，实现光子的芯片层面的发射和接收一体化，将光源和锗硅光电探测器集成在一个芯片中。利用该芯片实现对不同距离目标的相干检测，实现相干激光雷达的扫描和测距功能。

片上集成光源另一个应用场景是传感。为了实现片上集成的光学传感检测，需要将光源、光探测单元与光传感单元进行片上集成来获得片上直接输出传感信号的能力，实现完全的片上集成检测芯片，异质外延、转印、键合等多材料集成技术被开发出来以实现光源、光传感、光探测的单片集成。目前，波导型片上集成光学传感检测芯片的折

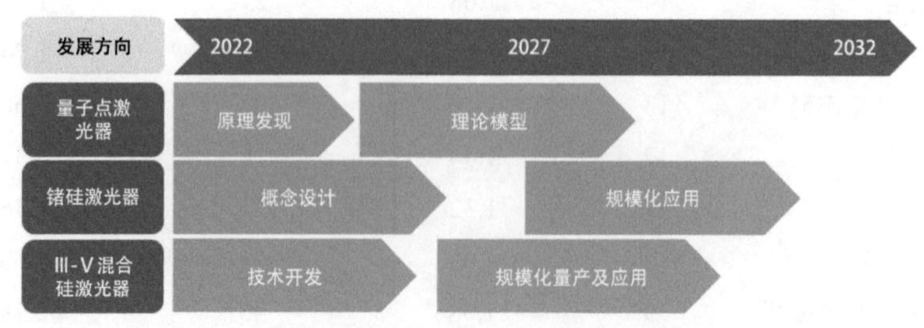

图 2.2.4 “集成片上光源”工程开发前沿的发展路线

射率传感检测限达到 10^{-6} RIU 量级，气体检测限达到 ppb（10^{-9}）量级，对化学分子和生物分子的检测也达到 pg/mm^2 量级，展示了良好的应用潜力。该芯片还可以方便地集成到手机、无人机等平台，实现便携式应用，并通过大数据、云计算和物联网技术实现功能强大的现场检测。此外，在光通信领域，富士通实验室的 Tanaka 等设计了一种无需温度控制的硅光子发射机芯片，采用高精度倒装焊设备将Ⅲ-Ⅴ族材料半导体光放大器（semiconductor optical amplifier，SOA）集成在 SOI 衬底上，与波导端面对准，和 SOI 波导一起构成混合集成激光器。

2.2.3 多源信息融合的定位技术

目标定位是空天预警、精确打击等传统军事应用的核心功能之一，也是无人驾驶、智慧交通等重大民事应用的关键技术。近年来，高超速目标、无人机、机器人、自动驾驶等各类新兴应用，以及未来 6G 应用场景对目标定位技术提出更高要求，也驱动了这一技术的快速发展。

传统的目标定位技术主要应用于视距传播环境，研究重点在于复杂非线性定位问题的描述和精确求解。然而，复杂传输环境具有传输信道复杂、测量精度低、先验信息少等特点，使得传统视距定位技术无法满足定位需求。因此，复杂传输环境中的高精度目标定位问题成为长期以来的研究热点和难题。在这一背景下，一系列计算复杂度低的高精度鲁棒定位方法被提出并得到实际应用。具体来说，在测量手段上，新型传感器（如超宽带传感器、毫米波雷达、高精度视觉传感器）的应用提高了测量信息的精度，同时带来数据量剧增的难题；在问题描述上，针对动态非视距 / 超视距环境下先验信息少等特点，众多鲁棒定位方法被提出并得以应用，对计算性能提出更高要求；在求解手段上，凸优化方法得以广泛应用并大幅度提高了低信噪比下的定位性能，同时保持了较低的计算复杂度。机器学习等技术与方法的引入获得一些崭新的定位求解方法，但同时新方法的可信性和可解释性还有待加强。

近年来，毫米波雷达、超宽带传感器、蓝牙、图像处理等设备和技术的发展为定位技术的应用提供了新思路。毫米波系统所提供的高精度测距和测向信息在实现高精度目标定位的同时还能够实现环境建图；超宽带传感器与蓝牙 5.1 设备的结合为低成本室内定位系统提供了可能；而图像处理技术与电磁波定位技术的结合可以覆盖可见和不可见环境的定位。

“多源信息融合的定位技术”的核心专利主要产出国家和机构分别见表 2.2.5 和表 2.2.6。可以看出，中国核心专利公开量排名第一，占比达 73.6%，且被引频次比例达 55.01%，显示出中国在

表 2.2.5 “多源信息融合的定位技术”工程开发前沿中核心专利的主要产出国家

序号	国家	公开量	公开量比例 /%	被引频次	被引频次比例 /%	平均被引频次
1	中国	669	73.60	2 060	55.01	3.08
2	美国	97	10.67	1 046	27.93	10.78
3	韩国	39	4.29	121	3.23	3.10
4	德国	30	3.30	178	4.75	5.93
5	日本	23	2.53	72	1.92	3.13
6	荷兰	6	0.66	124	3.31	20.67
7	加拿大	6	0.66	31	0.83	5.17
8	法国	5	0.55	9	0.24	1.80
9	印度	5	0.55	4	0.11	0.80
10	瑞典	4	0.44	37	0.99	9.25

这一领域的引领地位。在核心专利公开量排名前十位的机构中，中国机构占4家，其中百度集团股份有限公司占比排名第一位，这也显示出中国机构在这一领域的引领作用。同时，核心专利产出机构主要集中在百度、谷歌等互联网公司以及通用、现代、福特等汽车公司，也凸显了定位技术在机器人、自动驾驶等应用中的关键作用。从图2.2.5中可以看出，仅少数国家之间存在合作。而各机构之间不存在合作。这说明各国家及机构之间在这一领域的技术开发上相对独立。

未来5~10年，“多源信息融合的定位技术”工程开发前沿的发展路线如图2.2.6所示，主要包含以下几个方面。

（1）定位环境

1）毫米波定位。随着5G毫米波系统的逐渐商用，毫米波系统中的定位技术将逐步得到开发应用。并且，毫米波定位与北斗等卫星定位系统合作，可实现室内外无缝高精度定位，将为灾害救援、智能交通和物联网等应用提供保障。

2）水下目标定位。由于水下传输环境的特殊性，基于电磁波的定位技术无法在水下环境直接应用。因此，针对水下环境的目标定位技术将

表2.2.6 “多源信息融合的定位技术”工程开发前沿中核心专利的主要产出机构

序号	机构	公开量	公开量比例/%	被引频次	被引频次比例/%	平均被引频次
1	百度集团股份有限公司	17	1.87	79	2.11	4.65
2	通用汽车公司	7	0.77	46	1.23	6.57
3	南京邮电大学	7	0.77	19	0.51	2.71
4	现代汽车公司	7	0.77	3	0.08	0.43
5	谷歌公司	6	0.66	59	1.58	9.83
6	国际商业机器公司（IBM）	6	0.66	54	1.44	9.00
7	福特全球科技有限责任公司	6	0.66	29	0.77	4.83
8	浙江大学	6	0.66	17	0.45	2.83
9	华南理工大学	6	0.66	11	0.29	1.83
10	电装株式会社	6	0.66	6	0.16	1.00

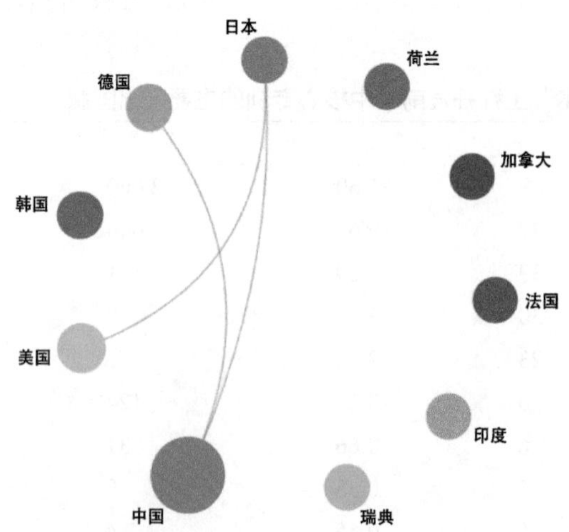

图2.2.5 “多源信息融合的定位技术”工程开发前沿主要国家间的合作网络

得到升级，这将对海洋安全和监测起到至关重要的作用。

（2）目标类型

目标类型上将实现点目标向刚体乃至集群目标定位的转变。自动驾驶、机器人等应用不仅需要目标位置信息，还需要方位信息，这需要将目标看作刚体，使得刚体目标定位成为未来的研究热点。在高精度雷达的支持下，未来5~10年内，刚体定位有望在自动驾驶、机器人等应用中得到普及。

（3）定位技术

随着机器学习算法的逐渐成熟及芯片运算能力的提升，复杂传输环境（如室内、水下等）的定位问题有望通过智能机器学习算法得以解决。这将革新现有定位技术，大大提升其应用价值。

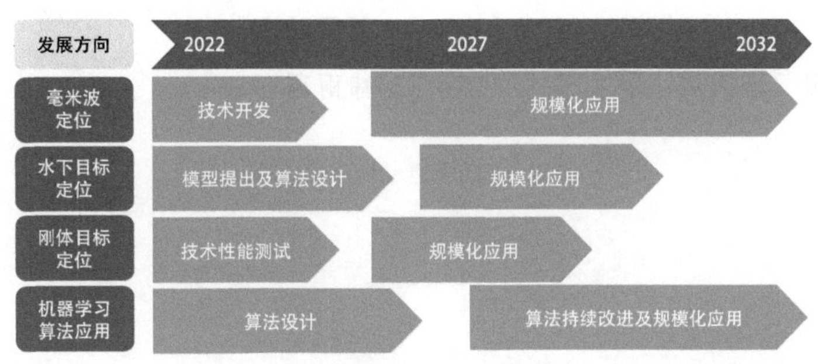

图 2.2.6　“多源信息融合的定位技术”工程开发前沿的发展路线

领域课题组人员

审核专家组：

组　长：潘云鹤　卢锡城

成　员（按姓氏拼音顺序）：

第一组：姜会林　李得天　李天初　刘泽金　罗　毅　吕跃广　谭久彬　张广军

第二组：陈志杰　丁文华　段宝岩　龙　腾　吴曼青　余少华　张宏科

第三组：柴天佑　陈　杰　费爱国　蒋昌俊　卢锡城　潘云鹤　赵沁平

遴选专家组（按姓氏拼音顺序，标*为学科召集人）：

第一组：陈　凡　陈　麟*丁　晔　范知元　郭　欣　何　伟　胡春光　胡　欢　孔令杰　李九生　林　晓　刘　东　陆振刚*马建军　苏全民　吴冠豪　肖定邦　杨树明　杨未强　袁璐琦　张虎忠　张文喜

第二组：卜伟海　蔡一茂*陈　浩　陈文华　胡　程　黄　韬　李　刚　李　潇　刘　琦　刘　伟*刘勇攀　马志强　皮孝东　权　伟　施龙飞　时　昕　孙　滔　唐　海　唐克超　王绍迪　吴　军　夏志良　许　珂　姚　尧　虞志益　张建华*张　杰　赵　博　赵鲁豫　赵　宁

第三组：陈　博　陈　章　丁志军　董德尊　董　威　高　飞　郭　耀　李天成*卢剑权　尚　超　苏　苒　孙晓明　王　钢　王孟昌　王晓辉　王晓英　吴鸿智　颜深根　俞　俊　余　涛　张广艳*张　俊*张　瑜　郑永斌　朱秋国

图情专家：

文　献：李　红　熊进苏　赵惠芳　陈振英

专 利：杨未强 梁江海 刘书雷 霍凝坤
吴 集 徐海洋 宋 锐

执笔组（按姓氏拼音顺序）：

研究前沿：

卜伟海 承 楠 邓辉琦 方 斌 胡 程
马建军 梅健伟 潘 纲 孙 滔 孙晓明
叶贤基 张虎忠 张拳石 张伟锋

开发前沿：

陈 麟 房丰洲 郭 耀 李天成 林亦波
刘建国 刘 伟 彭木根 苏奎峰 王 刚
叶 乐 朱秋国

工作组：

联络指导：

高 祥 张 佳 张纯洁 邓晃煌 王 兵

项目秘书：

翟自洋 谌群芳 杨未强 胡晓女

项目助理：

韩雨珊

三、化工、冶金与材料工程

1 工程研究前沿

1.1 Top 12 工程研究前沿发展态势

化工、冶金与材料工程领域组研判得到的 Top 12 工程研究前沿的核心论文情况见表 1.1.1 和表 1.1.2。其中，“催化剂表面活性位点精准构筑”“新一代高能量密度动力锂电池正极研究”“绿色能源驱动光 / 电过程高效固氮”和“化学工业大数据的自主推理”是基于数据挖掘而来；其他前沿则是由专家推荐而来。数据挖掘得到的前沿，篇均被引频次相对较高，其中 3 个前沿超过了 150 次。其中，“催化剂表面活性位点精准构筑”和“绿色能源驱动光 / 电过程高效固氮”的核心论文数总体呈现逐年增加的趋势（表 1.1.2）。

（1）高性能超导储能材料研究

随着人类社会能源需求增加及化石能源危机的威胁，可再生能源快速得到发展，特别是在中国政府“双碳”目标牵引下，可再生能源的应用规模与比例势必大幅提升。风电和光伏等可再生能源具有波动性与随机性，无法像传统化石能源那样稳定发电，需要超导储能技术缓解其间歇性带来的负面影响，从而改善电力质量，提升电网稳定性，满足新型电力系统电压和频率快速支撑的需求。目前，超导储能应用的主要形式为超导储能(superconducting magnetic energy storage，SMES）。超导磁储能是唯一可将电能直接存储为电流的技术，原理是利用超导材料绕制成超导线圈，以串、并联相结合的方式做成能量存储单元，利用超导线圈存储电磁能。早期 SMES 采用液氦浸泡冷却的低温超导磁体，复杂昂贵的低温制冷系统极大地限制了该类装置的推广应用。基于高温超导材料的 SMES 可以运行于 20 K（−253.15 ℃）以上温区，制冷系统的运行效率和稳定性大幅提升，使得 SMES 的应用重新获得关注。由于高温超导材料性能偏低、制备成本较高、规模化制备能力不足，导致目前高温超导 SMES 尚

表 1.1.1 化工、冶金与材料工程领域 Top 12 工程研究前沿

序号	工程研究前沿	核心论文数	被引频次	篇均被引频次	平均出版年
1	高性能超导储能材料研究	92	5 972	64.91	2017.7
2	绿色低碳高炉炼铁技术研究	31	1 416	45.68	2018.4
3	催化剂表面活性位点精准构筑	110	17 290	157.18	2018.3
4	CO_2 捕集用高性能气体分离膜	93	8 349	89.77	2017.3
5	新一代高能量密度动力锂电池正极研究	144	23 395	162.47	2017.5
6	绿色能源驱动光 / 电过程高效固氮	111	23 781	214.24	2018.6
7	化学工业大数据的自主推理	61	4 748	77.84	2018.4
8	复杂极端使役环境的材料实验模拟研究	51	2 176	42.67	2017.5
9	多维梯度超材料的构筑与应用	81	7 997	98.73	2017.5
10	新型植入类生物材料在全生命周期生物适配的研究	97	10 186	105.01	2017.5
11	深海海洋工程用钢铁材料研究	25	763	30.52	2017.7
12	关键金属的超常富集和超纯制备	94	7 831	83.31	2017.7

表 1.1.2 化工、冶金与材料工程领域 Top 12 工程研究前沿核心论文逐年发表数

序号	工程研究前沿	2016	2017	2018	2019	2020	2021
1	高性能超导储能材料研究	17	28	23	16	7	1
2	绿色低碳高炉炼铁技术研究	5	6	4	8	5	3
3	催化剂表面活性位点精准构筑	14	20	24	29	20	3
4	CO_2 捕集用高性能气体分离膜	31	24	21	12	5	0
5	新一代高能量密度动力锂电池正极研究	39	40	36	21	6	2
6	绿色能源驱动光 / 电过程高效固氮	1	16	29	50	14	1
7	化学工业大数据的自主推理	6	6	19	17	12	1
8	复杂极端使役环境的材料实验模拟研究	14	16	7	8	5	1
9	多维梯度超材料的构筑与应用	22	18	23	13	4	1
10	新型植入类生物材料在全生命周期生物适配的研究	27	25	21	16	5	3
11	深海海洋工程用钢铁材料研究	6	4	9	4	2	0
12	关键金属的超常富集和超纯制备	20	28	18	20	6	2

未突破 10 MJ 级的实用化门槛，未能获得大规模工业应用。高性能超导储能材料要获得发展，未来需要解决以下问题：提升超导材料在高场条件下的载流能力、机械与电磁性能；实现高性能高温超导材料的批量化制备；突破高温超导电缆的成缆关键技术，实现高温超导缆线的批量化制备，为储能超导磁体批量制备奠定材料基础。

（2）绿色低碳高炉炼铁技术研究

高炉炼铁–转炉炼钢（blast furnace-basic oxygen furnace，BF-BOF）流程工艺成熟，是现代钢铁生产的主要形式。高炉炼铁工序是钢铁制造流程中资源和能源消耗的大户，其碳排放量约占整个钢铁制造过程的 66%。在全球积极推进碳减排和碳中和的背景下，探索研究基于高炉的绿色低碳炼铁技术成为世界各国钢铁企业技术研究的重要方向，如日本钢铁企业的 COURSE50 氢还原炼铁研究、德国蒂森克虏伯公司的高炉喷吹氢气试验、中国宝武钢铁集团有限公司（以下简称“中国宝武”）的富氢碳循环高炉技术研究等。探索和开发绿色低碳高炉炼铁技术，实施减量化发展战略，控制合理的产能规模，是现在和未来高炉炼铁技术生存与发展的基础。目前，国内外的研究探索主要集中在以下几个方面：开发新型低碳造块工艺优化炉料结构，持续推进高风温、富氧喷煤、炉顶煤气循环 / 喷吹、高富氧冶炼、高炉长寿命、全流程智能化等关键共性技术研究，降低铁前工序和炼铁全流程的碳素消耗与污染物排放；探索研究氢冶金，碳捕获、利用与封存（carbon capture，utilization and storage，CCUS）等前沿技术，开展高炉喷吹天然气、焦炉煤气、氢气等富氢或纯氢气体试验研究，实现以氢代替碳，推进高炉炼铁过程废气二氧化碳 CCUS 技术研究，实现高炉炼铁近零碳排放。

（3）催化剂表面活性位点精准构筑

在人类面临的能源问题和社会发展需求的双重驱动下，科学技术需要逐渐走向精准化。精准的本质是选择性，在催化领域，目标产物原子经济性的精准合成是未来的发展方向。利用催化剂可以有效降低化学合成能耗，但目前催化剂的开发却存在一定程度的盲目性和偶然性。通过精准构筑催化剂的表面活性位点，可实现对于催化反应效率的精准调控。目前对于催化剂表面活性位点的精准构筑研究主要集中在以下几个方面：精确调控反应环境使催化剂表面结构发生演变；利用反应过程中反应物或中间产物等诱导催化剂表面发生重构；利用自组装

等手段原位构筑催化剂表面活性位点。在未来，想要实现精准构筑催化剂表面活性位点，首先需要精确地观测和识别催化剂结构，发展原位实验技术，注重学科交叉；在此基础上，深化理解构效关系，优化实际操作与反应活性的相关性，切实达到提升反应效率的目标；此外，还需要注重精准构筑活性位点的智能化，借助机器学习等手段加速精确构筑效率，实现理性设计；在操作方法上，应注重原位构筑和调控催化剂表面活性位点，使合成过程也实现精准化。

（4）CO_2 捕集用高性能气体分离膜

高效 CO_2 分离是碳捕集与能源气体纯化的共性关键技术，可为“双碳”目标的实现做出重要贡献。与传统吸收法 CO_2 分离相比，膜分离法具有无溶剂挥发、占地面积小、适用于各种处理规模等优点，应用前景广阔。目前碳捕集膜技术链条中的各个阶段尚有很多科学问题待深化研究。该方向的研究主要集中于以下几方面。① 高性能膜材料及分离膜研究。深入研究膜材料与分离膜间的构效关系，通过多功能基团与多重选择机制协同作用，从分子层次设计高性能 CO_2 分离膜材料，进而综合调控多层次膜结构，制备出高通量、高分离因子的 CO_2 分离膜。② 无缺陷分离膜规模化制备。在现有基础上进一步优化制膜工艺、提高制膜设备精度，工业规模制备出符合技术经济性的高性能无缺陷 CO_2 分离膜。③ 高性能膜组件设计。通过探明组件复杂流道内的流体力学状态和传质行为，开发低浓差极化、低压力降、高装填密度的高性能膜组件制备技术。④ 针对不同应用场景开展大规模示范。根据不同领域气源特点和捕集要求，探明复杂膜分离系统多因素耦合影响规律，亟须开发高效、节能的大型膜分离系统集成工艺和成套装备构建技术。

（5）新一代高能量密度动力锂电池正极研究

随着新能源汽车行业的快速发展，开发兼具高能量密度、高功率、长寿命、低成本的动力电池成为新能源汽车行业的必然选择。在锂电池正极材料方面，现有的氧化物正极材料受限于其较低的理论容量，无法满足未来动力电池的性能要求，为了获得更高的能量密度，需发展具有更高容量的正极材料。目前，下一代动力电池正极研发主要集中于高电压钴酸锂、高镍三元（镍钴锰酸锂、镍钴铝酸锂）和富锂锰基等高单位容量正极材料上。对于高电压钴酸锂材料，需通过多元素掺杂技术突破钴酸锂脱嵌锂的电压上限，提升钴酸锂的放电能量与循环稳定性；对于高镍三元材料，通常通过元素掺杂、表面包覆、晶面优化（单晶）等协同手段，提升高镍三元正极材料（镍含量大于或等于 0.8）的比容量和循环稳定性；对于富锂锰基材料，则需要深入探测其充放电过程机理，通过元素掺杂、晶型优化（O_2 或 O_3）、表面包覆、浓度梯度设计等协同手段，抑制充电时氧气释放和过渡金属位点迁移，保证高比容量和长寿命。在解决上述问题的同时，还需解决相关材料的稳定性、材料与电解质界面稳定性等问题。同时，由于新型正极材料的充电截止电压已超过传统液态电解质电压窗口的上限，还需要现有电解质的改性或逐步过渡到固态电解质上。

（6）绿色能源驱动光 / 电过程高效固氮

光 / 电化学过程高效固氮是一种采用可再生能源驱动氮还原合成氨的绿色工艺，反应原料为 H_2O 和 N_2。氨在现代农业中起着重要作用，因具有可压缩性、高能量密度和零碳排放的特点，其有潜力成为未来能源格局中的中心分子。光催化和电催化产生高能电子，可以预活化 N_2，极大地降低活化能，实现在温和条件下氨的高效合成，具有重要的科学意义和实用价值。然而，由于 N_2 分子具有较高的键能和较弱的配位能力，使得 N_2 在催化剂表面的化学吸附非常困难，这极大地限制了固氮效率。当前研究主要集中在：提高催化剂的本征活性，促进 N_2 在催化剂表面的吸附，打破电子分布的对称性，削弱 N≡N 键，增强质子亲和力。目前研究了多种催化剂设计策略（如界面控制、表面工程和化学修饰），用于优化光 / 电催化剂的本征反应活性。尽管取得了显著的进展和成果，但是光/电化学固氮的效率低和机理不明确仍然是阻碍其发展的主要障碍。为加快该领域的发展，需要在以下方面进行更多的研究，以进一步突破光/电催化的应用瓶颈：不同反应体系高效催化材料的理性设计和可控合成，实现优异的催化性能；研究与开发光/电催化固氮反应体系原位表征手段，以捕获和监测实际反应过程中间物种变化状态和催化结构的演变；对不同反应体系中反应器进行合理设计和结构优化，提升反应效率。

（7）化学工业大数据的自主推理

在“双碳”目标的要求下，化工行业的绿色低碳发展势在必行。数字化和智能化发展将是传统化工厂快速实现碳减排和提升经济效益的有效途径，其核心在于对工业生产过程产生的大数据进行挖掘。目前，欧美国家和中国均制定了对应的发展战略规划。《中国制造2025》中指出，要将信息化与工业深度融合作为化工行业发展的重点，明确了工业大数据的战略地位。但如何从高维、高噪声的化学工业大数据中挖掘出有效信息，即自主推理出隐含决定工业复杂系统行为的动态机制，是学界亟须解决的一个关键问题。一方面需要开发新的数据驱动算法，对不同工艺变量的时空动态特性进行建模，完成变量间的因果推断，进而确定信息传递机制，构建隐藏反应网络；另一方面，需要将已知的反应机理知识和专家经验融合到数据驱动模型中，开发出可解释且鲁棒性的模型，最终实现工业大数据自主推理，为工业系统的自主优化和决策奠定基础。

（8）复杂极端使役环境的材料实验模拟研究

在诸如核反应堆、航空发动机、武器装备等复杂极端使役环境中，对于材料组织结构演变和物性表现很难进行准确观测，材料研究及选用是一个很大的挑战。一是极端环境下实时原位观测很难实施，二是无法在实验室中再现这些极端环境。仅凭实验研究开发复杂极端使役环境用材料难度很大，因此针对材料这些使役环境进行实验模拟是解决该难题的有效方法。目前，针对复杂极端使役环境中材料微结构与物性演变的材料实验模拟研究引起了较多的关注。该方向的研究主要集中于以下几个方面。①材料的中子辐照与氢氦损伤效应。在裂变堆中，主要是针对堆芯结构件、核燃料、核废料处理过程中由于中子辐照引发的材料组织结构演变和损伤等问题进行研究；在聚变堆中，主要是针对第一壁、偏滤器由于中子辐照和氢氦效应引发的材料组织结构演变与损伤问题进行研究。研究内容主要包括材料组织结构演变、损伤的高通量跨尺度计算、数据的汇集与数据库的建立等。②冲击载荷下的材料高应变率效应。主要包括武器装备所用各类材料在动载高应变率下的本构关系、强塑性、断裂失效，与组织演变、材料相变耦合相关的高通量跨尺度计算，以及相关数据的汇集与数据库的建立等。③材料的高温超重力效应。主要通过高通量跨尺度计算模拟评估，例如航空发动机处于高温、高速旋转状态时，高温与超重力协同作用下的材料疲劳及蠕变特性，收集相关数据并建立数据库等。④极低温、强磁场、超高压下材料的凝聚态物理规律。通过高通量跨尺度计算分析研究不同极端条件下材料可能发生的变化，揭示这些条件下材料展示出的新聚态物理规律，为相关新材料研发打下基础。

（9）多维梯度超材料的构筑与应用

梯度超材料是一种具有特定几何形状的基本单元空间梯度排列而构成的新型人工复合结构或复合材料，呈现出天然材料所不具备的超常物理性质。这不仅与构成材料的本征特性相关，更取决于结构单元的空间组合排列。这种新型人工复合结构材料可实现对光、声、电磁和热的灵活调控。多维度梯度的组合以及相关超材料的设计构筑可产生更复杂的功能，如在上述空间梯度超材料的基础上引入频率梯度可获得新的自由度，实现对电磁波束更有力的柔性操纵，可有效应用于智能蒙皮、雷达天线、电子对抗等领域。目前，多维梯度超材料的研究聚焦在介质超材料中梯度结构和性能的耦合作用、高阶的光学非线性理论、超宽带完美吸波材料（如电磁黑洞）等。未来将进一步实现全波段和多维度控制，完善新型梯度超材料的理论模型构建、结构设计及性能优化策略，突破新型、大规模、高精度的超材料制造技术，并大力推动多维梯度超材料的应用和产业化发展。

（10）新型植入类生物材料在全生命周期生物适配的研究

生物适配是在生物安全和生物相容的基础上，对生物材料更高层次的要求和更全面的理论诠释。其内涵是，当材料植入体内后，在满足生物安全性和相容性的基础上，主动适应和作用人体不同组织、不同器官、不同部位的生理环境（组织学、力学、化学等环境），促进病损组织与器官的有效修复，或恢复、重建其生理功能。生物适配主要包括组织适配、降解适配和力学适配 3 个方面，其未来发展趋势是精准生物适配，强调材料的力学、降解行为应在时间和空间维度上与组织修复生理过程精准适配，提出对植入材料全生命周期的适配要求。生物适配理论指导下设计的新型生物材料其主要特点包括智能化、精准化、生命化和多功能化。

（11）深海海洋工程用钢铁材料研究

在海洋的开发由近到远、由浅到深、由洋到极的过程中，海洋工程装备材料性能研究至关重要。钢铁作为海洋工程装备的关键性结构材料，广泛应用于海洋平台、海洋能源设备以及海底管道等。海洋工程用钢主要种类可分为海洋油气开发装备、舰船用钢、桥梁基础设施用钢、海洋特殊装备（包括深潜器、海水淡化、深海资源勘探）用钢等。由于海洋环境的复杂性和特殊性，海洋工程用钢普遍要求大厚规格、高强度、高韧性、高服役安全性，以及易加工和易焊接性能。随着深海科研和极地海空探索的快速发展，亟须解决性能稳定、规格尺寸、适应极端服役环境等关键问题。690 MPa 以上级别的超高强度、耐 −60 ℃及以下低温的高韧性、大厚度海洋平台用钢将是今后研发的重点。未来主要发展趋势包括：① 开发高强度、高韧性的海洋平台用钢，适应低温环境要求并大幅降低平台的建造和安装成本；② 研发低成本高附加值产品，降低 Ni、Mo 等贵重合金元素的添加，满足未来深海和极地海洋平台对超高强钢安全性能的需求；③ 开发低屈强比的海洋平台钢，确保塑性失效前有足够的延展性来防止发生灾难性的脆性断裂；④ 提高钢材的止裂性能，防止结构件断裂事故的发生。

（12）关键金属的超常富集和超纯制备

关键金属是基于国际政治与国家战略提出的新概念，意指用于新能源、电子信息等高技术产业，国家安全保障风险突出，须采取特殊措施保障的稀有稀贵金属基础原材料。关键金属多为稀有稀散元素，且以共伴生或类质同象赋存，因而冶金提取反应必须千倍、万倍“超常富集”。而关键金属的应用领域又往往以 ppm（10^{-6}）级杂质的高纯金属或化合物为基础，使得“超纯制备”成为冶金领域的研究前沿。区别于传统大宗金属冶金的三高一强（高温、高压、高浓度、强烈搅拌）过程，关键金属冶金的特点要求“强选择性”，往往是一个从原料端 ppm 级元素稀有分散状态，到产出 ppm 级杂质含量的冶金产品的过程。由化学过程的“反应性－选择性原理”可知，只有在弱的冶金反应性体系中，才能实现关键金属的高选择性富集和分离。关键金属冶金的核心问题主要包括：关键金属元素稀有稀散赋存与超常富集机制，元素相似性及其选择性分离动力学，以及关键金属纯化杂质迁移行为与过程调控。

1.2 Top 3 工程研究前沿重点解读

1.2.1 高性能超导储能材料研究

超导磁储能是目前唯一能够将电能直接存储为电流的技术，可将电能以直流电流的形式存储于超导磁体，几乎实现了电流零损耗。超导磁储能功率密度高，可达 500~2 000 W/kg，典型的额定功率为 1~10 MW，储能效率高（97% 以上），响应速度快（μs 级）。储能技术发展较为缓慢，主要受限于超导材料和实现低温强磁场系统的成本过高。目前，具备实用化价值的 SMES 用高温超导材料主要包括 MgB_2、Bi 系（Bi-2223 和 Bi-2212）、YBCO（钇钡铜氧）等。高温超导材料经过近 40 年的发展，目前以 Bi 系线带材和 YBCO 涂层导体等为代表的实用化超导材料已经开始进入产业化阶段，并开始应用于电力、交通、大科学装置等领域，近年来成为新材料领域的研究热点。美国、欧盟和日本等国家和地区相继开展了大规模研究和示范应用计划，投入了大量的人力物力，取得了很好的研究成果。未来面向超导磁储能应用的材料需求，开展高温超导材料和缆线关键技术研究与开发和大规模生产势在必行。

近年来，“高性能超导储能材料研究”工程研究前沿的核心论文主要产出国家及机构分别见表 1.2.1 和表 1.2.2。核心论文主要产出国家中，中国位居第一，核心论文 41 篇，占比达 44.57%，远高于美国、英国、日本等国家。核心论文主要产出机构中，中国科学院位居第一，巴斯大学和华中科技大学次之。主要国家及机构间的合作情况分别见

表 1.2.1 “高性能超导储能材料研究”工程研究前沿中核心论文的主要产出国家

序号	国家	核心论文数	论文比例 /%	被引频次	篇均被引频次	平均出版年
1	中国	41	44.57	2 828	68.98	2017.7
2	美国	18	19.57	1 848	102.67	2017.8
3	印度	13	14.13	539	41.46	2017.8
4	英国	10	10.87	647	64.70	2017.3
5	日本	8	8.70	617	77.12	2017.2
6	澳大利亚	6	6.52	430	71.67	2018.7
7	德国	4	4.35	201	50.25	2018.8
8	埃及	4	4.35	156	39.00	2017.8
9	法国	4	4.35	151	37.75	2018.2
10	新加坡	3	3.26	180	60.00	2018.3

表 1.2.2 “高性能超导储能材料研究”工程研究前沿中核心论文的主要产出机构

序号	机构	核心论文数	论文比例 /%	被引频次	篇均被引频次	平均出版年
1	中国科学院	9	9.78	549	61.00	2017.4
2	巴斯大学	8	8.70	449	56.12	2017.1
3	华中科技大学	7	7.61	350	50.00	2018.3
4	北京大学	6	6.52	390	65.00	2017.3
5	四川大学	6	6.52	170	28.33	2018.0
6	武汉大学	5	5.43	474	94.80	2017.6
7	马里兰大学	4	4.35	432	108.00	2018.5
8	北京理工大学	4	4.35	275	68.75	2019.0
9	清华大学	4	4.35	231	57.75	2019.0
10	印度国立技术学院	4	4.35	192	48.00	2017.8

图 1.2.1 和图 1.2.2。中国与美国的合作较多，中国–英国、美国–日本也有密切合作。机构之间的合作在国家内部更为紧密，如中国科学院与北京大学、华中科技大学与武汉大学之间的合作。由表 1.2.3 可知，施引核心论文数前三名的国家分别是中国、美国和印度，其中，中国施引核心论文比例达到 44.21%，说明中国学者对该前沿的研究动态保持密切的关注。施引核心论文的主要产出机构多为中国机构，包括中国科学院、吉林大学、清华大学等（表 1.2.4）。

超导磁储能系统利用超导线圈存储电磁能，具有响应速度快和有功、无功灵活可调等优点。由于高温超导材料性能偏低、制备成本较高，导致目前高温超导 SMES 尚未突破 10 MJ 级的实用化门槛。存在的主要问题包括：① 高温超导材料应用需要有较低的交流损耗、较好的热力学和磁学稳定性；② 批量化制备的高温超导材料的超导性能水平和批次稳定性距离实际应用还有一定提升空间；③ 高温超导线材的长度和制备规模比较小，满足不了应用单位的需求，影响了超导材料应用的发展；④ 目前高温超导材料的价格还是比较高，导致超导材料应用的领域比较少，没有开展一定规模的应用示范。因此，未来必须突破高性能 MgB_2、Bi 系和 YBCO 材料的批量化制备技术难题，这不

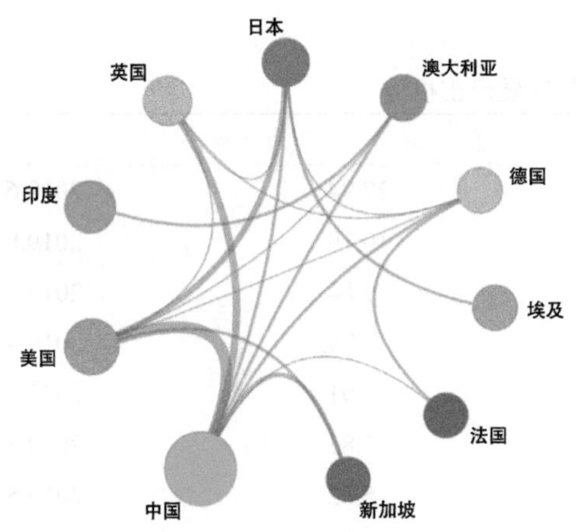

图 1.2.1 “高性能超导储能材料研究”工程研究前沿主要国家间的合作网络

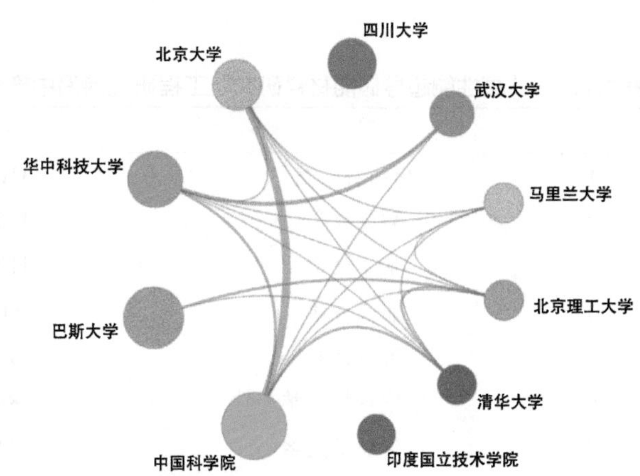

图 1.2.2 “高性能超导储能材料研究”工程研究前沿主要机构间的合作网络

表 1.2.3 “高性能超导储能材料研究”工程研究前沿中施引核心论文的主要产出国家

序号	国家	施引核心论文数	施引核心论文比例 /%	平均施引年
1	中国	2 453	44.21	2019.9
2	美国	873	15.73	2019.6
3	印度	515	9.28	2020.0
4	英国	298	5.37	2019.7
5	德国	267	4.81	2019.9
6	澳大利亚	251	4.52	2020.0
7	日本	220	3.96	2019.7
8	韩国	206	3.71	2020.0
9	伊朗	166	2.99	2020.1
10	加拿大	152	2.74	2019.8

仅能极大地促进 SMES 技术的发展，也能为高场 MRI、核磁共振、磁约束核聚变、粒子加速器等重大装备的研制提供核心材料保障。建议从以下几方面开展工作：① MgB_2 和 Bi 系超导线材陶瓷粉末/金属多芯复合体均匀塑性变形控制方法，突破超导线材的高压热处理技术；② YBCO 长带涂层结构优化等技术研究，提升超导带材高磁场条件下的综合性能；③ 高温超导缆线成缆技术研究，实现批量化制备。“高性能超导储能材料研究”工程研究前沿的发展路线见图 1.2.3。

1.2.2　绿色低碳高炉炼铁技术研究

高炉炼铁技术的本质是铁的还原过程，即煤炭作燃料和还原剂，在高温下将铁矿石或含铁原料的铁，从氧化物或矿物状态还原为液态生铁。现代高炉炼铁技术经过近 200 年的发展，技术相对成熟，生产成本较低，是目前炼铁生产的主要方法，其产量占世界生铁总产量的 91% 以上。中国作为世界上最大的钢铁生产国和消费国，钢铁制造流程中高炉 + 转炉的“长流程”工艺结构占主导地位，2021 年高炉生铁产量达到 8.69 亿 t，电炉粗钢产量仅占约 10%。

高炉炼铁工序是钢铁制造流程中资源和能源消耗的大户，目前钢铁行业的二氧化碳排放量约占全球二氧化碳排放总量的 7%，钢铁制造过程中约 66% 的碳排放来自高炉炼铁过程。在全球积极推进碳减

表 1.2.4　“高性能超导储能材料研究”工程研究前沿中施引核心论文的主要产出机构

序号	机构	施引核心论文数	施引核心论文比例 /%	平均施引年
1	中国科学院	318	27.94	2019.6
2	吉林大学	116	10.19	2019.8
3	清华大学	112	9.84	2019.7
4	北京大学	100	8.79	2019.4
5	天津大学	90	7.91	2020.2
6	华中科技大学	89	7.82	2019.7
7	南洋理工大学	64	5.62	2019.5
8	劳伦斯伯克利国家实验室	63	5.54	2019.0
9	湖南大学	63	5.54	2020.1
10	中国科技大学	62	5.45	2019.6

图 1.2.3　“高性能超导储能材料研究”工程研究前沿的发展路线

排和碳中和的背景下，实现高炉炼铁的绿色低碳发展是中国和全球钢铁工业面临的重要挑战。当前全球主要钢铁企业都提出了低碳发展战略目标和技术路线，绿色低碳高炉炼铁技术成为各企业探索研发的重要技术方向。日本钢铁企业正在开展的减少二氧化碳排放的COURSE50氢还原炼铁项目，计划在2030年实现第一座高炉的氢还原制铁技术实用化，在2050年实现该技术在日本全国高炉中的普及。德国蒂森克虏伯公司2019年开展了高炉喷吹氢气试验，使用氢气代替煤炭，以减少二氧化碳的排放。中国宝武2020年在新疆八一钢铁股份有限公司探索低碳冶金新工艺，开展富氢碳循环高炉技术研究，进行超高富氧乃至全氧高炉的工业化生产试验。

2016年以来，“绿色低碳高炉炼铁技术研究”工程研究前沿核心论文的主要产出国家及机构分别见表1.2.5和表1.2.6，主要国家及机构间的合作情况分别见图1.2.4和图1.2.5，施引核心论文的主要产出国家及机构分别见表1.2.7和表1.2.8。该领域核心论文主要产出国家前四名分别为中国、马来西亚、英国和法国。其中，中国产出核心论文占比为41.94%，遥遥领先于其他国家。马来西亚和孟加拉国之间的合作最多，其他国家之间也开展了广泛的合作。施引核心论文产生最多的国家是中国，施引核心论文比例达到44.66%。英国以施引核心论文

表1.2.5 “绿色低碳高炉炼铁技术研究”工程研究前沿中核心论文的主要产出国家

序号	国家	核心论文数	论文比例 /%	被引频次	篇均被引频次	平均出版年
1	中国	13	41.94	483	37.15	2019.0
2	马来西亚	5	16.13	230	46.00	2017.8
3	英国	4	12.90	186	46.50	2018.8
4	法国	3	9.68	118	39.33	2017.3
5	瑞典	2	6.45	203	101.50	2017.5
6	孟加拉国	2	6.45	124	62.00	2016.0
7	沙特阿拉伯	2	6.45	81	40.50	2021.0
8	美国	2	6.45	78	39.00	2020.5
9	芬兰	2	6.45	73	36.50	2019.5
10	澳大利亚	2	6.45	65	32.50	2019.0

表1.2.6 “绿色低碳高炉炼铁技术研究”工程研究前沿中核心论文的主要产出机构

序号	机构	核心论文数	论文比例 /%	被引频次	篇均被引频次	平均出版年
1	马来亚大学	3	9.68	156	52.00	2016.3
2	洛林大学	3	9.68	118	39.33	2017.3
3	国油科技大学	2	6.45	77	38.50	2019.0
4	北京科技大学	2	6.45	77	38.50	2018.5
5	清华大学	2	6.45	69	34.50	2019.5
6	麦考瑞大学	2	6.45	65	32.50	2019.0
7	四川大学	2	6.45	64	32.00	2019.5
8	埃及中央冶金研发院	1	3.23	158	158.00	2016.0
9	瑞典国家冶金研究院	1	3.23	158	158.00	2016.0
10	伊斯兰科技大学	1	3.23	95	95.00	2016.0

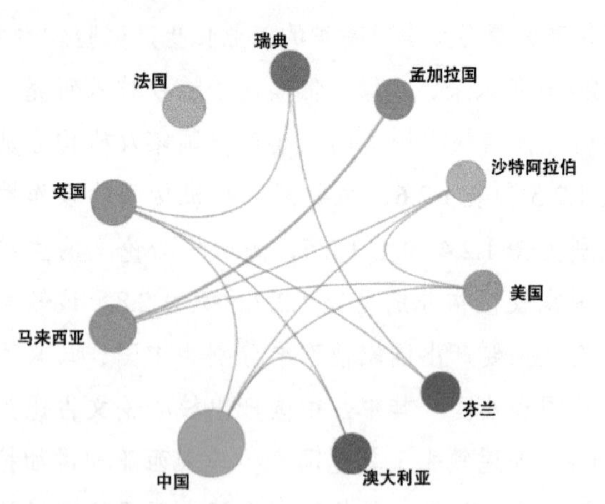

图 1.2.4 “绿色低碳高炉炼铁技术研究”工程研究前沿主要国家间的合作网络

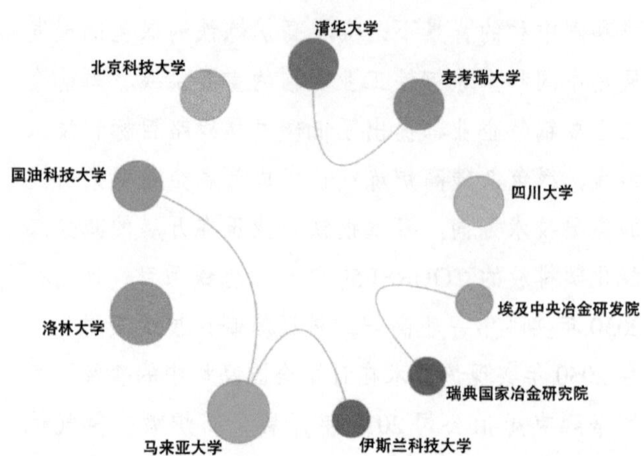

图 1.2.5 “绿色低碳高炉炼铁技术研究”工程研究前沿主要机构间的合作网络

表 1.2.7 “绿色低碳高炉炼铁技术研究”工程研究前沿中施引核心论文的主要产出国家

序号	国家	施引核心论文数	施引核心论文比例 /%	平均施引年
1	中国	523	44.66	2020.2
2	英国	99	8.45	2020.1
3	德国	76	6.49	2019.9
4	美国	76	6.49	2020.4
5	澳大利亚	75	6.40	2020.2
6	瑞典	58	4.95	2019.9
7	韩国	56	4.78	2020.0
8	加拿大	55	4.70	2020.5
9	印度	55	4.70	2020.6
10	马来西亚	50	4.27	2020.4

表 1.2.8 “绿色低碳高炉炼铁技术研究”工程研究前沿中施引核心论文的主要产出机构

序号	机构	施引核心论文数	施引核心论文比例 /%	平均施引年
1	北京科技大学	74	21.14	2020.3
2	东北大学	56	16.00	2020.2
3	重庆大学	37	10.57	2020.8
4	中国科学院	34	9.71	2019.8
5	四川大学	24	6.86	2020.0
6	山东大学	24	6.86	2020.2
7	萨塔姆·本·阿卜杜勒阿齐兹王子大学	22	6.29	2021.0
8	亚琛工业大学	20	5.71	2019.8
9	清华大学	20	5.71	2020.2
10	远东联邦大学	20	5.71	2021.0

比例 8.45% 排在第二位，德国、美国、澳大利亚的施引核心论文比例分别为 6.49%、6.49% 和 6.40%。中国的核心论文数和施引核心论文数均排名第一，说明中国学者对该前沿的研究处于领先地位，对该前沿的动态保持密切的关注和跟踪。施引核心论文产出最多的国内机构是北京科技大学，施引核心论文比例达到 21.14%；其次是东北大学、重庆大学，施引核心论文比例均超过 10%。

未来高炉炼铁技术面临着直接还原、熔融还原等非高炉炼铁技术的竞争，同时也受到钢铁需求逐步减少，电炉废钢冶炼增加以及“碳达峰、碳中和”目标等的挑战。但是考虑到全球铁矿石、废钢等资源供给现状，在可预见的未来，高炉炼铁仍将是最主要的炼铁工艺。探索和开发绿色低碳高炉炼铁技术，实施减量化发展战略，控制合理的产能规模，是现在和未来高炉炼铁技术生存和发展的基础。当前及未来绿色低碳高炉炼铁技术发展方向主要包括碳素资源优化、能源效率提升和前沿技术突破等方面，主要研究技术包括：① 采用高效低碳造块工艺优化炉料结构，降低铁前工序和炼铁全流程的碳素消耗与污染物排放；② 持续推进高风温、富氧喷煤、炉顶煤气循环 / 喷吹、高富氧冶炼等关键共性技术研究，进一步降低高炉碳素燃料消耗；③ 开展生物质碳 / 煤粉混合喷吹技术、高炉喷吹天然气、焦炉煤气、氢气等富氢或纯氢气体试验研究，实现以氢代替碳；④ 在高炉强化冶炼条件下，开展高炉长寿技术研究，进一步延长高炉的使用寿命；⑤ 以高炉生产长期稳定顺行为基础，开展高炉炼铁系统全流程智能化研究；⑥ 开展高炉炼铁过程废气二氧化碳 CCUS 技术研究。“绿色低碳高炉技术炼铁研究”工程研究前沿的发展路线见图 1.2.6。

1.2.3 催化剂表面活性位点精准构筑

催化剂通过降低反应活化能使反应效率得以提升，从而降低输入能量生成所需的目标产物，这在能源问题日益严重并成为制约社会发展瓶颈的当下具有重要作用。但一直以来，催化剂的设计与开发主要通过试错或偶然的方法进行，需耗

图 1.2.6 “绿色低碳高炉炼铁技术研究”工程研究前沿的发展路线

费巨大的人力、物力和资源。随着人类对化学合成认识的不断深入，研究如何通过精准构筑催化剂的表面活性位点而实现催化剂的高效理性设计具有重要意义。人类对于催化剂表面活性位点的认识由从物质、分子、原子到电子尺度逐渐发展，且主要集中于活性位点的静态结构。然而在真实反应条件下，催化剂表面的活性位点会随周围反应环境的变化而发生剧烈的动态演变，处于一种动态平衡中。因此，催化剂表面活性位点的精准构筑关键在于结合实验和模拟手段，精确地识别、测量和调控真实反应条件下的催化剂表面活性位点。鉴于催化剂表面活性位点与周围反应环境密切相关，最为直接构筑活性位点的方法为调控温度、压力等反应环境，以及借助反应物、活化气氛、中间体和产物等在反应过程中涉及的各种物质与催化剂表面的相互诱导作用来构筑反应活性位点。此外，利用自组装等策略也可以实现催化剂表面活性位点的原位精准构筑。

近年来，“催化剂表面活性位点精准构筑”研究前沿中核心论文的主要产出国家及机构分别见表 1.2.9 和表 1.2.10。其中，核心论文的主要产出国家中，中国占较大优势，论文比例为 86.36%，远高于美国和澳大利亚；中国科学院以 22 篇核心论文位居主要产出机构第一。主要国家及机构间的合作情况分别见图 1.2.7 和图 1.2.8。对于国家之间的合作，中国和美国的合作关系最多，和澳大利亚的合

表 1.2.9 “催化剂表面活性位点精准构筑”工程研究前沿中核心论文的主要产出国家

序号	国家	核心论文数	论文比例 /%	被引频次	篇均被引频次	平均出版年
1	中国	95	86.36	15 316	161.22	2018.3
2	美国	20	18.18	3 818	190.90	2017.8
3	澳大利亚	12	10.91	1 815	151.25	2018.2
4	日本	7	6.36	1 924	274.86	2018.0
5	德国	4	3.64	504	126.00	2017.5
6	新加坡	3	2.73	562	187.33	2018.7
7	加拿大	2	1.82	833	416.50	2018.0
8	沙特阿拉伯	2	1.82	215	107.50	2019.5
9	波兰	2	1.82	136	68.00	2016.5
10	瑞典	2	1.82	133	66.50	2017.5

表 1.2.10 “催化剂表面活性位点精准构筑”工程研究前沿中核心论文的主要产出机构

序号	机构	核心论文数	论文比例 /%	被引频次	篇均被引频次	平均出版年
1	中国科学院	22	20.00	4 064	184.73	2017.9
2	中国科技大学	6	5.45	2 076	346.00	2017.7
3	天津大学	6	5.45	1 592	265.33	2018.3
4	苏州大学	6	5.45	618	103.00	2018.8
5	清华大学	5	4.55	1 777	355.40	2018.0
6	武汉科技大学	5	4.55	1 293	258.60	2018.6
7	北京化工大学	5	4.55	632	126.40	2019.2
8	阿贡国家实验室	5	4.55	570	114.00	2017.6
9	复旦大学	5	4.55	545	109.00	2019.2
10	西安交通大学	4	3.64	1 117	279.25	2018.0

作次之。对于机构之间的合作，中国科学院和中国科技大学之间的合作较为紧密。从论文的施引情况来看，中国施引核心论文数排名第一（表 1.2.11），占比高达 67.12%，说明中国学者对该领域的密切关注。中国机构中，施引核心论文产出最多的是中国科学院，占 34.32%，其次是中国科技大学和天津大学（表 1.2.12）。

到目前为止，有关催化剂表面活性位点精准构筑的研究仍有限，一方面受限于原位实验表征技术和多尺度模拟方法的发展，另外该研究方向涉及催化、材料和物理等多个学科的交叉领域，不同学科间的壁垒也亟须打破，促进学科融合。未来的研究需要首先集中于模型反应体系的催化剂，能够清楚揭示真实反应条件下催化剂表面活性位点后，再把研究目标放在真实复杂反应体系中，实现可控和精准合成催化剂，提升反应系统的催化效率。技术方面，首先实现精准测量和识别催化剂表面活性位点，进一步瞄准构效关系，实现催化反应的精准调控。研究过程中，不仅需要充分利用原位表征技术，借助多尺度模拟方法也有助于从本质上揭示催化剂表面活性位点结构和演变机制，而机器学习等方法可提供智能化方面的支持。最后，催化剂表面活性位点的精准构筑需要注重在反应过程中的原位合成方法，提高活性位点精准构筑程度和效率。“催化剂表面活性位点精准构筑”工程研究前沿的发展路线见图 1.2.9。

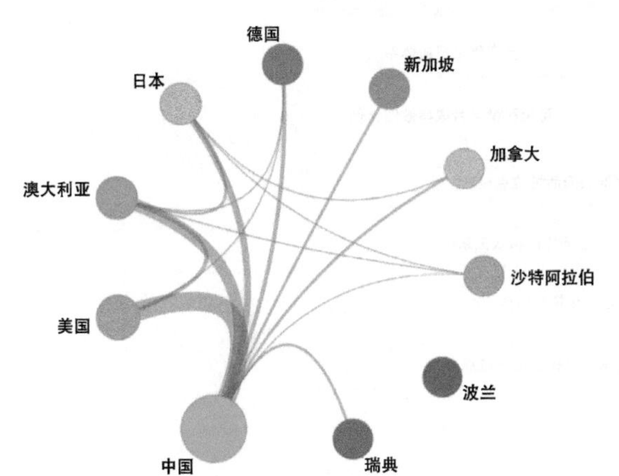

图 1.2.7 “催化剂表面活性位点精准构筑”工程研究前沿主要国家间的合作网络

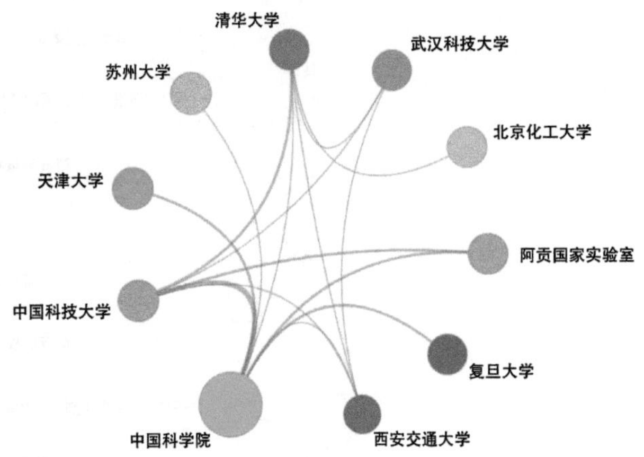

图 1.2.8 “催化剂表面活性位点精准构筑”工程研究前沿主要机构间的合作网络

表 1.2.11 “催化剂表面活性位点精准构筑”工程研究前沿中施引核心论文的主要产出国家

序号	国家	施引核心论文数	施引核心论文比例 /%	平均施引年
1	中国	11 566	67.12	2020.0
2	美国	1 495	8.68	2019.7
3	澳大利亚	736	4.27	2020.0
4	韩国	704	4.09	2020.0
5	印度	626	3.63	2020.1
6	日本	414	2.40	2019.9
7	德国	383	2.22	2020.1
8	新加坡	376	2.18	2019.8
9	英国	335	1.94	2020.1
10	加拿大	305	1.77	2020.1

表 1.2.12　“催化剂表面活性位点精准构筑”工程研究前沿中施引核心论文的主要产出机构

序号	机构	施引核心论文数	施引核心论文比例 /%	平均施引年
1	中国科学院	1 710	34.32	2020.0
2	中国科技大学	473	9.49	2019.9
3	天津大学	403	8.09	2020.0
4	郑州大学	383	7.69	2020.2
5	清华大学	375	7.53	2019.9
6	北京化工大学	317	6.36	2019.9
7	吉林大学	284	5.70	2020.0
8	浙江大学	281	5.64	2019.8
9	青岛科技大学	261	5.24	2020.0
10	华南理工大学	248	4.98	2019.7

图 1.2.9　“催化剂表面活性位点精准构筑”工程研究前沿的发展路线

2　工程开发前沿

2.1　Top 10 工程开发前沿发展态势

化工、冶金与材料工程领域组研判得到的 Top 10 工程开发前沿见表 2.1.1。除了与能源和环境相关的研究或技术开发一直占据“前沿”的重要地位，与“柔性”相关的材料或器件在今年的前沿中也比较突出，包括了“新一代柔性显示玻璃材料与技术开发”和“柔性显示器件关键制备技术及应用”。2022 年入选的开发前沿，核心专利逐年公开量整体呈现增长趋势，尤其是“精细化学品与原料药连续制造过程”和“新一代柔性显示玻璃材料与技术开发”的增长速度较快（表 2.1.2）。

表 2.1.1　化工、冶金与材料工程领域 Top 10 工程开发前沿

序号	工程开发前沿	公开量	引用量	平均被引数	平均公开年
1	极端环境超高温结构陶瓷基复合材料研发与应用	308	631	2.05	2019.4
2	大型复杂炼化工厂智能制造技术	553	939	1.70	2019.0
3	退役动力电池的短流程再生利用技术	942	2 188	2.32	2019.4
4	废弃塑料绿色回收和再利用	888	930	1.05	2019.0
5	电网级大规模熔盐储能技术	428	534	1.25	2019.1
6	精细化学品与原料药连续制造过程	905	574	0.63	2019.4
7	钢铁流程 CO_2 回收循环利用技术	388	486	1.25	2018.8
8	先进核岛关键装备用钢开发与应用	138	289	2.09	2018.8
9	新一代柔性显示玻璃材料与技术开发	613	882	1.44	2019.5
10	柔性显示器件关键制备技术及应用	1 015	5 234	5.16	2018.7

表 2.1.2　化工、冶金与材料工程领域领域 Top 10 工程开发前沿核心专利逐年公开量

序号	工程开发前沿	2016	2017	2018	2019	2020	2021
1	极端环境超高温结构陶瓷基复合材料研发与应用	15	25	50	58	67	93
2	大型复杂炼化工厂智能制造技术	59	78	80	88	105	143
3	退役动力电池的短流程再生利用技术	50	69	136	184	243	260
4	废弃塑料绿色回收和再利用	72	111	176	168	150	211
5	电网级大规模熔盐储能技术	44	63	54	54	86	127
6	精细化学品与原料药连续制造过程	50	80	146	112	208	309
7	钢铁流程 CO_2 回收循环利用技术	47	60	73	45	60	103
8	先进核岛关键装备用钢开发与应用	13	24	20	29	20	32
9	新一代柔性显示玻璃材料与技术开发	43	61	58	90	126	235
10	柔性显示器件关键制备技术及应用	135	157	161	188	180	194

（1）极端环境超高温结构陶瓷基复合材料研发与应用

超高温陶瓷基复合材料是由纤维、界面和超高温陶瓷基体组成的多元结构，具有耐高温、抗氧化烧蚀、高强度等优异性能，同时表现出类似金属的非脆性断裂特征，应用可靠性高，是国际公认的适用于极端高温、力–热耦合服役环境的新型轻质结构材料，受到世界各国高度关注。针对超高温陶瓷基复合材料的研究始于 21 世纪初，历经近 20 年的发展，在材料制备和致密化行为、性能评价和氧化烧蚀机制以及应用技术开发等方面均取得了长足的进展，作为热结构 / 热防护材料已经逐步进入工程应用阶段。应用需求增大和愈加苛刻的服役环境对超高温陶瓷基复合材料技术提出了新的要求。在进一步明晰材料使役行为的基础上，设计开发低成本、短周期、规模化超高温陶瓷基复合材料制备新技术，研制耐极端高温（>2 500 ℃）、近零烧蚀、长时可重复使用的超高温陶瓷基复合材料，发展具有超高熔点的超高温陶瓷纤维及其复合材料，以及解决超高温陶瓷基复合材料规模化工程应用技术是重要发展方向。随着国际新型高速飞行器技术的发展和推进，高性能超高温陶瓷基复合材料及其构件在未来

几年内将呈现批量化需求趋势。

（2）大型复杂炼化工厂智能制造技术

炼化工厂智能制造技术主要借助自动化技术、通信技术、人工智能技术以及现代管理技术，从底层感知、全流程优化控制、顶层智慧决策等多角度，提升炼化企业产品质量、生产效率和经济社会效益。近年来，随着大数据、人工智能、5G通信等新一代信息技术的发展，炼化工厂智能化迎来新的发展契机。如何利用智能制造技术，解决长期以来制约炼化行业发展的高能耗、高碳排、高污染等问题，提升炼化工厂运维能力，推进炼化企业绿色可持续发展成为国内外研究的前沿课题。当前，炼化工厂智能制造技术前沿方向包括：复杂物料属性智能识别与实时感知；多场多相反应过程构效认知与模拟技术；开放环境下的全流程协同优化技术；安全风险智能管控技术；碳足迹溯源、监控与协同减碳技术。

（3）退役动力电池的短流程再生利用技术

随着新能源行业的快速发展，锂离子电池退役潮所引发的资源和环境问题在世界范围内受到广泛关注。退役动力电池结构复杂，成分多变，赋存多种高品位关键有价金属。传统的湿法冶金工艺流程长、能耗高、污染重、提取率低，无法适用于新型动力电池废料。如何针对退役电池种类的多样化、结构的复杂化、组成的差异化，发展以“短程”“高效”与“清洁”为核心的变革性退役电池再生利用新技术，实现短流程资源化利用，对于世界各国都有着至关重要的意义，也将为未来更复杂多样的新型新能源电池的再生利用提供借鉴意义。中国退役动力电池的资源化利用起步较早，在基础研究和工业应用方面发展较快，产业化规模大，处于世界引领地位。未来退役动力电池的短流程再生利用的研究重点应关注在基础理论创新、技术研发突破和数据平台建设3个方面。具体来看：首先，构建退役动力电池再生利用全产业链低碳、绿色、高效循环利用创新研究理论体系；其次，持续开发退役动力电池短程、安全、低碳循环利用关键技术，实现正负极材料短程再生；最后，构建全产业链碳足迹分析和再生利用过程系统评价方法，开发基于大数据的全过程物质代谢数据信息平台。

（4）废弃塑料绿色回收和再利用

近年来，伴随着世界经济的快速发展，全球塑料产量也呈指数级增长，现已达到每年约4亿t。而由于固有的难降解性或不可降解性，绝大多数商品塑料正在环境中积累并会永久地污染环境。因此，有效地处置废弃塑料意义重大。目前，世界上废弃塑料的处置方法主要是焚烧、填埋与回收。焚烧与填埋可以快速地处理掉大部分塑料废弃物，但通常会造成二次污染。回收不仅不会造成二次污染，还可实现废弃塑料的资源化再利用，因此备受关注。然而，传统塑料回收技术常存在实施温度高、选择性低、产品性能降级等问题，所以其工业化应用受限。未来，废弃塑料回收技术的发展主要聚焦于以下几个方面：从原料要求苛刻的机械回收向原料适应性广的化学回收发展；从高温热化学回收向高选择性的低温催化化学回收发展；从降级回收向保级甚至是升级回收发展；从间歇式小规模回收向连续化大规模回收发展。

（5）电网级大规模熔盐储能技术

随着世界各国能源转型的不断深入，以光伏与风电为代表的可再生能源在能源供应中的占比不断提高。在一些欧洲国家，可再生电力在电网中的占比已经接近或超过50%。这些波动性和间歇性的可再生电力的大量接入，需要电网级（GW·h级）大规模储能技术的支持来降低弃风弃光和电网瘫痪风险，提高新能源系统的经济性和安全性。熔盐储能是一种显热储热技术，利用无机盐材料在高温熔融状态下升温或降温过程中的温差来实现热能存储。作为目前全球装机储能总量仅次于抽水蓄能的熔盐储能，有不受地域限制、储能成本低、安全可靠等优点，在光热发电站（concentrated solar power，CSP）中已实现超过50 GW·h的装机量。但目前大规模商业化的熔融硝酸盐（主要是 $NaNO_3$-KNO_3 混合盐）技术因为高温热分解的问题，最高运行温度限制在 565 ℃左右，而且硝酸盐材料价格受肥料市场的影响不稳定。熔盐储能技术未来发展主要聚焦在以下两个方面。① 下一代氯盐熔盐储能技术。相对于目前商业化的硝酸盐技术，氯盐有更低的材料成本且资源丰富、更高的运行温度（最高可到 800 ℃以上），与先进的动力循环系统（如超临界二氧化碳循环）结合，可将热电效率提高到 55% 以上，从而大大降低电站发电成本，如光热发电站。② 基于熔盐技术的电网级储电系统（如卡诺电池）。研究以熔盐储热技术为核心，结合熔盐电加热技术（或高温热泵技术）和先进动力循环系统技术，开发储电效率高（超过 70%）、储电成本低（与抽水蓄能相当）且不受地域限制的卡诺电池技术。

（6）精细化学品与原料药连续制造过程

随着人民生活质量的逐步提高，对精细化学品与原料药的需求量显著增大，且对产品质量提出了更高的要求。制造连续化、多单元操作间耦合设计是实现高效、高质量生产的必然途径。当前，美国、英国、欧洲等均提出了各自的连续制造发展路线，深度布局精细化学品与原料药连续制造过程开发应用，并朝小型化、集成化、智能化不断迈进。近年来，中国也在不断推进连续制造过程转型发展，大力开展精细化学品与原料药集成过程技术开发，在电子级化学品 ppm 级纯化、小分子原料药连续结晶、集成过程智能化设计等连续制造关键技术开发上取得了一定进展，但仍面临制造过程稳定性差、设计准确性低等问题。未来精细化学品与原料药连续制造过程的开发和应用一方面需从过程控制入手，重点采用集成优化控制开展全流程、全生命周期的工艺流程和产品质量优化；另一方面需结合先进的人工智能手段，使精细化学品与原料药连续制造朝着数字化和智能化方向发展，最终实现从原料到商业产品的高度集成化、连续化、智能化的精细化学品与原料药连续制造过程的系统性应用。

（7）钢铁流程 CO_2 回收循环利用技术

钢铁工业作为能源消耗大户，直接对应巨量 CO_2 产出，但因缺少有效 CO_2 利用途径，只能任其排放。2021 年，中国钢铁工业 CO_2 排放近 18 亿 t，约占全国总排放量的 16%。目前，世界各国积极推进钢铁工业 CO_2 循环利用前沿技术的开发，涉及钢铁–化工联产等方向。近年来，中国在不断探索和开发钢铁流程 CO_2 资源化利用技术方面走在了世界前列，在 CO_2 资源化用于转炉炼钢、电炉炼钢等关键工艺技术开发方面取得了重要进展，建成了“工业尾气→ CO_2 回收→炼钢转化→ CO 高质利用”示范产线，但仍存在一些技术瓶颈尚待突破。钢铁流程 CO_2 回收循环利用技术未来发展主要聚焦在以下三个方面：① 低成本、高效 CO_2 回收技术，开发适合钢铁工业烟气特性的 CO_2 回收技术和吸附剂，进一步降低 CO_2 回收的能源消耗和成本，并提高 CO_2 回收效率；② 钢铁流程 CO_2 资源化利用技术，将 CO_2 作为资源功能型介质拓展应用至钢铁冶金全流程，采用 CO_2 替代或协同其他气体共同完成生产任务，包括不锈钢冶炼、真空精炼、高炉炼铁等；③ 钢铁流程 CO_2 跨领域协同处理技术，回收钢铁工业烟气中 CO_2 应用于化工、农业等行业，开发钢铁–化工联产、钢铁–农业碳汇等降碳技术。

（8）先进核岛关键装备用钢开发与应用

核岛用钢是核电站的核心关键部位用钢，也是技术要求最高的部分，按照材质来分，主要包括碳钢、低合金钢、不锈钢、特殊钢、部分镍基合金、钛合金、锆合金等，其形状有板、管、丝、棒、带、铸件等。反应堆压力容器、蒸汽发生器等核岛主设备长期在高温、高压或辐照环境下服役，要求主设备的壳体材料具有良好的抗疲劳性能和强韧匹配性，足够的抗中子辐照脆化能力，以确保核电厂的长期安全、可靠运行。随着第四代核能技术的快速发展，对核电用钢尤其是核岛用钢提出了新的要求。

未来先进核岛关键装备用钢开发与应用主要技术方向包括：① 核岛结构材料开发，包括核用特种合金、核用材料制备技术及工艺等；② 核岛用钢的损伤机制研究，包括核岛用钢的应力腐蚀、腐蚀疲劳、流动加速腐蚀、辐照损伤与腐蚀的交互作用等；③ 核岛用钢部件的安全性能研究，包括安全评价和寿命预测、延寿方法等。

（9）新一代柔性显示玻璃材料与技术开发

近年来，柔性显示技术已成为显示领域的重要发展方向，柔性玻璃等关键原材料是制约产业发展的重要环节。柔性显示玻璃材料是指厚度小于 100 μm，可弯曲、可折叠的玻璃新材料，具有硬度高、耐高温、化学稳定好等优点，广泛应用于手机、车载、可穿戴设备、VR 显示等领域，是显示领域技术竞争的焦点。目前，柔性显示玻璃主要采用“两步法”制程：先用浮法、下拉等规模化工艺制备 100~200 μm 的玻璃原片；再将玻璃原片减薄至 70 μm 以下供终端使用。未来，柔性显示玻璃材料的技术发展方向主要包括以下四个方向：① 薄型化，通过开发一次成型工艺，量产 30~70 μm 的柔性玻璃，大幅度提升柔性玻璃质量，以满足高清显示需求；② 高强化，通过玻璃本体结构调控、表面复合增强等新技术的应用提升玻璃强度，以满足复杂、严苛的服役环境需求；③ 大尺寸化，不断扩大柔性显示玻璃尺寸，以满足柔性笔记本电脑、卷曲电视、3D 商显等大型柔性终端的发展需求；④ 精密化，通过飞秒激光切割、卷对卷工艺等新方法，推动玻璃制造流程工艺变革。

（10）柔性显示器件关制备技术及应用

新一代信息技术的快速发展对作为信息窗口的显示器件提出了轻薄、省电、可折叠卷曲、大尺寸等要求，由柔软基板、中间显示介质、封装层组成的柔性显示器件在弯折、扭曲、拉伸或卷绕下能有效保持原有显示功能，成为未来显示技术发展的必然选择。当前显示产业中多种技术竞相发展，如液晶显示（liquid crystal display，LCD）、有机发光二极管（organic light-emitting diode，OLED）显示、量子点（quantum dot，QD）显示、发光二极管（light emitting diode，LED）显示、电子纸（E-paper）显示、三维（3D）显示、激光显示（laser display）等。面向万物互联信息化发展中的柔性需求，印刷显示、微米发光二极管（micro-LED）显示、光场显示等成为新一代显示技术的代表。在市场化和大规模应用中，柔性显示器件瞄准未来超低能耗、超轻薄、多维度可变形的发展需求，不断聚焦关键材料和器件集成技术的突破，实现装备到整体制造技术的升级换代。伴随着柔性显示技术的快速发展和人机交互的深度拓展，柔性显示器件锚定在显示、通信和交互的多功能智能化道路上，与柔性传感器和柔性电路等进一步关联融合，共同系统化推进柔性智能显示模组新框架的构建。

2.2 Top 3 工程开发前沿重点解读

2.2.1 极端环境超高温结构陶瓷基复合材料研发与应用

21 世纪初，国际上首次报道将超高温陶瓷与纤维复合，设计和制造超高温陶瓷基复合材料的理念。随后，这一研究方向逐渐成为继碳化硅陶瓷基复合材料后高温结构材料领域的研究热点，各国的科研人员均对超高温陶瓷基复合材料开展了广泛研究。中国关于超高温陶瓷基复合材料的研究报道始于 2007—2008 年，在国际上属于最早开展该类材料研究的国家之一。由于超高温陶瓷基复合材料保持了超高温陶瓷的耐高温、高强度、抗氧化、抗烧蚀等优异性能，同时又具有非脆性断裂特征，有效避免了陶瓷材料的灾难性破坏，被视为适用于（超）高温、力－热耦合极端服役环境的理想材料，作为固体火箭发动机和新型高速飞行器热结构 / 热防护材料发挥着不可替代的作用，目前已经成为国际尖端材料，具有战略性工程应用价值。

早期关于超高温陶瓷基复合材料的研究主要集

中在材料的制备工艺、组元设计与优化和抗氧化烧蚀机理研究。美国 Ultramet 公司研发的反应熔渗超高温陶瓷基复合材料技术处于国际领先地位，先后采用反应熔渗（reactive melt infiltration，RMI）工艺成功制备了高性能 Cf/Zr(Hf)C、Cf/Zr(Hf)-SiC 等超高温陶瓷基复合材料及构件。其研制的超高温陶瓷基复合材料燃烧室经多次热试车（试车温度高达 2 399 ℃），燃烧室内壁仍保持完好。针对常规 RMI 方法制备超高温陶瓷基复合材料存在纤维 / 界面损伤、大尺寸金属残留等问题，中国科学院上海硅酸盐研究所的科研人员开发了基于溶胶 – 凝胶结构调控的超高温陶瓷基复合材料反应熔渗新路线，通过界面结构的调控，开发出高性能、低成本超高温陶瓷基复合材料技术。

关于超高温陶瓷基复合材料在工程应用方面，由于该类材料主要应用于新型高速飞行器热防护热结构，涉及领域比较敏感，国际上相关报道非常有限。意大利航空航天研究中心首次报道于 2011 年开展了连续纤维增强超高温陶瓷基复合材料的风洞试验，并于 2013 年对超高温陶瓷基复合材料构件进行了飞行试验，但未见后续报道。中国在超高温陶瓷基复合材料领域的研究起步较早，在前期完成材料设计并探明材料高温氧化烧蚀失效关键作用机制的基础上，近年来先后对超高温陶瓷基复合材料及相关构件进行了多次环境模拟验证，并装机试飞成功。各类构件的成功应用，表明上述超高温陶瓷基复合材料及相关制备技术可满足不同极端环境的使用需求，也标志着中国在超高温热防护领域取得了重大突破。总体来看，中国在超高温陶瓷基复合材料 / 构件关键制造技术与环境模拟技术方面已形成特色，在连续纤维增强陶瓷基复合材料的整体技术方面已跻身国际前列，并在一些重点工程中获得应用。

表 2.2.1 列出了“极端环境超高温结构陶瓷基复合材料研发与应用”工程开发前沿中核心专利的主要产出国家。可以看出，主要产出国家以亚洲国家居多，其中中国的专利公开量和被引用的比例远远高于其他国家和地区。各主要产出国家间尚无合作。从表 2.2.2 来看，中国航天部门的研究机构高度重视极端服役环境超高温陶瓷基复合材料的研发，以航天特种材料及工艺技术研究所为代表，公开了大量的专利。从主要产出机构间的合作来看，仅中国科学院金属研究与苏州图纳新材料科技有限公司有合作（图 2.2.1）。这也从侧面说明超高温陶瓷基复合材料的重要地位，国际对相关技术实施封锁，抢占先机。

表 2.2.1 “极端环境超高温结构陶瓷基复合材料研发与应用”工程开发前沿中核心专利的主要产出国家

序号	国家	公开量	公开量比例 /%	被引数	被引数比例 /%	平均被引数
1	中国	271	87.99	586	92.87	2.16
2	美国	16	5.19	26	4.12	1.62
3	韩国	7	2.27	1	0.16	0.14
4	俄罗斯	3	0.97	2	0.32	0.67
5	印度	3	0.97	0	0.00	0.00
6	法国	1	0.32	6	0.95	6.00
7	德国	1	0.32	5	0.79	5.00
8	英国	1	0.32	2	0.32	2.00
9	波兰	1	0.32	2	0.32	2.00
10	日本	1	0.32	1	0.16	1.00

表 2.2.2 “极端环境超高温结构陶瓷基复合材料研发与应用”工程开发前沿中核心专利的主要产出机构

序号	机构	公开量	公开量比例 /%	被引数	被引数比例 /%	平均被引数
1	航天特种材料及工艺技术研究所	33	10.71	84	13.31	2.55
2	西北工业大学	19	6.17	19	3.01	1.00
3	中国科学院金属研究所	15	4.87	53	8.40	3.53
4	中南大学	13	4.22	75	11.89	5.77
5	哈尔滨工业大学	9	2.92	26	4.12	2.89
6	广东工业大学	8	2.60	60	9.51	7.50
7	中国科学院上海硅酸盐研究所	8	2.60	27	4.28	3.38
8	中国人民解放军国防科技大学	8	2.60	12	1.90	1.50
9	中国建筑材料科学研究总院	6	1.95	9	1.43	1.50
10	苏州图纳新材料科技有限公司	4	1.30	17	2.69	4.25

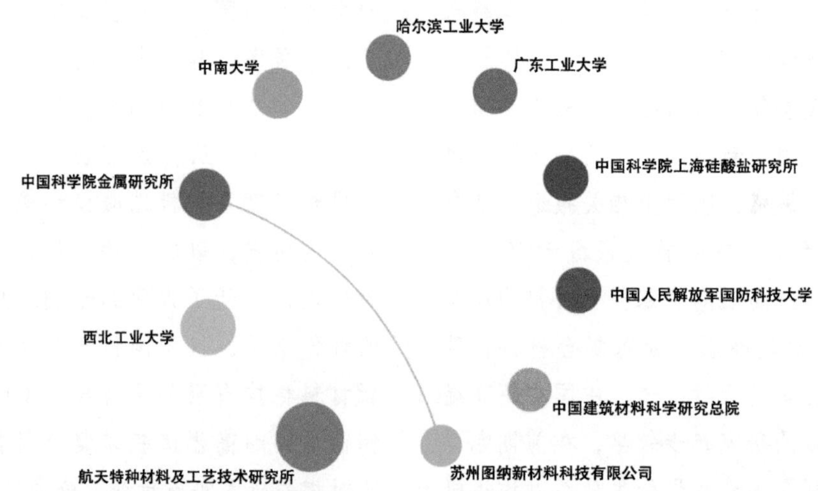

图 2.2.1 “极端环境超高温结构陶瓷基复合材料研发与应用”工程开发前沿主要机构间的合作网络

超高温陶瓷基复合材料以其优异的超高温性能，在固体火箭发动机和新型高速飞行器热防护结构中展现出良好的应用前景。采用多种工艺相结合研制的超高温陶瓷基复合材料及热结构件，目前基本能够满足现有高速飞行器的使用要求。但针对规模化工程应用，依然存在以下问题：① 超高温陶瓷基复合材料制备周期长、成本高；② 耐温极限一般在 2 200~2 500 ℃，难以满足更高温度条件的使用需求；③ 尚未形成批量制造能力等。因此，低成本、短周期、规模化超高温陶瓷基复合材料制备新技术，耐极端高温（>2 500 ℃）、近零烧蚀、长时可重复使用的超高温陶瓷基复合材料，具有超高熔点的超高温陶瓷纤维及其复合材料，以及超高温陶瓷基复合材料规模化工程应用技术是未来重要发展方向（图 2.2.2）。

2.2.2 大型复杂炼化工厂智能制造技术

炼化行业以化石能源为主，产业结构重型化，普遍存在生产规模大、链条长、时空跨度大、生产要素多、能耗高、碳排放大等问题，亟须通过智能制造技术来解决信息孤岛问题，建立多层次全流程的有效协同，提升智能工厂运维能力，推进炼化企

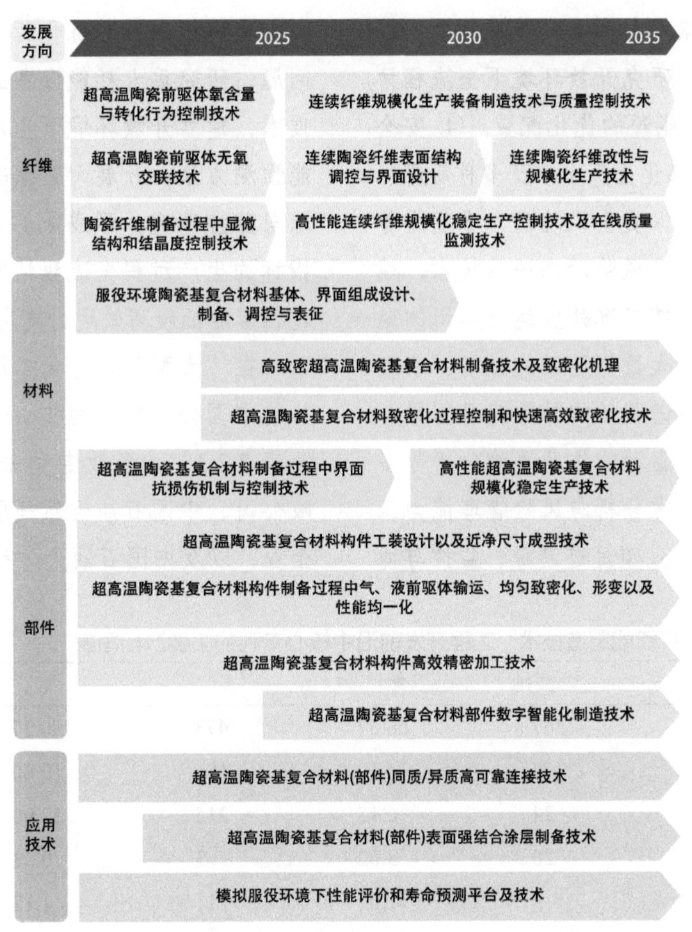

图 2.2.2 “极端环境超高温结构陶瓷基复合材料研发与应用”工程开发前沿的发展路线

业绿色可持续发展。近年来，随着大数据、人工智能、5G通信等新一代信息技术的发展，德国、美国、日本等发达国家先后提出了“工业 4.0”“先进制造业国家战略计划”等智能制造发展战略。中国目前处于制造业数字化转型的关键时期，在“制造强国”“新一代人工智能发展规划”等重大国家战略的支持下，中国的炼化工业以转型升级、提质增效、节能环保为主线，正在从局部、粗放的生产模式向全流程、精细化的生产模式发展。

当前，在炼化工厂智能制造领域亟须发展的前沿方向主要有以下五个方面。① 复杂物料属性智能识别与实时感知技术：针对炼化过程原料组分复杂、待测性质多等问题，以多相态单分子属性为基础，结合基团贡献、最大熵等经典物理化学原理和大规模多目标智能优化方法与技术，研究炼化过程中关键反应物质的分子结构识别、物料分子结构及组成实时感知方法；研究原料成分、产品质量的在线检测方法和技术，为过程建模、在线优化控制与计划调度提供技术支撑。② 多场多相反应过程构效认知与模拟技术：针对炼化过程原料组分多、反应过程机理复杂等问题，面向催化、重整、加氢裂化等典型反应，基于机器学习技术，结合第一性原理，从分子水平上研究反应机理与规则，构建分子反应网络，建立动力学方程。以此为基础，构建耦合反应、流动和能量传递的装置、反应器、反应过程多尺度动态模拟技术。③ 开放环境下的全流程协同优化技术：针对炼化行业市场需求、原料价格和品质等具有较强不确定性，以及多装置强耦合等问题，基于鲁棒优化及自适应优化策略，面向装置运行效率、能耗、安全环保等指标，研究开放环境下全流程协同优化方法，实现资源/能源的优化配置。④ 安全风险智能管控技术：针对炼化生产中涉及多种易燃、易爆、高风险反应物，环保安全风险高、难度大等问题，开展基于情景的生产风险动态评估技术，建立多源异构工艺数据与异常工况处置运行知识的融合方法与系统框架，开发大数据驱动的设备、仪表可靠性分析方法，知识图谱驱动的异常工况因果分析，深度学习和规则融合驱动的作业风险分析等多种工具，提升现场作业异常分析与风险管理能力，避免重特大事故的发生。⑤ 碳足迹溯源、监控与协同减碳技术：针对炼化行业能耗高、碳排基数大等问题，研究重大耗能设备的生产能耗与碳排放感知技术，建立开放环境下生产过程能耗与碳排放的智能预测方法，开展大数据驱动的全产业链碳足迹溯源与监控研究，形成能够综合效益–质量–碳排等指标的生产过程全流程协同减碳技术，为实现生产过程智能低碳高效运行奠定理论与技术基础。

在“大型复杂炼化工厂智能制造技术”领域，目前中国公开发表的核心专利数已处世界领先地位（表 2.2.3），多数专利来自中国石油化工股份有限公司、中国石油天然气股份有限公司等大型国有企业，以及中国石油大学等高等院校（表 2.2.4）。

表 2.2.3 “大型复杂炼化工厂智能制造技术”工程开发前沿中核心专利的主要产出国家

序号	国家	公开量	公开量比例 /%	被引数	被引数比例 /%	平均被引数
1	中国	367	66.37	473	50.37	1.29
2	美国	78	14.10	184	19.60	2.36
3	沙特阿拉伯	34	6.15	215	22.90	6.32
4	韩国	20	3.62	3	0.32	0.15
5	加拿大	9	1.63	11	1.17	1.22
6	德国	8	1.45	26	2.77	3.25
7	印度	8	1.45	2	0.21	0.25
8	日本	6	1.08	4	0.43	0.67
9	英国	4	0.72	7	0.75	1.75
10	法国	3	0.54	13	1.38	4.33

表 2.2.4 “大型复杂炼化工厂智能制造技术”工程开发前沿中核心专利的主要产出机构

序号	机构	公开量	公开量比例 /%	被引数	被引数比例 /%	平均被引数
1	中国石油化工股份有限公司	46	8.32	61	6.50	1.33
2	中国石油天然气股份有限公司	42	7.59	25	2.66	0.60
3	沙特阿拉伯国家石油公司	34	6.15	215	22.90	6.32
4	中国石油大学（北京）	23	4.16	50	5.32	2.17
5	西南石油大学	18	3.25	41	4.37	2.28
6	南京富岛信息工程有限公司	18	3.25	17	1.81	0.94
7	中国海洋石油集团有限公司	13	2.35	8	0.85	0.62
8	Phillips 66 石油有限公司	9	1.63	8	0.85	0.89
9	西安石油大学	8	1.45	35	3.73	4.38
10	华东理工大学	6	1.08	19	2.02	3.17

国际上，美国、德国、英国以及沙特阿拉伯的交流合作较为紧密（图 2.2.3）。在中国，中国石油大学与中国石油化工股份公司之间的合作较为紧密，其他校企合作有待进一步加强（图 2.2.4）。

如图 2.2.5 所示，未来 5 年，炼化工厂智能制造主要从装置层面的智能化发展到全流程的协同制造，包括原料属性的智能识别、在线检测技术、全流程的动态模拟及多目标协同优化技术；未来 10 年，智能制造技术将面向安全环保指标，应用于厂级的风险智能管控与碳溯源、监控及协同减碳等方面，为炼化企业的绿色可持续发展提供技术基础。

2.2.3 退役动力电池的短流程再生利用技术

锂离子电池是电动汽车的主要动力电源之一。中国是全球最大的锂离子动力电池生产国和消费国，同时拥有全球最高的动力电池装机量。动力电池的平均寿命为 8~10 年。2020 年，中国动力电池累计退役总量约 20 万 t，而到 2025 年，退役动力电池总量将升至约 78 万 t。中国长期处于缺钴贫锂少镍的现状（总体对外依存度 >80%），退役动力

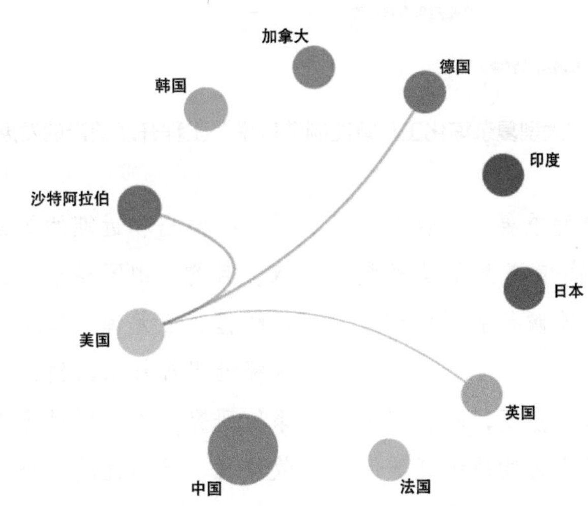

图 2.2.3 “大型复杂炼化工厂智能制造技术”工程开发前沿主要国家间的合作网络

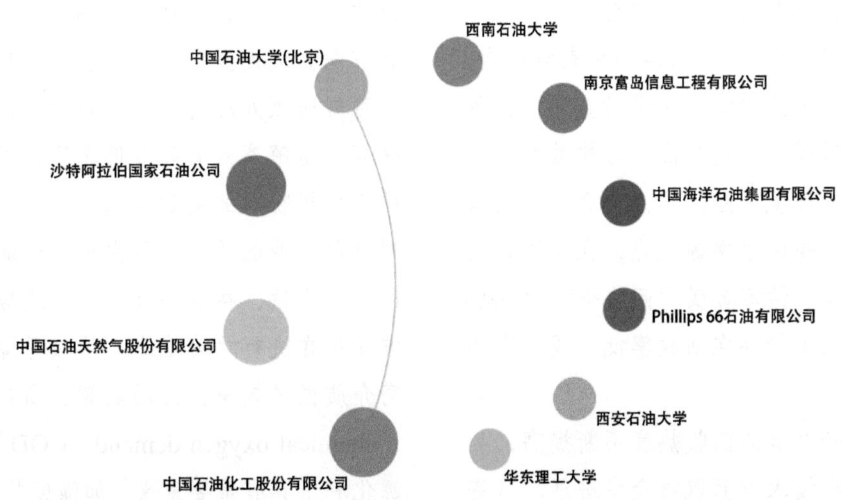

图 2.2.4 “大型复杂炼化工厂智能制造技术”工程开发前沿主要机构间的合作网络

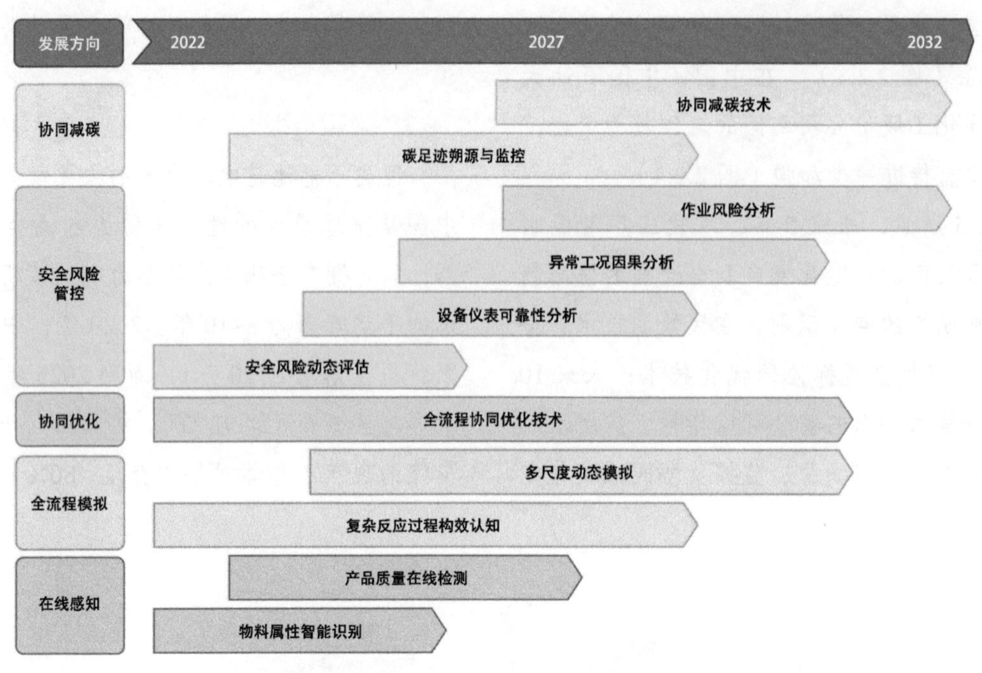

图 2.2.5 “大型复杂炼化工厂智能制造技术”工程开发前沿的发展路线

电池是赋存镍钴锰锂等关键金属的重要二次资源，因此迫切需要突破退役锂电的高值资源化技术瓶颈，保障资源供给安全，应对新能源行业可持续发展面临的巨大挑战。

退役动力电池结构复杂、成分多变，除含有上述有价金属外，还含有电解液等毒害物质和低值伴生元素。其循环利用过程流程长、复杂度高，具有显著的学科交叉特征。其中研究最广泛、关注度最高的是退役锂电的再生利用环节。目前退役电池资源化技术主要分为湿法冶金、火法冶金和直接再生。比利时的优美科采用火法冶金工艺进行金属的回收利用，无需预处理过程，但能耗高、易排放有毒有害气体，存在较大的环境风险。湿法冶金过程较为成熟，具有低能耗、高回收率等优点，在中国市场应用率高。目前，镍、钴等金属的回收率可达98%以上，而锂的回收利用仍存在回收率低、成本高的问题。

近年来，锂离子电池的回收热度不断提高，相关研究机构和企业在技术方面取得众多进展。从资源提取角度，研究主要分为两个阶段：早期的金属元素全浸出和近期的优先提锂为核心的金属梯级提取。目前，中国科学院过程工程研究所开发了针对钴酸锂、三元锂、磷酸铁锂、锰酸锂等不同废料的选择性提锂技术路线，构成了基础—技术—装备的系统研究链条。通过优先提锂，可以显著缩短锂回收流程、提高锂的综合回收效率，从而缩短整个锂电池的回收流程，对过程减污降碳具有重要意义。从总体回收效率角度考虑，提高退役电芯预处理阶段的技术水平，实现更精细化分选是目前行业的发展方向。近期提出的梯级热解 – 精细分选的技术思路可规避预处理过程中大量毒害溶剂挥发等问题，提高黑粉解离效率和降低杂质元素含量，并可以实现正负极粉料的高效分选。另外，免放电破碎也受到目前行业的关注，但主要在磷酸铁锂电池等方面进行了尝试，在安全性、物料适应性以及经济性等方面仍在进行攻关推进。从减污降碳方面考虑，提高介质循环效率，推动氨氮、高盐、高化学需氧量（chemical oxygen demand，COD）废水处理及资源化利用具有重要意义；加强废盐、含重金属废渣、废石墨等利用也势在必行；同时需要关注所得产品的碳足迹以及全过程的碳排放情况，进一步提高行业技术水平。

表 2.2.5 中列出了“退役动力电池的短流程再生利用技术”工程开发前沿中核心专利的主要产出国家。其中，中国是专利产出最多的国家，且专利产出数量远高于其他国家。由图 2.2.6 可知，各主要国家之间的合作较为薄弱，仅中国与加拿大有合作。表 2.2.6 中列出了该领域核心专利的主要产出机构。科研院校和机构方面，中南大学、中国科学院过程工程研究所的专利产出数量处于前列；企业方面，日本的住友金属矿山株式会社以及中国的合肥国轩高科动力能源有限公司和广东邦普循环科技有限公司处于前列。各主要机构间还未有合作。

退役电池资源化技术已有较多的研究基础和积累，但仍有很多环节和问题需要加强与解决。在“双碳”政策背景下，动力电池全产业链面临新的挑战和需求，锂离子电池作为关键的动力和储能部件，其高值短程资源化利用至关重要，如何从资源安全保障、资源高效利用、过程零碳排放保障行业的可持续发展，需要新一代全产业链绿色制造技术。建议从如下方面进一步推进技术完善和应用（图 2.2.7）：退役锂电梯度热解－精准分选技术与装备；复杂镍钴锂废料低碳高值资源化利用技术；正 / 负极材料温和修复再生技术；锂电材料全产业链水－气－固优化集成技术；新能源金属资源利用全产业链特征数据库及标准体系的建立。

表 2.2.5　“退役动力电池的短流程再生利用技术”工程开发前沿中核心专利的主要产出国家

序号	国家	公开量	公开量比例 /%	被引数	被引数比例 /%	平均被引数
1	中国	822	87.26	2 028	92.69	2.47
2	日本	64	6.79	84	3.84	1.31
3	韩国	20	2.12	13	0.59	0.65
4	德国	9	0.96	9	0.41	1.00
5	美国	8	0.85	7	0.32	0.88
6	印度	5	0.53	29	1.33	5.80
7	加拿大	4	0.42	16	0.73	4.00
8	以色列	3	0.32	1	0.05	0.33
9	比利时	2	0.21	1	0.05	0.50
10	波兰	2	0.21	0	0.00	0.00

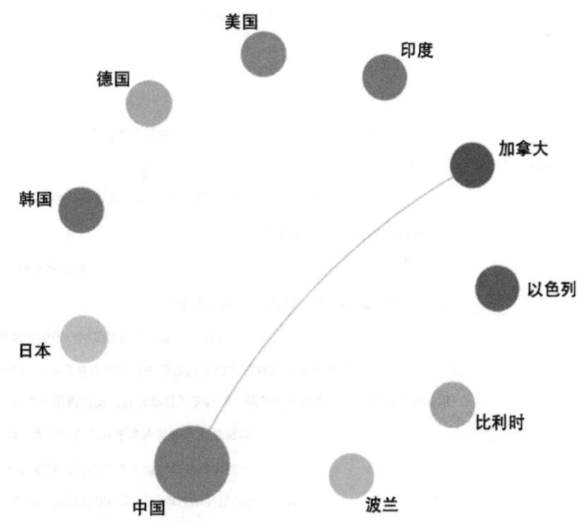

图 2.2.6　“退役动力电池的短流程再生利用技术”工程开发前沿主要国家间的合作网络

表 2.2.6 “退役动力电池的短流程再生利用技术”工程开发前沿中核心专利的主要产出机构

序号	机构	公开量	公开量比例 /%	被引数	被引数比例 /%	平均被引数
1	中南大学	55	5.84	184	8.41	3.35
2	住友金属矿山株式会社	31	3.29	27	1.23	0.87
3	中国科学院过程工程研究所	29	3.08	102	4.66	3.52
4	合肥国轩高科动力能源有限公司	27	2.87	74	3.38	2.74
5	广东邦普循环科技有限公司	26	2.76	40	1.83	1.54
6	昆明理工大学	19	2.02	35	1.60	1.84
7	矿冶科技集团有限公司	17	1.80	64	2.93	3.76
8	国家电网有限公司	17	1.80	49	2.24	2.88
9	日本太平洋水泥株式会社	17	1.80	29	1.33	1.71
10	格林美股份有限公司	16	1.70	45	2.06	2.81

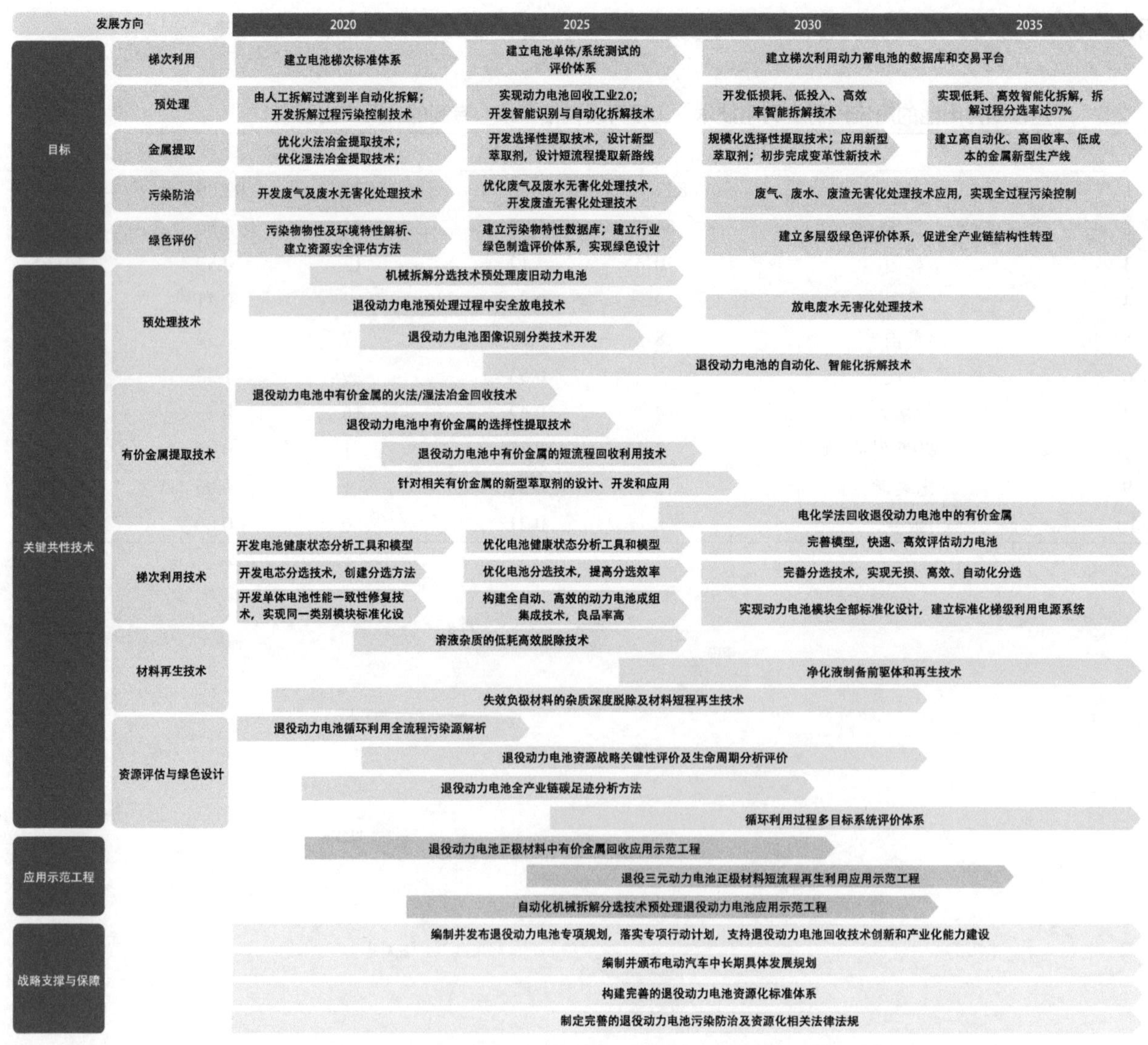

图 2.2.7 “退役动力电池的短流程再生利用技术”工程开发前沿的发展路线

领域课题组人员

课题组组长 / 副组长：

组　长：王静康　薛群基　刘炯天

副组长：李言荣　刘中民　毛新平　聂祚仁
谭天伟　周　玉　屈凌波　元英进

课题组成员：

陈必强　邓　元　马新宾　闫裔超　杨治华
叶　茂　蔡　的　李达鑫　王　静　王景涛
姚昌国　祝　薇　何朝辉　涂　璇　程路丽
黄耀东　李艳妮　朱晓文

执笔组成员：

曹　欣　丁文进　冯建情　龚俊波　韩　优
胡望宇　黄　远　阚艳梅　康国栋　雷天宇
卢静宜　年　瑶　孙　峙　王　朝　阎文艺
杨宇森　姚昌国　赵中伟　郑玉峰　周吉彬
朱　荣　祝　薇　朱晓文

致谢：

北京航空航天大学
包书聘　郭思铭　韩广宇　胡少雄　张青青
周　杰

北京化工大学
陈徽东　李国锋　申晓林　王　丹

北京科技大学
寇明银　魏光升　左海滨　刘　放　张宇航

电子科技大学
万中全

哈尔滨工业大学
贾德昌

华东理工大学
钱　峰　张萱妮　钟伟民

华南理工大学
卞钲淇　王迎军

昆明理工大学
刘建华　许　磊

上海大学
王　江

上海交通大学
潘云翔　彭　冲

天津大学
冯亚凯　高　鑫　胡文彬　刘国柱　汪怀远
王靖涛　张金利　张　雷　赵玉军　佚金健
黄新媛

武汉理工大学
孙　一　卢晨曦　汪　潇　张联盟

西北有色金属研究院
闫　果　张平祥

中国宝武中央研究院
辜海芳　王　媛

中国科学院大连化学物理研究所
路　芳　卢　锐　马现刚

中国科学院上海硅酸盐研究所
董绍明　靳喜海　谭　敏

中国科学院过程工程研究所
王　志　杨亚锋　吕伟光

中国建材集团有限公司
洪　伟　彭　寿　秦旭升

中南大学
刘旭恒

四、能源与矿业工程

1 工程研究前沿

1.1 Top 12 工程研究前沿发展态势

能源与矿业工程领域研判的 Top 12 工程研究前沿见表 1.1.1，涵盖了能源和电气科学技术与工程、核科学技术与工程、地质资源科学技术与工程、矿业科学技术与工程 4 个学科。其中，“高安全性高能量密度电池体系关键材料”“新能源发电灵活性提升与电网支撑理论”“有机体系电化学氮还原合成氨”属于能源和电气科学技术与工程领域；“乏燃料后处理及高放物质分离工艺研究”“核废物玻璃体材料性能研究”“等离子体与反应堆材料相互作用机理”属于核科学技术与工程领域；“水力压裂三维裂缝扩展模型”“地球深部碳氢循环过程与油气资源分布规律研究”“陆相钾锂盐智能找矿与资源综合定量研究”属于地质资源科学技术与工程领域；“深部开采冲击地压诱发机理与预警方法”“二氧化碳驱油提采－捕集封存机制研究”“岩性智能识别方法”属于矿业科学技术与工程领域。

2016—2021 年各研究前沿相关的核心论文逐年发表情况见表 1.1.2。

（1）高安全性高能量密度电池体系关键材料

电池技术的发展改变了人们的生活，电池是电子产品、电动汽车和智能电网的核心部分。现有的锂离子电池的能量密度已接近其理论值，很难满足电动汽车市场的发展需求，并且在大规模的应用中，其安全性问题也成为阻碍行业发展的难题。电池主要由正极、负极和电解质组成，其整体的能量密度依赖正负极，而安全性则取决于电解质。电极的能量密度由电压和容量决定。高能量密度正极主要发展方向是高电压正极材料和高容量的硫正极材料，负极则主要向锂金属和硅负极方向发展，电解质主要向固态电解质发展，其中，固态电解质不仅能够

表 1.1.1 能源与矿业工程领域 Top 12 工程研究前沿

序号	工程研究前沿	核心论文数	被引频次	篇均被引频次	平均出版年
1	高安全性高能量密度电池体系关键材料	177	10 783	60.92	2019.7
2	乏燃料后处理及高放物质分离工艺研究	83	3 466	41.76	2017.8
3	水力压裂三维裂缝扩展模型	239	4 020	16.82	2019.0
4	深部开采冲击地压诱发机理与预警方法	214	3 374	15.77	2019.1
5	新能源发电灵活性提升与电网支撑理论	188	3 058	16.27	2018.9
6	有机体系电化学氮还原合成氨	20	930	46.50	2020.0
7	核废物玻璃体材料性能研究	145	1 134	7.82	2018.8
8	等离子体与反应堆材料相互作用机理	391	19 957	51.04	2017.6
9	地球深部碳氢循环过程与油气资源分布规律研究	157	2 931	18.67	2019.0
10	陆相钾锂盐智能找矿与资源综合定量研究	140	1 884	13.46	2018.7
11	二氧化碳驱油提采－捕集封存机制研究	94	1 618	17.21	2019.0
12	岩性智能识别方法	119	2 608	21.92	2019.7

注：前沿来源包括三类，即数据挖掘、专家提名、数据挖掘 & 专家提名。

表 1.1.2 能源与矿业工程领域 Top 12 工程研究前沿核心论文逐年发表数

序号	工程研究前沿	2016	2017	2018	2019	2020	2021
1	高安全性高能量密度电池体系关键材料	7	8	20	31	49	62
2	乏燃料后处理及高放物质分离工艺研究	15	20	21	19	8	0
3	水力压裂三维裂缝扩展模型	26	20	45	42	52	54
4	深部开采冲击地压诱发机理与预警方法	21	20	35	37	44	57
5	新能源发电灵活性提升与电网支撑理论	18	27	31	43	25	44
6	有机体系电化学氮还原合成氨	0	0	0	5	9	6
7	核废物玻璃体材料性能研究	18	22	24	23	27	31
8	等离子体与反应堆材料相互作用机理	92	109	78	77	32	3
9	地球深部碳氢循环过程与油气资源分布规律研究	22	17	21	21	35	41
10	陆相钾锂盐智能找矿与资源综合定量研究	22	15	24	27	22	30
11	二氧化碳驱油提采–捕集封存机制研究	5	16	12	19	24	18
12	岩性智能识别方法	2	8	15	17	30	47

从本质上解决电池的安全性问题，而且可以适配高能量密度的正负极。固态电解质分为聚合物固态电解质、无机固态电解质和复合固态电解质。复合固态电解质结合了聚合物电解质良好的加工性能和无机电解质高离子电导率的优点，是未来发展的重要方向。

（2）乏燃料后处理及高放物质分离工艺研究

核燃料后处理的主要任务是利用化学处理方法分离乏燃料中的裂变产物，回收和纯化有价值的可裂变物质 ^{235}U 和 ^{239}Pu 等，然后再将它们制成燃料元件返回核电站（热堆或快堆）使用，提高核燃料的利用率，节约铀资源，另外，通过提取超铀元素和裂变产物，发展同位素在医疗、航天等方面的应用。核燃料后处理流程基于是否在水介质中进行分为水法和干法两大类。水法流程指在水溶液中采用沉淀、溶剂萃取、离子交换等方法对乏燃料进行化学分离纯化；干法流程则指在无水状态下采用氟化物挥发法、高温冶金处理、高温化学处理、液态金属过程、熔盐电解法等方法对乏燃料进行化学分离纯化。干法后处理是当前乏燃料后处理的重要研究方向之一，其在处理高燃耗乏燃料，特别是快堆乏燃料方面更具优势，但工程技术难度较大。当前，国际上广泛开展分离/嬗变和先进核燃料循环的研究，其中，从核废物中分离回收次锕系核素和长寿命裂变产物是该研究的关键。乏燃料后处理和高放废液分离一体化流程与现有乏燃料处理处置方式相比，流程简单、二次废物少、经济性高，更能满足先进核燃料循环的分离要求。

（3）水力压裂三维裂缝扩展模型

水力压裂是通过往地层中泵入高排量流体，在储层中产生人工裂缝来沟通天然裂缝的储层改造技术。在水力压裂数值模型中，传统的二维模型以及准三维模型由于在裂缝高度方向上为裂缝几何形貌引入了理想化的假设，无法描述实际水力裂缝的扩展过程。三维水力压裂模型指在模型中放松了对裂缝的几何约束条件，因而能够更接近实际的裂缝设计方案。目前，三维水力压裂模型可分为平面三维模型与非平面三维模型。平面三维模型假设水力裂缝只能在原始裂缝平面内扩展，而非平面三维模型放宽了这一条件，得以模拟水力裂缝的非平面偏转。在三维水力压裂模型中，裂缝的扩展模式更加复杂，往往是耦合了三种基本模式的混合扩展模式，需采用新的裂纹扩展准则，导致裂缝形貌相比二维模型更加复杂，需要新的算法来准确捕捉裂缝前沿及计算裂纹尖端的应力场。除此之外，二维模型中面临的问题如地应力、滤失效应、储层非均质性、压裂方式等对水力裂缝扩展的影响，支撑剂的运移等仍需在三维模型中进一步探索。

（4）深部开采冲击地压诱发机理与预警方法

冲击地压是指岩体中聚积的弹性变形势能在一定条件下突然猛烈释放，导致岩石爆裂并弹射出来的现象，是一种严重的动力灾害。随着矿井开采深度的增加，煤矿冲击地压灾害形势严峻，冲击地压灾害发生机理、监测预警与防控技术研究对煤矿安全开采愈发重要。该前沿的主要研究内容包括：深部煤矿冲击地压动力响应及灾变机理、深部煤矿冲击地压灾害智能监测预警理论与技术、深部煤矿冲击地压防控机理与方法。针对冲击地压的发生机理，揭示围岩应变能释放突变机制是研究冲击地压发生机理新的突破途径；在冲击地压预警技术方面，融合数据挖掘、大数据处理分析等人工智能算法，实现冲击地压灾害的智能监测预警与多场多维感知是今后的发展方向。

（5）新能源发电灵活性提升与电网支撑理论

大力发展以风能、太阳能为代表的新能源发电，是中国推动能源电力行业清洁低碳转型，实现“30·60”碳中和气候应对目标的必由之路。不同于出力平稳、可控的传统发电设备，新能源发电具有强波动性和弱可控特性，将从根本上改变电力系统的物理形态与运行方式。随着集中式与分布式新能源的快速发展，电力系统源荷双侧不确定性持续增加。同时，随着传统火电机组的逐步退役，电力系统灵活调节资源愈发紧缺，电力供需平衡与电网安全经济运行面临前所未有的挑战。亟须探索新能源发电灵活性提升与电网支撑理论的关键技术，以源网荷储有机协同破解新能源高比例接入下的多时间尺度电力电量平衡难题，助力高比例新能源的广域高效消纳。新能源发电灵活性提升与电网支撑理论的主要研究方向包括：电力系统灵活性平衡机理、调控技术与市场机制；火电机组灵活性改造和转型为调节电源的技术经济评估；规模化风光发电系统惯量控制与主动频率支撑技术；规模化风光发电系统的电网暂态电压支撑技术；规模化风光发电系统的稳定控制技术；多周期、多类型储能设施协同配置与优化运行方法；海量异质需求侧资源的分层聚合、协调控制与分布式交易。

（6）有机体系电化学氮还原合成氨

氨是全球年产量排名第二的化工原料。在全球能源倡导可持续发展的背景下，通过电化学氮还原反应合成氨已引起广泛关注，被视为一种替代哈伯反应的有效方法。电化学氮还原反应合成氨根据反应介质的不同，可分为水体系和有机体系，后者通常具有较高的法拉第效率。各种氮还原反应体系中，有机电解质中的锂介导氮还原反应以其优异的氨产率和法拉第效率脱颖而出。有机体系的锂介导氮还原反应分三步进行：首先是锂离子的电沉积产生金属锂，其可以与氮气发生自发的化学反应生成锂氮复合物，最后通过质子化反应形成氨。因此，有机锂介导体系的氮还原活性与锂沉积物的特性直接相关，相关研究主要集中在电解质（质子供体、锂盐和添加剂）优化，包括质子供体、锂盐和添加剂的优化。理想的电解质组分可以诱导形成具有高反应活性和高稳定性的锂沉积物。当前报道的最高电流密度和法拉第效率已分别接近 1 A·cm^{-2} 和 100%，优于美国能源部设定的目标（电流密度 0.3 A·cm^{-2}，法拉第效率 90%，能量效率 60%）。此外，有机体系电化学氮还原合成氨需要进一步提升能量效率和改善耐久性。

（7）核废物玻璃体材料性能研究

高放废液的安全处理与处置是世界各国需共同应对的挑战，也是制约核工业可持续发展的关键因素之一。玻璃固化是目前国际上唯一工业化应用的高放废液处理方法。玻璃具有近程有序、远程无序的结构特点，可使元素周期表中大部分核素进入其结构中，它对核素具有较强的包容性，因此，国内外学者普遍研究运用玻璃固化处置高放废液，涉及的玻璃体系包括铝硅酸盐玻璃、磷酸盐玻璃、硅酸盐玻璃、硼硅酸盐等。磷酸盐玻璃固化体的熔制温度比较低，易制备，但对设备腐蚀严重，到目前为止，仅有俄罗斯采用磷酸盐玻璃固化核废物；硅酸盐玻璃含较多 SiO_2，虽然抗浸出性能好，但是其固化工艺较复杂，并且其对含铯量高的高放废液固化效果较差；硼硅酸盐玻璃因稳定性好、制备工艺简单、机械强度大、废物包容量大等优点，被广泛应用于处理高放废液，也是固化高放废液的首选基材。目前，我国首座玻璃固化工厂已进入运行阶段，现已开展玻璃固化体析晶行为和抗浸出性能的研究，这对玻璃固化体的安全生产、暂存和处置具有十分重要的意义。

（8）等离子体与反应堆材料相互作用机理

可控核聚变能源是未来理想的清洁能源，目前最有可能实现的可控热核聚变方法是磁约束聚变，其中，托卡马克装置及未来反应堆的材料问题是实现磁约束聚变能的关键问题，该问题的解决在很大程度上取决于对等离子体与壁材料相互作用过程（plasma-wall interactions, PWI）和机理的深入理解。PWI 现象主要发生在托卡马克磁场最外封闭磁面以外的边界等离子体（又称刮削层，scrapped-off layer，SOL）和直接接触 SOL 的面向等离子体材料区域内，因此 PWI 问题直接决定了聚变装置的安全运行、壁材料部件研发进程和未来壁的使用寿命。理清 PWI 的各种物理过程和机理并施以有效的控制，是实现未来核聚变能的重要环节。国际托卡马克物理活动组织（ITPA）刮削层 / 偏滤器（SOL/Div）专题工作组成员负责甄别 PWI 问题并协调国际组织进行联合攻关，研究结果将对未来核聚变示范电站（DEMO）和商业堆的设计、制造和运行产生重要影响。目前，等离子体与反应堆材料相互作用机理主要研究方向是等离子体材料的选择、边界等离子体的基本物理过程、等离子体辐照下表面损伤和结构效应、杂质与灰尘、壁处理等。尽管国内外对 PWI 问题已经做了不少研究工作，但仍存在诸多问题需要解决，如边界等离子体的原子分子过程数据尚不完善，粒子输运和再沉积的行为不完全清楚等。针对国家聚变科学工程和国际热核聚变实验堆计划（ITER）对 PWI 相关数据的紧迫需求，国内外还需尽快全面深入开展 PWI 相关的基础研究工作。

（9）地球深部碳氢循环过程与油气资源分布规律研究

地球深部的碳 – 氢长周期循环与地表短周期碳 – 氢循环密切相关，板块俯冲带作为地球物质循环的“加工厂”，是认识深部地球的窗口，但其内在复杂性也制约了对地球深部物质“生、运、聚”过程的理解。“海洋圈 – 岩石圈 – 大气圈”之间物质与能量的交换在俯冲工厂得到加强，挥发性组分如 H_2O、CO_2 等通过俯冲带的地壳沉积物等被带入到地幔，深部作用的产物再通过岛弧火山和裂谷盆地的岩浆系统、深海和热液系统循环进入并离开地壳。通过阐明板块俯冲过程、深部地质作用及无机成因油气资源之间的纽带与关联性，可以揭示跨岩石圈的动力学和物质能量交换机制，以及无机成因油气独立成藏可能性。未来该研究领域的工作将重点围绕我国东部俯冲带影响下的各类沉积盆地，通过分析其与深部地质作用之间的直接或间接关系，揭示俯冲工厂框架下的海洋圈、岩石圈、大气圈相互作用机理与动力学机制，阐明岩石圈与软流圈间物质能量交换的能源资源效应。同时，厘清海洋圈、岩石圈、大气圈之间的有机无机相互作用下的碳氢循环过程，阐明板块俯冲背景下的无机成因油气、地热等资源富集机制，建立无机成因油气资源的评价标准和富集区优选方法。

（10）陆相钾锂盐智能找矿与资源综合定量研究

陆相钾锂盐是指形成于陆相沉积环境的钾锂盐。目前，我国钾盐资源 – 产业是以柴达木盆地为主的现代陆相盐湖型。近期，柴达木西部新发现古近纪—新近纪深层卤水型陆相钾锂盐，对其开展智能找矿与资源综合定量研究是未来该类型资源－产业发展的趋势。

利用大数据、人工智能、区块链等新技术开展深部卤水钾锂资源高效、智能协同关键技术研究，并通过应用新技术实现深部卤水钾锂资源的数据深度挖掘、多维智能评价，对支撑深层卤水钾锂资源智能找矿与资源综合定量研究、保障国家战略资源安全具有重要意义。

下一步工作：一是利用钾锂勘查与油气勘探地震和测井数据相结合刻画储卤层展布；二是开展勘查井调查及放水试验，求取含水层段水文地质参数，确定富水性、卤水成分、含水层的渗透系数（K）、给水度（m）、释水系数（S）、大气降水入渗系数（a）、灌溉入渗系数（b）、潜水的蒸发极限深度（D）等资源评价关键参数；三是利用测井岩心标定或核磁测井识别原始含水饱和度和可动水饱和度；四是综合井数据、地震数据、各类成果数据，创建构造模型、含锂储层相模型，采用相控与趋势控制相结合约束建模方法，建立储层属性模型，利用智能手段实现批量运算对钾锂资源定量化评价。

（11）二氧化碳驱油提采－捕集封存机制研究

二氧化碳驱油提采与捕集封存技术指将捕集到的二氧化碳注入低渗透油藏，在驱油增产的同时实现二氧化碳埋藏与封存。该技术在助力碳减排的同时实现油气井增产，实现“双赢”，对国家“双碳”目标的实现具有重要意义。二氧化碳驱油技术始于20世纪50年代初的美国，目前二氧化碳注入能力可达6 800万吨/年，已成为美国低渗透、特低渗透区块的主要提采手段。我国低渗透油藏储量丰富，约占总资源量的一半，但大部分陆相低渗透油藏储层条件复杂且原油性质特殊，现有的二氧化碳驱油工艺技术复杂、捕集输运成本高、埋存难度大，限制了二氧化碳驱油封存规模。目前我国二氧化碳驱油封存技术年封存量约为120万吨/年，亟须探索适合我国陆相低渗透油藏储层的二氧化碳驱油提采与捕集封存机制。二氧化碳驱油提采－捕集封存机制主要研究方向有二氧化碳高效捕集技术、二氧化碳安全输运技术、二氧化碳驱油提采技术、二氧化碳高效封存机制等。揭示二氧化碳驱油提采与捕集封存机制，加快推进我国陆相低渗透油藏二氧化碳驱油、埋存技术，有望为我国能源结构的优化和双碳目标的实现贡献重要力量。

（12）岩性智能识别方法

岩石岩性分类识别是地下工程的首要任务，是岩体工程地质定量分析的依据，是地质安全评价中的重要内容。岩性识别的研究方法主要包括超声波、回弹指数、密度等物理试验方法；对地层岩石主元素进行统计、分析、对比的数理统计方法；岩性智能识别方法。岩性智能识别方法的发展趋势表现为智能识别方法对样本数据的依赖性较强，当样本数据不足时，模型的泛化能力容易受到影响；另外，仅借助岩石单一特征（如图像光学特征）进行岩石岩性分类的误差较大，因此还需要对岩石其他物理特征或性质进行分析，提高分类准确率。将岩石图像识别模型和岩石音频强度回归模型耦合，实现了岩石岩性的快速识别，有效提高模型的泛化能力和准确度，结合对比专家法识别结果，辅助工程人员对岩性做出正确的分类。

1.2　Top 4 工程研究前沿重点解读

1.2.1　高安全性高能量密度电池体系关键材料

安全性和能量密度是阻碍电池行业发展的难题。电池主要由正极、负极和电解质组成，其整体的能量密度依赖于正负极，而安全性则取决于电解质。现有的电池体系中应用最广泛的是锂离子电池，其本质上是一个锂离子在正负极之间来回脱嵌的摇椅式电池。早在1990年，日本索尼公司率先将锂离子电池商业化。电池的发展已改变人们的生活，它是电子产品、电动汽车和智能电网的核心部分。

锂离子电池负极应用最广泛的是石墨、钛酸锂，电解质为碳酸酯类电解液，正极则是氧化物如磷酸铁锂、钴酸锂和镍钴锰酸锂。

电极的能量密度由电压和容量决定。高能量密度正极主要发展方向是高电压正极材料和高容量的硫正极材料，负极则主要向锂金属和硅负极方向发展。高电压的正极材料包括富锂锰基正极、镍锰酸锂、高电压钴酸锂，高容量的正极材料主要是硫正极。正极材料的成本占总成本的40%以上，但兼具高容量和高电压的理想正极材料仍待突破。近年来，学术界和工业界对金属锂与硅负极进行了广泛的研究，但在工业规模下金属锂的枝晶问题和硅负极的循环问题仍使其难以商业化，流行的折中做法是使用硅碳负极，通过添加一定比例的硅材料来提高负极的整体容量。

电解质的主流发展趋势是固态电解质。固态电解质不仅能够从本质上解决电池的安全性问题，而且可以适配高能量密度的正负极。固态电解质可以分为聚合物固态电解质、无机固态电解质和复合固态电解质。聚合物固态电解质加工性能好，易于薄膜化，具有宽的电化学窗口，但受限于较低的室温离子电导率和迁移数；无机固态电解质在离子电导率上已接近现有的液态电解液，但差的稳定性和高的界面阻抗严重阻碍了其应用；复合固态电解质结合了聚合物电解质和无机电解质的优点，若能够进一步改善电解质与电极材料之间的固固界面以及提高电极材料的负载量，则有望率先实现全固态电池产业技术的突破。

“高安全性高能量密度电池体系关键材料”工程研究前沿中，核心论文数排名前三位的国家分别是中国、美国和德国，其篇均被引频次均超过60（表1.2.1）。其中，中国、美国的合作最多，其次是中国和澳大利亚（图1.2.1）。核心论文数较多的机构有中国科学院、中南大学和华中科技大学等（表1.2.2）。其中，中国科学院与清华大学的合作较多（图1.2.2）。施引核心论文数排名前三位的国家分别是中国、美国和韩国（表1.2.3）。施引核心论文的主要产出机构有中国科学院、郑州大学、中南大学等（表1.2.4）。

电池行业的发展离不开材料的革新。正极材料将由高电压钴酸锂向低成本的高容量硫正极发展，负极材料将由初始的硅碳负极向纯硅负极并最终向锂金属负极发展，电解质则由复合固态电解质向无机固态电解质发展，最终开发出的全固态高

表1.2.1 “高安全性高能量密度电池体系关键材料”工程研究前沿中核心论文的主要产出国家

序号	国家	核心论文数	论文比例 /%	被引频次	篇均被引频次	平均出版年
1	中国	154	87.01	9 718	63.10	2019.6
2	美国	18	10.17	1 673	92.94	2019.3
3	德国	10	5.65	1 183	118.30	2019.3
4	澳大利亚	9	5.08	805	89.44	2019.7
5	加拿大	8	4.52	984	123.00	2019.4
6	新加坡	5	2.82	410	82.00	2019.6
7	韩国	5	2.82	152	30.40	2019.8
8	日本	5	2.82	63	12.60	2020.4
9	西班牙	2	1.13	676	338.00	2018.5
10	沙特阿拉伯	2	1.13	65	32.50	2021.0

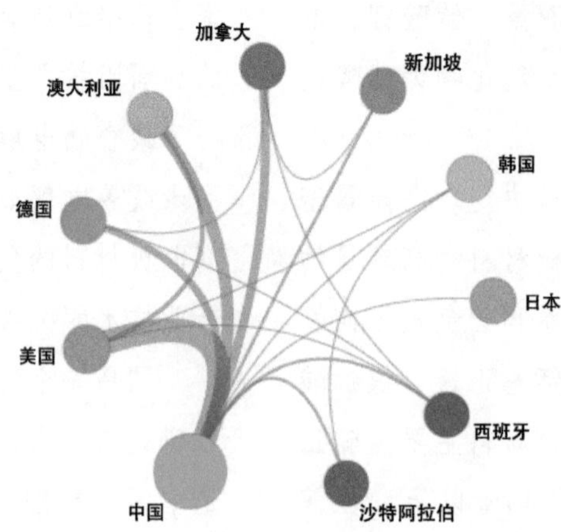

图 1.2.1 “高安全性高能量密度电池体系关键材料”工程研究前沿主要国家间的合作网络

表 1.2.2 “高安全性高能量密度电池体系关键材料”工程研究前沿中核心论文的主要产出机构

序号	机构	核心论文数	论文比例 /%	被引频次	篇均被引频次	平均出版年
1	中国科学院	26	14.69	1 639	63.04	2019.1
2	中南大学	10	5.65	109	10.90	2020.9
3	华中科技大学	9	5.08	349	38.78	2019.0
4	北京理工大学	8	4.52	328	41.00	2019.8
5	清华大学	6	3.39	916	152.67	2019.5
6	香港理工大学	6	3.39	531	88.50	2019.3
7	武汉理工大学	6	3.39	460	76.67	2018.8
8	郑州大学	6	3.39	215	35.83	2020.7
9	复旦大学	5	2.82	2 759	551.80	2017.6
10	南开大学	5	2.82	618	123.60	2019.2

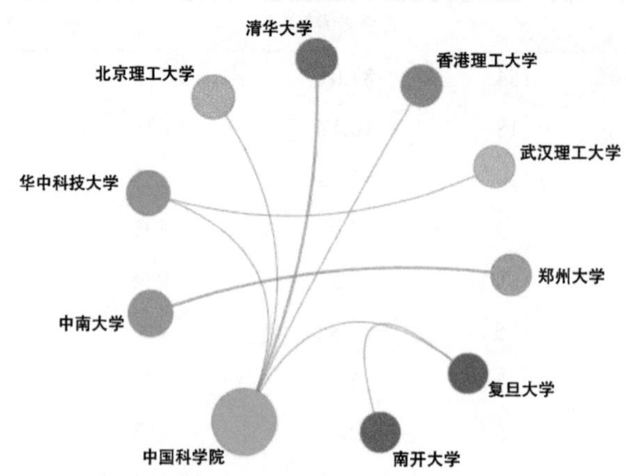

图 1.2.2 “高安全性高能量密度电池体系关键材料”工程研究前沿主要机构间的合作网络

表 1.2.3 “高安全性高能量密度电池体系关键材料”工程研究前沿中施引核心论文的主要产出国家

序号	国家	施引核心论文数	施引核心论文比例 /%	平均施引年
1	中国	6 177	63.87	2020.1
2	美国	866	8.95	2020.1
3	韩国	498	5.15	2020.3
4	印度	408	4.22	2020.2
5	澳大利亚	385	3.98	2020.1
6	德国	377	3.90	2020.3
7	日本	233	2.41	2020.1
8	新加坡	221	2.29	2020.1
9	英国	213	2.20	2020.3
10	加拿大	178	1.84	2020.1

表 1.2.4 “高安全性高能量密度电池体系关键材料”工程研究前沿中施引核心论文的主要产出机构

序号	机构	施引核心论文数	施引核心论文比例 /%	平均施引年
1	中国科学院	742	29.22	2020.2
2	郑州大学	244	9.61	2020.3
3	中南大学	241	9.49	2020.6
4	清华大学	204	8.03	2020.2
5	中国科学技术大学	191	7.52	2020.2
6	南开大学	184	7.25	2020.2
7	香港城市大学	161	6.34	2020.2
8	华中科技大学	161	6.34	2020.0
9	天津大学	150	5.91	2020.2
10	北京理工大学	135	5.32	2020.4

电压锂金属电池或锂硫电池有望应用于电子产品、电动汽车和储能电网中。“高安全性高能量密度电池体系关键材料”工程研究前沿的发展路线如图 1.2.3 所示。

1.2.2 乏燃料后处理及高放物质分离工艺研究

（1）乏燃料后处理研究

世界范围内工业规模的乏燃料后处理研究已有 40 多年，全球共计有 17 个国家发展乏燃料后处理技术，建设了包括中间装置和试验装置在内的 32 个乏燃料后处理厂，每年总计处理约 4 800 吨乏燃料，其中，英国和法国的乏燃料后处理水平处于世界领先地位。

我国乏燃料后处理发展经历了生产堆后处理和动力堆后处理两个阶段，已基本确定了“中试规模—示范规模—大型商业规模”三阶段的发展思路。中试厂热调试的成功运行表明我国已掌握动力堆乏燃料后处理核心技术，具有里程碑意义。我国乏燃料后处理工业示范厂预计于 2023 年建成，届时我国将具备工业规模的乏燃料后处理能力；另外，我国

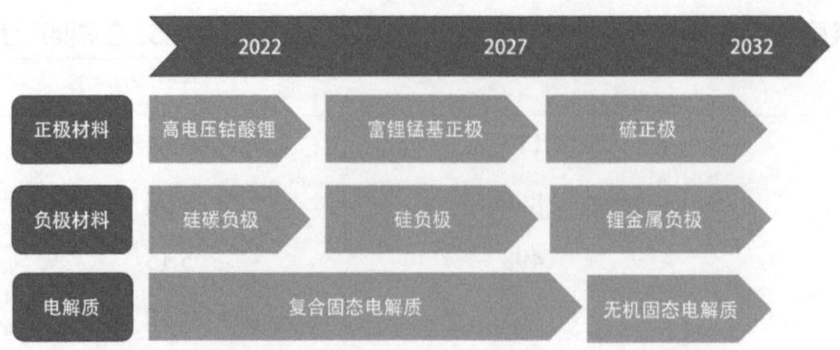

图 1.2.3 “高安全性高能量密度电池体系关键材料”工程研究前沿的发展路线

计划在“十四五”期间完成后处理的技术集成，将整体具备自主设计、建造大型后处理厂的能力。

技术发展趋势：乏燃料后处理按照乏燃料在主工艺中被处理的存在状态分为湿法（亦称“水法”）和干法两种。湿法主要是基于普雷克斯（PUREX）流程，干法则采用电解熔融包括乏燃料在内的卤族盐类来分离可裂变材料以及裂变产物。

1）湿法后处理技术：由于乏燃料后处理对象的不同以及燃耗的提高，湿法后处理主要发展方向包括：① 在提高 U、Pu 分离效率的基础上，强化 Np 和 Tc 等的分离，改进并加强对 ^{14}C 和 ^{129}I 放射性气体排放的控制；② 为降低最终放射性废物的毒性和体积，对锕系元素（MA）和长寿命裂变产物（LLFP）进行“分离–嬗变（P&T）”。除了对乏燃料后处理 PUREX 流程进行改进之外，考虑到 MA 和 LLFP 的“分离–嬗变”，国际上提出了“先进后处理”概念，其包括以分离为主的后处理技术以及以嬗变为主的快堆或加速器技术，其中，分离技术可以通过两种方案得以实现，即“全分离”和“后处理–高放废液分离”。目前，乏燃料后处理厂的设计理念、关键设备、仪控、废物管理、核安全等方面均在不断改进发展。

2）干法后处理技术：干法后处理技术主要包括卤化挥发法、高温冶金和电解精炼等方法，其中，电沉积和电解精炼技术被普遍认为是最具发展前景、可行性、经济性、可靠性的干法后处理技术，但该方法在大多数国家仍处于实验室研究阶段，仅有美国已完成实验室和工程规模的模拟实验，正在着手准备中试规模的热实验。

（2）高放废液分离研究

美国、法国、俄罗斯、日本和中国等都提出了各自的高放废液分离流程。20 世纪 90 年代，俄罗斯在马雅克建造了采用 CCD-PEG（chlorinated cobalt dicarbollide and polyethylene glycol）的高放废液分离中试设施（UE-35），用于从高含盐废液中回收 Sr 和 Cs；美国已完成从实验室到工程规模高放废液的分离，2016 年 6 月，美国在萨瓦纳河国家实验室建成了高放废液分离工厂，截至 2021 年 6 月已处理 4 000 多立方米的高放废液；我国清华大学自 20 世纪 80 年代开始进行高放废液分离技术的研究，提出了具有自主知识产权的分离流程，完成了生产堆高放废液处理在实验室的所有研究工作，正在开展动力堆高放废液分离热实验研究，为高放废液分离技术工程热验证及应用奠定了良好基础，具备了进行工程化应用的条件。

技术发展趋势：目前，超铀元素（TRU）的分离流程包括美国 TRUEX-TALSPEAK 及其改进流程、美国 ALSEP 流程、法国 DIAMEX-SANEX 流程、欧洲 GANEX 流程、日本 ARTIST 流程、俄罗斯二丁基磷酸锆萃取流程等；Sr、Cs 分离流程包括俄罗斯 CCD-PEG 流程、法国 CSSEX 流程、美国 FPEX 流程、日本萃取色层分离流程等；我国提出了分离锕系元素的三烷基氧膦（TRPO）流程，分离锶的冠醚流程和分离铯的杯芳烃冠醚流程。

我国目前已基本完成高放废液分离工艺、设备等方面的研究工作，正在开展动力堆高放废液分离工艺热实验验证研究工作，后续进一步开展高放废液分离工艺中试规模热验证工作，力争在2030年前掌握高放废液分离的工程化技术，实现高放废液分离的工业化应用。

由表1.2.5可知，该研究前沿的核心论文数排名前四位的国家分别是中国、美国、英国和德国，其中，中国居第一位，论文比例超过30%，美国、英国、德国的论文比例均超过10%。由图1.2.4可知，较为注重该领域国家间合作的有中国、美国、日本、德国、英国、法国、西班牙，另外，美国发表论文数量较多，主要是与中国、法国、德国、英国、日本进行合作发表。由表1.2.6可知，核心论文主要产出机构中，中国科学院、曼彻斯特大学、四川大学、德国于利希研究中心、英国国家核能实验室、苏黎世联邦理工学院的核心论文产出数均超过2篇。由图1.2.5可知，曼彻斯特大学、德国于利希研究中心、英国国家核能实验室有合作。

由表1.2.7可知，施引核心论文产出最多的国家为中国，施引核心论文比例为32.28%；美国次之，施引核心论文比例为20.47%。由表1.2.8可知，施引核心论文产出较多的机构有中国科学院、重庆大学、青岛科技大学、清华大学、新南威尔士大学、得克萨斯大学奥斯汀分校、山东科技大学，其中，中国科学院、重庆大学、青岛科技大学施引核心论

表1.2.5 “乏燃料后处理及高放物质分离工艺研究”工程研究前沿中核心论文的主要产出国家

序号	国家	核心论文数	论文比例/%	被引频次	篇均被引频次	平均出版年
1	中国	25	30.12	1 067	42.68	2017.8
2	美国	14	16.87	800	57.14	2017.6
3	英国	12	14.46	459	38.25	2017.8
4	德国	10	12.05	348	34.80	2017.7
5	西班牙	8	9.64	512	64.00	2017.0
6	法国	7	8.43	373	53.29	2018.1
7	日本	6	7.23	354	59.00	2017.7
8	印度	4	4.82	136	34.00	2018.8
9	加拿大	4	4.82	133	33.25	2017.8
10	瑞士	4	4.82	124	31.00	2019.5

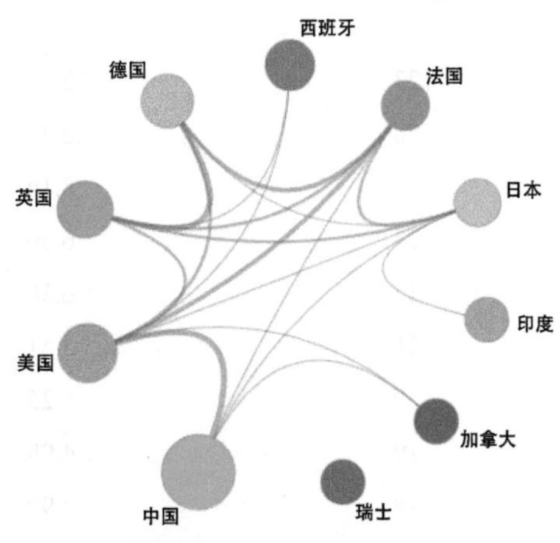

图1.2.4 “乏燃料后处理及高放物质分离工艺研究”工程研究前沿主要国家间的合作网络

表 1.2.6　“乏燃料后处理及高放物质分离工艺研究”工程研究前沿中核心论文的主要产出机构

序号	机构	核心论文数	论文比例 /%	被引频次	篇均被引频次	平均出版年
1	中国科学院	5	6.02	168	33.60	2018.0
2	曼彻斯特大学	4	4.82	104	26.00	2018.0
3	四川大学	3	3.61	136	45.33	2017.3
4	德国于利希研究中心	3	3.61	134	44.67	2018.3
5	英国国家核能实验室	3	3.61	129	43.00	2018.3
6	苏黎世联邦理工学院	3	3.61	98	32.67	2019.3
7	得克萨斯大学奥斯汀分校	2	2.41	229	114.50	2018.0
8	北海道大学	2	2.41	147	73.50	2017.5
9	日本科学技术振兴机构	2	2.41	147	73.50	2017.5
10	麻省理工学院	2	2.41	121	60.50	2017.5

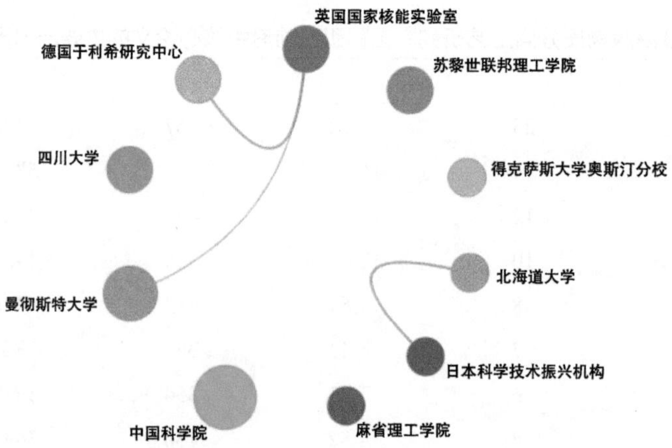

图 1.2.5　“乏燃料后处理及高放物质分离工艺研究”工程研究前沿主要机构间的合作网络

表 1.2.7　“乏燃料后处理及高放物质分离工艺研究”工程研究前沿中施引核心论文的主要产出国家

序号	国家	施引核心论文数	施引核心论文比例 /%	平均施引年
1	中国	123	32.28	2019.2
2	美国	78	20.47	2018.8
3	澳大利亚	31	8.14	2018.9
4	法国	24	6.30	2018.8
5	德国	24	6.30	2018.8
6	意大利	21	5.51	2019.0
7	西班牙	20	5.25	2018.6
8	英国	19	4.99	2018.8
9	印度	19	4.99	2018.7
10	日本	12	3.15	2018.5

文比例超过 10%。

通过以上数据分析可知，中国和美国在“乏燃料后处理及高放物质分离工艺研究”工程研究前沿的核心论文产出及施引数量处在世界前列，中国机构施引核心论文数量较多。

基于不同的后处理对象和燃耗的提高，湿法后处理的主流发展方向为在提高 U、Pu 分离效率的基础上，强化 Np 和 Tc 等的分离，另外为降低最终放射性废物的毒性和体积，需要对 MA 和 LLFP 进行“分离 – 嬗变”。分离技术可以通过两种方案得以实现，即“全分离”和“后处理 – 高放废液分离”。在干法后处理方面，大多数国家尚处于实验室研究阶段，仅有美国完成了实验室规模和工程规模的模拟实验，正在着手准备中试规模的热实验。

预计到 2025 年，乏燃料后处理工业示范厂建成投运，并实现稳定运行，我国将全面开展后处理科研专项工作，并具备自主建设大厂的能力；力争在 2030 年前掌握工程化技术，进一步开展高放废液分离工艺中试规模热验证工作；到 2035 年前后，依托后处理专项科研技术攻关，掌握大型乏燃料后处理厂的核心技术，自主建成大型后处理厂；到 2050 年，完成先进水法后处理科研技术研究和干法后处理技术验证，基本建成干法后处理工程示范厂，建立先进完善的后处理、放射性废物处理处置产业（图 1.2.6）。

1.2.3 水力压裂三维裂缝扩展模型

自 20 世纪 50 年代起至今，水力压裂裂缝扩展模型研究在解析求解和数值计算方面都一直不断发展。早期最先发展出 Perkins-Kern-Nordgren（PKN）、Khristianovic-Geertsma-de Klerk（KGD）、Penny 三种经典的水力压裂模型。20 世纪 80 年代前后，

表 1.2.8 “乏燃料后处理及高放物质分离工艺研究”工程研究前沿中施引核心论文的主要产出机构

序号	机构	施引核心论文数	施引核心论文比例 /%	平均施引年
1	中国科学院	11	12.94	2018.7
2	重庆大学	9	10.59	2019.0
3	青岛科技大学	9	10.59	2018.9
4	清华大学	8	9.41	2018.5
5	新南威尔士大学	8	9.41	2019.0
6	得克萨斯大学奥斯汀分校	8	9.41	2018.6
7	山东科技大学	8	9.41	2019.0
8	西班牙高等科研理事会	6	7.06	2018.5
9	麻省理工学院	6	7.06	2018.3
10	香港理工大学	6	7.06	2019.3

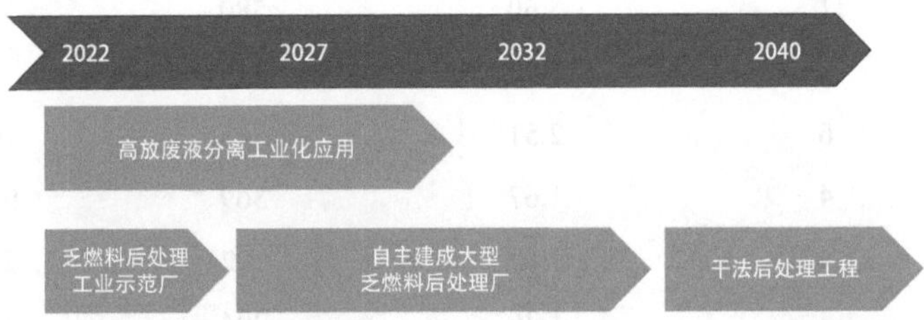

图 1.2.6 “乏燃料后处理及高放物质分离工艺研究”工程研究前沿的发展路线

随着计算固体力学技术的进步，又逐渐发展出考虑流体与储层热交换的压裂流体相态变化的裂缝扩展模型。1983年，Cleary建立了全三维水力压裂裂缝扩展模型，采用奇异积分方程描述岩体的变形，利用有限元方法模拟裂缝内流体的流动，运用该模型分析了应力差异和层理面对裂缝扩展的影响，可直接用于压裂设计。随后，Settari、Hongren Gu和Donsov等大批学者采用有限差分、有限元网格法和隐式水平集等算法，建立了考虑支撑剂、热能传递和压裂液压缩性等因素的多种三维水力裂缝扩展模型，均是为了紧密结合水力压裂裂缝扩展特征及实际情况，实现对水力裂缝几何形态的全面描述，掌握水力压裂裂缝扩展规律。世界各国针对三维水力裂缝扩展模型都开展了大量研究，其中中国和美国的研究力度最大，相关成果文章最多。统计数据显示（表1.2.9和图1.2.7），中美两国是对水力压裂三维裂缝扩展模型研究最为关注的国家，为相关核心论文的主要产出国家，其中，中国核心论文数量达143篇（占比为59.83%），美国核心论文数量90篇（占比为37.66%），合计占比高达97.49%。“水力压裂三维裂缝扩展模型”工程研究前沿核心论文的主要产出机构也集中在中美两国高校，数据显示（表1.2.10和图1.2.8），核心论文产出排名前十的机构中有6所中国高校、3所美国高校，其中，中国石油大学核心论文数为32篇（占比为13.39%），得克萨斯农工大学核心论文数为22篇（占比为9.21%），上述两个机构分别是中国、美国核心论文产出最多的机构。另外，中国和美国也是施引核心论文的主要产出国家（表1.2.11），中国施引核心论文有1 676篇（占比高达55.77%），而美国施引核心论文有617篇（占比高达20.53%），两国合计占比高达76.3%。施引核心论文的主要产出机构都集中在中美两国高校（表1.2.12），排名前十的机构中有8所中国高校、2所美国高校。上述数据充分说明了中美两国对“水力压裂三维裂缝扩展模型”这一工程研究前沿课题的重视。

国内学者对三维水力裂缝模型的研究起步较早，现阶段研究已经揭示部分影响模型，并采用ABAQUS等大型计算软件进行了大量计算模拟，但是发展速度非常缓慢，主要是因为三维水力裂缝扩展是多个复杂问题的耦合，需要大量数学和力学知识进行统筹耦合。未来5~10年，三维水力裂缝扩展模型研究的重点仍将集中在厘定包括支撑剂、热能传递、压裂液压缩性、三相流动、水利裂缝与天然裂缝干扰行为等多种因素的影响机理，结合大

表1.2.9 “水力压裂三维裂缝扩展模型”工程研究前沿中核心论文的主要产出国家

序号	国家	核心论文数	论文比例/%	被引频次	篇均被引频次	平均出版年
1	中国	143	59.83	2 128	14.88	2019.3
2	美国	90	37.66	2 151	23.90	2018.6
3	加拿大	18	7.53	160	8.89	2019.2
4	澳大利亚	14	5.86	331	23.64	2018.9
5	德国	11	4.60	580	52.73	2018.8
6	俄罗斯	7	2.93	19	2.71	2018.6
7	英国	6	2.51	65	10.83	2019.5
8	越南	4	1.67	369	92.25	2019.2
9	法国	4	1.67	92	23.00	2017.8
10	瑞士	3	1.26	204	68.00	2019.0

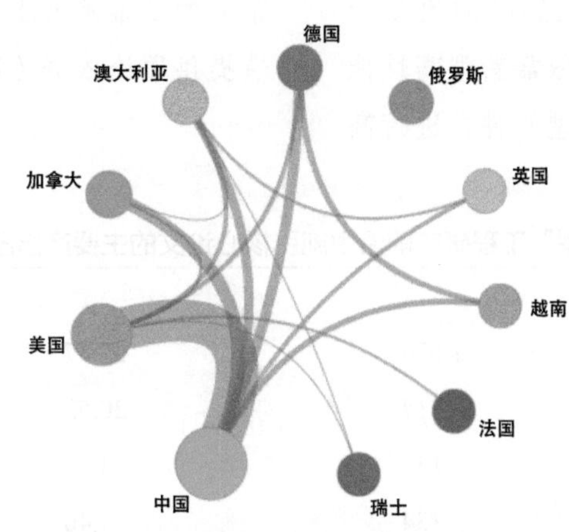

图 1.2.7 “水力压裂三维裂缝扩展模型”工程研究前沿主要国家间的合作网络

表 1.2.10 “水力压裂三维裂缝扩展模型”工程研究前沿中核心论文的主要产出机构

序号	机构	核心论文数	论文比例 /%	被引频次	篇均被引频次	平均出版年
1	中国石油大学	32	13.39	432	13.50	2019.3
2	西南石油大学	28	11.72	281	10.04	2019.2
3	得克萨斯农工大学	22	9.21	456	20.73	2019.4
4	得克萨斯大学奥斯汀分校	20	8.37	869	43.45	2017.6
5	中国石油大学（华东）	12	5.02	160	13.33	2019.2
6	俄克拉荷马大学	10	4.18	135	13.50	2019.1
7	重庆大学	10	4.18	76	7.60	2019.5
8	同济大学	8	3.35	431	53.88	2019.2
9	中国矿业大学	8	3.35	167	20.88	2019.2
10	澳大利亚联邦科学与工业研究组织能源中心	7	2.93	228	32.57	2018.6

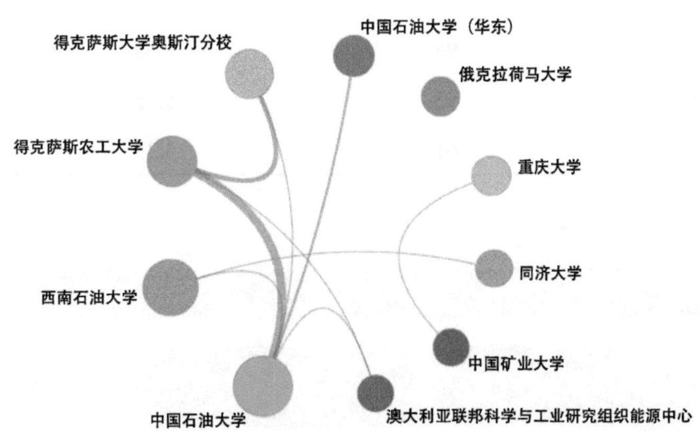

图 1.2.8 “水力压裂三维裂缝扩展模型”工程研究前沿主要机构间的合作网络

量的物理模拟实验进行多因素交汇影响的模型验证，在确保模型预测的准确性后，依靠新型高性能计算机和软件，开发多因素耦合模型软件，进行高精度的三维水力压力裂缝预测，为水力压裂技术改造提供理论依据（图 1.2.9）。

表 1.2.11 “水力压裂三维裂缝扩展模型”工程研究前沿中施引核心论文的主要产出国家

序号	国家	施引核心论文数	施引核心论文比例 /%	平均施引年
1	中国	1 676	55.77	2020.0
2	美国	617	20.53	2019.7
3	加拿大	136	4.53	2019.9
4	澳大利亚	134	4.46	2019.8
5	德国	104	3.46	2020.0
6	英国	95	3.16	2019.9
7	伊朗	60	2.00	2019.9
8	俄罗斯	58	1.93	2019.9
9	法国	51	1.70	2019.6
10	印度	38	1.26	2020.1

表 1.2.12 “水力压裂三维裂缝扩展模型”工程研究前沿中施引核心论文的主要产出机构

序号	机构	施引核心论文数	施引核心论文比例 /%	平均施引年
1	中国石油大学	314	22.57	2020.0
2	西南石油大学	198	14.23	2019.8
3	中国石油大学(华东)	139	9.99	2019.9
4	中国矿业大学	138	9.92	2020.0
5	中国科学院	116	8.34	2020.1
6	得克萨斯大学奥斯汀分校	101	7.26	2019.2
7	重庆大学	97	6.97	2020.1
8	得克萨斯农工大学	95	6.83	2019.7
9	中国地质大学	73	5.25	2020.0
10	同济大学	61	4.39	2020.0

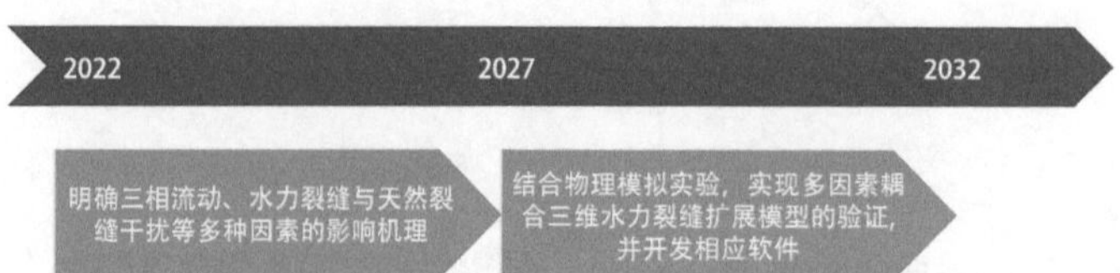

图 1.2.9 “水力压裂三维裂缝扩展模型”工程研究前沿的发展路线

1.2.4 深部开采冲击地压诱发机理与预警方法

冲击地压是指岩体中聚积的弹性变形势能在一定条件下突然猛烈释放，导致岩石爆裂并弹射出来的现象，是一种严重的动力灾害。随着矿井开采深度的增加，煤矿冲击地压灾害形势严峻，因此冲击地压灾害的发生机理、监测预警与控制技术研究对煤矿安全开采意义重大。

目前，在世界主要的产煤国家中，我国面临的深部开采情况最多，冲击地压的危害最为严重。为提升冲击地压的监测预警与控制水平，我国在深部开采冲击地压诱发机理与预警方法研究中投入了大量的科研力量。该领域核心论文产出量最高的国家是中国，核心论文比例达 78.5%，其次是加拿大、澳大利亚（表 1.2.13）；篇均被引频次最高的是葡萄牙，被引频次达 35.67。核心论文产出量较高的机构主要集中在中国高校，其中中国矿业大学、山东科技大学和北京科技大学位列前三（表 1.2.14）。核心论文的主要产出国家中，中国和澳大利亚合作较多，其次是中国和加拿大、美国的合作也排前列（图 1.2.10）；核心论文的主要产出机构中，中国矿业大学和山东科技大学，北京科技大学和华北科技学院合作最为紧密（图 1.2.11）。

表 1.2.13 “深部开采冲击地压诱发机理与预警方法”工程研究前沿中核心论文的主要产出国家

序号	国家	核心论文数	论文比例 /%	被引频次	篇均被引频次	平均出版年
1	中国	168	78.50	2 860	17.02	2019.2
2	加拿大	21	9.81	516	24.57	2018.5
3	澳大利亚	18	8.41	486	27.00	2019.1
4	美国	12	5.61	153	12.75	2018.8
5	波兰	11	5.14	82	7.45	2018.9
6	捷克	9	4.21	117	13.00	2018.0
7	俄罗斯	6	2.80	16	2.67	2017.7
8	南非	4	1.87	27	6.75	2018.8
9	葡萄牙	3	1.40	107	35.67	2018.0
10	日本	3	1.40	32	10.67	2019.3

表 1.2.14 “深部开采冲击地压诱发机理与预警方法”工程研究前沿中核心论文的主要产出机构

序号	机构	核心论文数	论文比例 /%	被引频次	篇均被引频次	平均出版年
1	中国矿业大学	43	20.09	720	16.74	2018.7
2	山东科技大学	28	13.08	536	19.14	2019.0
3	北京科技大学	21	9.81	230	10.95	2019.3
4	中南大学	10	4.67	322	32.20	2019.9
5	华北科技学院	10	4.67	153	15.30	2019.4
6	安徽理工大学	10	4.67	92	9.20	2020.0
7	中国矿业大学（北京）	9	4.21	147	16.33	2019.6
8	西安科技大学	9	4.21	58	6.44	2020.1
9	中国科学院	8	3.74	112	14.00	2019.4
10	捷克科学院	7	3.27	109	15.57	2018.3

施引核心论文的主要产出国家排名前两位分别是中国和澳大利亚，两者合计占比超过 80%，平均施引年集中在 2020 年（表 1.2.15）。施引核心论文的主要产出机构排名前三位分别是中国矿业大

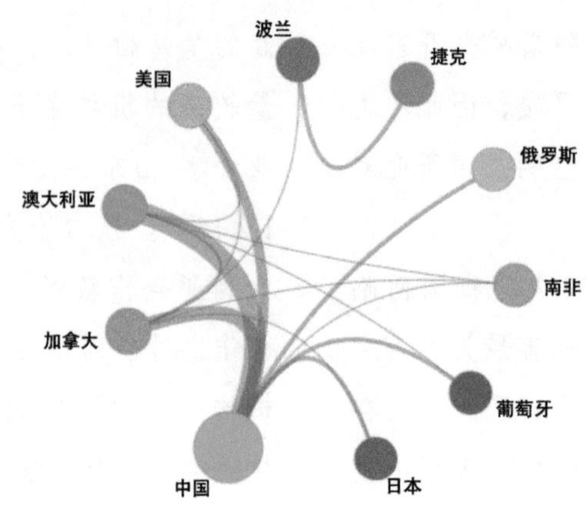

图 1.2.10　“深部开采冲击地压诱发机理与预警方法”工程研究前沿主要国家间的合作网络

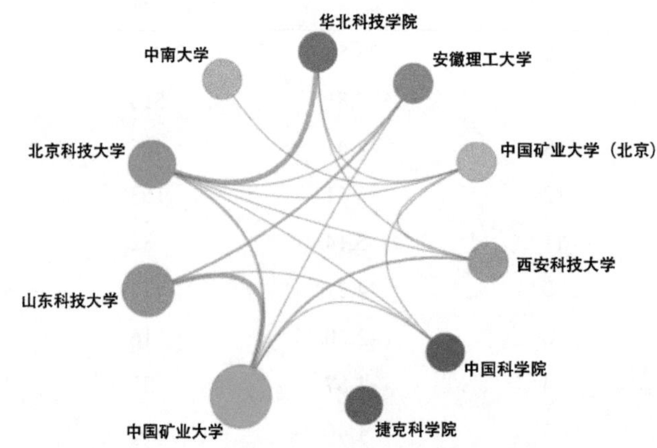

图 1.2.11　“深部开采冲击地压诱发机理与预警方法 ”工程研究前沿主要机构间的合作网络

表 1.2.15　“深部开采冲击地压诱发机理与预警方法”工程研究前沿中施引核心论文的主要产出国家

序号	国家	施引核心论文数	施引核心论文比例 /%	平均施引年
1	中国	2073	74.49	2020.2
2	澳大利亚	164	5.89	2020.1
3	加拿大	102	3.67	2019.9
4	美国	101	3.63	2019.9
5	伊朗	73	2.62	2020.2
6	越南	62	2.23	2020.5
7	波兰	59	2.12	2020.3
8	英国	42	1.51	2020.0
9	俄罗斯	41	1.47	2020.2
10	马来西亚	37	1.33	2020.4

学、中南大学和山东科技大学，三者合计占比为53.07%（表 1.2.16）。

围绕冲击地压发生机理及防治技术，目前研究主要集中在深部煤矿冲击地压动力响应及灾变机理、深部煤矿冲击地压灾害智能监测预警理论与技术、深部煤矿冲击地压防控机理与方法三个方面。针对冲击地压的发生机理，揭示围岩应变能释放突变机制是研究冲击地压发生机理新的突破途径；在冲击地压预警技术研究方向，融合数据挖掘、大数据处理分析等人工智能算法，实现冲击地压灾害的智能监测预警与多场多维感知是今后的发展方向。在深部开采冲击地压诱发机理与预警方法领域开展深入研究并取得突破，有助于解放深部矿产资源，是未来实现能源、资源可持续开发的前提。“深部开采冲击地压诱发机理与预警方法”工程研究前沿的发展路线如图 1.2.12 所示。

2 工程开发前沿

2.1 Top 12 工程开发前沿发展态势

能源与矿业工程领域研判的 Top 12 工程开发前沿见表 2.1.1。它们涵盖了能源和电气科学技术与工程、核科学技术与工程、地质资源科学技术与工程、矿业科学技术与工程 4 个学科。其中，“大规模风光储互补发电及稳定并网技术”“燃煤机组快速灵活调峰技术”“氨燃料发动机技术”属于能源和电气科学技术与工程领域；“多用途新概念微型反应堆”“高放废物处理处置技术体系”“核聚变制氚技术”属于核科学技术与工程领域；“页

表 1.2.16 “深部开采冲击地压诱发机理与预警方法”工程研究前沿中施引核心论文的主要产出机构

序号	机构	施引核心论文数	施引核心论文比例 /%	平均施引年
1	中国矿业大学	469	25.93	2019.9
2	中南大学	265	14.65	2020.4
3	山东科技大学	226	12.49	2019.9
4	重庆大学	145	8.02	2020.0
5	中国矿业大学（北京）	130	7.19	2020.3
6	北京科技大学	122	6.74	2020.1
7	河南理工大学	101	5.58	2020.3
8	东北大学	97	5.36	2020.3
9	安徽理工大学	94	5.20	2020.4
10	中国科学院	85	4.70	2020.0

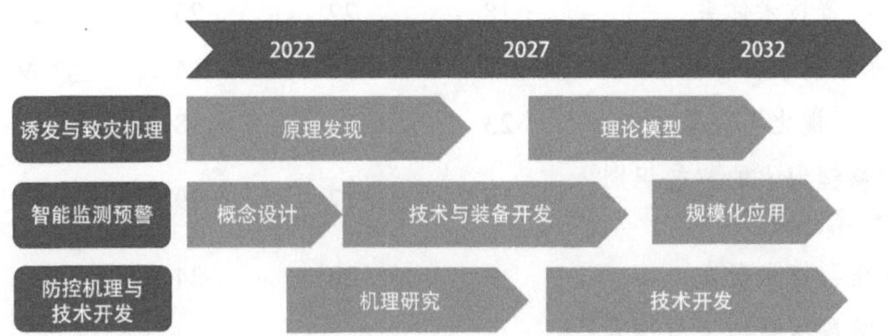

图 1.2.12 “深部开采冲击地压诱发机理与预警方法”工程研究前沿的发展路线

岩油气产能高精度预测系统”“高精度智能化三维可视化勘查系统”“新型杂卤石钾盐矿和富锂卤水的智能识别与资源综合评价技术”属于地质资源科学技术与工程领域；“油气钻井随钻前探与远探技术研发”“页岩储层高效压裂技术研发”“煤矿井下煤层长钻孔分段压裂增透与抽采技术”属于矿业科学技术与工程领域。各开发前沿涉及的核心专利2016—2021年的公开情况见表2.1.2。

（1）大规模风光储互补发电及稳定并网技术

风力发电和太阳能发电具有天然的互补性，结合储能系统形成的风光储互补发电系统能够克服风光资源的波动性与随机性，降低大规模风光基地整体功率波动水平，保障新能源高渗透电力系统稳定运行。近年来，随着风光发电占比不断增大，风光

表2.1.1　能源与矿业工程领域 Top 12 工程开发前沿

序号	工程开发前沿	公开量	被引数	平均被引数	平均公开年
1	大规模风光储互补发电及稳定并网技术	70	89	1.27	2018.6
2	多用途新概念微型反应堆	60	150	2.50	2018.6
3	页岩油气产能高精度预测系统	145	589	4.06	2019.0
4	油气钻井随钻前探与远探技术研发	128	344	2.69	2017.9
5	燃煤机组快速灵活调峰技术	157	124	0.79	2019.8
6	氨燃料发动机技术	70	53	0.76	2020.3
7	高放废物处理处置技术体系	140	172	1.23	2018.7
8	核聚变制氚技术	94	110	1.17	2018.5
9	高精度智能化三维可视化勘查系统	129	311	2.41	2018.8
10	新型杂卤石钾盐矿和富锂卤水的智能识别与资源综合评价技术	162	336	2.07	2018.9
11	页岩储层高效压裂技术研发	190	766	4.03	2019.3
12	煤矿井下煤层长钻孔分段压裂增透与抽采技术	192	329	1.71	2019.5

表2.1.2　能源与矿业工程领域 Top 12 工程开发前沿核心专利逐年公开量

序号	工程开发前沿	2016	2017	2018	2019	2020	2021
1	大规模风光储互补发电及稳定并网技术	9	6	19	9	19	8
2	多用途新概念微型反应堆	13	6	9	9	5	18
3	页岩油气产能高精度预测系统	9	23	27	19	27	40
4	油气钻井随钻前探与远探技术研发	29	30	29	12	20	8
5	燃煤机组快速灵活调峰技术	2	11	18	19	42	65
6	氨燃料发动机技术	2	2	2	2	16	46
7	高放废物处理处置技术体系	18	22	23	21	27	29
8	核聚变制氚技术	17	17	14	9	14	23
9	高精度智能化三维可视化勘查系统	23	15	18	14	20	39
10	新型杂卤石钾盐矿和富锂卤水的智能识别与资源综合评价技术	16	17	29	32	28	40
11	页岩储层高效压裂技术研发	9	20	24	40	41	56
12	煤矿井下煤层长钻孔分段压裂增透与抽采技术	8	9	31	31	50	63

互补发电向着高电压等级、多场站协调方向发展，此外用于协调互补的储能形式也向绿色、低碳转变，如大规模氢储、抽水蓄能站等。大规模风光储互补发电系统涉及的关键技术包括：风电场、光伏电站和储能电站的联合选址定容技术；风光储协调控制、调度与经济运行技术；风光储互补发电系统的主动电网支撑技术；风光储互补发电系统的非计划并离网无缝切换技术；风光储互补发电系统的稳定控制技术。

（2）多用途新概念微型反应堆

国际原子能机构（IAEA）一般将发电功率在 10 MW 以下、具有模块化特征的反应堆称为微型核反应堆。微型核反应堆既不是大型核电厂的微型化，也不是验证技术可行性的原型反应堆，而是按照用户需求提供兆瓦量级能源且具有先进技术特征的新型反应堆。微型核反应堆具有广阔的应用前景以及其他能源不可替代的优势，是实现国家战略的重要支撑之一。IAEA 和国际主要核能大国均认可微型核反应堆的发展前景并大力支持其发展，例如美国、加拿大和英国等已制定微型核反应堆技术路线，并提供长期的政策支持和资金支持。当前，美国研究了微型核反应堆部署在技术开发与执照申请、工程设计采购与建造、燃料循环等关键环节所面临的挑战，并提出了建议，明确了技术发展路径，通过协同用户、项目核准单位、核安全审评单位、技术开发单位和运营单位等拟在 2027 年年底前建成并运行至少一座微型示范核反应堆。

（3）页岩油气产能高精度预测系统

产能预测是油气开发理论体系的重要组成部分，预测结果是否可靠是影响资产评估、开发方案设计等工作的核心因素之一。页岩油气产能预测常用方法包括数值模拟法、递减分析法和解析模型法。研究者在数值模型搭建、现代生产动态资料分析、井间干扰风险预测等方面开展了大量研究，旨在探究裂缝、簇间距、孔隙介质、压实作用、流体相态等因素对产能的影响。但页岩储层岩性复杂、孔隙介质尺度跨度大、烃类赋存形式多样，水平井、体积压裂等开发工艺复杂，致使产能预测结果与实际产量存在偏差，亟须研发适合页岩油气产能预测的高精度系统，发展趋势包括：① 深入和完善页岩油气赋存特征与渗流机理研究，为推进页岩油气产能可靠预测奠定坚实基础；② 利用人工智能技术，开展地质参数和工程参数的大数据分析，探索产量主控因素并建立相关关系模型，进而预测产量；③ 开展不确定性产能预测方法研究，结合不确定性数学理论与数学物理方法，推导出不确定性的产能解析模型或数值模型，实现对产能的不确定性预测；④ 页岩油气水平井立体开发物理模拟和理论研究，推动形成页岩油气水平井立体开发产能评价方法的系统理论研究成果。

（4）油气钻井随钻前探与远探技术研发

随钻测量是指在钻探过程中实现钻孔轨迹信息和地质参数的实时测量与上传的技术。油气钻井随钻前探与远探技术既能用于地质导向，又能对复杂井、复杂地层的含油气情况进行评价，已成为行业研究热点。国外随钻前探与远探技术已获得巨大发展，美国斯伦贝谢科技公司、美国哈利伯顿能源服务公司等先后推出各种随钻技术，远探距离可达 60 m，前探距离可达 30 m。目前，我国油气勘探开发领域正逐渐转向深层超深层、复杂地层、深海和非常规油气藏，对钻井工程提出了更高要求，随钻前探与远探技术有望成为提高钻遇率和油气产量的关键技术。我国目前已取得阶段性进展，但总体技术仍落后于国外。油气钻井随钻前探与远探技术研发主要技术研究方向有井下测试仪器研发、测试工艺改进、数据传输与存储、数据分析与解释等。随钻前探与远探技术的发展趋势是降本增效和提升智能化水平，该技术可用于地质导向、随钻油藏描绘，有望成为智慧油田、智能钻井的重要组成部分，对筑牢中国能源安全的油气资源基础具有重要的现实与战略意义。

（5）燃煤机组快速灵活调峰技术

燃煤机组快速灵活调峰技术是根据电网的负荷变化指令进行快速响应和深度低负荷稳定运行的燃煤发电技术，该技术是大规模使用燃煤发电的国家或区域提高可再生能源发电比例并最终实现碳中和的必由之路和关键途径。由于可再生能源具有波动性、间歇性和不稳定性的特点，且可再生能源供给与终端能源消耗存在显著的时空差异，在储能技术不成熟和经济性差的相当时间内必须依靠燃煤机组进行快速灵活调峰，以保障电网的安全和能源的稳定供给。燃煤机组快速灵活调峰技术主要发展的方向包括：① 不同煤质下的超低负荷煤粉锅炉燃烧技术和循环流化床燃烧技术；② 超低负荷和变负荷运行下的燃煤机组热力系统的水动力安全可靠性和机组经济性；③ 燃煤机组的快速启停技术；④ 燃煤机组负荷快速响应机制以及与多种储能系统的耦合技术；⑤ 燃煤机组快速负荷变化对受热面材料的影响；⑥ 燃煤机组全负荷超低排放技术和二氧化碳减排评估；⑦ 热电燃煤机组的经济高效热电解耦技术和宽负荷调峰技术等。燃煤机组快速灵活调峰技术的核心指标是电网负荷变化指令的响应速度，其发展趋势是调峰速度越来越快，超临界机组达 5 Pe/min（额度负荷 / 分钟）以上，亚临界机组达 8 Pe/min 以上。

（6）氨燃料发动机技术

依托化石燃料的发动机等动力装置广泛应用于发电、陆路运输、船舰动力、航空航天等领域，是二氧化碳排放的主要来源之一。氨气作为一种新型“零碳”燃料，被视为降低传统碳基燃料碳排放的有效途径。然而，由于氨气的自燃温度高且火焰传播速度低，氨气燃烧常面临着稳定性较差、容易失火等问题。另外，由于燃料分子本身含氮，排放物中氮氧化物的浓度高，也制约了氨气作为发动机替代燃料的发展。

利用高活性燃料掺混氨燃烧以提高燃烧稳定性是实现氨燃料发动机的可行技术路线。在众多高活性燃料中，氢气作为另一种零碳燃料，因其可以由氨气裂解在线制备而占据优势，基于此的氨氢燃料高效催化转化技术也受到广泛关注。然而，由于氢气的强扩散性及氨气的高汽化潜热，氨氢燃料在发动机燃烧室内的浓度及温度分布常是高度不均匀的。因此，如何调制燃料喷射策略以实现氨燃料在发动机内的合理分布，并进一步有效控制燃烧状态是待解决的重要问题。另外，氢气等活性燃料的添加虽提升了氨燃料的燃烧活性，却同时使得燃烧温度提升，氮氧化物排放急剧增加。即使富燃情况下氮氧化物排放有一定的降低，但又会导致燃烧经济性差及未燃氨排放增加等其他问题。因此，氨燃料发动机耦合选择性催化还原（selective catalytic reduction，SCR）和氨气氧化催化器（ammonia slip catalyst，ASC）等后处理手段以降低氮氧化物及未燃氨排放势在必行。

总体来说，单一氨燃料发动机技术目前尚面临较大挑战。为实现氨燃料发动机的效率及排放优化，发展氨在线快速高效催化转化高活性氢燃料技术、强湍流情况下预燃室高温富燃射流及主燃室多段喷射等燃料混合分层策略、基于无焰燃烧的高温低氧稀释氨燃烧技术、船用发动机大空间氨氢燃料早燃爆震抑制策略、宽温度窗口高转化效率氮氧化物 / 未燃氨后处理系统等将成为未来氨燃料发动机的发展趋势。

（7）高放废物处理处置技术体系

高放废物安全处置是核能可持续发展的关键。高放废物是一种放射性强、毒性大、半衰期长、释热量大的放射性废物，其进行安全处置的难度极大，为解决该难题，大多数有核国家通过制定法律法规、建立管理体制、成立实施机构、建立筹资机制、制定长远规划、建立地下实验室等方法，以确保高放废物的安全处置。自 20 世纪 60 年代开展高放废物地质处置研究开发以来，在地质处置选址和场址评价、工程屏障、处置库设计和建造技术、地下实验室建设和实验、安全评价研究等方面取得大量成果，其中芬兰、法国和瑞典在处置库工程的实施方面表现最为突出。高放废物处理的核心技术包括：① 场址评价技术，高精度水文地质参数测量系统，裂隙网络模拟技术，（超低浓度）放射性核素迁移评价技术；② 工程屏障设计制造技术，处置容器设计、评价、制造技术；③ 安全评价技术，超长时间尺度和超大规模安全评价模拟技术；④ 处置坑开挖设备和废物容器就位设备等关键设备，高精度可靠性水文参数测试系统。

（8）核聚变制氚技术

氚在军事、能源、工业、科学研究等领域都发挥着重要作用。自然界天然氚极其稀少并难以利用，一般通过加速器、核裂变反应堆等途径生产，相比其他途径，核聚变反应可直接产生高能中子，因此在制氚方面更具优势。核聚变制氚技术主要是指利用高能中子与 Li-6 的核反应产生氚，并在安全包容前提下对氚进行提取纯化。核聚变制氚技术涉及的主要技术包括：核聚变堆产氚包层设计与制造，氚提取和分离纯化，安全包容。根据氚产生效率要求，核聚变堆产氚包层可设计为常规包层或混合包层，其中常规包层具有清洁的特点但产氚效率不高，混合包层通过引入裂变燃料对中子产额进行链式放大实现高效产氚，但清洁性较差。国际热核聚变实验堆（ITER）的目标之一是验证氚增殖包层技术，中国聚变工程试验堆（CFETR）的核心目标是通过包层产氚实现氚自持。氚提取、分离纯化和安全包容技术是影响氚自持的核心因素，因此，发展核聚变制氚技术仍需在产氚包层设计、产氚包层制造与验证、降低氚渗透滞留、提高氚提取与分离纯化效率、实现氚操作的安全包容等方面集中攻关。

（9）高精度智能化三维可视化勘查系统

高精度智能化三维可视化勘查系统是指在矿床理论指导下，综合与矿产勘查有关航空和地面地球物理、多光谱和高光谱遥感、地面红外光谱、地球化学、地质等各类勘查数据，通过人工智能技术深入挖掘有用信息提高精度和准确性，从而实现矿产勘查三维可视化。该系统包括硬件和软件，主要研究方向是通过发展传感器硬件技术和软件算法等，不断提高勘查的精度和准确性。硬件上主要体现在高性能传感器、核心芯片可靠性能、数据采集精度、功率等方面发展，软件上主要是深层次找矿信息挖掘的算法创新，最终通过自主可控的人工智能找矿勘查软件实现立体勘查。高精度智能化三维可视化勘查系统的未来发展趋势：一是与勘查有关的硬件性能不断提升，能够更加准确地获取地质勘查信息；二是勘查精度上不断提高，深入挖掘的各类信息特别是提出的靶区准确性高；三是人工智能使操作简单化，通过人工智能技术把专家体系进行封装，实现用户界面简单化和友好化；四是三维可视化、实时化，通过系统把最新的勘查数据实时三维可视化显示。

（10）新型杂卤石钾盐矿和富锂卤水的智能识别与资源综合评价技术

钾盐是关系粮食安全的战略性矿产资源，一直被国家列为大宗稀缺战略性矿产，锂盐是关键战略性新能源矿产，然而其对外依赖程度居高不下，严重威胁国家矿产资源安全。我国深部钾 / 锂盐资源探测难点主要是：资源赋存状态多（固相、液相）、后期构造变形复杂、卤水储层非均质性强等，导致长时间难以有效突破。

迄今，国际上尚无深部新型杂卤石钾盐和富锂卤水的评价规范。新型杂卤石钾盐矿和富锂卤水的智能识别与资源综合评价技术是在长期实践的基础上建立的：利用深部“新型杂卤石钾盐矿”高伽马、高钾、高电阻、低钍、低铀、大井径的地球物理与钻井数据特征，建立起“三高二低一大”综合测井识别技术；针对富锂钾卤水地质特点，梳理其特有表征参数，建立起“三高、四低”（高中子孔隙度、高声波时差、高伽马能谱钾、低自然伽马、低自然电位、低电阻率、低密度）测井综合智能识别技术；结合海量三维地震数据信息开展平面智能识别预测，对深部新型杂卤石钾盐矿和富锂卤水层进行有效预测，给出目的层所处层位的深度、厚度、含矿性、卤水储层孔隙度等信息，在此基础上，得到深部钾盐 / 锂盐资源评价的必要参数，完成综合评价。新型杂卤石钾盐矿和富锂卤水的智能识别与资源综合评价技术由郑绵平院士团队首先创建于川东北宣汉地区，并实现了深部钾锂资源勘查的重大突破，该项技术有利于破解我国深部海相钾锂资源综合评价技术的“卡脖子”难题。

下一步，新型杂卤石钾盐矿和富锂卤水的智能识别与资源综合评价技术还需提高预测精度，增加标志性参数，完善现有成套深部地质探测技术，并创建深部固体盐类与深藏卤水盐类的相关规范，推动中国形成首个大型“海相锂钾资源综合产业基地”，形成国内外先导性成果。

（11）页岩储层高效压裂技术研发

页岩以微纳米级孔喉为主，脆性矿物含量一般大于 35%。压裂是缩短油气渗流距离，实现页岩经济开采的核心技术。页岩的储层改造需形成交错穿插的缝网形态已成为业内共识，水平井分段多簇压裂技术是储层改造的主体技术。近年来，压裂设计的级数、簇数、加砂量不断增大，采用滑溜水压裂的比例逐步提高，压裂间距、簇间距不断缩短。不同于北美平原地区稳定的构造条件，我国页岩地层连续性差且分割强烈。国内页岩开发不能照搬多井分段缝网压裂的模式，需要寻求形成全井段缝网模式，达到少井高产。缝网的最大化展布是高效压裂的关键，但面临以下挑战：裂缝非同步起裂、形成主裂缝、缝间干扰和近井地带裂缝转向等。针对以上问题，研究方向主要有分支井压裂技术、高速通道压裂技术、变排量压裂技术、重复压裂技术、同步压裂技术、拉链式压裂技术、转向压裂技术、小井距立体开发技术等。目前，各压裂工艺均存在一定局限性，形成地质与工程相匹配的储层一体化解决方案，有望获取最优的储层改造体积，助推中国页岩油气的高效开发。

（12）煤矿井下煤层长钻孔分段压裂增透与抽采技术

随着我国煤矿开采深度的逐步增大，高瓦斯低渗煤层的比例不断扩大，新形势下的瓦斯防治、高效抽采问题亟须解决。煤层长钻孔分段压裂增透与抽采技术是利用定向钻机施工煤层水平定向长钻孔，采用胶囊封孔器对钻孔进行分段密封，通过高压密封钻杆将压裂液输送至密封孔段对煤体进行分段压裂，能有效地改造煤层裂隙发育情况，提高煤层渗透率，大幅度提升钻孔抽采浓度与流量。深孔压裂工具串的开发、压裂支撑剂的优选、井下用高压力大流量压裂泵的研制、气液协同压裂工艺的探究等是该前沿的主要研究方向。未来，煤矿井下煤层长钻孔分段压裂增透与抽采技术将大大提升煤矿区域瓦斯超前治理的效率，缩短瓦斯抽采达标时间，有望替代当前水力割缝、造穴、冲孔等常规水力化增透措施，实现低渗煤层增透抽采措施向着更加快捷、高效、节能方向发展。

2.2　Top 4 工程开发前沿重点解读

2.2.1　大规模风光储互补发电及稳定并网技术

风光出力由于其随机性和波动性，直接并网将对电力系统造成冲击，电网企业为保证电网稳定运行，往往通过调度手段限制风电、光伏发电上网，或是由火电机组提供备用服务，这样虽然保证了系统的稳定运行，但弃风、弃光造成了严重的浪费。风电和光伏发电具有一定的互补性，结合储能装置形成的风光储一体化的发电系统，在智能调控技术作用下将成为优质电源，通过风光互补发电与储能协调可以提升风光资源的消纳率和稳定供电能力。丹麦、英国等风力资源丰富的欧洲国家在沿海区域规划了大量的风光储一体化发电场，丹麦 Eurowind Energy 公司规划了超过 1 GW 的风光储陆上能源中心，并考虑采用氢电解作为大规模储能。美国通用电气在俄勒冈州建设了 380 MW 的大规模风光储项目，澳大利亚 Walcha Energy 公司在新南威尔士州建设了 4 GW 的风光储项目。我国最早的风光储互补发电项目是 2004 年 12 月华能南澳建成的 54 MW/100 kWp 风光互补发电场。随着国家政策向新能源发电倾斜，风光储一体化发电技术得到了充分的发展和应用。受限于地理布局，我国大部分风光储互补发电系统分布在阳光或风能资源充足的西北和沿海地区。未来风光储发电将与输电系统共同规划设计，我国首个千万千瓦级风光储输多能互补综合能源基地已于2021年在甘肃正式启动建设。中国能源建设股份有限公司、国家能源集团有限公司、山西国际能源集团有限公司、北京能源集团有限责任公司、国家电力投资集团有限公司等 15 家央（国）企签约风光储项目 27 个，总项目规划规模 42.49 GW。

目前，如表 2.2.1 所示，该领域核心专利公开量排名前三位的国家分别是中国、印度和韩国，其中，中国公开量达 63 项（占比达 90%），印度公开量为 6 项（占比为 8.57%），韩国公开量为 1 项（占比为 1.43%）。中国的专利被引数、平均被引数均为最高，分别为 86 次与 1.37 次，被引数比例为 96.63%。主要产出国家间尚无合作。由表 2.2.2 可知，该前沿核心专利的主要产出机构是国家电网有限公司、河海大学、阳光电源股份有限公司等。国家电网有限公司与诸暨市东白电力安装工程有限公司开展过相关工程合作（图 2.2.1）。

未来 5~10 年，大规模风光储互补发电系统将成为保障电力系统安全运行、支撑系统电压、频率稳定的重要环节，兼顾消纳与主动支撑电网能力，是未来风光储互补发电系统的重点发展方向，其中涉及的关键技术包括：

1）大规模风光储高比例互补消纳技术——平抑新能源出力波动、补偿功率预测误差、降低弃风率与弃光率、提升新能源并网 / 外送能力。

2）风光储惯性控制并网技术——以虚拟同步机控制和变下垂控制为代表的动态扰动控制技术，

表 2.2.1　“大规模风光储互补发电及稳定并网技术”工程开发前沿中核心专利的主要产出国家

序号	国家	公开量	公开量比例 /%	被引数	被引数比例 /%	平均被引数
1	中国	63	90.00	86	96.63	1.37
2	印度	6	8.57	3	3.37	0.50
3	韩国	1	1.43	0	0.00	0.00

表 2.2.2　“大规模风光储互补发电及稳定并网技术”工程开发前沿中核心专利的主要产出机构

序号	机构	公开量	公开量比例 /%	被引数	被引数比例 /%	平均被引数
1	国家电网有限公司	8	11.43	18	20.22	2.25
2	河海大学	2	2.86	3	3.37	1.50
3	阳光电源股份有限公司	2	2.86	1	1.12	0.50
4	上海工程技术大学	1	1.43	13	14.61	13.00
5	南通大学	1	1.43	7	7.87	7.00
6	南京工程学院	1	1.43	6	6.74	6.00
7	哈尔滨电气股份有限公司	1	1.43	5	5.62	5.00
8	广东省电力设计研究院	1	1.43	4	4.49	4.00
9	华夏五维文化产业股份有限公司	1	1.43	4	4.49	4.00
10	诸暨市东白电力安装工程有限公司	1	1.43	4	4.49	4.00

动态调节并入母线频率和电压，提高新能源故障穿越能力。

3）高能量密度与高可靠性储能系统——提高储能电池、电池管理系统、储能变流器等单体设备的制造工艺、运行能力、安全性能。

在我国建设以新能源为主体的新型电力系统的背景下，我国可再生能源发电占比将从30%提升至50%甚至更高，大规模风光储互补发电及稳定并网技术将成为未来能源建设的核心技术，新增的风光储项目将达5 000万kW以上。未来我国将建成大规模风光储发电基地、风光水储互补基地、风光氢储互补基地等相关工程。图2.2.2为“大规模风光储互补发电及稳定并网技术”工程开发前沿的发展路线。

2.2.2　多用途新概念微型反应堆

微型核反应堆既不是大型核电厂的微型化，也不是验证技术可行性的原型反应堆，而是按照用户需求提供兆瓦量级能源且具有先进技术特征的新型反应堆。为了满足不同应用场景下用户使用，微型核反应堆通常具有固有安全性高、易于模块化和扩展、可运输性、便于部署、自主运行等技术特征。

微型核反应堆可为多地区灵活提供能源，例如为偏远海岛和矿区、边防哨所和基地等偏远区域提供小容量或分布式绿色清洁电源和热源，或为灾区和战争受损重要基础设施提供应急或备用电源。微型核反应堆作为能量密度高、体积小、运行期间维护少的能源模块，还可为深海探索和太空探索的重要装备提供长续航自主运行电源。

早在20世纪六七十年代，美国和苏联就曾研发过用于空间探索和军事基地的微型核反应堆。2015年，随着美国空间热管反应堆取得关键技术突破以及陆基核电源出现新的需求，微型核反应堆成为研发热点，主要研究方向为反应堆堆型和系统配置的多样性。

目前，国内外公开的微型核反应堆包括高温气冷堆、热管堆、钠冷快堆、铅冷快堆、熔盐堆和轻水堆等。各种微型核反应堆设计时除考虑发电能力外，也充分考虑了可运输性和可移动性。反应堆容器的尺寸受控制棒、控制鼓、反应堆容器、反应堆

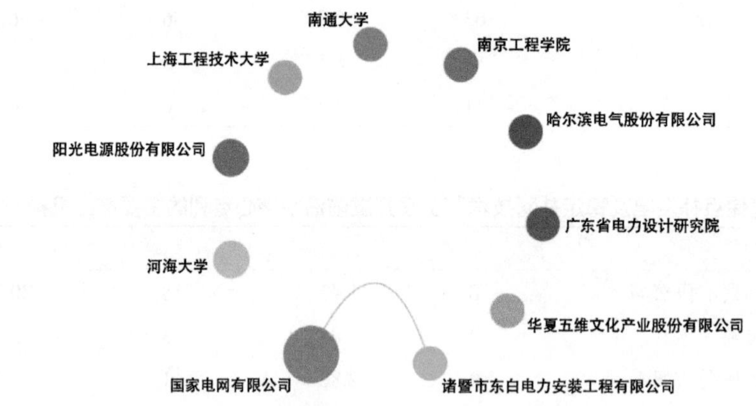

图2.2.1　“大规模风光储互补发电及稳定并网技术”工程开发前沿主要机构间的合作网络

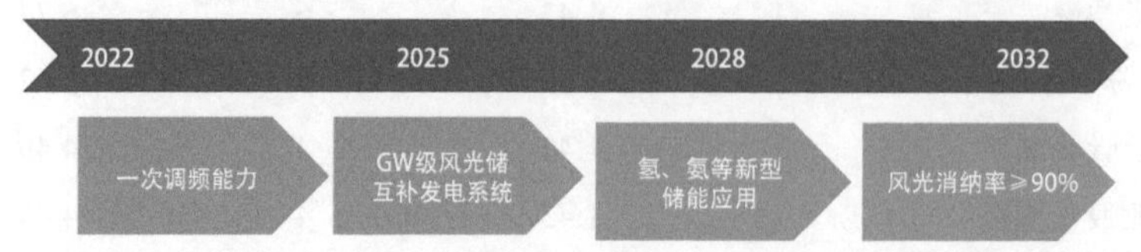

图2.2.2　“大规模风光储互补发电及稳定并网技术”工程开发前沿的发展路线

堆型、燃料类型、富集度、反射层材料等因素影响，进而影响反应堆的可运输性。微型核反应堆在热电转换系统和余热排出系统设计方面，充分考虑紧凑化和轻量化，尽量实现可运输性，其中热电转换系统主要使用紧凑式换热器，朗肯循环，超临界二氧化碳、氮气、氦气闭式布雷顿循环，开式布雷顿循环，余热排出系统则主要采用自然循环或热辐射 / 热传导将堆芯热量传递到堆芯外围，再通过非能动空气冷却或者金属翅片等将热量导出。

由表 2.2.3 可知，“多用途新概念微型反应堆”工程开发前沿中核心专利公开量排名前三位的国家分别是中国、美国和韩国，其中，中国核心专利占比超过 60%，美国、韩国的核心专利占比均超过 14%，其他国家核心专利占比均低于 2%。主要产出国家间尚无合作。由表 2.2.4 可知，该前沿核心专利公开量排名前列的机构有西安交通大学、西安热工研究院、西屋电气公司、华南理工大学和中国核动力研究设计院，其核心专利产出占比均超过 4%。由图 2.2.3 可知，深圳阿尔法生物制药有限公司与云南济慈再生医学研究院开展了相关合作。

目前，国内外主要的微型核反应堆项目大多处于关键技术攻关阶段，预计在 2025—2027 年实现首堆示范验证。根据大型核电站技术发展趋势以及小微型核反应堆的创新技术特征，可知微型核反应堆的技术发展趋势是固有安全性的提升，运输便捷，便于用户灵活部署和使用等。另外，微型核反应堆的关键技术包括新型燃料（如耐事故燃料）、主回路一体化、新型热电转换、非能动安全系统、智能运维、核能与其他能源耦合等。不同微型核反应堆将基于自身堆型特征及技术成熟度进行上述关键技术攻关和关键设备研发与验证。图 2.2.4 为“多用途新概念微型反应堆”工程开发前沿的发展路线。

表 2.2.3　“多用途新概念微型反应堆”工程开发前沿中核心专利的主要产出国家

序号	国家	公开量	公开量比例 /%	被引数	被引数比例 /%	平均被引数
1	中国	39	65.00	65	43.33	1.67
2	美国	9	15.00	80	53.33	8.89
3	韩国	9	15.00	1	0.67	0.11
4	瑞士	1	1.67	4	2.67	4.00
5	德国	1	1.67	0	0.00	0.00
6	日本	1	1.67	0	0.00	0.00

表 2.2.4　“多用途新概念微型反应堆”工程开发前沿中核心专利的主要产出机构

序号	机构	公开量	公开量比例 /%	被引数	被引数比例 /%	平均被引数
1	西安交通大学	5	8.33	8	5.33	1.60
2	西安热工研究院	4	6.67	3	2.00	0.75
3	西屋电气公司	3	5.00	22	14.67	7.33
4	华南理工大学	3	5.00	8	5.33	2.67
5	中国核动力研究设计院	3	5.00	3	2.00	1.00
6	深圳阿尔法生物制药有限公司	2	3.33	13	8.67	6.50
7	云南济慈再生医学研究院	2	3.33	13	8.67	6.50
8	辽宁大化国瑞新材料有限公司	2	3.33	11	7.33	5.50
9	泰拉能源有限责任公司	2	3.33	11	7.33	5.50
10	中国航天系统科学与工程研究院	2	3.33	1	0.67	0.50

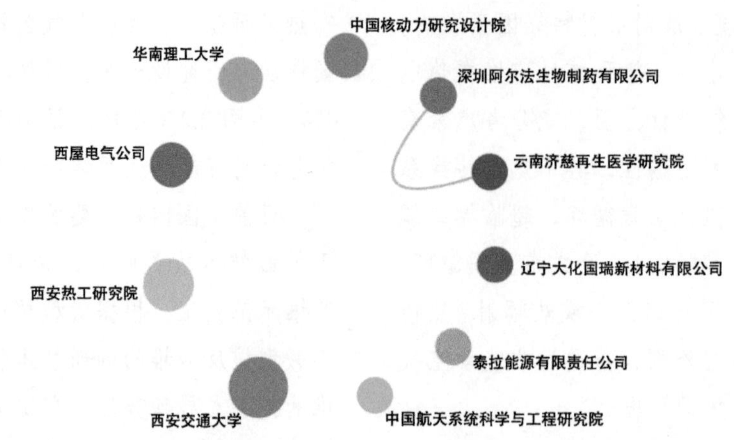

图 2.2.3 “多用途新概念微型反应堆”工程开发前沿主要机构间的合作网络

图 2.2.4 “多用途新概念微型反应堆”工程开发前沿的发展路线

2.2.3 页岩油气产能高精度预测系统

产能预测是页岩油气资产评估、开发方案设计等工作的重要前提，另外，对产能、产量的准确把握也是页岩油气开发的关键，这将为科学安排部署各项工作，制定合理生产制度，实现可持续发展等提供有效支撑。页岩储层特低孔低渗及多级压裂的特点，使得油气井较长生产周期内为非稳态流动，不具备产能试井需达到拟稳态流动的条件，对产量递减规律的认识不清，尤其是对后期产量递减规律的认识不够；强压裂改造又使得页岩裂缝系统复杂，识别难度大；多套产能预测模型选择困难，流动机理无定论导致数值模拟不确定性大。因此，页岩油气产能预测难度大，不确定性极强，常规油气产能预测方法在页岩油气中的适应性不强，应注重生产数据挖掘，构建产量与地质工程参数关系，加强动态分析，综合多种预测方法，构建高精度预测系统。

目前，“页岩油气产能高精度预测系统”工程开发前沿中核心专利公开量排名第一的国家为中国，达 120 项（占比为 82.76%），排名第二和第三的国家分别为韩国和美国，公开量分别为 12 项和 10 项，占比分别为 8.28% 和 6.90%（表 2.2.5）。主要产出国家间尚无合作。专利产出机构主要来自中国，产出数量排名前十的机构中，有 9 家为中国的油气相关企业和高校，其中中国石油化工股份有限公司以 32 项专利排名第一（占比为 22.07%）（表 2.2.6）。中国油气相关企业和高校合作紧密，相互合作最多的机构是四川长宁天然气开发有限责任公司和成都川油瑞飞科技有限责任公司（图 2.2.5）。

页岩油气产能高精度预测系统在未来 5~10 年主要有两个重点发展方向：一是深化页岩油气地质和工程理论认识；二是建立页岩油气产能综合评价方法和预测模型（图 2.2.6）。具体可以细分为下面 4 个部分：① 深入和完善页岩油气赋存特征与渗流机理研究，为推进页岩气产能可靠预测奠定坚

表 2.2.5 “页岩油气产能高精度预测系统”工程开发前沿中核心专利的主要产出国家

序号	国家	公开量	公开量比例 /%	被引数	被引数比例 /%	平均被引数
1	中国	120	82.76	485	82.34	4.04
2	韩国	12	8.28	39	6.62	3.25
3	美国	10	6.90	63	10.70	6.30
4	法国	1	0.69	2	0.34	2.00
5	澳大利亚	1	0.69	0	0.00	0.00
6	沙特阿拉伯	1	0.69	0	0.00	0.00

表 2.2.6 “页岩油气产能高精度预测系统”工程开发前沿中核心专利的主要产出机构

序号	机构	公开量	公开量比例 /%	被引数	被引数比例 /%	平均被引数
1	中国石油化工股份有限公司	32	22.07	129	21.90	4.03
2	西南石油大学	21	14.48	73	12.39	3.48
3	中国石油天然气股份有限公司	20	13.79	125	21.22	6.25
4	中国石油大学（北京）	9	6.21	17	2.89	1.89
5	重庆科技学院	6	4.14	32	5.43	5.33
6	四川长宁天然气开发有限责任公司	4	2.76	1	0.17	0.25
7	长江大学	3	2.07	15	2.55	5.00
8	中国地质大学（北京）	3	2.07	9	1.53	3.00
9	韩国地球科学与矿产资源研究院	3	2.07	8	1.36	2.67
10	成都川油瑞飞科技有限责任公司	3	2.07	0	0.00	0.00

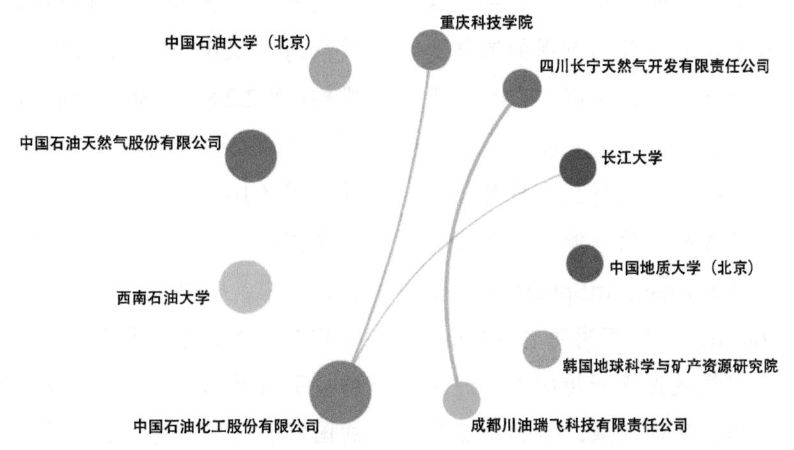

图 2.2.5 “页岩油气产能高精度预测系统”工程开发前沿主要机构间的合作网络

实基础；② 利用人工智能技术，开展地质参数和工程参数的大数据分析，探索产量主控因素并建立相关关系模型，进而预测产量；③ 开展不确定性产能预测方法研究，结合不确定性数学理论与数学物理方法，推导出不确定性的产能解析模型或数值模型，实现对产能的不确定性预测；④ 开展页岩油气水平井立体开发物理模拟和理论研究，推动形成页岩油气水平井立体开发产能评价方法的系统理

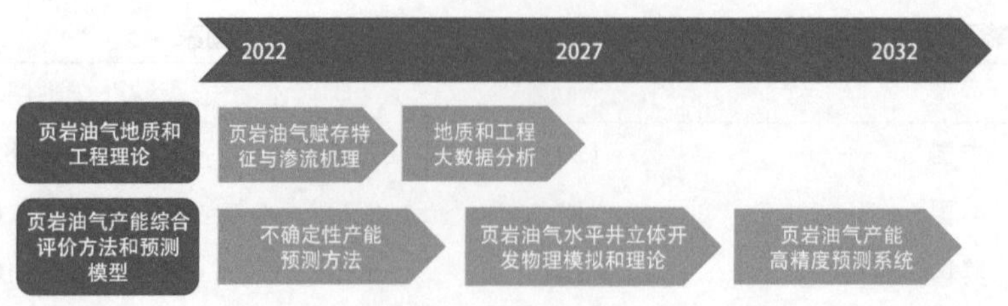

图 2.2.6 “页岩油气产能高精度预测系统”工程开发前沿的发展路线

论研究成果。通过充分考虑页岩油气藏开发实际条件和不确定因素，利用页岩油气产能综合评价方法和预测模型可以实现产能准确预测，为推动中国陆相页岩油、海相页岩气的增储上产、经济开发提供科学指导。

2.2.4 油气钻井随钻前探与远探技术研发

随钻测量是指在钻探过程中实现钻孔轨迹信息和地质参数的实时测量与上传的技术。油气钻井随钻前探与远探技术既能用于地质导向，又能对复杂井、复杂地层的含油气情况进行评价，已成为行业研究热点。其中，随钻前视技术是利用测井仪器探测钻头前方未钻开地层的地层界面，探测方向与井眼 / 钻进方向相同，主要用于地质导向。随钻远探技术是利用测井仪器探测距井眼较远范围的流体边界、地层边界以及其他地层信息，探测方向垂直于井眼方向，主要用于油藏描述与地层评价。

国外随钻前探与远探技术已获得巨大发展，美国斯伦贝谢科技公司、美国哈利伯顿能源服务公司等先后推出 Geosphere、Earthstar、IriSphere 等随钻技术，远探距离可达 60 m，前探距离可达 30 m。目前，我国油气勘探开发领域正逐渐转向深层超深层、复杂地层、深海和非常规油气藏，对钻井工程提出了更高要求，随钻前探与远探技术有望成为提高钻遇率和油气产量的关键技术。2006 年，国家“863 计划”设立了“随钻地震技术研究”项目，在垂直地震剖面（vertic seimaic profiling，VSP）技术上取得了一定突破；2014 年，长城钻探推出的电磁波电阻率随钻测量仪（GW-LWD），型号 BMR，探测距离达 2~3 m，达到国际先进水平；2016 年，渤海钻探工程有限公司推出方位远探测声波成像测井仪，能够进行储层预测。目前，我国随钻前探与远探技术已取得阶段性进展，但总体技术仍落后于国外，其主要技术研究方向有井下测试仪器研发、测试工艺改进、数据传输与存储、数据分析与解释等。

“油气钻井随钻前探与远探技术”工程开发前沿中，核心专利公开量排名前两位的国家是美国和中国，公开量分别为 63 项和 56 项，占比分别为 49.22% 和 43.75%，其他国家的专利占比均低于 6.00%；其中，美国的专利被引数最高（206），被引数占比达 59.88%，中国和加拿大的被引数占比分别为 35.47% 和 11.92%，其他国家相关技术的专利被引数占比均小于 10.00%；加拿大的平均被引数最高（5.86）（表 2.2.7）。在核心专利主要产出机构（表 2.2.8）方面，哈利伯顿能源服务公司（32）、斯伦贝谢科技公司（18）、中国石油天然气股份有限公司（10）、中国石油化工股份有限公司（9）和中国科学院地质与地球物理研究所（7）产出较多；其中，哈利伯顿能源服务公司被引数比例最高（27.62%），中国科学院地质与地球物理研究所平均被引数最高（8.29）（表 2.2.8）。注重领域合作的国家有美国、荷兰、加拿大和法国（图 2.2.7），机构之间的合作研究集中在中国海洋石油集团有限公司和杭州迅美科技有限公司（图 2.2.8）。

随钻前探与远探技术在地质导向和复杂油气评价领域具有广阔的发展前景（图 2.2.9）。未来 5~10 年该技术的重点发展方向是降本增效，提升智能化水平。将随钻前探与远探技术与“一趟

表 2.2.7 “油气钻井随钻前探与远探技术研发”工程开发前沿中核心专利的主要产出国家

序号	国家	公开量	公开量比例 /%	被引数	被引数比例 /%	平均被引数
1	美国	63	49.22	206	59.88	3.27
2	中国	56	43.75	122	35.47	2.18
3	加拿大	7	5.47	41	11.92	5.86
4	法国	7	5.47	31	9.01	4.43
5	荷兰	7	5.47	31	9.01	4.43
6	俄罗斯	2	1.56	1	0.29	0.50
7	挪威	2	1.56	0	0.00	0.00
8	德国	1	0.78	3	0.87	3.00
9	沙特阿拉伯	1	0.78	2	0.58	2.00

表 2.2.8 “油气钻井随钻前探与远探技术研发”工程开发前沿中核心专利的主要产出机构

序号	机构	公开量	公开量比例 /%	被引数	被引数比例 /%	平均被引数
1	哈利伯顿能源服务公司	32	25.00	95	27.62	2.97
2	斯伦贝谢科技公司	18	14.06	78	22.67	4.33
3	中国石油天然气股份有限公司	10	7.81	16	4.65	1.60
4	中国石油化工股份有限公司	9	7.03	9	2.62	1.00
5	中国科学院地质与地球物理研究所	7	5.47	58	16.86	8.29
6	中国海洋石油集团有限公司	5	3.91	6	1.74	1.20
7	贝克休斯公司	4	3.12	20	5.81	5.00
8	杭州迅美科技有限公司	3	2.34	5	1.45	1.67
9	中国科学院声学研究所	3	2.34	4	1.16	1.33
10	电子科技大学	2	1.56	9	2.62	4.50

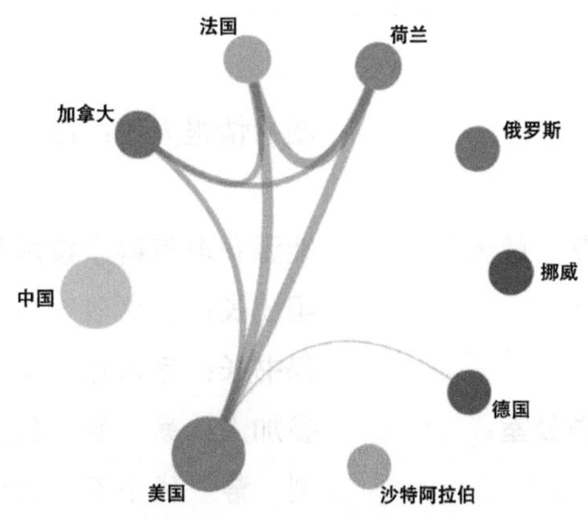

图 2.2.7 “油气钻井随钻前探与远探技术研发”工程开发前沿主要国家间的合作网络

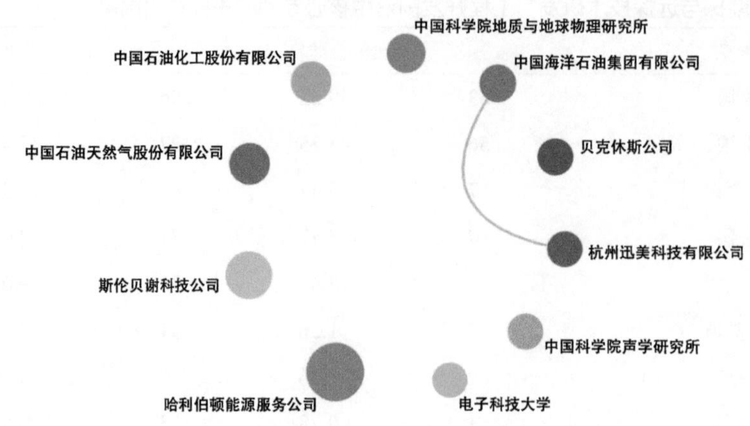

图 2.2.8 “油气钻井随钻前探与远探技术研发”工程开发前沿主要机构间的合作网络

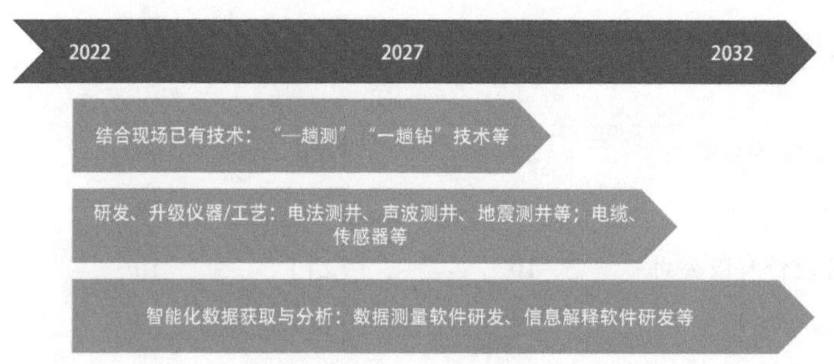

图 2.2.9 “油气钻井随钻前探与远探技术研发”工程开发前沿的发展路线

测”“一趟钻”技术相结合，可以简化作业流程，降低使用成本。研发新仪器、新工艺，可以高效获取测井信息，并实现流体和岩心采样，有望大幅提高钻遇率和产量，提升经济效益。结合大数据、云计算，提高智能化水平，加强数据测量、信息解释等相关软件研发，实现高效率、高精度的数据获取与分析，有望成为智能钻井和智慧油田的重要组成部分。

领域课题组人员

课题组组长：翁史烈　倪维斗　彭苏萍　顾大钊

课题组副组长：黄　震　巨永林　刘静

中国工程院二局：王振海

中国工程院二局能源与矿业工程学部办公室：

宗玉生　解光辉

***Frontiers in Energy* 编辑部：**刘瑞芹　付凌霄

图书情报人员：陈天天　陈　梦

能源和电气科学技术与工程学科组：

组　长：翁史烈　岳光溪

秘书长：巨永林　张　海

参加人：蔡　旭　代彦军　韩　东　罗加严

刘　静　钱小石　沈水云　郎能灵　王　倩

谢晓敏　徐潇源　杨　立　杨　林　严　正

章俊良　赵长颖　赵一新

执笔人：韩　东　沈水云　郇能灵　杨　立　严　正　张　海

核科学技术与工程学科组：

组　长：叶奇蓁　李建刚

秘书长：苏　罡　高　翔

参加人：郭英华　李恭顺　郭　晴　汪宗太　杨　勇　刘效言

执笔人：苏　罡　李恭顺　汪宗太　郭　晴　刘效言　郭英华

地质资源科学技术与工程学科组：

组　长：赵文智　毛景文

秘书长：张国生　刘　敏

参加人：刘　敏　王　坤　简　伟　李永新　董　劲　关　铭

执笔人：姚佛军　邢恩袁　侯献华　李永新　董　劲　关　铭

矿业科学技术与工程学科组：

组　长：袁　亮　李根生

秘书长：周福宝　吴爱祥　张　农　宋先知

副秘书长：江丙友

参加人：江丙友　时国庆　阮竹恩　梁东旭　姬佳炎　黄中伟　王海柱　尹升华

执笔人：江丙友　宋先知　时国庆　梁东旭　许富强　张　超　巩思园　辛海会　荣浩宇　王海柱　姬佳炎

五、土木、水利与建筑工程

1　工程研究前沿

1.1　Top 10 工程研究前沿发展态势

土木、水利与建筑工程领域 Top 10 工程研究前沿汇总见表 1.1.1，涉及了水利工程、交通工程、土木建筑材料、建筑学、市政工程、城乡规划与风景园林、结构工程、工程力学、测绘工程和桥梁工程等学科方向。其中，“重要交通基础设施灾变机理与防护”“智能化测绘的混合计算理论与方法”“高密度复杂空间的城市更新理论”“变化环境下区域水平衡理论与实现路径”和“城镇污水污泥资源化低碳利用”为专家提名前沿或者是基于数据挖掘前沿凝练而成的前沿，其他为数据挖掘前沿。各前沿核心论文自 2016 至 2021 年的逐年发表情况见表 1.1.2。

（1）极端环境地下工程减灾机理与风险防控

地下工程极端环境是指在地下工程建设过程中面临的极端复杂地质环境和运营过程中面临的极端自然灾害。不同于常见的地表不良地质，地下工程极端环境具有极大的不确定性和复杂的演化机制、群发机制。近年来以中国川藏铁路为代表的地下工程建设和中国郑州特大暴雨事件为代表的地下工程运营中，极端环境给地下工程带来了严峻的安全风险问题，研究极端环境地下工程的灾变形成机制、减灾机理及风险防控具有重大意义。其主要研究方向包括：① 高地应力软硬岩应力场反演分析及风险预测；② 地下工程高地温特征分析预测与支护结构响应及性能优化；③ 高海拔寒区隧道风险评价与控制研究；④ 高地震烈度区隧道抗震设计和风险控制；⑤ 城市地下空间特大内涝灾害风险评估与防控体系。未来主要发展趋势在于明晰极端环境下的孕灾地质判别和灾变机理，在此基础上融合多源信息完成对灾变态势的预测和防控，同时加快地下空间综合治理的智慧化、加强地下空间应急响应安全管理，构建地下空间综合治理体系。从 2016 年至 2021 年，核心论文篇数为 85，被引频次 3 722，篇均被引频次为 43.79。

表 1.1.1　土木、水利与建筑工程领域 Top 10 工程研究前沿

序号	工程研究前沿	核心论文数	被引频次	篇均被引频次	平均出版年
1	极端环境地下工程减灾机理与风险防控	85	3 722	43.79	2019.9
2	重要交通基础设施灾变机理与防护	37	1 451	39.22	2018.8
3	适老化智能响应健康建筑	13	329	25.31	2018.8
4	智能化测绘的混合计算理论与方法	56	1 671	29.84	2019.8
5	高密度复杂空间的城市更新理论	20	1 245	62.25	2018.5
6	变化环境下区域水平衡理论与实现路径	30	1 200	40.00	2018.3
7	工程结构性能智能评估	29	1 249	43.07	2018.8
8	城镇污水污泥资源化低碳利用	28	2 584	92.29	2018.3
9	高效吸能复合结构的耐冲击性能	31	1 233	39.77	2019.0
10	大坝安全智能监测与风险预警方法	65	2 110	32.46	2019.4

表 1.1.2 土木、水利与建筑工程领域 Top 10 工程研究前沿核心论文逐年发表数

序号	工程研究前沿	2016	2017	2018	2019	2020	2021
1	极端环境地下工程减灾机理与风险防控	3	2	5	13	31	31
2	重要交通基础设施灾变机理与防护	7	6	2	4	8	10
3	适老化智能响应健康建筑	2	1	2	2	4	2
4	智能化测绘的混合计算理论与方法	1	2	5	8	21	19
5	高密度复杂空间的城市更新理论	2	5	3	4	3	3
6	变化环境下区域水平衡理论与实现路径	8	3	5	6	3	5
7	工程结构性能智能评估	3	5	2	9	4	6
8	城镇污水污泥资源化低碳利用	7	4	1	8	5	3
9	高效吸能复合结构的耐冲击性能	4	1	8	3	9	6
10	大坝安全智能监测与风险预警方法	2	5	10	10	21	17

（2）重要交通基础设施灾变机理与防护

以道路、铁路与机场为核心的重要交通基础设施灾变机理与防护是指在极端气候、地震、飓风等重大自然灾害或工程扰动、管网塌陷等突发事件下的交通基础设施服役性能劣化与致灾机理，以及交通基础设施在上述极端和突发情形下的安全性能保持与功能快速恢复。重要交通基础设施灾变机理与防护是保证交通运输长期稳定安全运行和降低灾变对人民交通出行影响程度的重大研究课题，其主要研究方向包括：① 极端气候、不良地质和突发事件等条件下重要交通基础设施的致灾机理；② 重要交通基础设施功能损失和交通影响的灾害评估体系；③ 复杂环境条件下重要交通基础设施服役状态的精准监测预警技术；④ 重要交通基础设施灾害防治与韧性恢复提升关键技术。目前国内外已将重要交通基础设施灾变机理与防护列为下一阶段交通领域需重点关注与研究的议题，其主要发展趋势包括：① 在基础设施灾变机理研究方面，从“单因素主导”致灾机理向“多因素耦合”致灾机理转变；② 在基础设施灾害评估方面，从灾害“数值分析”与“定量评价”向灾害发生演变的“模糊评价”与“数字孪生”转变；③ 在交通基础设施韧性与灾害防治手段上，从灾害“监测预警”的单一手段向基础设施“韧性设计”–“智能运维”–“灾后恢复”综合手段转变。从 2016 年至 2021 年，核心论文篇数为 37，被引频次为 1 451，篇均被引频次为 39.22。

（3）适老化智能响应健康建筑

适老化智能响应健康建筑是指基于老年人的行为特征与健康需求，通过全方位的健康监测与空间响应，利用环境控制技术和智能响应算法，实现建筑环境的智能调控和人体健康的主动干预，是健康建筑发展的重要方向。其主要研究方向包括：① 建筑一体化健康监测与空间响应机制，利用便携式的健康监测设备和环境传感技术，探索人体健康状况与物理环境参数的综合感知与响应机制；② 数智化环境控制技术，基于物联网的环境控制技术，实现空气、声、光、热、色彩等建筑物理环境的多系统综合调控；③ 智能响应算法与管控系统，利用各类深度学习与强化学习算法，搭建面向健康监测与响应需求的建筑智能管控系统，建立智能化信息传输、处理与决策机制。其未来发展趋势是融合智能建筑设计与建造、计算机与人工智能技术、通信控制技术、生命健康与环境等多学科知识，提高建筑的健康性能，为既有建筑的适老化、智慧化赋能和新建建筑的智慧化设计与建造提供有效支持，助力健康中国战略。从 2016 年至 2021 年，核心论文篇数为 13，被引

频次为 329，篇均被引频次为 25.31。

（4）智能化测绘的混合计算理论与方法

智能化测绘的混合计算理论与方法是借助知识工程、深度学习、逻辑推理、群体智能等人工智能新技术、新手段，对人类测绘活动中形成的自然智能进行挖掘提取、描述与表达；与数字化的算法、模型相融合，构建混合型智能计算范式，实现测绘的感知、认知、表达及行为计算。其主要研究内容包括：① 测绘自然智能的解析与建模；② 构建智能化测绘的知识体系；③ 混合型智能计算范式的构建方法；④ 混合型智能计算范式的实现技术；⑤ 赋能生产的机制与路径。该研究前沿的发展将推动测绘数据获取、处理与服务的技术升级，从基于传统测量仪器的几何信息获取拓展到泛在智能传感器支撑的动态感知，从模型、算法为主的数据处理转变为以知识为引导、算法为基础的混合型智能计算范式，从平台式数据信息服务上升为在线智能知识服务。从 2016 年至 2021 年，核心论文篇数为 56，被引频次为 1 671，篇均被引频次为 29.84。

（5）高密度复杂空间的城市更新理论

城市更新是解决高密度复杂城市空间现实问题，厘清高密度复杂城市空间运行机理，重塑建成环境形象，提升空间品质，盘活城市存量空间资源的重要手段。高密度复杂空间的城市更新理论，针对高密度建成区现有无法满足或不符合社会经济发展要求的特定区域、特定主体，根据城市真实发展活动规律进行提质增效的城市规划设计与建设工程活动。其主要研究方向包括：① 高密度复杂空间的运行规律与原理；② 高密度复杂空间的城市更新方法路径；③ 基于城市多源大数据的建成环境多维度、精细化分析技术体系；④ 数字技术支持下的高密度复杂空间城市更新规划与设计方法；⑤ 以智能平台为基础的城市更新建设管理与控制途径。未来发展趋势包括：建立以健康、绿色、可持续为发展目标的高密度复杂空间城市更新理论体系与工作路径；研发以城市多源大数据为基础的高密度复杂空间特征识别、体征诊断的客观量化评价与分析技术；形成以虚实交互数字化技术为依托的高密度复杂空间城市更新规划、设计与优化应用方法；研发高密度复杂空间城市更新规划、建设、管控的周期性智能技术平台，促进高密度城市建成区高质量、可持续发展。从 2016 年至 2021 年，核心论文篇数为 20，被引频次为 1 245，篇均被引频次为 62.25。

（6）变化环境下区域水平衡理论与实现路径

区域水平衡指在自然 – 人文因素耦合作用下，区域水循环系统及其各圈层水分的存储分布状态、收支交换关系和转化响应特征。区域水平衡状态不仅影响水资源承载力，而且是区域水资源开发利用是否超过水资源承载力的“指示器”和“晴雨表”。由于水资源 – 生态环境 – 社会经济系统相互作用与反馈的复杂性和不确定性，如何在变化环境下强化水资源刚性约束和实现健康的区域水平衡状态，是推动生态文明从理念走向实践、保障国土综合安全、促进绿色发展的基本前提之一。其主要研究方向包括：① 区域水平衡机制及其本构关系；② 区域水平衡状态与水资源承载力相互关系；③ 变化环境下区域水平衡动态评价及调控；④ 健康的区域水平衡构建路径。未来的发展趋势包括：① 强化区域水平衡和水资源承载力基础要素的动态监测和分析；② 完善水平衡评价及预警理论与方法；③ 构建提升区域水资源承载力、优化水平衡状态的集合对策；④ 提出水资源刚性约束条件下的国土空间开发利用和保护修复战略目标与发展路径。从 2016 年至 2021 年，核心论文篇数为 30，被引频次为 1 200，篇均被引频次为 40.00。

（7）工程结构性能智能评估

传统工程结构性能评估方法由于理论发展水平限制、结构复杂、数据有限、随机偏差等原因，造成评估精度有限、效率低下等问题。人工智能、传感技术及大数据等新兴信息技术的发展，正深刻改变着工程结构设计、施工和运维，相关新兴研究涉及材料、截面、构件、节点和结构等不同层次力学性能的智能评估。工程结构智能评估将提升结构设计、建造和运维效率，提高结构性能评估精度。工程结构性能智能评估研究是国内外结构工程领域的重要研究前沿之一。其主要研究方向包括：① 工程结构性能的智能评估算法及理论；② 工程结构在地震、火灾、风灾、地质灾害等不同灾害下不同尺度的力学性能评估；③ 日常服役情况下工程结构的损伤状态及承载性能评估等。未来主要发展趋势包括：工程结构单体及系统的智能设计、数据和物理模型双驱动的工程结构到大型城市系统的多尺度智能评估方法等。从 2016 年至 2021 年，核心论文篇数为 29，被引频次为 1 249，篇均被引频次为 43.07。

（8）城镇污水污泥资源化低碳利用

城镇污水污泥资源化低碳利用主要是指充分利用污泥中蕴含的有机质和营养元素等能源资源，实现污泥低碳处理处置。城镇污水污泥具有污染物和资源的双重属性，处理处置不当易产生具有高增温潜势的甲烷等温室气体，同时污泥具有资源化利用的良好潜质。面对全球气候变化带来的挑战，污泥中多元物质的资源化低碳利用已成为污水处理厂实现能源自给和碳循环的重要途径和研究热点。其主要研究方向包括：① 基于厌氧菌群高效调控、产甲烷代谢途径定向强化、污泥和有机废弃物协同互补的污泥生物质能深度开发机理和技术，低有机质污泥生物质转化率稳定达到 40% 以上；② 基于分级燃烧挖掘污泥热值同时降低非二氧化碳温室气体排放、干化尾气和焚烧烟气热量多级回收综合利用、动态调控优化能量配置的污泥高效低碳干化焚烧机理和技术；③ 污泥处理产物或衍生产品土地利用技术，资源环境属性重点物质的形态转化规律、产物环境交互机制和二次污染风险控制技术；④ 污泥中碳氮磷等元素高值化提取和回收利用技术。未来主要发展趋势是融合多学科交叉发展，进一步开展污泥能源资源回收效能提升、资源利用安全风险评估和控制关键技术研究，实现污泥能源资源高效循环利用，提升污泥处理处置低碳水平。从 2016 年至 2021 年，核心论文篇数为 28，被引频次为 2 584，篇均被引频次为 92.29。

（9）高效吸能复合结构的耐冲击性能

高效吸能复合结构通过不可逆变形吸收强动力荷载作用下的高动能，以应对工程结构在其全寿命周期内可能存在的事故、爆炸或撞击问题。相较于传统的金属吸能结构，其拥有更高的比强度和比刚度，并表现出环境友好、抑振降噪等优势，在碳达峰与碳中和目标下有着明显优越性。高效吸能复合结构的典型结构形式包括纤维 / 基体复合结构、金属和纤维增强聚合物复合结构、泡沫 / 结构化核心夹层结构等，其耐冲击性能评价涉及纤维断裂、基体开裂、界面失效等多种行为及其耦合效应作用，并与准静态、低速冲击、高速冲击等不同加载速率条件相关。其主要研究方向包括：① 高效吸能复合结构失效模式及设计制造过程影响分析；② 高效吸能复合结构冲击过程模拟及耐冲击性能评价方法；③ 考虑可持续性的高效吸能复合结构健康监测及维护。未来发展趋势是针对工程结构全寿命周期性能需求，开展高效吸能复合结构的耐冲击性能评价，特别是涉及高速冲击条件下的失效准则有待解决。同时，考虑纳米复合材料、功能梯度材料、负泊松比材料等新材料和增材制造等新工艺体系，完善其失效模式分析方法及性能指标，进行多目标优化设计，为结构耐冲击性能调控提供基础支撑。从 2016 年至 2021 年，核心论文篇数为 31，被引频次为 1 233，篇均被引频次为 39.77

（10）大坝安全智能监测与风险预警方法

大坝作为重要的基础设施，其建设与安全运行关系到防洪安全、经济安全、生态安全与公共安全。大坝安全管理模式正在向数字化、网络化、智能化转型。大坝安全智能监测利用物联网、云计算、大数据等现代信息技术，全面感知多源信息，通过数据融合，构建透彻感知、全面互联、深度融合、广泛共享、智能应用、泛在服务的智能监测体系，支撑具有预报、预警、预演、预案功能的全过程全链条大坝安全管理高质量发展。而风险预警基于数据与机理双驱动模型，实时评估大坝的动态风险，对超设计水平的风险及时发出预警信号，必要时启动应急预案。其主要研究方向包括：① 大坝安全多源信息融合与安全诊断；② 大坝结构性能演化与预测预警；③ 基于大数据的大坝安全智能诊断与智慧决策；④ 现代信息技术在水库大坝安全管理中的应用；⑤ 风险预警指标的拟定；⑥ 风险预警响应决策机制。未来的研究趋势包括：突破大坝损害数值识别、场景构建及安全性态快速精准诊断瓶颈技术；增强应对突发事件的透彻感知、风险评估、风险预警等能力，为切实保障大坝安全运行提供科技支撑。从 2016 年至 2021 年，核心论文篇数为 65，被引频次为 2 110，篇均被引频次为 32.46。

1.2　Top 3 工程研究前沿重点解读

1.2.1　极端环境地下工程减灾机理与风险防控

全球地下空间开发利用需求旺盛、前景广阔。随着建设规模的增加，世界范围内的地下空间建设逐渐向地质条件恶劣的地区发展，高地应力软岩大变形、高地应力硬岩岩爆、高地温等极端环境给地下工程建设带来巨大灾害风险。同时，近年来全球极端气候条件频发，给地下工程运营、管理带来巨大挑战。研究极端环境下地下工程减灾机理和风险防控对确保安全生产、加快基础设施建设意义重大。

主要研究方向包括：

1）高地应力软硬岩应力场反演分析及风险预测。原岩地应力的分布存在着诸多随机与不确定因素，局部地应力测量数据存在较大的不确定性。合理选择不同岩性地下工程中应力场反演实测指标，分析不同岩性初始应力场的反演准则，获取依托工程的初始应力场分布特征，进而预测围岩大变形和岩爆。

2）地下工程高地温特征分析预测与支护结构响应及性能优化。基于地下工程实测地温数据，对地温进行分区分析和预测。研究高温对混凝土支护结构温度应力、强度、耐久性的影响以及力学性能的作用机制，均衡发展高温环境中隔热与支护性能。

3）高海拔寒区隧道风险评价与控制研究。研究寒区隧道洞内外、衬砌和围岩温度场变化规律，探究冻害机理，优化施工、运营过程中冻害防治措施，降低冻害对隧道通行的危害，保证隧道的安全运营。

4）高地震烈度区隧道抗震设计和风险控制。发展使用可靠的高地震烈度区隧道抗震分析理论和方法，揭示隧道地震响应规律和致灾机理，完善隧道抗震减震措施。

5）城市地下空间特大内涝灾害风险评估与防控体系。研究特大汛期城市地下空间的主要致灾因素，建立风险评估方法和灾害防控规划，融合地下工程智慧网络，构建地下空间内涝灾害防控体系，并做好灾后城市恢复规划。

“极端环境地下工程减灾机理与风险防控”工程研究前沿的核心论文有 85 篇（表 1.1.1），其篇均被引数为 43.79。核心论文数排名前五的国家分别为中国、伊朗、马来西亚、越南和美国（表 1.2.1），其中，中国发表的核心论文占比为 69.41%，是该前沿的主要研究国家之一。篇均被引数排名前五的国家分别为挪威、澳大利亚、马来西亚、伊朗和越南；中国的篇均被引数为 43.81，略高于平均水平。从主要国家间的合作网络（图 1.2.1）来看，核心论文数排名前十的国家之间有较为密切的合作关系。

核心论文数排名前五的机构分别为长安大学、西安建筑科技大学、阿米尔卡比尔理工大学、马来西亚理工大学和重庆大学（表 1.2.2）。长安大学和西安建筑科技大学的前沿研究领域集中在地下工程在黄土区域为主的不良地质下的结构响应和地下工程新型支护结构设计；阿米尔卡比尔理工大学的

表 1.2.1 “极端环境地下工程减灾机理与风险防控”工程研究前沿中核心论文的主要产出国家

序号	国家	核心论文数	论文比例 /%	被引频次	篇均被引频次	平均出版年
1	中国	59	69.41	2 585	43.81	2020.0
2	伊朗	19	22.35	1 036	54.53	2019.8
3	马来西亚	16	18.82	1 049	65.56	2019.6
4	越南	9	10.59	426	47.33	2020.2
5	美国	8	9.41	358	44.75	2019.5
6	澳大利亚	6	7.06	418	69.67	2019.2
7	挪威	4	4.71	324	81.00	2020.5
8	印度	4	4.71	177	44.25	2019.5
9	加拿大	3	3.53	98	32.67	2019.0
10	意大利	3	3.53	75	25.00	2019.7

图 1.2.1 “极端环境地下工程减灾机理与风险防控”工程研究前沿主要国家间的合作网络

表 1.2.2 “极端环境地下工程减灾机理与风险防控”工程研究前沿中核心论文的主要产出机构

序号	机构	核心论文数	论文比例 /%	被引频次	篇均被引频次	平均出版年
1	长安大学	20	23.53	455	22.75	2020.3
2	西安建筑科技大学	19	22.35	443	23.32	2020.3
3	阿米尔卡比尔理工大学	17	20.00	1 001	58.88	2019.7
4	马来西亚理工大学	16	18.82	1 049	65.56	2019.6
5	重庆大学	11	12.94	885	80.45	2019.6
6	中国矿业大学	8	9.41	427	53.38	2019.9
7	维新大学	8	9.41	358	44.75	2020.2
8	中铁第一勘察设计院集团有限公司	7	8.24	233	33.29	2020.0
9	中南大学	6	7.06	240	40.00	2020.5
10	西安工业大学	5	5.88	130	26.00	2020.6

前沿研究领域集中在神经网络等智能新技术在地下工程预测，优化，设计中的应用。从主要产出机构间的合作网络（图 1.2.2）来看，各机构间有一定的合作关系。

施引核心论文数排名前五的国家为中国、伊朗、美国、越南和澳大利亚（表 1.2.3），施引核心论文数排名前五的机构分别为维新大学、中南大学、中国矿业大学、重庆大学和长安大学（表 1.2.4）。根据论文的施引情况来看，核心论文数排名前五的国家施引核心论文数也比较多，其中中国的核心论文数和施引论文数均排名第一，说明中国学者对该前沿的研究动态保持比较密切的关注和跟踪。

综合以上统计数据，在“极端环境地下工程减灾机理与风险防控”研究前沿，与国外同行相比，中国学者具有一定的优势，并逐步发展到领先地位。

未来 10 年，该前沿重点发展方向在于极端地质环境下的孕灾地质判别和灾变机理明晰，极端气候条件下的城市地下空间灾害评估和防控体系建立，以及推进地下工程智能建造。同时，在发展趋势上，该前沿将逐渐向精细化、系统化、智能化发展。随着地下工程建设过程中面临的愈加恶劣的地质环境和运营过程中面临的愈加频繁的极端气候，该前沿研究成果将广泛应用于地下工程建设和隧道运营中，具有巨大发展潜力（图 1.2.3）。

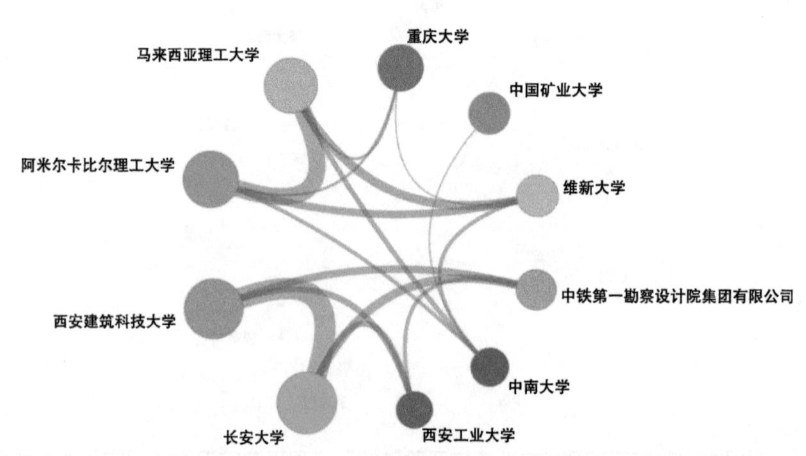

图 1.2.2 “极端环境地下工程减灾机理与风险防控”工程研究前沿主要机构间的合作网络

表 1.2.3 “极端环境地下工程减灾机理与风险防控”工程研究前沿中施引核心论文的主要产出国家

序号	国家	施引核心论文数	施引核心论文比例 /%	平均施引年
1	中国	1 178	48.48	2020.5
2	伊朗	263	10.82	2020.3
3	美国	178	7.33	2020.4
4	越南	171	7.04	2020.4
5	澳大利亚	158	6.50	2020.4
6	马来西亚	114	4.69	2020.2
7	印度	102	4.20	2020.5
8	俄罗斯	78	3.21	2020.7
9	意大利	66	2.72	2020.7
10	英国	62	2.55	2020.6

表 1.2.4 “极端环境地下工程减灾机理与风险防控”工程研究前沿中施引核心论文的主要产出机构

序号	机构	施引核心论文数	施引核心论文比例 /%	平均施引年
1	维新大学	125	13.87	2020.3
2	中南大学	119	13.21	2020.5
3	中国矿业大学	106	11.76	2020.1
4	重庆大学	101	11.21	2020.6
5	长安大学	94	10.43	2020.4
6	西安建筑科技大学	70	7.77	2020.5
7	伊斯兰阿扎德大学	65	7.21	2020.3
8	阿米尔卡比尔理工大学	65	7.21	2019.9
9	马来西亚理工大学	64	7.10	2019.9
10	孙德胜大学	51	5.66	2020.3

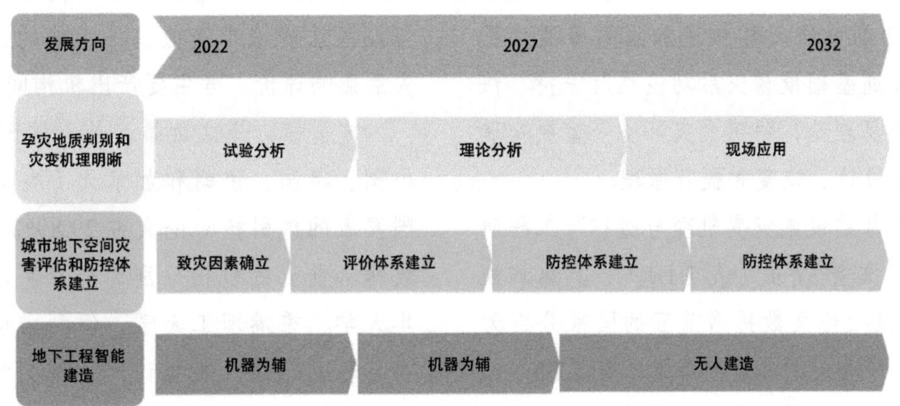

图 1.2.3 “极端环境地下工程减灾机理与风险防控”工程研究前沿的发展路线

1.2.2 重要交通基础设施灾变机理与防护

交通基础设施主要包括道路、铁路和机场等，通常经受复杂环境和灾害的频繁影响，而突发灾害下重要交通基础设施的韧性不足，导致其灾后损坏严重和服役寿命骤减的问题日益突出。这既增加了其全生命周期建设运维成本，也降低了灾害后交通运输系统的服务保障能力。当前，针对开展重要交通基础设施灾变机理与防护的系统性研究还处于初步阶段，因此，揭示极端气候和自然灾害等突发事件下重要交通基础设施的服役性能劣化与致灾机理，并进一步开创安全性能保持与功能快速恢复方法，逐步成为国内外重要研究方向。目前，相关研究已从单一抗灾设计拓展到从致灾机理、灾害评估、监测预警到灾害防治等方面的系统性研究，主要研究方向包括：

1）极端气候和不良地质等条件下重要交通基础设施的致灾机理。基于缩尺模拟、原位测试和数字演绎等方法，揭示地震、台风、冻融、泥石流、工程扰动、山洪、地基损坏、事故灾难等突发事件对重要交通基础设施的破坏机制，明晰重要交通基础设施的功能－性能失效机理及其数学表达方法。

2）重要交通基础设施功能损失和交通影响的灾害评估机制。基于模糊评价和数值分析等方法，挖掘“海量数据－力学原理”双驱动的重要交通基础设施系统灾害综合评估指标，优化自然灾害和突发事故下交通系统功能损失和交通迟滞的精准评估方法，构建重要交通基础设施灾害发生与演变过程的数字孪生理论及模型。

3）复杂环境下重要交通基础设施服役状态的精准监测预警方法。革新自然灾害和交通荷载作用下重要交通基础设施服役状态的无损检测与实时监测理论，开创新一代融合北斗系统的“空－天－地”一体化灾变智能监测理论与方法，搭建基于大数据挖掘的重要交通基础设施服役状态的时变演化预测与实时安全预警数字系统。

4）重要交通基础设施灾害防治与韧性恢复提升原理。推出适用于复杂灾后场景的重要交通基础设施伤损部位的高效修复和快速加固的普适性机制，革新重要交通基础设施灾后功能临时保持、快速救援与功能恢复理论，明确受灾环境下重要交通基础设施的韧性设计、恢复和提升原理。

“重要交通基础设施灾变机理与防护”工程研究前沿的核心论文有37篇（表1.1.1），其篇均被引数为39.22。核心论文数排名前五的国家分别为美国、意大利、中国、新加坡和希腊（表1.2.5），其中中国核心论文占比为5.41%，是该前沿的研究国家之一。篇均被引数排名前五的国家分别为塞尔维亚、中国、沙特阿拉伯、日本和马来西亚，其中中国的篇均被引数为76.50，远高于平均水平。从主要国家间的合作网络（图1.2.4）来看，论文数排名前十的国家之间有一定的合作关系。

核心论文数排名前五的机构分别为得克萨斯大学阿灵顿分校、俄克拉荷马大学、伊利诺伊大学、得克萨斯农工大学和佛罗里达国际大学（表1.2.6）。得克萨斯大学阿灵顿分校的前沿方向是基础设施的抗灾性分析，基础设施灾后重建的关键环节权重分析以及灾后环境对基础设施重建的关键影响因素；俄克拉荷马大学的前沿方向是依据统计学的道路基础设施的抗灾能力与风险消减模型的建立与评估；伊利诺伊大学的前沿方向是基于数学与经验法的城市交通基础设施的抗灾能力评估与灾后影响评价。各主要产出机构间无合作。

施引核心论文数排名前五的国家分别为美国、中国、英国、伊朗和加拿大（表1.2.7），其中中国发表的施引核心论文占29.89%。施引核心论文数排名前五的机构分别为得克萨斯农工大学、清华大学、香港理工大学、伊利诺伊大学和同济大学（表1.2.8）。根据论文的施引情况来看，排名前五的核心论文产出国与排名前五的施引核心论文产出国有所不同，说明该前沿受到了不同国家

表1.2.5 “重要交通基础设施灾变机理与防护”工程研究前沿中核心论文的主要产出国家

序号	国家	核心论文数	论文比例/%	被引频次	篇均被引频次	平均出版年
1	美国	27	72.97	1 041	38.56	2019.3
2	意大利	3	8.11	48	16.00	2019.3
3	中国	2	5.41	153	76.50	2019.0
4	新加坡	2	5.41	58	29.00	2019.5
5	希腊	2	5.41	42	21.00	2018.0
6	塞尔维亚	1	2.70	105	105.00	2017.0
7	沙特阿拉伯	1	2.70	75	75.00	2019.0
8	日本	1	2.70	45	45.00	2017.0
9	马来西亚	1	2.70	45	45.00	2019.0
10	德国	1	2.70	41	41.00	2018.0

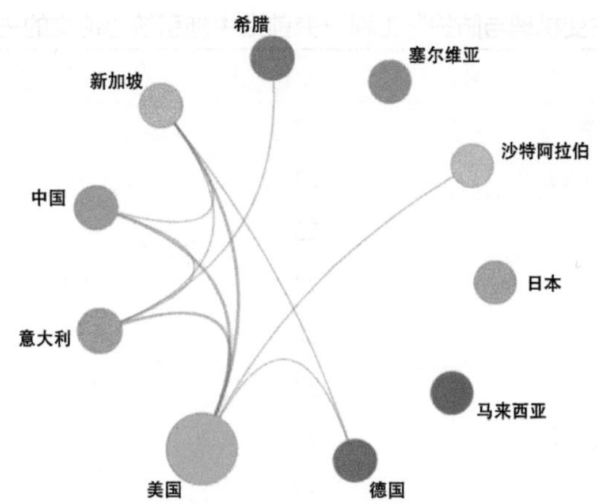

图 1.2.4 “重要交通基础设施灾变机理与防护”工程研究前沿主要国家间的合作网络

表 1.2.6 “重要交通基础设施灾变机理与防护”工程研究前沿中核心论文的主要产出机构

序号	机构	核心论文数	论文比例 /%	被引频次	篇均被引频次	平均出版年
1	得克萨斯大学阿灵顿分校	6	16.22	42	7.00	2020.3
2	俄克拉荷马大学	3	8.11	321	107.00	2017.0
3	伊利诺伊大学	3	8.11	87	29.00	2019.7
4	得克萨斯农工大学	2	5.41	24	12.00	2020.5
5	佛罗里达国际大学	2	5.41	13	6.50	2018.5

表 1.2.7 “重要交通基础设施灾变机理与防护”工程研究前沿中施引核心论文的主要产出国家

序号	国家	施引核心论文数	施引核心论文比例 /%	平均施引年
1	美国	438	30.80	2020.0
2	中国	425	29.89	2020.1
3	英国	97	6.82	2020.1
4	伊朗	93	6.54	2020.0
5	加拿大	72	5.06	2020.2
6	印度	60	4.22	2020.2
7	澳大利亚	55	3.87	2019.9
8	意大利	54	3.80	2019.8
9	韩国	53	3.73	2019.9
10	德国	41	2.88	2020.1

学者的普遍关注。

综合以上统计数据，在“重要交通基础设施灾变机理与防护”研究前沿，中国的施引论文占比远超发表论文占比，说明中国学者对该前沿的研究动态保持比较密切的关注和跟踪。

“重要交通基础设施灾变机理与防护”工程研究前沿未来 5~10 年的重点发展方向为致灾机理、灾害评估体系、监测预警系统和灾害防治与韧性恢复技术（图 1.2.5）。

表 1.2.8 “重要交通基础设施灾变机理与防护”工程研究前沿中施引核心论文的主要产出机构

序号	机构	施引核心论文数	施引核心论文比例 /%	平均施引年
1	得克萨斯农工大学	37	14.92	2020.1
2	清华大学	27	10.89	2020.3
3	香港理工大学	25	10.08	2020.0
4	伊利诺伊大学	23	9.27	2020.4
5	同济大学	22	8.87	2020.2
6	中国科学院	22	8.87	2020.0
7	得克萨斯大学阿灵顿分校	21	8.47	2021.0
8	德黑兰大学	20	8.06	2019.9
9	代尔夫特理工大学	18	7.26	2020.4
10	俄克拉荷马大学	17	6.85	2019.6

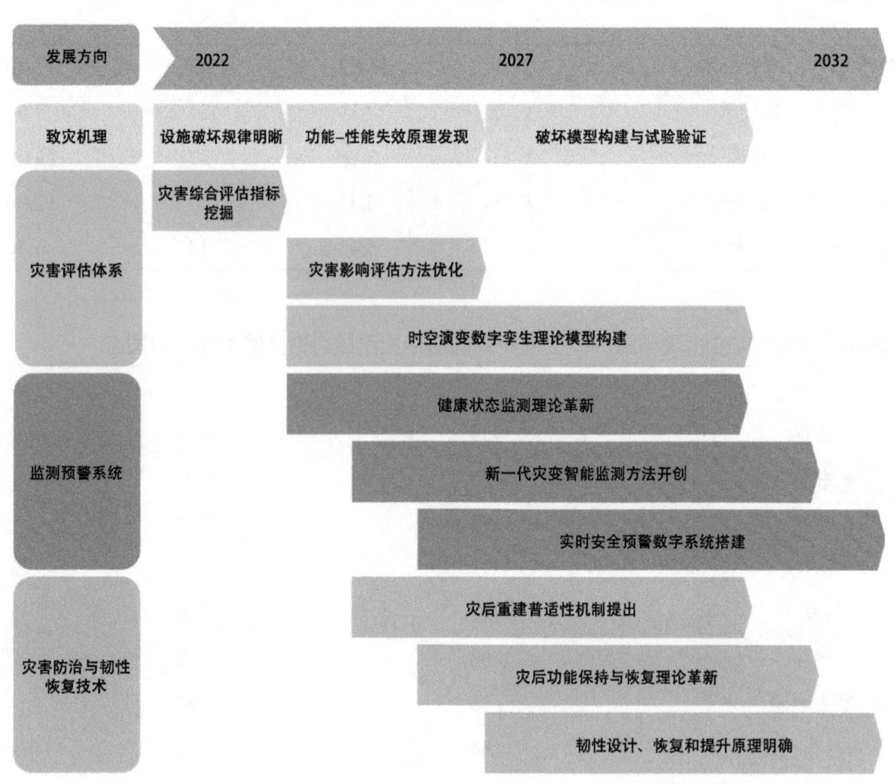

图 1.2.5 “重要交通基础设施灾变机理与防护”工程研究前沿的发展路线

1.2.3 适老化智能响应健康建筑

提升建筑的健康性能和老年人的健康福祉，适老化建筑已成为重要的发展方向。适老化智能响应健康建筑主要是指基于老年人的行为特征与健康需求，通过全方位的健康监测与空间响应，利用环境控制技术和智能响应算法，实现建筑环境的智能调控和人体健康的主动干预。相关研究可为以百亿平米计的大量既有建筑的适老化、智慧化赋能和新建建筑的智慧化设计与建造提供有效支持。以往适老化建筑主要关注老年人的行为特征与身体机能变化，对空间尺度、环境设施与流线标识等方面进行了针对性的优化，难以动态调整和实时响应其健康需求。但随着可穿戴生理传感器技术的普及，低成本、便携的身心健康监测和环境数据采集设备、物联网通信技术为实时的健康数据监测与智能环境控制提供了技术可行性。以健康舒适为导向的智能响应式建筑将老年人的健康监测数据与建筑环境的智能调控进行关联，利用建筑环境进行主动健康干预，已成为适老化建筑发展的前沿。主要的研究新方向包括：

1）建筑一体化健康监测与空间响应机制。利用便携式的健康监测设备和环境传感技术，实现人体健康状况与物理环境参数的综合感知，特别关注高龄老人，失能、失智老人和健康活力老人等不同使用对象的个性化特征与精细化需求，重点探索建筑环境对老年人的健康疗愈效应以及跌倒、中风等意外风险的准确监测、智能预警与实时响应机制。

2）数智化环境控制技术。基于实时监测获取的环境健康数据，实现空气、声、光、热、色彩、植被等建筑物理环境的实时可调控制，同时正在从单一系统控制向多系统的综合控制发展，通过多系统集成实现建筑环境的最优化、智能化配置。

3）智能响应算法与管控系统。基于各类深度学习和强化学习算法，开展建筑智慧中台等核心软件基础设施研究；面向全方位环境健康监测需求，对建筑响应设施与健康监测设备进行综合管控，建立智能化信息传输、处理与决策机制，实现信息系统与物理系统的一体化整合。

“适老化智能响应健康建筑”工程研究前沿的核心论文有 13 篇（表 1.1.1），其篇均被引数为 25.31。核心论文数排名前五的国家分别为美国、意大利、中国、法国和印度（表 1.2.9），其中，中国核心论文占比为 15.38%，是该前沿的主要研究国家之一。篇均被引数排名前五的国家分别为法国、印度、希腊、意大利和西班牙，其中，中国的论文篇均被引数为 23.50，略低于平均水平。从主要国家间的合作网络（图 1.2.6）来看，论文数排名前十的国家间有一定的合作关系。

核心论文产出机构较为分散，主要研究机构为大湖管理学院、巴黎经济学院、意大利联合校园大学、都灵大学和塞萨洛尼基亚里士多德大学（表 1.2.10）。从主要机构间的合作网络（图 1.2.7）来看，各机构间有一定的合作关系。

施引核心论文数排名前五的国家为中国、西班牙、意大利、希腊和英国（表 1.2.11），施引核心论文数排名前五的机构为塞萨洛尼基亚里士多德大

表 1.2.9　“适老化智能响应健康建筑”工程研究前沿中核心论文的主要产出国家

序号	国家	核心论文数	论文比例 /%	被引频次	篇均被引频次	平均出版年
1	美国	3	23.08	31	10.33	2018.3
2	意大利	2	15.38	107	53.50	2020.5
3	中国	2	15.38	47	23.50	2019.5
4	法国	1	7.69	99	99.00	2020.0
5	印度	1	7.69	99	99.00	2020.0
6	希腊	1	7.69	68	68.00	2016.0
7	西班牙	1	7.69	50	50.00	2016.0
8	新加坡	1	7.69	27	27.00	2019.0
9	突尼斯	1	7.69	16	16.00	2020.0
10	埃及	1	7.69	9	9.00	2017.0

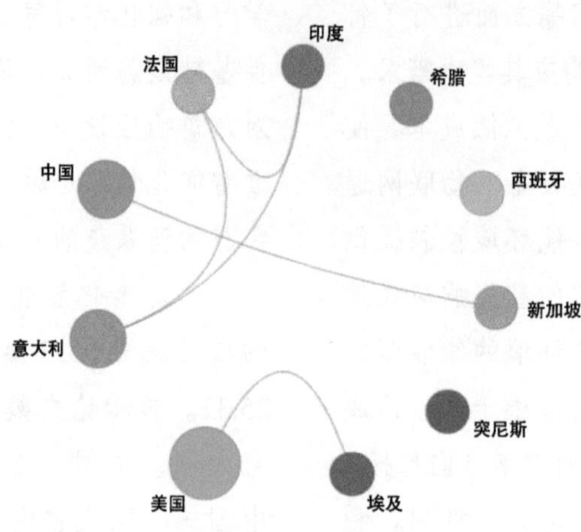

图 1.2.6 “适老化智能响应健康建筑”工程研究前沿主要国家间的合作网络

表 1.2.10 “适老化智能响应健康建筑”工程研究前沿中核心论文的主要产出机构

序号	机构	核心论文数	论文比例 /%	被引频次	篇均被引频次	平均出版年
1	大湖管理学院	1	7.69	99	99.00	2020.0
2	巴黎经济学院	1	7.69	99	99.00	2020.0
3	意大利联合校园大学	1	7.69	99	99.00	2020.0
4	都灵大学	1	7.69	99	99.00	2020.0
5	塞萨洛尼基亚里士多德大学	1	7.69	68	68.00	2016.0
6	希腊阿尔茨海默病及相关疾病协会	1	7.69	68	68.00	2016.0
7	戈麦斯·维拉音乐学院	1	7.69	50	50.00	2016.0
8	马德里卡洛斯三世大学	1	7.69	50	50.00	2016.0
9	卡斯蒂利亚拉曼查大学	1	7.69	50	50.00	2016.0
10	南洋理工大学	1	7.69	27	27.00	2019.0

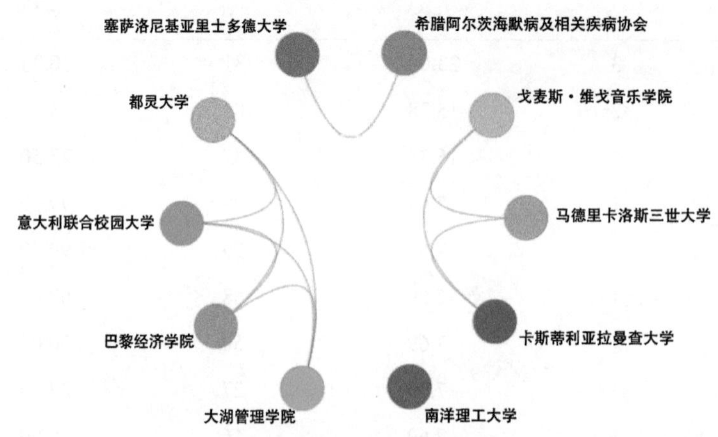

图 1.2.7 “适老化智能响应健康建筑”工程研究前沿主要机构间的合作网络

学、卡斯蒂利亚拉曼查大学、滑铁卢大学、南洋理工大学和上海交通大学（表 1.2.12）。根据论文的施引情况来看，排名前五的核心论文产出国与排名前五的施引核心论文产出国有所不同，说明该前沿受到了不同国家学者的普遍关注。

综合以上统计数据，在“适老化智能响应健康建筑”研究前沿，中国的发表论文数排名第三、施引论文数排名第一，说明中国学者对该前沿的研究动态保持比较密切的关注和跟踪。

“适老化智能响应健康建筑”工程开发前沿未来 5~10 年的重点发展方向为建筑一体化健康监测与空间响应机制、数智化环境控制技术和智能响应算法与管控系统。在应用方面，预计 2022—2027 年进行既有建筑的适老化改造，2024—2030 年进行新建建筑的智慧化设计与建造，2025—2032 年制定综合评价体系与标准导则（图 1.2.8）。

表 1.2.11　“适老化智能响应健康建筑”工程研究前沿中施引核心论文的主要产出国家

序号	国家	施引核心论文数	施引核心论文比例 /%	平均施引年
1	中国	58	18.12	2020.4
2	西班牙	49	15.31	2019.0
3	意大利	32	10.00	2020.0
4	希腊	30	9.38	2017.7
5	英国	30	9.38	2019.7
6	印度	30	9.38	2020.4
7	美国	22	6.88	2020.4
8	德国	19	5.94	2019.0
9	法国	18	5.62	2020.4
10	加拿大	16	5.00	2020.1

表 1.2.12　“适老化智能响应健康建筑”工程研究前沿中施引核心论文的主要产出机构

序号	机构	施引核心论文数	施引核心论文比例 /%	平均施引年
1	塞萨洛尼基亚里士多德大学	26	28.26	2017.4
2	卡斯蒂利亚拉曼查大学	23	25.00	2018.4
3	滑铁卢大学	6	6.52	2020.5
4	南洋理工大学	6	6.52	2020.3
5	上海交通大学	6	6.52	2020.3
6	心理健康网络生物医学研究网络中心	5	5.43	2019.8
7	塞维利亚大学	4	4.35	2017.0
8	罗马大学	4	4.35	2019.2
9	沙特国王大学	4	4.35	2019.5
10	瓦伦西亚理工大学	4	4.35	2018.5

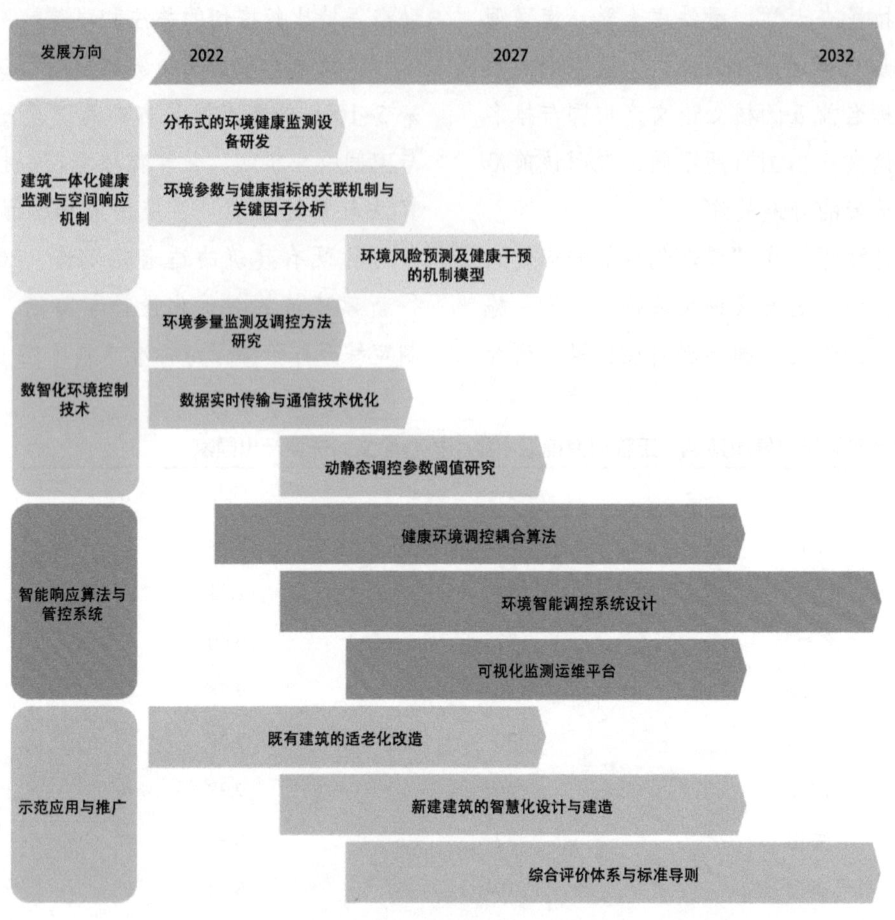

图 1.2.8 “适老化智能响应健康建筑”工程研究前沿的发展路线

2 工程开发前沿

2.1 Top 10 工程开发前沿发展态势

土木、水利与建筑工程领域的 Top 10 工程开发前沿及统计数据见表 2.1.1，上述前沿涉及了结构工程、城乡规划与风景园林、交通工程、岩土及地下工程、桥梁工程、土木建筑材料、市政工程、水利工程、测绘工程等学科方向。其中，“交通基础设施隐蔽缺陷智能监测与预警技术”和“城镇供水系统藻类与嗅味污染控制”是专家提名前沿或者基于数据挖掘前沿凝练而成的前沿，其他是数据挖掘前沿。各前沿所涉及的专利自 2016 至 2021 年的逐年公开量见表 2.1.2。

（1）川藏铁路沿线地质灾害主动防治技术

地质灾害主动防治技术是指利用先进的安全防护措施在地质灾害形成前消除灾害隐患的技术，即利用“四化”（数字化、信息化、机械化和智能化）构建灾害源特征信息库，通过规范化建模、网络化交互、可视化认知、高性能计算以及智能化决策等技术，在地质灾害量化评估、智能监测、分析风险、灾害预警、防控技术、应急救援等各核心环节上体现技术的主动性和超前性，实现数字链驱动下的地质灾害探测 – 评估 – 监测 – 预警 – 防控 – 应急救援的一体化、协同化和集成化，从而避免、转移、降低地质灾害风险，提升地质灾害的安全防控水平。川藏铁路地质灾害主要包括滑坡、泥石流、崩塌落石、地震、高地应力岩爆与大变形、高地温热害、

表 2.1.1　土木、水利与建筑工程领域 Top 10 工程开发前沿

序号	工程开发前沿	公开量	引用量	平均被引数	平均公开年
1	川藏铁路沿线地质灾害主动防治技术	279	860	3.08	2019.4
2	河道生态环境保护与修复	296	1 273	4.30	2019.6
3	建筑区域能耗建模与碳排放优化	13	275	21.15	2018.4
4	无人系统自主定位与导航技术	37	376	10.16	2018.8
5	地下工程状态多源信息智能感知与预测技术	87	164	1.89	2019.8
6	面向不同服役环境的修复材料与技术	65	207	3.18	2019.0
7	交通基础设施隐蔽缺陷智能监测与预警技术	18	85	4.72	2018.8
8	绿色基础设施生态系统服务动态测度与增效技术体系	62	110	1.77	2019.2
9	城镇供水系统藻类与嗅味污染控制	41	26	0.63	2019.0
10	桥梁结构可靠性评估与维护技术	79	131	1.66	2018.8

表 2.1.2　土木、水利与建筑工程领域 Top 10 工程开发前沿核心专利逐年公开量

序号	工程开发前沿	2016	2017	2018	2019	2020	2021
1	川藏铁路沿线地质灾害主动防治技术	18	21	37	44	70	89
2	河道生态环境保护与修复	12	26	32	41	87	98
3	建筑区域能耗建模与碳排放优化	3	1	1	4	4	0
4	无人系统自主定位与导航技术	4	8	3	8	6	8
5	地下工程状态多源信息智能感知与预测技术	4	6	10	12	10	45
6	面向不同服役环境的修复材料与技术	6	4	11	18	18	8
7	交通基础设施隐蔽缺陷智能监测与预警技术	1	4	2	5	2	4
8	绿色基础设施生态系统服务动态测度与增效技术体系	6	7	8	10	7	24
9	城镇供水系统藻类与嗅味污染控制	2	8	8	5	8	10
10	桥梁结构可靠性评估与维护技术	6	14	13	17	18	11

活动断裂位错、突水突泥等。川藏铁路地质灾害主动防治的主要技术方向包括：① 剧烈内外动力耦合作用下地质灾害风险量化评估技术；② 地质灾害立体综合智能监测与预警技术；③ 复杂桥隧、高陡边坡等重要工程灾害的超前主动防控技术与智能施工技术；④ 高山峡谷区地质灾害链快速应急智慧救援技术。技术重点是充分挖掘和广泛利用物联网、大数据、人工智能和建筑信息模型（building information model，BIM）等现代高新技术，自主创新适应川藏铁路严酷环境复杂桥隧、高陡边坡等重要节点工程的新材料、新结构、新工艺等，实现地质灾害全生命周期的早发现、早预警和精准处置。从 2016 年至 2021 年，专利公开量为 279，引用量为 860，平均被引数为 3.08。

（2）河道生态环境保护与修复

河道生态环境保护与修复是守住国土空间生态安全边界的核心任务，维持或协助河流生态系统恢复到自然或近自然的状态，以维持和改善其生态完整性和可持续性，是国际上共同关注的科技前沿，其主要技术方向包括：① 智能化监测、评价与流域综合治理智慧协同一体化技术；② 河道绿色低碳自然化恢复技术；③ 河道生态系统功能和生物

多样性恢复保护技术。以人工智能等新技术支撑的河道生态环境保护与修复技术，加速了河道生态治理的精准化、精细化、系统化转型，可有效保障河道生态系统的可持续性，是国土生态安全和可持续发展的重要技术支撑，为人与自然和谐共生的生态文明战略实现提供了重要技术保障。从2016年至2021年，专利公开量为296，引用数为1 273，平均被引数为4.30。

（3）建筑区域能耗建模与碳排放优化

建筑区域能耗建模与碳排放优化主要是指对区域内的建筑建立基于物理原理的能耗模型，通过定量分析不同因素对建筑能耗与碳排放的影响，进而对区域建筑的设计和运行进行优化，是实现建筑领域节能减排的关键技术手段。其主要技术方向包括：① 建筑大数据获取与数字城市搭建，实现建筑信息数字化采集，建立数字城市；② 建筑区域能耗自动建模，实现建筑区域能耗快速建模和基于实测数据的模型自动校准；③ 区域能源系统设计与运行优化，实现建筑用能与电力供给的智慧响应；④ 城市建筑群碳排放预测与优化，分析不同节能技术带来的减排潜力。未来的发展趋势是融合建筑节能技术、地理信息科学、计算机与人工智能技术等多学科知识，开发和优化区域建筑能耗物理模型，提升区域建筑能效，助力双碳目标推进。从2016年至2021年，专利公开量为13，引用量为275，平均被引数为21.15。

（4）无人系统自主定位与导航技术

无人系统自主定位与导航技术是实时定位、自主地图构建和路径规划技术的统称，它是自主移动无人系统的关键性技术之一，也是测绘领域的开发前沿之一，在无人飞行器、无人车辆、无人舰船、无人潜器等自主移动系统中有广泛的应用需求。当前发展的主要方向包括：① 高精度的自主定位技术，通过独立或组合使用全球导航卫星系统（global navigation satellite system，GNSS）、即时定位与地图构建（simultaneous localization and mapping，SLAM）、航迹推算、空间信标定位等技术以确定无人系统在工作空间中的位姿状态；② 动态环境下的地图构建技术，面向动态场景通过搭载的各类传感器感知周围空间信息并建模环境地图；③ 高效的局部路径规划算法，无人系统根据感知的环境信息利用动态路径算法规划出最优的移动路线。从2016年至2021年，专利公开量为37，引用量为376，平均被引数为10.16。

（5）地下工程状态多源信息智能感知与预测技术

地下工程状态多源信息智能感知与预测技术是指通过各类智能传感器感知地下工程多因素状态特征指标，利用多源异构数据融合算法对状态数据进行清洗与关联处理，形成地下工程状态的一致性解释，通过机器学习与大数据算法对地下工程运行状态进行综合评估与故障的快速诊断与精准识别，进而实现工程状态的智能预测。地下工程周围赋存高度变异的地质条件与周边邻近工程扰动，结构状态响应特征复杂多变，利用多源信息的智能感知与预测能够实现地下工程运行状态的综合评价，提升地下工程管理的决策能力。主要技术方向包括：① 基于无线传感、光纤、电磁波、声波、相机、激光等技术的地下工程状态全息感知方法与技术体系，实现实时、远程、智能的工程状态全要素感知；② 配合物联网、边缘计算、深度学习等技术的跨时空、跨尺度、跨媒体的多源异构感知数据的表达、融合与动态更新，实现工程状态的一致性解释；③ 利用贝叶斯网络、卷积神经网络等机器学习智能算法，建立考虑时空不确定环境介质影响下物理–信息双驱动的地下工程状态演化模型，实现工程状态的快速评估、预测及预警；④ 建立地下工程信息模型、城市信息模型、数字孪生模型等数字化平台和地下工程数字底座，实现工程状态三维可视化反馈与更新。近年来，地下工程状态的感知与预测技术发展迅速，融合多感知设备终端的实时智能感知与高效预测技术，已逐渐成为降低地下工程安全风险，减少事故的有效手段，将成为未来地下工程安全智能化管控的主流发展趋势。从2016年至2021年，专利公开量为87，引用量为164，平均被引数为1.89。

（6）面向不同服役环境的修复材料与技术

混凝土在高原、海洋、沙漠、深地等复杂环境下，受大温差、强辐射和高腐蚀等作用，易产生材料损伤与结构失效，降低其服役安全性与耐久性。因此，需及时修复劣化区域，实现混凝土安全长效运维。目前主要关注：① 修复材料设计，如聚合物水泥基复合修补材料、灌浆修补材料、纤维增强复合材料等；② 修复行为分析，如裂缝修复行为分析、钢筋阻锈行为分析；③ 性能评估，如力学性能、抗渗性能、耐蚀性能评估；④ 模拟计算，如混凝土长效修复与预测。但是，目前的修复材料与技术存在修复方式非智能化、修复行为阐析不明确、评估手段有损非连续、模拟计算缺少数据平台和高通量方法等局限性。因此，未来混凝土修复材料与技术的发展趋势将围绕智能化修复设计、原位无损化评估、数据平台建设、高通量运算等方向展开。从2016年至2021年，专利公开量为65，引用量为207，平均被引数为3.18。

（7）交通基础设施隐蔽缺陷智能监测与预警技术

道路、铁路和机场等交通基础设施的基层和土基在交通荷载和环境因素的耦合作用下，易发生开裂、脱空和沉降等内部病害。这类病害通常无法直接从表面观测到而具有高隐蔽性和强复杂性，监测和定位困难，被定义为交通基础设施的隐蔽缺陷。交通基础设施隐蔽缺陷的智能监测与预警则是基于传感监测、三维定位、反演诊断、健康评估和决策预警的技术流程，并在大数据和人工智能等技术加持下，实现隐蔽缺陷的精准监测、快速诊断和实时预警。其主要技术方向包括：① 缺陷精准探测、三维定位与数字传感装备；② 解析反演理论与高精度诊断算法；③ 典型隐蔽缺陷数据库与云计算辅助预测系统；④ 健康状态评估与决策预警平台。未来发展趋势包括：① 在设备方面，由传统的“多段、重型、有线”设备向新兴的“集约、轻量、无线”设备迈进；② 在手段方面，由传统的“人工、人力、被动”探测向新兴的“智能、传感、主动”预测与预警迈进；③ 在平台方面，由传统的“机械化、流程化”数据收集平台向新兴的“智能化、自动化”监测预警平台迈进。从2016年至2021年，专利公开量为18，引用量为85，平均被引数为4.72。

（8）绿色基础设施生态系统服务动态测度与增效技术体系

围绕气候变化背景下的全球生态系统能级提升，绿色基础设施被认为是积极应对气候变化，增加碳汇，构建国土生态安全格局，实现可持续发展的重要战略之一，研究热点正向更精准的生态系统服务测度与更高效的供给能力方向发展。绿色基础设施突出自然环境的“生命支撑”功能，表现为相互联系的具有综合生态功能的蓝绿空间网络，并与区域景观结构和城市其他用地类型进行整合，提供水资源供给、气候调节、雨洪调蓄、水质净化、空气净化、土壤污染物去除、水土保持、减排增汇、生物多样性支撑、宜居游憩等的供给型、调节型、支撑型、文化型四类生态系统服务。面临的核心问题是以全球化的生态系统能级提升为目标，如何通过高精度、全要素、全过程的动态测度揭示绿色基础设施生态系统服务的多尺度耦合与多功能协同的机理。主要研究趋势包括：绿色基础设施生态系统服务供给定量解析与动态测度指标体系；绿色基础设施生态系统服务“天空地”测度装备与智慧感知系统；绿色基础设施生态系统服务效能的四维时空演变过程与全球同期效能比对体系；高效益绿色基础设施营建一体化工程技术体系等，重点关注应对气候变化的减排增汇、雨洪调蓄、水质净化等关键生态系统服务方面的效能与效率。从2016年至2021年，专利公开量为62，引用量为110，平均被引数为1.77。

（9）城镇供水系统藻类与嗅味污染控制

城镇供水系统藻类与嗅味污染是指由水源水及供水系统中藻类及嗅味物质引发的一系列饮用水水质问题，对自来水厂及供水管网的稳定运行产生不利影响。由全球气温升高和城市化导致的水源水中溶解氧含量降低和水体富营养化，使藻类与嗅味污染日趋严重。有效控制城镇供水系统的藻类与嗅味污染是保障居民饮用水健康安全的关键任务。其主要技术方向包括：① 开展基于城市群尺度的生态环境整体规划与水源保护，提高源水水质；② 对常规处理工艺的升级改造，强化其对藻类与嗅味污染的处理效果；③ 基于强氧化性活性物质的臭氧催化氧化、高锰酸盐氧化、高铁酸盐氧化、光催化等高级氧化化学处理技术，实现对藻毒素、嗅味物质等污染物的有效降解；④ 基于物理分离及吸附原理的陶瓷膜、活性炭、生物炭等新型膜分离技术和吸附剂研发；⑤ 低成本、环境适应性强的新型生物处理技术；⑥ 集合传感器技术、人工智能技术、自动控制技术的藻类与嗅味污染监测 - 处理智能化系统。未来的发展趋势是通过对藻类及嗅味物质的精确分析和溯源，采取有针对性的水源水保护措施，并交叉融合水处理工程、微生物学、化学、物理、人工智能等多学科知识，研发高度自动化、智能化、低成本、高效率、易维护的城镇供水系统藻类与嗅味污染控制技术。从 2016 年至 2021 年，专利公开量为 41，引用量为 26，平均被引数为 0.63。

（10）桥梁结构可靠性评估与维护技术

桥梁结构可靠性是指桥梁结构在其生命周期中，面对规划设计、建设营造、管养维护中的诸多不确定性事件和因素，完成其预定功能的能力。结构可靠性评估就是建模分析这些不确定性事件和因素对结构行为的影响，并评定结构工程物全寿命性能的过程。其主要技术方向包括：① 桥梁施工过程不确定性模拟与绿色建造过程性态控制；② 桥梁成桥和运营荷载过程不确定性模拟与结构极限和疲劳可靠性维护；③ 桥梁结构爆燃过程不确定性模拟及结构局部与整体稳定性保障；④ 缆索桥梁风致灾变荷载过程风险场景分析与结构气弹稳定性保障；⑤ 桥梁地震船撞冲击损伤过程不确定性模拟与结构韧性可靠性维护等。近年的发展趋势更关注考虑不确定性因素下绿色桥梁结构行为模式分支演化分析，致灾风险事件下轻柔桥梁结构连续破坏行为诱因评定及可靠性维护，桥梁结构体系可靠性演化分析与损伤控制等。从 2016 年至 2021 年，专利公开量为 79，引用量为 131，平均被引数为 1.66。

2.2 Top 3 工程开发前沿重点解读

2.2.1 川藏铁路沿线地质灾害主动防治技术

传统的地质灾害防治技术具有防治效果差、施工难度大、智能化程度低、被动性明显等突出问题，传统技术势必严重影响川藏铁路的建设安全与建设效率，实现川藏铁路工程地质灾害主动防控已成为当务之急。当前，以物联网、大数据、人工智能和 BIM 等为代表的新一代信息技术，以新材料、新结构、新工艺为特征的土木工程技术新进展正加速相互渗透和融合，学科交叉正深刻地变革着防灾减灾科学与技术的发展，川藏铁路沿线地质灾害防治思路应逐渐由重要灾害点的治理发展到点、线、面相互结合的综合防灾，由被动防治向主动防控转变。

川藏铁路沿线地质灾害主动防治技术的核心是“主动防控”，目前地质灾害主动防治技术的前沿研发方向主要体现在以下几个方面：

1）风险评估定量化，包括基于数据驱动与模型驱动协同的滑坡、泥石流、崩塌落石、地震、高地应力岩爆与大变形、高地温热害、活动断裂位错、突水突泥等地质灾害隐患识别技术、剧烈内外动力耦合作用下地质灾害风险量化快速评估技术。

2）监测预警智能化，包括地质灾害变频智能监测预警技术、“天 – 空 – 地 – 内”地质灾害立体综合智能监测预警技术、人工智能与决策技术、智能感知和数采技术、技术集成与信息建模。

3）防治控制超前化，包括边坡抗滑桩、抗滑挡墙、落石主动防护网技术，泥石流拦挡、排导技术，减震柔性衬砌、轻质混凝土技术，高地温隧道通风降温、机械降温技术，卸压爆破技术、应力释放及应力解除技术，隧道大变形分层支护、主动让压支护技术，岩爆柔性防护技术、活动断裂动能量释放技术，突水突泥超前预注浆、帷幕注浆、高压劈裂注浆技术等。

4）施工建设智能化，包括智能化施工工艺、机器人系统与自动化技术、模块化和精细施工技术、精准管控决策技术。

5）应急救援智慧化，包括应急救援综合智慧指挥系统、基础设施与网电系统快速抢通恢复技术、应急逃生紧急避难技术、隐患点智能清除技术。

“川藏铁路沿线地质灾害主动防治技术”工程开发前沿的核心专利有279项，平均被引数为3.08（表2.1.1）。核心专利产出排名前三的国家分别为中国、韩国和美国（表2.2.1），其中，中国机构或个人所申请的专利占比达到了91.40%，在专利数量方面比重较大，是该工程开发前沿的重点研究国家之一，平均被引数为2.64，略低于平均水平。主要产出国家间尚无合作。

核心专利产出排名前五的机构分别为甘肃省科学院地质自然灾害防治研究所、中国地质环境监测院、重庆市地质矿产勘查开发局、山东省地质环境监测总站和昆明理工大学（表2.2.2）。甘肃省科学院地质自然灾害防治研究所的前沿方向是黄土地区的泥石流灾害防治、滑坡灾害危险性评估及稳定性监测预警；中国地质环境监测院的前沿方向是高位滑坡碎屑流灾害的安全防护措施及区域性地质灾害及崩塌落石的监测预警；重庆市地质矿产勘查开发局的前沿方向是矿山、岩溶地区的地下水、滑坡、

表2.2.1 “川藏铁路沿线地质灾害主动防治技术”工程开发前沿中核心专利的主要产出国家

序号	国家	公开量	公开量比例/%	被引数	被引数比例/%	平均被引数
1	中国	255	91.40	674	78.37	2.64
2	韩国	10	3.58	6	0.70	0.60
3	美国	9	3.23	163	18.95	18.11
4	日本	2	0.72	4	0.47	2.00

表2.2.2 “川藏铁路沿线地质灾害主动防治技术”工程开发前沿中核心专利的主要产出机构

序号	机构	公开量	公开量比例/%	被引数	被引数比例/%	平均被引数
1	甘肃省科学院地质自然灾害防治研究所	29	10.39	27	3.14	0.93
2	中国地质环境监测院	21	7.53	74	8.60	3.52
3	重庆市地质矿产勘查开发局	15	5.38	17	1.98	1.13
4	山东省地质环境监测总站	14	5.02	21	2.44	1.50
5	昆明理工大学	9	3.23	25	2.91	2.78
6	成都理工大学	7	2.51	33	3.84	4.71
7	四川建筑职业技术学院	7	2.51	30	3.49	4.29
8	甘肃地质灾害防治工程勘查设计院	7	2.51	3	0.35	0.43
9	山东大学	5	1.79	39	4.53	7.80
10	中化地质矿山总局山东地质勘查院	5	1.79	1	0.12	0.20

崩塌、地裂缝等灾害的监测和预警。从主要机构间合作网络（图 2.2.1）来看，机构之间的合作较为稀疏。

“川藏铁路沿线地质灾害主动防治技术”工程开发前沿未来5~10年的重点发展方向为风险评估、监测预警、防治控制、施工建设和应急救援（图 2.2.2）。

2.2.2　河道生态环境保护与修复

保护国土空间生态安全是我国一项基本国策，河道是山水林田湖草沙生命共同体生态安全的核心动脉。国际上自 20 世纪 60 年代开始关注河道生态治理研究与实践，我国 21 世纪以来逐步反思总结传统河道治理的得失，明确提出基于区域差异性的河道生态系统保护与生态治理的总体思路，发展具有可持续性的生态河道修复技术与治理体系。从根本上扭转损害河道生态系统健康的各类开发模式和传统治理模式是国际上的共识，辨识河道生态环境保护与修复的科技前沿、攻克河道生态治理关键技术难题是守住国土空间生态安全边界的重要科技支撑。

保护与恢复河道生态系统的韧性，助力美丽国土空间的可持续发展，是河道生态环境保护与修复的科学目标和国家战略需求。目前的主要技术方向包括：

1）河道智能化监测、评价和流域综合治理智

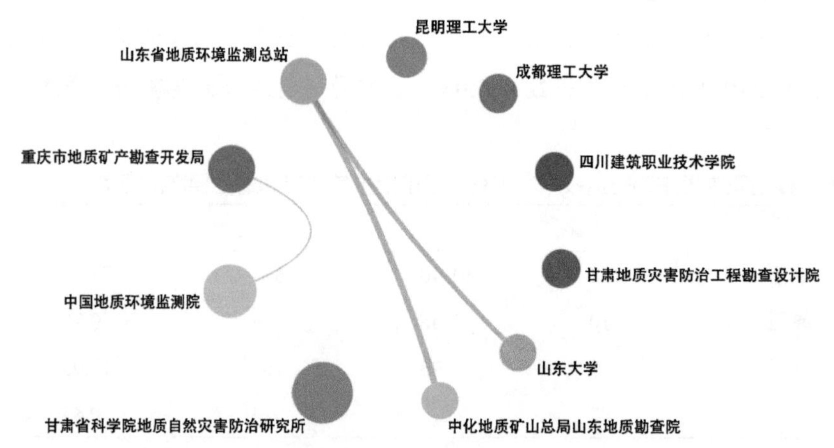

图 2.2.1　“川藏铁路沿线地质灾害主动防治技术”工程开发前沿主要机构间的合作网络

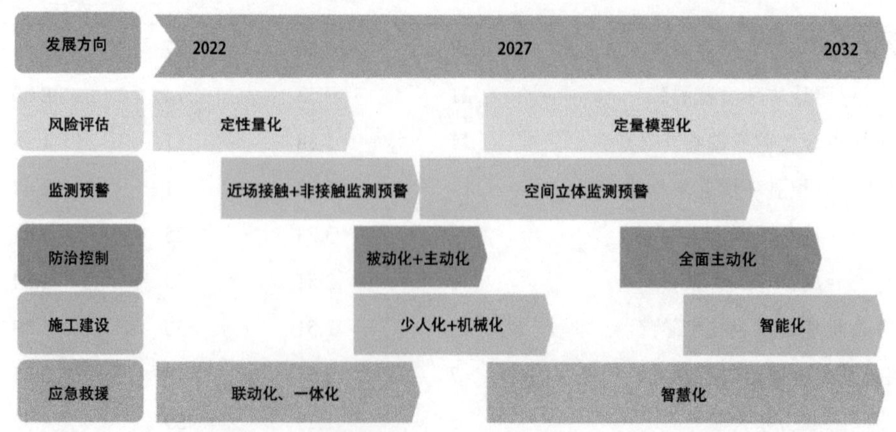

图 2.2.2　“川藏铁路沿线地质灾害主动防治技术”工程研究前沿的发展路线

慧化协同一体化技术，包括高精度快速监测与评价，基于大数据和数字孪生的河流生态模型建构与模拟仿真，治水工程与系统化协同技术、流域治理高效智慧协同一体化技术体系等。

2）河道绿色低碳自然化恢复技术，包括基于河道水文节律和地貌形态空间异质性特征的恢复技术、基于绿色低碳理念的河畔湿地保护与修复技术、基于三维连通性的生态保护恢复技术等。

3）河道生态系统功能和生物多样性保护与恢复技术，包括河道内栖息地甄别与保护，水生生物食物链结构评价、食物链保护与恢复技术，溯游鱼类栖息地保护与恢复，天然仿真高效过鱼设施建设与生态流量精准调控技术等。

“河道生态环境保护与修复”工程开发前沿的核心专利有296项，平均被引数为4.30（表2.1.1）。核心专利产出排名前三的国家分别为中国、美国和韩国（表2.2.3），其中，中国机构或个人所申请的专利占比达到了95.27%，在专利数量方面比重较大，是该工程开发前沿的重点研究国家之一，平均被引数为3.91。主要产出国家间尚无合作。

核心专利产出排名前五的机构分别为中国水利水电科学研究院、河海大学、中国水利水电第十一工程局有限公司、华北水利水电大学和南京大学（表2.2.4）。在上述机构中，中国水利水电科学研究院着重于河道生态廊道和生态护坡、利用遥感进行河道生境特征识别，以及栖息地生物多样性恢复，河海大学着重于河道健康实时诊断与自修复、生态护坡、生态流量和水系生态连通

表2.2.3 “河道生态环境保护与修复”工程开发前沿中核心专利的主要产出国家

序号	国家	公开量	公开量比例/%	被引数	被引数比例/%	平均被引数
1	中国	282	95.27	1 102	86.57	3.91
2	美国	6	2.03	150	11.78	25.00
3	韩国	4	1.35	4	0.31	1.00
4	澳大利亚	2	0.68	5	0.39	2.50
5	印度	1	0.34	10	0.79	10.00
6	荷兰	1	0.34	2	0.16	2.00

表2.2.4 “河道生态环境保护与修复”工程开发前沿中核心专利的主要产出机构

序号	机构	公开量	公开量比例/%	被引数	被引数比例/%	平均被引数
1	中国水利水电科学研究院	7	2.36	19	1.49	2.71
2	河海大学	6	2.03	30	2.36	5.00
3	中国水利水电第十一工程局有限公司	6	2.03	22	1.73	3.67
4	华北水利水电大学	3	1.01	18	1.41	6.00
5	南京大学	3	1.01	14	1.10	4.67
6	中国一冶集团有限公司	3	1.01	13	1.02	4.33
7	中国水产科学研究院	3	1.01	9	0.71	3.00
8	山东建筑大学	2	0.68	30	2.36	15.00
9	水利部中国科学院水工程生态研究所	2	0.68	19	1.49	9.50
10	中国林业科学研究院森林生态环境与保护研究所	2	0.68	18	1.41	9.00

性的相关技术产品。主要产出机构间尚无合作。

“河道生态环境保护与修复”工程开发前沿未来5~10年的重点发展方向为河道智能化监测、评价和流域综合治理智慧化协同一体化技术，河道绿色低碳自然化恢复技术，河道生态系统功能和生物多样性保护与恢复技术。在应用方面，预计河道智能化监测、评价和流域综合治理智慧化协同一体化技术至2027年达到逐渐成熟，在2028—2032年实现规模化应用。预计2022—2030年河道绿色低碳自然化恢复技术和河道生态系统功能和生物多样性保护与恢复技术分别完成概念设计到技术开发，2031—2032年实现规模化应用（图2.2.3）。

2.2.3 建筑区域能耗建模与碳排放优化

建筑领域的节能减排对实现“双碳”目标至关重要。建筑区域能耗建模与碳排放优化主要是指对区域内的建筑建立基于物理原理的能耗模型，通过定量分析不同因素对建筑能耗与碳排放的影响，进而对区域建筑的设计和运行进行优化，从而实现城市尺度建筑节能减排，推动区域绿色低碳高质量发展，为政府制定节能减排的政策和措施提供强有力的技术支持。当前区域尺度的模拟呈现输入数据海量化、模型复杂化、计算密集化的特点，因此如何实现模型生成的自动化、模型的轻量化、“一模多用”，以及考虑区域建筑与新能源系统（如电动车、光伏、储能、微电网）是建筑区域能耗建模与碳排放优化的研发前沿与热点。主要的技术方向包括：

1）建筑大数据获取与数字城市搭建。通过无人机遥感、卫星影像、街景图像等获取图像数据，结合城市信息点、建筑轮廓等基于地理信息系统（geographic information system，GIS）的建筑大数据，使用机器学习、深度学习、计算机视觉等人工智能技术，自动获取建筑数据（如建筑几何信息、建筑类型、建造年代等），实现建筑信息数字化采集，建立数字孪生城市。

2）建筑区域能耗建模自动化。基于提取的建筑大数据信息与相关标准规范，结合GIS和建筑能耗模拟工具，自动生成区域建筑能耗与碳排放模型，实现区域尺度的快速建模，并根据实测数据进行模型自动校准。

3）区域能源系统设计与运行优化。通过建筑区域能耗模拟获取建筑群能源需求，优化光伏发电系统、储能系统、电动车充放电系统、热电冷联供系统的设计，并根据电网电价和需求响应，优化建筑用能调控，实现建筑用能与电力供给的智慧响应与智能匹配。

图2.2.3 “河道生态环境保护与修复”工程研究前沿的发展路线

4）城市建筑群碳排放预测与优化。基于建筑能耗模拟结果和碳排放因子数据库，计算区域建筑运行碳排放，分析不同节能技术带来的减排潜力。

“建筑区域能耗建模与碳排放优化”工程开发前沿的核心专利有 13 项，平均被引数为 21.15（表 2.1.1）。核心专利产出国家为中国、美国和韩国（表 2.2.5），其中中国机构或个人所申请的专利占比达到了 61.54%，在专利数量方面比重较大，是该工程开发前沿的重点研究国家之一。主要产出国家间尚无合作。

核心专利产出排名前五的机构为东南大学、西安建筑科技大学、Anguleris 技术有限责任公司、Cenergistic 集团公司和江森自控科技公司（表 2.2.6）。主要产出机构间尚无合作。

“建筑区域能耗建模与碳排放优化”工程开发前沿未来 5~10 年的重点发展方向为建筑大数据获取与数字城市搭建、建筑区域能耗建模自动化、区域能源系统设计与运行优化和城市建筑群碳排放预测与优化。在数据层面，研究与应用的前沿在于一是引入无人机遥感、卫星影像、街景图像等新的数据源，并通过深度学习、计算机视角等新技术对数据加以分析和处理；二是强调多源数据的融合与互相验证。建模工作的前沿在于如何提升模型建立与校准的自动化和智能化。优化工作的前沿在于一是强调利用 BIM 技术实现设计与运行的联合优化；二是在建筑能源的优化中考虑电动车、分布式可再生能源等新的能源系统，实现源、储、荷的共同优化。碳减排工作的前沿则是如何在城市尺度实现建筑群碳排放的精准核算与动态预测，并在此基础上设计实现双碳目标的技术和政策路径（图 2.2.4）。

表 2.2.5 “建筑区域能耗建模与碳排放优化”工程开发前沿中核心专利的主要产出国家

序号	国家	公开量	公开量比例 /%	被引数	被引数比例 /%	平均被引数
1	中国	8	61.54	48	17.45	6.00
2	美国	4	30.77	227	82.55	56.75
3	韩国	1	7.69	0	0.00	0.00

表 2.2.6 “建筑区域能耗建模与碳排放优化”工程开发前沿中核心专利的主要产出机构

序号	机构	公开量	公开量比例 /%	被引数	被引数比例 /%	平均被引数
1	东南大学	3	23.08	5	1.82	1.67
2	西安建筑科技大学	2	15.38	2	0.73	1.00
3	Anguleris 技术有限责任公司	1	7.69	107	38.91	107.00
4	Cenergistic 集团公司	1	7.69	61	22.18	61.00
5	江森自控科技公司	1	7.69	58	21.09	58.00
6	江苏易图地理信息科技股份有限公司	1	7.69	32	11.64	32.00
7	哈尔滨工业大学	1	7.69	9	3.27	9.00
8	纽约市立大学研究基金会	1	7.69	1	0.36	1.00
9	北京理工大学	1	7.69	0	0.00	0.00
10	韩国科学技术院	1	7.69	0	0.00	0.00

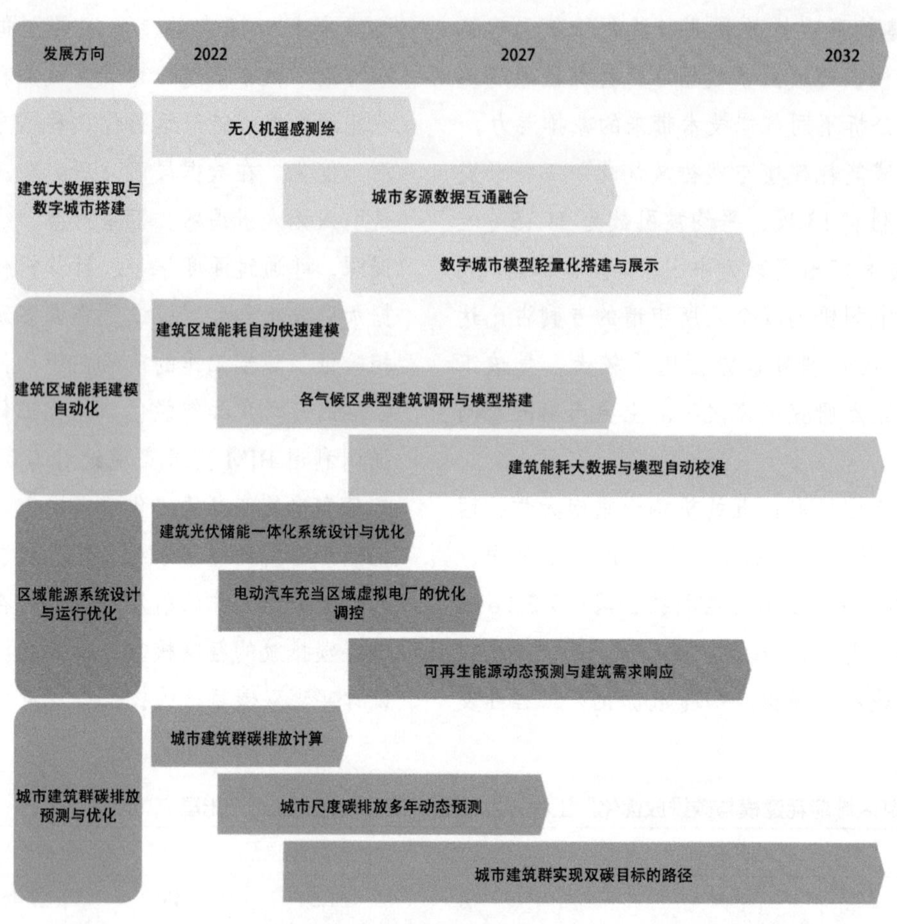

图 2.2.4 “建筑区域能耗建模与碳排放优化”工程开发前沿的发展路线

领域课题组成员

课题组组长：崔俊芝　张建云　顾祥林

专家组：

院士：

崔俊芝　欧进萍　杨永斌　张建云　刘加平[1]
缪昌文　李建成　杜彦良　郭仁忠　胡春宏
彭永臻　郑健龙　王复明　张建民　吴志强
岳清瑞　吕西林　陈　军　马　军　冯夏庭
朱合华　杜修力　刘加平[2]

专家：

艾剑良　蔡春声　蔡　奕　蔡永立　陈　峻
陈　鹏　陈　庆　陈求稳　陈　欣　陈彦伶
陈以一　陈永贵　成玉宁　董必钦　董　慰
樊健生　范凌云　冯殿垒　高　亮　葛耀君
龚　剑　顾冲时　郭劲松　郭容寰　韩　杰
贺鹏飞　贺瑞敏　黄介生　黄廷林　黄亚平
贾良玖　蒋金洋　蒋正武　金君良　李安桂
李　晨　李建斌　李向锋　李峥嵘　李志刚

1　西安建筑科技大学
2　东南大学

林波荣 凌建明 刘　超 刘翠善 刘　芳
刘　京 刘仁义 刘曙光 刘廷玺 钮心毅
庞　磊 钱　锋 任伟新 邵益生 石铁矛
石　邢 时蓓玲 史才军 舒章康 孙　剑
孙立军 孙　智 谭忆秋 田　莉 童小华
汪　芳 汪洁琼 汪双杰 王爱杰 王本劲
王发洲 王华宁 王建华 王　伟 王亚宜
王元战 王志伟 伍法权 夏圣骥 肖飞鹏
肖毅强 谢　辉 徐　斌 徐　峰 许项东
严金秀 杨大文 杨俊宴 杨　柳 杨庆山
杨　婷 杨仲轩 姚俊兰 叶　蔚 叶　宇
禹海涛 袁　烽 张　辰 张　锋 张　旭
赵渺希 甄　峰 郑百林 郑　刚 仲　政
周素红 周　翔 周正正 朱　能 朱兴一
庄晓莹 卓　健

执笔组：

杜彦良 郑健龙 马　军 蔡永立 陈　鹏
陈毅兴 董必钦 郝洛西 贾良玖 金君良
李建华 林波荣 凌建明 刘　芳 刘　颂
刘万增 彭婉婷 孙　智 汪洁琼 王本劲
王　者 Warren Julian 吴承照 武　威
向　衍 晏启祥 杨长卫 杨俊宴 姚俊兰
叶　宇 张　辰 张东明 赵　勇 周正正

六、环境与轻纺工程

1　工程研究前沿

1.1　Top 10 工程研究前沿发展态势

环境与轻纺工程领域（以下简称环境领域）所研判的 Top 10 工程研究前沿见表 1.1.1，涉及环境科学工程、气象科学工程、海洋科学工程、食品科学工程、纺织科学工程和轻工科学工程 6 个学科方向。其中，各前沿 2016—2021 年的核心论文发表情况见表 1.1.2。

（1）新污染物多介质迁移转化作用机理

新污染物指新近发现或被关注、对生态环境或人体健康存在风险、尚未纳入管理或者现有管理措施不足以有效防控其风险的污染物。随着对化学物质环境和健康危害认识的不断深入，以及环境监测技术的不断发展，可被识别的新污染物还会持续增加。因此，发展高效、普适的发现新污染物的分析方法是新污染物治理领域的重要研究方向。新污染物多介质迁移转化作用主要指的是新污染物在物理、化学和生物过程的共同作用下发生的空间位置移动，即在水体–空气–土壤等多介质表面改变形态，或由一种化学形态向另一种化学形态转化的现象。

有毒有害化学物质的生产和使用是新污染物的主要来源。文献显示，我国部分地区大气、水、土壤中相继监测出较高含量的环境内分泌干扰物、抗生素、微塑料等新污染物。新污染物在不同环境介质之间的转移经常发生，意味着一种介质可以成为下一种环境介质的污染源，导致不同介质中新污染物的归宿和污染水平存在差异。然而，目前大多数新污染物在多介质间的迁移转化行为、机制仍不清晰，健康风险亦不明确。围绕新污染物治理，还需要加强环境筛查、溯源研究、环境风险评估与管控等方面的研究，加强抗生素、微塑料等生态环境危害机理研究；还需要借助数学方法或模型开发，以更好地描述释放到大气中新污染物的跨介质迁移和转化。

（2）高盐废水处理与资源化技术

高盐废水一般指总盐质量分数在 3.5% 以上的

表 1.1.1　环境与轻纺工程领域 Top 10 工程研究前沿

序号	工程研究前沿	核心论文数	被引频次	篇均被引频次	平均出版年
1	新污染物多介质迁移转化作用机理	117	7 863	67.21	2017.8
2	高盐废水处理与资源化技术	81	4 877	60.21	2019.0
3	大气环境减污降碳协同治理机理与关键路径	918	80 741	87.95	2017.8
4	近海水域微塑料的生态效应	20	463	23.15	2020.5
5	海岸带湿地生态系统的固碳增汇研究	73	4 816	65.97	2018.3
6	机器学习在地球系统观测和预测中的应用研究	96	9 270	96.56	2017.9
7	海洋极端环境微生物的生命特征及生态效应研究	17	1 378	81.06	2017.9
8	无鞣剂制革清洁生产技术研究	24	130	5.42	2019.8
9	食品功能因子和慢性代谢综合征机制研究	18	1 524	84.67	2018.2
10	新型天然纤维素纤维的提取与研发	43	5 705	132.67	2017.5

表 1.1.2 环境与轻纺工程领域 Top 10 工程研究前沿逐年核心论文发表数

序号	工程研究前沿	2016	2017	2018	2019	2020	2021
1	新污染物多介质迁移转化作用机理	36	16	25	22	13	5
2	高盐废水处理与资源化技术	0	0	31	30	13	7
3	大气环境减污降碳协同治理机理与关键路径	202	204	203	158	109	35
4	近海水域微塑料的生态效应	0	0	1	3	2	14
5	海岸带湿地生态系统的固碳增汇研究	0	17	28	21	5	2
6	机器学习在地球系统观测和预测中的应用研究	10	12	13	30	17	0
7	海洋极端环境微生物的生命特征及生态效应研究	0	6	7	4	0	0
8	无鞣剂制革清洁生产技术研究	0	0	4	5	8	7
9	食品功能因子和慢性代谢综合征机制研究	3	4	4	2	3	2
10	新型天然纤维素纤维的提取与研发	13	8	11	8	3	0

废水，其广泛存在于化工行业，往往含有大量难降解有机物、重金属等有害物质。近年来，随着“零排放”及废水循环利用相关政策在世界范围内大力推行，开发高盐废水处理与资源化技术成为水处理领域的重要研究方向。

高盐废水中的高浓度无机离子不仅抑制微生物生长，同时也对羟基自由基产生猝灭效果，影响有机污染物降解过程。针对有机污染物去除，当前研究主要集中于过硫酸盐类芬顿、限域电催化等高级氧化技术，以提升活性物种寿命，强化污染物传质及降解过程。此外，也有研究者通过驯化耐盐或嗜盐微生物，结合膜生物反应器、颗粒污泥等生物强化技术，实现有机物高效去除。

高盐废水中盐分及水作为重要有价资源，其分离回收对于构建可持续水处理工艺具有重要意义。针对高盐废水浓缩及混盐分离，当前研究热点主要集中于膜分离技术，包括纳滤、反渗透、选择性电渗析、膜蒸馏等。通过高性能膜材料研制及膜污染控制技术开发，有望实现膜技术在高盐废水资源化方面的大规模应用。

由于高盐废水成分复杂，其资源化过程中需根据实际水质情况，结合各类技术优势，构建多过程组合工艺，以达到绿色、低碳、高效的高盐废水资源化目标。

（3）大气环境减污降碳协同治理机理与关键路径

大气污染物排放与 CO_2 排放在空间上均表现出集聚效应，且二者热点网格呈现高度一致性，这些热点地区主要分布在省会、自治区首府、直辖市等大中城市以及重点城市群。与污染物排放相似，我国的 PM2.5 污染和 O_3 污染也呈现明显的区域性特征，且大气重污染区域与 CO_2 排放重点区域高度重叠。温室气体和大气污染物的同根同源性使其减排工作方向具有高度一致性，协同治理工作可同时实现深入打好污染防治攻坚战及“碳达峰、碳中和”的双重目标，推动减污降碳协同增效。

考虑到环境污染物与温室气体同根同源，减污与降碳在管控思路、管理手段、任务措施等方面高度一致，可统筹谋划、一体推进、协同实施，实现降本增效。因此需通过重点研究揭示减污降碳技术应用对社会经济、生态系统和人类健康全方位影响机制以及跨系统要素耦合联动对不同技术的反馈机制，核算循环经济发展模式的节能减排潜力，研究人与自然耦合系统物质能量流动与减污降碳协同的定量模拟与靶向调控方法，开发耦合多尺度经济–能源–环境–气候模型、结合物联网、互联网多源数据对大气减污降碳进行精准检测与评估，研发温室气体与大气污染物的协同治理技术及方法、探索协同治理关键路径，形成实现碳中和目标的技术体系与决策系统支撑。

（4）近海水域微塑料的生态效应

微塑料是指直径小于 5 mm 的塑料颗粒、纤维、薄膜或碎片。由于微塑料是石油基的碳链高分子聚合物，它们在自然环境中很难降解，可持久性存在并进行长距离迁移。微塑料能够改变非生物环境的物理化学性质，并对动植物和微生物造成毒性损伤。同时，微塑料在自然老化过程中会释放出化学添加剂，如双酚 A、邻苯二甲酸盐和抗氧化剂等。除此之外，微塑料还可以负载重金属，抗生素及内分泌干扰物等其他污染物和病原性微生物，并形成复合污染。

近年来，关于微塑料在陆地和海洋生态系统中的环境行为和毒理效应已有较多研究，但滨海湿地和近海水域中微塑料污染方面的研究比较匮乏。入海河流已被确定为陆地塑料碎片流入海洋的重要运输途径。作为陆地和海洋生态系统之间的过渡区，滨海湿地和近海水域已经成为微塑料的过滤器和汇。船舶交通、渔业、油井勘探、沿海农业和旅游业所造成的近海污染是海洋环境中微塑料的另一个重要来源。同时，在风力驱动、洋流循环和潮汐作用下，海洋中的微塑料可被传输送回滨海湿地和近海水域。滨海湿地和近海水域的微塑料污染日益严重，但是微塑料对滨海湿地或近海水域所造成的生态风险尚不明确。因此，未来需要进一步探究微塑料在滨海湿地和近海水域的分布特征与迁移转化途径，也需要进一步明晰微塑料对于滨海湿地和近海水域生态系统结构、功能的毒性机制与生态效应。

（5）海岸带湿地生态系统的固碳增汇研究

在地球生态系统捕获的碳中，由海洋生物固定的碳占 55%，这些碳也被称为“蓝碳”（相对于陆地植被的“绿碳”）。海岸带湿地生态系统主要包括红树林、盐沼湿地及海草床等，其固定的碳被称为海岸带蓝碳。相较于其他生态系统，海岸带湿地生态系统具有极高的固碳速率；另外，海岸带湿地生态系统地处陆地和海洋之间，受海陆相互作用影响显著，是受人类活动及气候变化影响较大的生态环境脆弱区和敏感区；保护和修复海岸带湿地生态系统，恢复丧失的湿地，也有助于碳中和目标的实现。因此，海岸带湿地生态系统的固碳增汇研究近年来受到广泛关注。

目前已有许多针对蓝碳碳储量和碳汇潜力的研究，但是针对不同区域所使用的碳计量方法不尽相同，并不利于海岸带蓝碳的综合对比和全局分析；另外，海岸带湿地生态系统的碳汇能力是动态变化的，其在气候变化和人类活动的双重影响下的固碳潜力也充满了不确定性。针对这些问题，目前主要的研究方向与发展趋势包括：一是研究如何减少海岸带蓝碳评估中的不确定性，深化固碳机理认识，建立海岸带湿地生态系统的碳汇计量评估体系；二是解析气候变化和人为活动对海岸带湿地生态系统的影响，阐述其演变规律；三是研究固碳增汇技术，评估海岸带湿地生态系统的增汇潜力和稳定性，探索基于自然解决方案的海岸带湿地生态系统保护、修复和管理方法，实现海岸带湿地生态系统固碳增汇功能与其他重要生态系统功能的协同提升；四是选择典型海岸带湿地，开展协同评估与增汇技术示范，最终实现工程化和规模化应用。

（6）机器学习在地球系统观测和预测中的应用研究

在深入理解气候系统变化机制的驱动下，地球系统的观测数据、再分析资料以及数值模拟数据在过去 40 年里飞速增长。尤其是国际耦合模式比较计划第五阶段（CMIP5）和第六阶段（CMIP6），参与的模式众多，为气候变化、气候预测和气候预估研究提供了数千万亿字节量级的数据资源。如何从“大数据”中充分地提取有用的信息并获取新的知识，对传统分析方法构成了新的挑战，而为机器学习和人工智能带来了新的契机。机器学习可以从地球系统“大数据”中总结关键信息和主要特征，从而对新数据做出准确的识别和预测，比如某个关键区的海温信息可以提高陆地某区域未来数月的气候预测技巧；在此基础上，人工智能可实现为社会提供极端天气和极端气候事件的自动化预警。目前，机器学习尤其是深度学习已在对流短时临近预报、极端事件检测和改进数值天气模式及其预报误差订正等方面进行了较为广泛的研究，下一步将有可能改变传统的气象观测模式，加速和改善气象观测数据的处理，提高数值天气预报质量，以推进地球科学的交叉融合。

（7）海洋极端环境微生物的生命特征及生态效应研究

海洋极端环境（如深海、极地、海底热液和冷泉等）具有高盐、高压、高温、低温、强酸、强碱或高辐射强度等极端的环境条件特征，但仍然栖息着大量的极端微生物。海洋极端环境微生物拥有特殊的多样性、生物结构和代谢机理，对其的研究可为探索生命起源、适应与进化等方面提供宝贵的知识源泉。并且，海洋极端环境微生物能够产生新颖的活性物质（如极端微生物酶和天然产物等），具有广阔的应用前景。此外，海洋极端环境微生物在特殊生境下负责有机物的矿化和再利用，推动营养物质和能量的转移，是驱动生物地球化学循环的重要因素。

目前主要的研究方向包括海洋极端环境微生物的群落结构和生态功能及其与底栖生物的共生关系、微生物对海洋极端环境的适应与进化机制、海洋极端环境微生物来源活性物质的挖掘和海洋极端微生物参与环境生源要素的生物地球化学循环过程及其效应等方面。未来需进一步加强海洋极端环境微生物的分离培养，深入解析海洋极端微生物的遗传、生理代谢及其活性产物作用方式，探究不同微生物类群在极端环境生态过程中的作用与互作机制，及其对极端环境生态系统结构、功能的影响和调控机制等。

（8）无鞣剂制革清洁生产技术研究

以“交联鞣制”为理论基础的铬鞣技术在制革生产中占据主导地位，然而传统铬鞣技术存在铬排放问题。为解决这一难题，制革化学家开发了以非铬金属鞣剂和有机鞣剂为代表的无铬鞣剂，以替代传统铬鞣剂在皮胶原纤维间形成交联键从而获得鞣制效应，以期从源头上解决铬排放问题。然而，基于现有无铬鞣技术所生产的无铬鞣革在热稳定性和机械强度等成革性能方面与铬鞣革存在较大差距，且制革过程中仍然存在金属和有机污染物排放等问题。针对现有以“交联鞣制”理论为基础的无铬鞣技术瓶颈，发展全新的制革理论和制革技术对实现皮革行业清洁生产具有重要意义。生皮转变为革的过程中，其含水率显著降低，纤维分散性和孔隙率显著提高，因而制革过程可被视为生皮亲水性降低和纤维分散性提高的“可控脱水”过程。因此，采用合适的脱水介质对生皮中的自由水进行可控脱除，有望赋予皮纤维高分散性和高孔隙率，从而在不使用交联剂的条件下显著提高皮革的热稳定性和机械强度等成革性能，进而彻底避免鞣制过程中的污染排放问题，实现全新的无鞣剂制革清洁生产。极性有机溶剂具有良好的脱水性能，可有效脱除生皮中的水分。但随着脱水过程的进行，水分将在有机溶剂和生皮间达到分配平衡，为此需多次更换有机溶剂才能实现深度脱水，这导致了有机溶剂用量大、脱水工艺复杂和有机废液难回用等问题。为此，采用多孔材料与极性有机溶剂构成复合脱水介质，利用多孔材料选择性吸附并存储有机溶剂中的脱除水，从而打破水分在生皮和有机溶剂间的分配平衡，实现一步可控深度脱水，且通过简单的固液分离即可回收复合脱水介质，并经过再生处理后可回用于无鞣剂制革。

未来，需进一步研究开发新型复合脱水介质，强化对生皮的可控深度脱水性能，完善无鞣剂制革技术路线，进而为无鞣剂制革清洁生产技术的工业化应用奠定基础，促进皮革产业的可持续绿色发展。

（9）食品功能因子和慢性代谢综合征机制研究

来源于动植物和真菌的多糖、多酚、黄酮等食品功能因子具有预防肥胖和糖尿病、调节糖脂代谢、改善肥胖诱导等众多优良生物活性，对于提高人体健康水平具有积极作用。因此，在分子、细胞与整体水平上研究食品功能因子预防慢性代谢综合征的机制，为与营养相关的慢性疾病的早期预防和营养干预提供理论与技术支持。同时，开展食品功能因子富集及其生物活性系统评价研究，并研发具有应用价值的预防代谢综合征的功能性食品。利用现代分子生物学、细胞生物学、代谢组学、分子营养学等多种生物、化学、物理、化工技术手段，挖掘新食品原料中天然功能成分（如类萜、类黄酮、酚类、生物碱、皂苷等因子）对肥胖、糖尿病、免疫力、高血压、脂质功能异常和癌症等作用的快速高效筛选与鉴定技术。

（10）新型天然纤维素纤维的提取与研发

在当前石化资源日益匮乏，环境问题愈发严重的情况下，天然纤维素纤维凭借其资源丰富、性能独特、原料可再生、废弃后可自然降解且对环境无毒无害等绿色清洁环保的特性得到了人们越来越多的关注。天然纤维素纤维是以纤维素为主要组成物质的一类天然纤维，其来源于植物，故又被称为植物纤维，具有良好的环境相容性。新型天然纤维素纤维的研发与应用对当今资源利用和环境保护具有重要意义。

当前纤维素科学的研究难点主要有以下几个方面：一是天然纤维素纤维的提取；二是纤维素溶解体系的研究；三是新型功能性天然纤维素纤维的研发。其中，如何清洁、高效地把纤维素从植物细胞壁（天然纤维）中分离出来尤为重要。植物细胞壁结构十分复杂，外层覆盖有蜡质、无机盐等保护层，内部纤维素与半纤维素、木质素等化学成分紧密相连，纤维素微原纤中结晶区和非结晶区共存，这些都给纤维素的分离提取带来阻碍。当前常用的分离提取技术是生物法和化学法，生物法提取后得到的纤维素含有大量的胶质且生物酶的活力较差。化学法使用最为广泛，但也存在工艺复杂、能耗高等问题。因此，新型天然纤维素纤维的绿色、高效分离提取与研发是进一步实现高附加值功能性天然纤维素纤维纺织品发展的重要研究方向。

1.2　Top 3 工程研究前沿重点解读

1.2.1　新污染物多介质迁移转化作用机理

新污染物指新近发现或被关注、对生态环境或人体健康存在风险、尚未纳入管理或者现有管理措施不足以有效防控其风险的污染物。随着对化学物质环境和健康危害认识的不断深入，以及环境监测技术的不断发展，可被识别出的新污染物还会持续增加。因此，发展高效、普适的发现新污染物的分析方法是新污染物治理领域的重要研究方向。图 1.2.1 为“新污染物多介质迁移转化作用机理”工程研究前沿的发展路线。

有毒有害化学物质的生产和使用是新污染物的主要来源。文献显示，我国部分地区大气、水、土壤中相继监测出较高含量的环境内分泌干扰物、抗生素、微塑料等新污染物。新污染物在不同环境介质之间的转移经常发生，意味着一种介质可以成为下一种环境介质的污染源，导致不同介质中新污染物的归宿和污染水平存在差异。然而，目前对大多数新污染物在多介质间的迁移转化行为、机制不清晰，健康风险不明确。围绕新污染物治理，还需要加强环境筛查、溯源研究、环境风险评估与管控等方面的研究，加强抗生素、微塑料等生态环境危害机理研究；还需要借助数学方法或模型的开发，以更好地描述释放到大气中新污染物的跨介质迁移和转化。

表 1.2.1 为“新污染物多介质迁移转化作用机理”工程研究前沿中核心论文的主要产出国家。其中，中国以核心论文比例 42.74%、被引频次 3 637

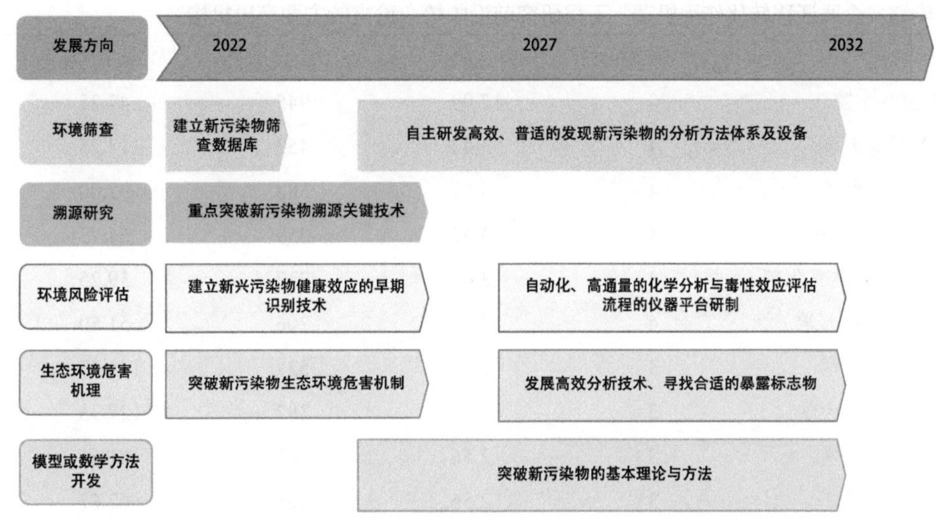

图 1.2.1 “新污染物多介质迁移转化作用机理”工程研究前沿的发展路线

表 1.2.1 “新污染物多介质迁移转化作用机理”工程研究前沿中核心论文的主要产出国家

序号	国家	核心论文数	论文比例 /%	被引频次	篇均被引频次	平均出版年
1	中国	50	42.74	3 637	72.74	2018.0
2	美国	17	14.53	1 093	64.29	2018.2
3	印度	10	8.55	590	59.00	2017.6
4	英国	8	6.84	509	63.62	2017.9
5	德国	8	6.84	430	53.75	2017.9
6	西班牙	7	5.98	585	83.57	2018.0
7	法国	7	5.98	360	51.43	2017.9
8	意大利	6	5.13	357	59.50	2016.7
9	挪威	6	5.13	347	57.83	2016.5
10	土耳其	6	5.13	325	54.17	2017.3

次排名第一，其他国家与我国有不小的差距，说明我国在这方面具有较强的研究优势。从篇均被引频次来看，西班牙核心论文数虽然较少，但是篇均被引频次排名第一，这也从侧面说明发表同行公认的高水平核心论文的重要性。

表 1.2.2 为该工程研究前沿中核心论文的主要产出机构。排名前十的产出机构中有 6 个是来自中国的科研机构，分别为中国科学院、华东师范大学、清华大学、广东工业大学、西北农林科技大学和南开大学。其中，中国科学院以 20 篇核心论文数位居第一。

由图 1.2.2 可知，较为注重该研究领域国家间合作的有中国、美国、印度和英国。中国的发表论文数量最多，主要是与印度、英国、德国进行合作发表。由图 1.2.3 可知，中国科学院、挪威空气研究所、南开大学、华东师范大学等机构有合作关系。

在表 1.2.3 中，施引核心论文产出最多的国家是中国，施引核心论文比例高达 46.41%；美国次之，为 12.31%。在表 1.2.4 中，施引核心论文产出最多的机构是中国科学院，施引核心论文比例为

表 1.2.2 “新污染物多介质迁移转化作用机理”工程研究前沿中核心论文的主要产出机构

序号	机构	核心论文数	论文比例 /%	被引频次	篇均被引频次	平均出版年
1	中国科学院	20	17.09	945	47.25	2017.3
2	华东师范大学	4	3.42	453	113.25	2018.5
3	清华大学	4	3.42	388	97.00	2019.2
4	挪威空气研究所	4	3.42	259	64.75	2016.2
5	加拿大环境与气候变化部	4	3.42	237	59.25	2016.8
6	南比哈尔中央大学	4	3.42	206	51.50	2016.5
7	广东工业大学	3	2.56	527	175.67	2018.3
8	西北农林科技大学	3	2.56	382	127.33	2019.7
9	马萨里克大学	3	2.56	245	81.67	2016.0
10	南开大学	3	2.56	188	62.67	2018.7

图 1.2.2 “新污染物多介质迁移转化作用机理”工程研究前沿主要国家间的合作网络

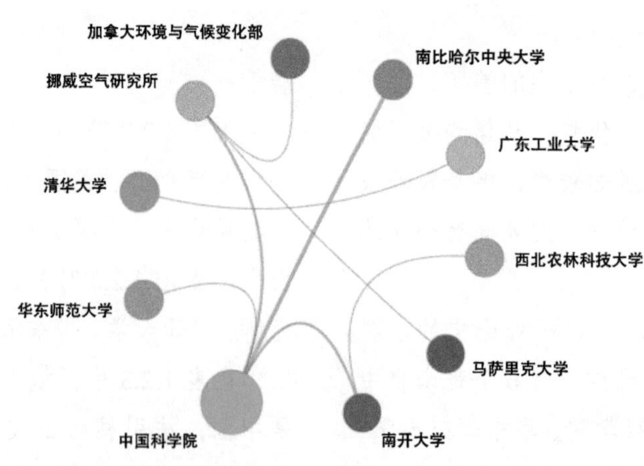

图 1.2.3 “新污染物多介质迁移转化作用机理”工程研究前沿主要机构间的合作网络

表 1.2.3 “新污染物多介质迁移转化作用机理”工程研究前沿中施引核心论文的主要产出国家

序号	国家	施引核心论文数	施引核心论文比例 /%	平均施引年
1	中国	3 083	46.41	2020.1
2	美国	818	12.31	2020.0
3	印度	445	6.70	2020.1
4	德国	332	5.00	2019.9
5	英国	321	4.83	2020.0
6	加拿大	314	4.73	2019.8
7	西班牙	293	4.41	2020.0
8	意大利	287	4.32	2019.8
9	澳大利亚	260	3.91	2020.1
10	法国	256	3.85	2019.9

表 1.2.4 “新污染物多介质迁移转化作用机理”工程研究前沿中施引核心论文的主要产出机构

序号	机构	施引核心论文数	施引核心论文比例 /%	平均施引年
1	中国科学院	523	36.12	2019.8
2	湖南大学	176	12.15	2019.0
3	清华大学	109	7.53	2019.9
4	南京大学	88	6.08	2020.1
5	西北农林科技大学	86	5.94	2020.5
6	华东师范大学	83	5.73	2020.0
7	暨南大学	83	5.73	2019.9
8	南开大学	79	5.46	2020.2
9	北京大学	78	5.39	2020.0
10	同济大学	72	4.97	2020.1

36.12%；其次是湖南大学，其施引核心论文比例为12.15%。

通过以上数据分析可知，中国在新污染物多介质迁移转化作用机理方面的核心论文产出及施引数量均处于世界前列，美国次之。

1.2.2 海岸带湿地生态系统的固碳增汇研究

红树林、盐沼湿地和海草床等海岸带湿地生态系统所固定的碳统称为海岸带蓝碳。“蓝碳”一词于 2009 年首次出现，相对于陆地生态系统吸收的“绿碳”，它强调了海洋对碳固存的重要贡献。海岸带湿地生态系统的固碳作用主要体现在垂直方向上的植物固碳和沉积物碳埋藏，以及水平方向上与海水的碳交换。往复的潮汐能减缓海岸带湿地中有机物的分解，随着沉积物的不断积累，产生厌氧环境，有机物分解受到抑制，在一定条件下能保持沉积物中的碳长期处于稳定状态，实现持续储碳。相对于其他生态系统，海岸带湿地生态系统具有极高的固碳速率；此外，海岸带湿地还提供了海岸防护、消波减浪、气候调节、水质净化、教育科研和营养循环等生态系统服务功能，具有显著的社会效益和经济效益。

在人类干预下对海岸带生态系统进行保护和修复，是具有可操作性的增汇方式。现有的以增汇为目的的海岸带湿地修复技术包括重建高生物量植物群落、修复基底、养护海滩、改善湿地土壤及水体环境等方法。目前，主要提倡“基于自然的解决方案”，实现海岸带湿地生态系统固碳增汇功能与其他重要生态系统功能的协同提升。图 1.2.4 为“海岸带湿地生态系统的固碳增汇研究”工程研究前沿的发展路线。

目前该研究前沿主要的研究方向与发展趋势包括：① 分析海岸带湿地生态系统的碳来源和固碳机理，建立海岸带蓝碳监测网络、大数据平台以及碳汇计量评估体系，实现对蓝碳的长期实时监测和评估；② 在蓝碳时空格局的基础上，研究气候变化和人为活动影响碳汇能力的关键调控因素，深化对固碳机理和演变的认识，评估海岸带湿地生态系统增汇的潜力和可持续性；③ 研究固碳增汇技术，构建基于自然解决方案的海岸带湿地保护、修复和管理框架，评估海岸带湿地生态系统增汇的潜力和可持续性，研究海岸带湿地生态系统的服务价值评估方法体系，探究如何保护海岸带湿地生态系统功能的完整性，实现固碳增汇与其他生态系统功能的协同提升；④ 选择典型海岸带湿地，开展协同评估与固碳增汇技术示范，实现固碳增汇等多种生态系统功能协同提升技术的工程化、规模化应用。

在该研究前沿核心论文的主要产出国家中，美国的核心论文数和被引频次均排第一位，中国的核心论文数排第二位，中国和美国的核心论文数总量占比超过前十位国家总量的一半（表 1.2.5）。在主要国家间的合作方面，核心论文数前十位的国家间合作密切（图 1.2.5）。在主要产出机构中，核心论文数前十位的机构集中在中国和美国（表 1.2.6）。在主要机构间的合作方面，核心论文数前十位的机构间均有密切的合作（图 1.2.6）。在施引核心论文的主要产出国家中，中国排第一位（表 1.2.7）；在施引核心论文的主要产出机构中，中国科学院、北京师范大学和华东师范大学分别排第一位、第二位和第五位（表 1.2.8）。总之，对于该研究前沿，虽然美国仍处于世界领先地位，但我国也加快了追赶的脚步。我国在该领域仍需加快发展，缩小与美国之间的差距，提高该领域研究在国际上的影响力与话语权。

1.2.3 无鞣剂制革清洁生产技术研究

鞣制是将生皮转变为革的质变过程，是皮革加工制造工艺中最重要的工段之一。以铬盐为鞣剂的铬鞣技术因具有优良的交联鞣制效应，在制革生产中长期占据主导地位。然而，铬鞣过程中铬鞣剂的吸收利用率有限，未被生皮吸收的铬鞣剂残留在浴液中造成了铬排放问题。为解决这一问题，国内外以“交联鞣制”为理论基础开发了多种无铬鞣技术，利用无铬鞣剂替代传统铬鞣剂在皮胶原纤维之间形成交联键以获得鞣制效应，以期从源头上解决铬排

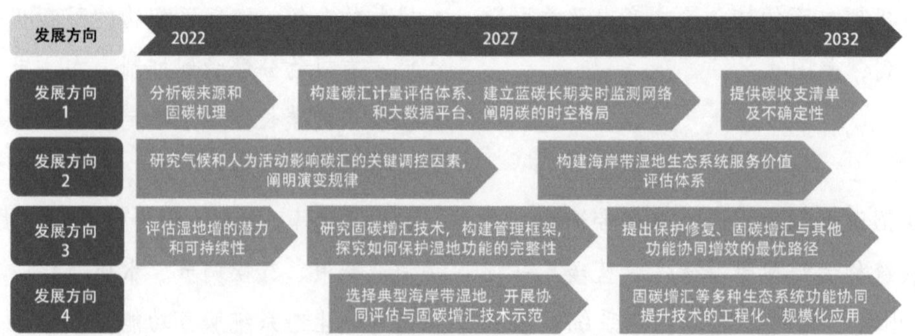

图 1.2.4 “海岸带湿地生态系统的固碳增汇研究”工程研究前沿的发展路线

表 1.2.5 "海岸带湿地生态系统的固碳增汇研究"工程研究前沿中核心论文的主要产出国家

序号	国家	核心论文数	论文比例 /%	被引频次	篇均被引频次	平均出版年
1	美国	43	58.90	3 311	77.00	2018.1
2	中国	30	41.10	1 728	57.60	2018.4
3	澳大利亚	18	24.66	1 944	108.00	2018.5
4	英国	9	12.33	1 525	169.44	2018.3
5	德国	8	10.96	522	65.25	2018.2
6	荷兰	7	9.59	1 323	189.00	2018.0
7	加拿大	7	9.59	487	69.57	2018.6
8	西班牙	5	6.85	310	62.00	2018.6
9	比利时	4	5.48	276	69.00	2018.0
10	巴西	3	4.11	977	325.67	2018.3

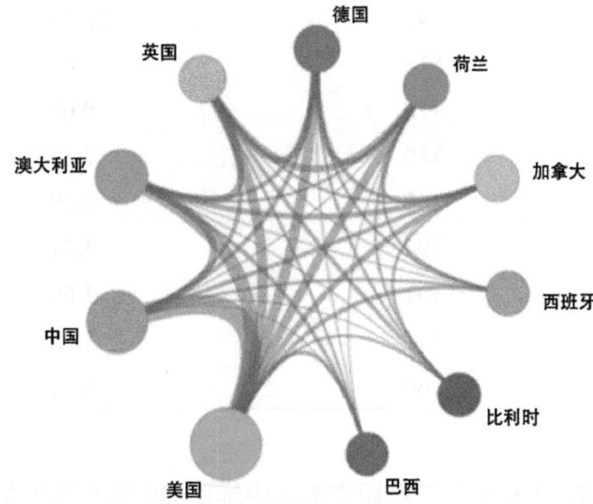

图 1.2.5 "海岸带湿地生态系统的固碳增汇研究"工程研究前沿主要国家间的合作网络

表 1.2.6 "海岸带湿地生态系统的固碳增汇研究"工程研究前沿中核心论文的主要产出机构

序号	机构	核心论文数	论文比例 /%	被引频次	篇均被引频次	平均出版年
1	中国科学院	9	12.33	519	57.67	2018.8
2	马里兰大学	8	10.96	1 204	150.50	2017.9
3	大自然保护协会	7	9.59	1 389	198.43	2018.1
4	美国地质勘查局	7	9.59	430	61.43	2018.0
5	北京师范大学	6	8.22	294	49.00	2018.7
6	阿伯丁大学	5	6.85	1 261	252.20	2018.6
7	史密森环境研究中心	5	6.85	346	69.20	2018.6
8	加利福尼亚大学伯克利分校	5	6.85	328	65.60	2018.4
9	伍兹霍尔海洋研究所	4	5.48	1 236	309.00	2018.5
10	佛罗里达大学	4	5.48	1 016	254.00	2017.8

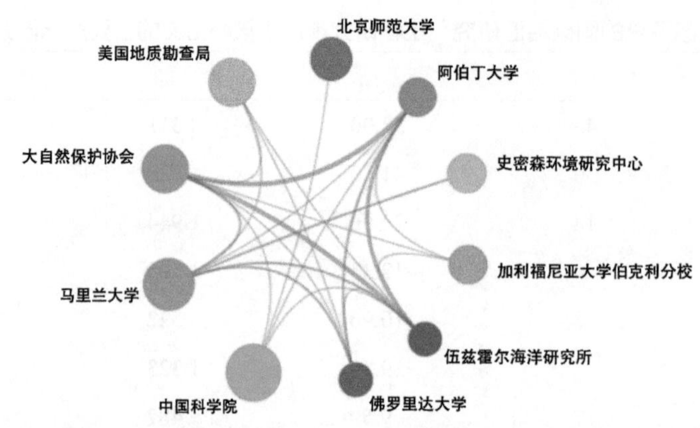

图 1.2.6 “海岸带湿地生态系统的固碳增汇研究”工程研究前沿主要机构间的合作网络

表 1.2.7 “海岸带湿地生态系统的固碳增汇研究”工程研究前沿中施引核心论文的主要产出国家

序号	国家	施引核心论文数	施引核心论文比例 /%	平均施引年
1	中国	1 411	26.56	2020.3
2	美国	1 395	26.26	2020.2
3	英国	513	9.66	2020.3
4	澳大利亚	478	9.00	2020.2
5	德国	389	7.32	2020.3
6	加拿大	260	4.89	2020.3
7	法国	197	3.71	2020.3
8	荷兰	191	3.60	2020.2
9	西班牙	171	3.22	2020.3
10	意大利	160	3.01	2020.3

表 1.2.8 “海岸带湿地生态系统的固碳增汇研究”工程研究前沿中施引核心论文的主要产出机构

序号	机构	施引核心论文数	施引核心论文比例 /%	平均施引年
1	中国科学院	465	35.33	2020.3
2	北京师范大学	129	9.80	2020.3
3	美国地质勘查局	126	9.57	2020.0
4	加利福尼亚大学伯克利分校	102	7.75	2020.2
5	华东师范大学	88	6.69	2020.5
6	大自然保护协会	83	6.31	2020.0
7	马里兰大学	69	5.24	2020.0
8	美国林业局	69	5.24	2020.1
9	昆士兰大学	66	5.02	2020.0
10	斯坦福大学	60	4.56	2020.2

放问题。目前，已开发的无铬鞣剂主要包括非铬金属鞣剂和有机鞣剂，但基于上述无铬鞣剂所生产的无铬鞣革在热稳定性和机械强度等成革性能方面与铬鞣革尚存在较大差距。另外，无铬鞣剂的使用虽然避免了铬排放问题，但仍然存在金属和有机污染物排放等问题。图 1.2.7 为“无鞣剂制革清洁生产技术研究”工程研究前沿的发展路线。

针对现有以“交联鞣制”理论为基础的无铬鞣

技术面临的瓶颈，发展全新的制革理论和制革技术对实现皮革行业的清洁化生产具有重要的意义。大量的制革实践表明，鞣制后皮革的含水率显著低于未鞣制的生皮，其纤维分散性和孔隙率均显著提高，因此鞣制可被视为生皮亲水性降低和纤维分散性提高的“可控脱水”过程。基于“可控脱水”理论，若采用合适的脱水介质对生皮中自由水进行可控脱除，则有望赋予皮纤维高分散性和高孔隙率，从而在不使用交联剂的条件下显著提高皮革的热稳定性和机械强度等成革性能。因此，“可控脱水”制革方式有望彻底避免鞣制过程中的污染排放问题，进而实现全新的无鞣剂制革清洁生产。

极性有机溶剂具有良好的脱水性能，可有效降低生皮的含水率。然而，采用极性有机溶剂对生皮进行脱水时，随着脱水过程的进行，水分将在生皮与有机溶剂之间逐渐达到分配平衡，为此需多次更换有机溶剂才可进一步降低生皮中的含水率而实现深度脱水，但这导致了有机溶剂用量大、脱水工艺复杂和有机废液难回用等问题。为此，采用多孔材料与极性有机溶剂构成复合脱水介质，利用多孔材料选择性吸附并储存有机溶剂中的脱除水，从而打破水分在生皮和有机溶剂间的分配平衡，确保脱水介质在生皮脱水过程中始终保持低水分含量以维持生皮的持续脱水过程，进而实现生皮的一步可控深度脱水。此外，通过简单的固液分离方式即可回收复合脱水介质，经过再生处理后，可将复合脱水介质回用于无鞣剂制革。在未来的研究工作中，需进一步研究开发新型的复合脱水介质，强化对生皮的可控深度脱水性能，完善无鞣剂制革技术路线，进而为无鞣剂制革清洁生产技术的工业化应用奠定基础，促进皮革产业的可持续绿色发展。

通过对“无鞣剂制革清洁生产技术研究”的研究前沿核心论文的解读发现，由于该工程前沿仍处于初期研究阶段，相应的篇均被引频次较低，仅为5.42次（表1.1.1）。表1.2.9为该工程研究前沿中核心论文的主要产出国家。其中，中国以论文比例70.83%、被引频次114次排名第一位，占据领跑地位，表明该工程前沿受到了我国专家学者们的重点研究。此外，中国的篇均被引频次也领先于其他国家。论文比例和篇均被引频次排名第二位均为印度。由主要国家的合作网络（图1.2.8）可以发现，中国和巴西在该方面具有较强的自主研发能力，而美国与英国，印度与南苏丹、埃塞俄比亚之间则有所合作。

在核心论文的主要产出机构（表1.2.10）方面，排名前八位的机构均是来自中国的科研机构，这进一步说明我国研究者们对该研究前沿的高度热情。

图 1.2.7 “无鞣剂制革清洁生产技术研究”工程研究前沿的发展路线

表 1.2.9 “无鞣剂制革清洁生产技术研究”工程研究前沿中核心论文的主要产出国家

序号	国家	核心论文数	论文比例 /%	被引频次	篇均被引频次	平均出版年
1	中国	17	70.83	114	6.71	2019.6
2	印度	4	16.67	15	3.75	2020.0
3	美国	2	8.33	1	0.50	2019.5
4	英国	1	4.17	0	0.00	2021.0
5	巴西	1	4.17	0	0.00	2021.0
6	埃塞俄比亚	1	4.17	0	0.00	2021.0
7	南苏丹	1	4.17	0	0.00	2021.0

其中，核心论文数和被引频次排名第一的机构均为四川大学，体现了其在“无鞣剂制革清洁生产技术研究”这一工程研究前沿中的引领作用。由产出机构的合作网络（图 1.2.9）可以看出，大多数机构都与其他机构有所合作，少部分机构主要依靠自主研发。

从该研究前沿的施引核心论文排名来看，中国仍然处于世界领先地位，为 54.17%（表 1.2.11），而在各国的研究机构中，四川大学和陕西科技大学的施引核心论文数量领跑于其他科研机构（表 1.2.12）。

综上所述，我国在“无鞣剂制革清洁生产技术

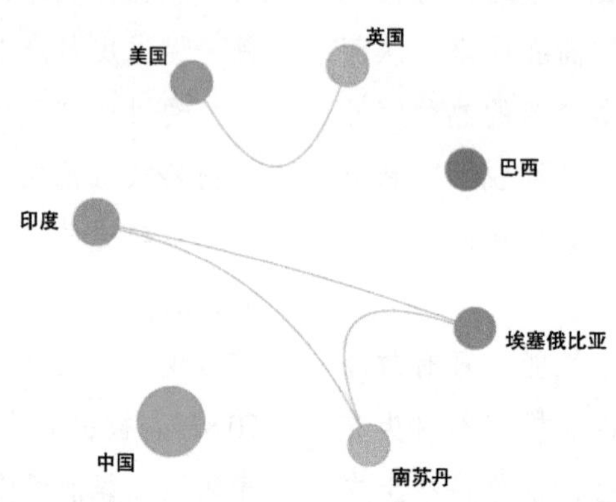

图 1.2.8 “无鞣剂制革清洁生产技术研究”工程研究前沿主要国家间的合作网络

表 1.2.10 “无鞣剂制革清洁生产技术研究”工程研究前沿中核心论文的主要产出机构

序号	机构	核心论文数	论文比例 /%	被引频次	篇均被引频次	平均出版年
1	四川大学	10	45.45	79	7.90	2019.4
2	陕西科技大学	4	18.18	22	5.50	2019.7
3	西南民族大学	2	9.09	12	6.00	2020.0
4	嘉兴学院	2	9.09	1	0.50	2019.5
5	中国科学院	1	4.54	12	12.00	2019.0
6	中国轻工业联合会	1	4.54	6	6.00	2019.0
7	中国皮革和制鞋工业研究院	1	4.54	2	2.00	2020.0
8	西安市绿色化学品与功能材料重点实验室	1	4.54	1	1.00	2021.0

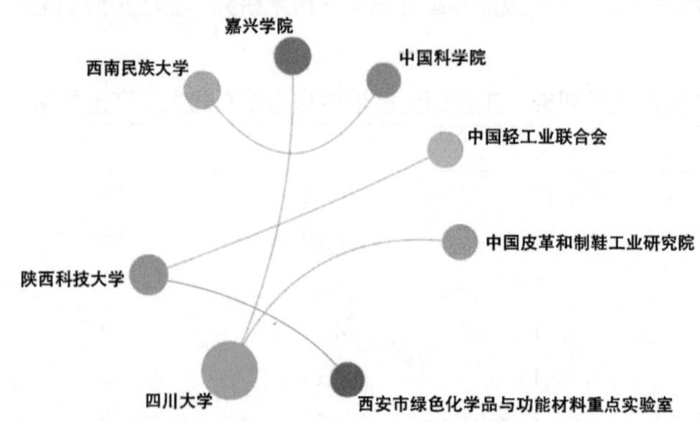

图 1.2.9 “无鞣剂制革清洁生产技术研究”工程研究前沿主要机构间的合作网络

表 1.2.11 “无鞣剂制革清洁生产技术研究”工程研究前沿中施引核心论文的主要产出国家

序号	国家	施引核心论文数	施引核心论文比例 /%	平均施引年
1	中国	26	54.17	2020.2
2	印度	7	14.58	2020.4
3	意大利	4	8.33	2020.2
4	巴西	2	4.17	2020.0
5	土耳其	2	4.17	2020.0
6	罗马尼亚	2	4.17	2019.5
7	坦桑尼亚	1	2.08	2020.0
8	南非	1	2.08	2020.0
9	韩国	1	2.08	2020.0
10	马来西亚	1	2.08	2021.0

表 1.2.12 “无鞣剂制革清洁生产技术研究”工程研究前沿中施引核心论文的主要产出机构

序号	机构	施引核心论文数	施引核心论文比例 /%	平均施引年
1	四川大学	14	41.18	2020.1
2	陕西科技大学	7	20.59	2020.4
3	中国皮革和制鞋工业研究院	2	5.88	2020.0
4	威尼斯大学	2	5.88	2020.0
5	埃格顿大学	2	5.88	2020.0
6	比哈尔大学	1	2.94	2020.0
7	勒克瑙大学	1	2.94	2020.0
8	华侨大学	1	2.94	2020.0

研究”这一工程研究前沿中不仅领先于全球各国，且具有较强的自主研发能力。在未来，各研究机构还要继续深入开展相关领域的研究工作，保持该前沿的研究状态，推动该行业在全球的技术发展。

2 工程开发前沿

2.1 Top 10 工程开发前沿发展态势

环境与轻纺工程领域组所研判的 Top 10 工程开发前沿（表 2.1.1）涉及环境科学工程、气象科学工程、海洋科学工程、食品科学工程、纺织科学工程和轻工科学工程 6 个学科方向。其中，各工程开发前沿 2016—2021 年核心专利公开量情况见表 2.1.2。

（1）固体废弃物高质循环利用与减污降碳协同控制技术

固体废弃物高质循环利用与减污降碳协同控制是实现绿色循环低碳发展的关键。迫切需要研发绿色替代材料，提升生产工艺，减少固体废弃物源头产量；研发重点行业领域固体废弃物多维度绿色低碳高值化利用技术，兼顾全生命周期碳减排和二次污染的风险防控；开发低能耗末端处置工艺，进一步降低碳排放。重点发展工业生产过程的清洁生产工艺深化创新、绿色无毒低碳替代新材料研发和应用，清洁能源替代技术、能源梯级利用技术、废物绿色循环利用和高值化利用技术研发，以及新污染

表 2.1.1 环境与轻纺工程领域 Top 10 工程开发前沿

序号	工程开发前沿	公开量	引用量	平均被引数	平均公开年
1	固体废弃物高质循环利用与减污降碳协同控制技术	905	2 163	2.39	2018.4
2	地表地下水土多介质污染协同控制技术	844	1 465	1.74	2018.8
3	工业聚集区污染场地土壤与地下水协同处置技术及装备	121	229	1.89	2019.2
4	河湖水质生态治理技术与装备	840	1 093	1.30	2018.5
5	复杂陆面模型研发及其在地球系统模式中的应用	852	2 878	3.38	2018.6
6	基于机器学习的气候模式研发	994	4 481	4.51	2020.2
7	海洋三维动力环境微波遥感反演技术	441	1 065	2.41	2019.7
8	个人防护装备的回收再利用	994	712	0.72	2019.8
9	基于大数据和智能识别的食品安全预警研究	982	3 337	3.40	2019.6
10	环境友好型纸浆成型技术	847	1 065	1.26	2018. 8

表 2.1.2 环境与轻纺工程领域 Top 10 工程开发前沿逐年核心专利公开量

序号	工程开发前沿	2016	2017	2018	2019	2020	2021
1	固体废弃物高质循环利用与减污降碳协同控制技术	137	142	181	203	182	60
2	地表地下水土多介质污染协同控制技术	85	116	157	149	188	149
3	工业聚集区污染场地土壤与地下水协同处置技术及装备	14	7	20	17	31	32
4	河湖水质生态治理技术与装备	101	129	219	131	149	111
5	复杂陆面模型研发及其在地球系统模式中的应用	118	130	173	134	128	169
6	基于机器学习的气候模式研发	3	7	48	131	344	461
7	海洋三维动力环境微波遥感反演技术	0	48	53	82	68	190
8	个人防护装备的回收再利用	31	50	89	154	247	423
9	基于大数据和智能识别的食品安全预警研究	60	71	120	134	194	403
10	环境友好型纸浆成型技术	107	128	152	109	161	190

物风险评估和风险防控体系研究，实现固体废弃物高质循环利用与减污降碳协同控制，有效支撑社会经济的绿色低碳可持续发展。

（2）地表地下水土多介质污染协同控制技术

山水林田湖草沙一体化保护和修复是提升生态系统质量和稳定性、促进人与自然和谐共生、推进新时代生态文明建设的必然要求。地表水、地下水、土壤之间存在密切的物质交换，地表水与地下水之间的相互补给是维持各自健康状态的重要因子，亟须发展地表地下水土多介质污染协同控制技术。该开发前沿包括 3 个主要的技术方向：① 污染控制与修复材料 / 试剂和生物制剂，包括以零价铁为代表的零价金属纳米材料、层状双金属氢氧化物、生物炭、可生物降解聚合物、修复植物、菌剂、酶等；② 污染控制方法和工艺，包括新型化学氧化与高级氧化技术、化学还原技术、吸附技术、热脱附与吸附/冷凝处理等；③污染控制与修复装置装备，包括高压注入装置、可渗透反应墙、原位油泄漏检测报警装置、用于处理挥发性有机物的真空抽气装置和装备、萃取/提取/淋洗装置、可移动式水处理集成装备等。多介质协同控制针对的主要污染物包括石油烃、卤代烃、重金属等。

该开发前沿核心专利申请数量排名前三的国家分别为中国（65.4%）、美国（13.8%）和韩国（6.1%），体现了相关国家专利申请人对地表地下水土多介质污染协同控制技术开发的重视。该前沿核心专利目前适用于地表水污染控制或修复的技术较少，基于地表水–地下水–土壤复合污染物多介质作用过程机制的高效协同污染控制技术是未来重要的开发方向。

（3）工业聚集区污染场地土壤与地下水协同处置技术及装备

土壤是支撑人类生存与发展的重要资源，也是大量污染物的汇聚地。2014 年发布的《全国土壤污染状况调查公报》显示，全国实际调查土壤面积约为 630 万 km^2，总超标率为 16.1%。造成土壤污染的主要原因为工矿业、农业等人为活动。工业聚集区作为典型的人类活动强烈区域，内部产业集群，城镇化率和土地利用率很高，人地矛盾紧张。我国全国各类工业区约 22 000 多家，而工业区土壤超标点位占 29.4%，存在大于 50 万块工矿企业退役污染场地。由于工业聚集区内发达的地表水系、较浅的地下水位甚至滨海的潮汐效应造成土水作用剧烈，土壤、地下水、地表水互为源汇，各类污染严重、面积大，存在复合污染，污染也往往呈现出多源性、集聚连片性，亟需区域协同防治。当前已有的污染修复手段大多针对单一介质，且以单一技术方法为主，生态修复技术欠缺，亟须研究基于多介质过程调控原理的工业聚集区土壤与地下水污染协同处置技术及装备，整合污染物源头控制的减排方案、物化生化多手段强化污染物高效降解、分离纯化和催化转化绿色资源化、人工湿地等生态修复进行深度处理等协同处置技术，创建工业集聚区土壤–地下水一体化修复装备，进而实现协同整治与联防联控，形成土水污染一体化治理模式。

（4）河湖水质生态治理技术与装备

随着社会经济发展，城市化与工业化进程的加速，污水排放量不断增多，间接或直接排入河湖的污水日益增加，使河湖自净能力降低，水华、劣质、黑臭水体等水环境问题突出。为了解决这些问题，提升水质，保护水体生态功能，各种净化治理技术装备也应运而生，但前期技术方法主要以物理和化学方法为主，对河湖流域生态环境关注较少。近几年，随着生态环境保护认识的不断提高，尤其是在以政府为主导的水生态保护政策和污染治理行动计划推动下，我国河湖水质生态治理研究迎来突破性发展机遇，相关技术装备成为研发热点。水质生态治理主要包括复合生态滤床、生物膜净化、底泥生物氧化、生物多样性调控等技术，其原理是通过在人工湿地或者水中固定载体上引入驯化的水生植物、浮游生物或微生物等，利用其对污染物的吸收、降解作用，达到水质净化的目的。一般来说，相关技术装备运行维护成本较低、能耗低、稳定长效，对恢复河湖自净能力、保持河湖生态系统平衡具有显著改善作用。

（5）复杂陆面模型研发及其在地球系统模式中的应用

陆面是天气/气候/地球系统的重要组成部分，其物理、化学、生物过程深刻影响着陆地与大气、陆地与海洋之间的能量和物质交换。陆面过程是指发生在陆地表层的所有物理、化学、生物过程，及其与大气、海洋的相互作用过程。陆面过程模式是定量描述这些过程以及研究人类活动与环境相互作用的数学物理模式，并可通过计算机实现仿真，是数值天气/气候/地球系统模式的核心组成部分。当今用于数值天气/气候/地球系统模式的陆面过程模式研究需特别强调向多时空尺度、系统集成的方向发展，强调全球性与区域性、宏观与微观、生态系统过程等的结合，以及多源观测与数据同化相结合；特别强调学科研究与国家需求、经济和社会可持续发展以及政策/决策紧密结合，使陆面过程模式研究不断向深度和广度发展。实现新研制的陆面过程模式与地球系统模式的耦合，来准确描述和预测气候变化与人类活动对陆面物理、生物、地球化学过程的影响，可为天气/气候预报预测、水资源安全、灾害防治、粮食安全、生态系统服务功能等问题提供有力的科学支撑。

（6）基于机器学习的气候模式研发

传统意义上的气候模式主要是物理模型，而物理模型（理论驱动）和机器学习（数据驱动）通常被认为是两种不同的科学研究范式。但事实上这两种方法是可以互补的，即物理模型原则上可以直接解释，并具有不依赖于观测数据的预测和外推能力，而机器学习在探索数据方面具有高度灵活性，可能从数据中发现意料之外的模式，二者协同也越来越受到关注。美国国家大气研究中心、美国国家海洋和大气管理局已经开始用机器学习与深度学习模式来替换部分气候/天气模式。传统上，气候模式很大程度上基于大气和海洋的物理化学过程，以及陆表过程。但是，它们无法涵盖大气中毫米级或更小尺度范围发生的过程，因此这些模式需包含部分经验公式，即参数化。参数化可以代表云和大气对流等复杂过程，其中一个例子就是强对流，它们的发生尺度很小，所以气候模式很难精确地对其进行表示。而近几年引起关注的一个方向是，利用机器学习可以更精确地表示大气和海洋的小尺度变化。即首先通过运行一个成本高的高分辨率模式来解决相应的过程（如浅云），然后利用机器学习从这些模拟中进行学习，随后再把机器学习算法纳入气候模式，最终形成一个更快、更精确的气候模式。

（7）海洋三维动力环境微波遥感反演技术

微波遥感反演技术是根据利用某种传感器接受地理各种地物发射或者反射的微波信号产生的遥感影像特征，反推其形成过程中的电磁波状况的技术，即将遥感数据转变为人们实际需要的地表各种特性参数。

遥感的本质是反演，而从反演的数学来源讲，反演研究所针对的首先是数学模型。因此，遥感反演的基础是描述遥感信号或遥感数据与地表应用之间的关系模型。海洋三维动力环境微波遥感反演的技术要点一方面在于遥感数据的全方位精确获取和多种数据的组合应用，另一方面则在于反演模型的选择和应用。

未来的研究工作中，集成和发展已有遥感理论成果和反演方法，结合极轨卫星/静止卫星、光学传感器/微波传感器等多源遥感数据，开发多仪器观测结果的综合反演算法，开展海洋关键要素遥感定量反演与估算，建立海洋地表参数综合观测和反演平台，面向地球系统过程研究改进和提高当前参数反演算法，建立长时间序列、高精度的地表关键要素的遥感定量反演产品，将为研究和应用海洋三维动力环境系统过程提供更加精确可靠的卫星遥感观测数据。

（8）个人防护装备的回收再利用

个人防护装备（personal protective equipment，PPE）是旨在保护穿戴者的身体免受伤害或感染的防护服、头盔、口罩、护目镜等保护用具。自新型冠状病毒肺炎（以下简称新冠肺炎）疫情以来，全球对一次性医用口罩、防护服等 PPE 医疗物资的需求不断攀升，伴随着一次性医疗卫生用品的应用，相关废弃物带来了难以估量的环境污染。据海洋保护组织发表的一篇报道显示，2020 年全球共生产约 520 亿只口罩，其中至少 15.6 亿只口罩流入海洋，而降解这些口罩至少需要 450 年，降解过程中会对地球生态环境造成难以预估的破坏。卫生方面，以在多个不同环境中佩戴 4 小时后的口罩为例，口罩外侧菌落平均有 1 096 个，内侧菌落有 1 840 个，口罩丢弃后，口罩表面附着的细菌随口罩分散在我们生活的各个角落，同时大量废弃的一次性口罩所产生的资源浪费日益严重。因此，废弃防护装备（PPE）的回收再利用已成为迫在眉睫的问题。

（9）基于大数据和智能识别的食品安全预警研究

食品大数据和智能识别贯穿于食品从生产、加工、流通、市场到餐桌的全过程。对食品供、产、销各环节中的信息和数据进行采集存储，形成从生产源头到消费终端的顺向追踪以及从消费终端到生产源头的逆向回溯，构建食品供应链信息数据系统，保证食品的整个生产经营活动始终处于有效监控之下。同时，研发食品生产、加工、流通实时监控视频图像中动态违规行为特征指标识别、报警和记录标记技术，实现机器代人的图像连续动态识读和报警功能，创新可视化信息服务表达方法，构建信息数据溯源实时高清大数据可视化监管体系。通过采集记录食品相关的食材采购、消毒记录、食品添加剂、废弃物处理、食品留样、过期预警大数据，提前预警到期或变动信息，实时远程全区域监管，提出一种基于大数据和智能识别的食品安全预警方法。

（10）环境友好型纸浆成型技术

石油基塑料制品在产品包装及一次性餐具等领域具有广泛的应用，但其难降解性也带来了潜在的环境压力。为了攻克这一难题，开发环境友好的绿色可降解材料替换传统石油基塑料制品是重要的突破点之一。纸浆成型技术作为一种立体造纸技术，可将纸浆在特定模具中形成具有一定形状和尺寸的纸浆湿坯，再经过后续的冷压脱水、转移、热压干燥等工序而形成模塑材料。纸浆成型技术的原料主要来源于造纸工业产生的废纸及非木材原生植物纤维，因此纸浆成型产品具有原料可再生、产品可降解且易回用等优势，展现了较大的推广应用潜力。2020 年以来，我国“限塑 / 禁塑”政策逐步落实，纸浆模塑行业将在较长时期内保持高速发展态势。目前，基于纸浆成型技术生产的模塑材料主要应用于餐饮、工业品、农业食品和医疗包装等领域，具有良好的发展前景。然而，随着包装要求的提高，纸浆成型技术的相应配套设备相对落后、自动化水平欠缺、产品质量不高等短板问题也日益凸显，尤其对于精品工业包装而言，纸浆成型模塑制品的包装缓冲性能、白度、防潮性能、耐腐蚀性能、表面平滑度等均影响其使用效果。因此，这对环境友好型纸浆成型技术的整体工艺流程提出了更高的要求，而如何进行原料、化学助剂和无机填料的选择以及模具的高效设计是未来实现这一技术推广的重要研究方向。

2.2 Top 3 工程开发前沿重点解读

2.2.1 固体废弃物高质循环利用与减污降碳协同控制技术

如何进一步提高工业固体废弃物的资源化利用水平、有效防范有毒有害化学品管理和固体废物处置利用过程中的环境风险是提升固体废物与化学品环境治理体系和治理能力的重要任务。固体废物处置技术的研究发展将从减量化、资源化、无害化的基本原则出发，向全产业、全过程风险管控技术和监管体系建立研究转变，处置模式从单打独斗向区域产业协同转变，绿色综合利用、高值化利用与减污降碳协同将成为未来的重点研发方向。图 2.2.1 为“固体废弃物高质循环利用与减污降碳协同控制技术”工程开发前沿的发展路线。

一是开展工业污染源和新污染物源头减量化和综合治理技术研究。围绕钢铁、有色、建材、石化、化工、造纸等重点行业，开展减污降碳源头控制关键技术研究。研发新型低毒低污染绿色材料，开发能源高效燃烧技术，清洁能源替代技术，高温烟气、余热废水等能源梯级利用技术，废物原位再生和高值化多途径绿色利用技术，通过减污降碳源头协同控制关键技术创新，助力实现低碳背景下重点行业企业和工业园区生产过程中废水、废气、新兴固体废弃物以及高风险危险废物的源头削减，防范污染物跨介质转移，降低新污染物环境和健康风险，缓解末端综合治理压力。

二是研发重点行业减污降碳源头协同控制关键技术。针对污染物末端治理负荷较大、成本过高、部分污染物仍缺乏有效治理手段等问题，重点围绕钢铁、有色、建材、石化、化工、造纸等重点行业，开展减污降碳源头控制关键材料、重大装备技术研发和集成，研发新型低毒低污染低耗能材料、清洁能源替代及传统能源高效燃烧技术，清洁生产工艺优化，生产过程废物原位再生和高效利用，高温烟气、余热废水等生产线上能源梯级利用等减污降碳源头协同控制关键技术，实现融合减污降碳，兼具环境效益、经济效益、气候效益等多目标的减污降碳协同控制源头减排技术创新。

三是工业园区减污降碳协同控制关键技术研发。研发工业园区生态产业链网构建的资源高效循环利用关键技术；研究工业园区能源绿色低碳及梯级利用关键技术；研发工业园区资源能源高效利用的智慧追踪、辨识及优化调控技术；研究工业园区碳通量监测、核算以及碳溯源技术；研发园区减污降碳协同度评价技术。

由表 2.2.1 可知，该工程开发前沿中核心专利公开量排名前四位的国家为中国、美国、日本和韩国。其中，中国的核心专利数排名第一，占比为 83.31%，超过了全球专利数的 80%；美国次之，占比为 3.54%。中国的专利被引数比例为 72.17%，排名第一。各国以独立开展研究为主，尚无合作。

由表 2.2.2 可知，该工程开发前沿中核心专利产出数量较多的机构是中南大学、中国科学院过程工程研究所、佛山市三水雄鹰铝表面技术创新中心有限公司、江苏省冶金设计院有限公司、江苏理工学院和攀钢集团有限公司，这些机构的核心专利数均超过了 6 项。各机构以独立开展研究为主，尚无合作。

通过以上数据分析可知，我国在固体废弃物高

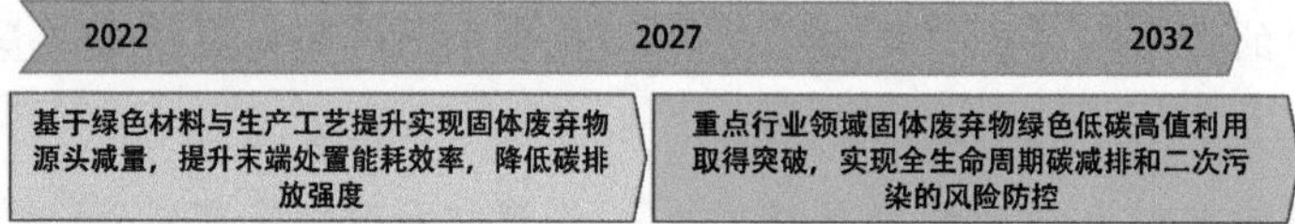

图 2.2.1 “固体废弃物高质循环利用与减污降碳协同控制技术”工程开发前沿的发展路线

表 2.2.1 “固体废弃物高质循环利用与减污降碳协同控制技术”工程开发前沿中核心专利的主要产出国家

序号	国家	公开量	公开量比例 /%	被引数	被引数比例 /%	平均被引数
1	中国	754	83.31	1 561	72.17	2.07
2	美国	32	3.54	182	8.41	5.69
3	日本	27	2.98	92	4.25	3.41
4	韩国	18	1.99	30	1.39	1.67
5	德国	10	1.10	34	1.57	3.40
6	法国	10	1.10	34	1.57	3.40
7	比利时	7	0.77	20	0.92	2.86
8	加拿大	6	0.66	67	3.10	11.17
9	俄罗斯	6	0.66	17	0.79	2.83
10	意大利	6	0.66	15	0.69	2.50

表 2.2.2 “固体废弃物高质循环利用与减污降碳协同控制技术”工程开发前沿中核心专利的主要产出机构

序号	机构	公开量	公开量比例 /%	被引数	被引数比例 /%	平均被引数
1	中南大学	27	2.98	84	3.88	3.11
2	中国科学院过程工程研究所	9	0.99	33	1.53	3.67
3	佛山市三水雄鹰铝表面技术创新中心有限公司	9	0.99	2	0.09	0.22
4	江苏省冶金设计院有限公司	7	0.77	16	0.74	2.29
5	江苏理工学院	7	0.77	11	0.51	1.57
6	攀钢集团有限公司	7	0.77	6	0.28	0.86
7	南通九洲环保科技有限公司	6	0.66	3	0.14	0.50
8	湖南薪火传环保科技有限责任公司	6	0.66	2	0.09	0.33
9	中国石油化工股份有限公司	5	0.55	42	1.94	8.40
10	长沙紫宸科技开发有限公司	5	0.55	16	0.74	3.20

质循环利用与减污降碳协同控制技术方面的核心专利产出及被引数均处于世界前列，我国研究机构的核心专利数量相对较多。

2.2.2 复杂陆面模型研发及其在地球系统模式中的应用

陆–气、陆–海界面是人类活动的主要场所，随着人类社会的发展，人类活动导致的地球陆面状况变化，深刻影响了陆–气、陆–海之间的物质与能量交换、区域气候和生态环境的变化。这些变化已对自然和人类产生了巨大的影响。准确描述陆面物理、化学、生物过程，准确计算陆面状态以及陆–气、陆–海界面的物质和能量交换通量，对天气/气候数值预报预测业务，以及充分理解全球变化所带来的水安全、粮食安全、生态环境恶化等问题的形成机制，制定相应的对策，具有重要的科学意义和社会意义。

陆面过程模式的发展迄今主要经历了 4 个阶段，从相对简单的“水桶模式”和简单能量平衡模式发展到包含对陆面物理、化学和生物等精细化描述的第四代陆面过程模式，极大地提高了我们对陆面系统的认识水平。但已有模式对人类活动对陆面过程扰动影响的描述均相对缺乏或过于简单，在陆面过程模式中包含人类活动和生态系统过程并实现高分辨率模拟，并将进一步实现新版陆面过程模式与地球系统模式的耦合，来准确描述和预测气候变化与人类活动对陆面物理、生物、地球化学过程的影响，是未来陆面模型研发的主要目标。

表 2.2.3 为该工程开发前沿中核心专利的主要产出国家。我国在核心专利公开量上排名第一，美国排名第二，法国排名第三。但是，我国公开专利的平均被引数却低于美国。这也从侧面说明我国在该领域虽然拥有不少核心专利，但是专利缺乏创新，影响力不足。我国在该领域的技术水平仍有待提高。从主要国家间的合作网络（图 2.2.2）可以看出，平均被引数排名前列的美国、法国、荷兰和加拿大等国家存在合作关系，而中国除与美国有合作外，与其他国家没有合作。

表 2.2.4 为该工程开发前沿中核心专利主要产出机构，其中被引数排名前两位的机构分别为帕拉代姆有限责任公司和沙特阿拉伯国家石油公司。从公开量来看，排名前十位的机构中有 5 家来自中国。图 2.2.3 为该工程开发前沿主要机构间的合作网络，可以看出各机构间的研发合作关系很弱，只有帕拉代姆有限责任公司和艾默生范式有限责任公司存在

表 2.2.3 “复杂陆面模型研发及其在地球系统模式中的应用”工程开发前沿中核心专利的主要产出国家

序号	国家	公开量	公开量比例 /%	被引数	被引数比例 /%	平均被引数
1	中国	668	78.40	1 283	44.58	1.92
2	美国	112	13.15	643	22.34	5.74
3	法国	19	2.23	87	3.02	4.58
4	沙特阿拉伯	19	2.23	73	2.54	3.84
5	韩国	15	1.76	10	0.35	0.67
6	荷兰	14	1.64	50	1.74	3.57
7	加拿大	13	1.53	37	1.29	2.85
8	卢森堡	12	1.41	68	2.36	5.67
9	日本	11	1.29	4	0.14	0.36
10	英国	8	0.94	21	0.73	2.62

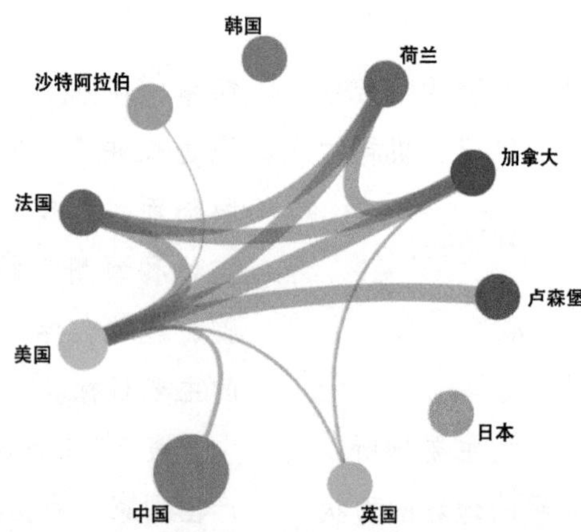

图 2.2.2 “复杂陆面模型研发及其在地球系统模式中的应用”工程开发前沿主要国家间的合作网络

表 2.2.4 “复杂陆面模型研发及其在地球系统模式中的应用”工程开发前沿中核心专利的主要产出机构

序号	机构	公开量	公开量比例 /%	被引数	被引数比例 /%	平均被引数
1	沙特阿拉伯国家石油公司	19	2.23	73	2.54	3.84
2	哈利伯顿能源服务公司	19	2.23	60	2.08	3.16
3	中国水利水电科学研究院	16	1.88	71	2.47	4.44
4	斯伦贝谢公司	14	1.64	43	1.49	3.07
5	帕拉代姆有限责任公司	11	1.29	82	2.85	7.45
6	中国农业科学院农业资源与农业区划研究所	11	1.29	21	0.73	1.91
7	艾默生范式有限责任公司	10	1.17	28	0.97	2.80
8	中国石油化工股份有限公司	10	1.17	23	0.80	2.30
9	国家电网有限公司	10	1.17	12	0.42	1.20
10	中国矿业大学（北京）	9	1.06	23	0.80	2.56

合作关系。这说明我们应进一步加强与其他国家、机构间的交流合作，才能进一步提升我国在这一领域的创新能力。

图 2.2.4 为“复杂陆面模型研发及其在地球系统模式中的应用”工程开发前沿的发展路线。可以看出，该工程开发前沿未来 5~10 年的重点发展阶段有两个：第一个是在陆面模型中引入人类活动和生态系统过程，在此基础上，实现第二个阶段目标，即陆面过程模式与地球系统模式的耦合。

2.2.3 个人防护装备的回收再利用

新冠肺炎疫情的全球暴发，使废弃个人防护装备尤其是废弃一次性医用口罩的回收利用与升级再造成为国内外新形势下的重要课题。以一次性医用口罩为例，其一般由两层纺粘非织造材料中间复合一层熔喷非织造材料为主体，以及附属的耳带和鼻夹组成。主体部分以聚丙烯（PP）为原材料，外层和内层纺粘非织造材料的主要作用是防水、防溅射，同时提供一定的强力支撑，避免里层的熔喷非织造材料因强力过低而损坏；中间层的熔喷非织造材料主要起过滤作用，熔喷非织造材料纤维直径小（2 μm 左右），纤维网孔径小、孔隙率大。复合后的口罩经过静电驻极后能有效吸附粉尘颗粒，捕获细菌及病毒飞沫。

目前，废弃一次性医用口罩的回收处理方法主要有填埋法、焚烧法、物理回收利用和化学回收利用四大类。填埋法利用微生物分解口罩，降解时间长，且对土壤有污染。焚烧法将燃烧产生的热量用于发电及机械驱动，特点是工艺成熟、简单，有较大的使用范围，但环境污染严重、产能低、资源利用率低。物理回收利用是在物理机械作用下将废弃一次性医用口罩破碎成规定尺寸，与其他材料混合均匀后在热效应、压力或两者协同作用下粘连形成新的产物，特点是工艺较成熟、流程简单，但制得的产物产品价值低、资源利用率低。化学回收利用在处理废弃一次性医用口罩方面的应用较成功，通过化学反应将聚合物大分子转化为小分子化合物进一步利用，或使废弃口罩中特定基团与化学试剂反应生成新的产物，特点是产品的附加值较高、绿色环保，但部分试剂对环境有污染，可以寻找绿色环

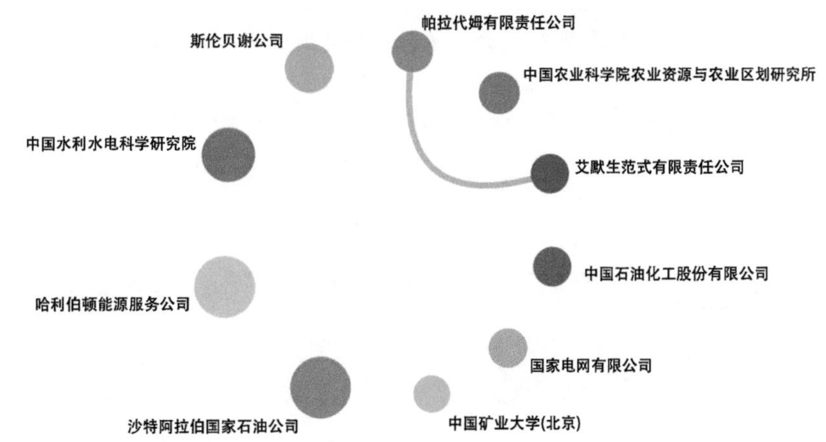

图 2.2.3 “复杂陆面模型研发及其在地球系统模式中的应用”工程开发前沿主要机构间的合作网络

2022 2027 2032
引入人类活动和生态系统过程
实现陆面过程模式与地球系统模式的耦合

图 2.2.4 “复杂陆面模型研发及其在地球系统模式中的应用”工程开发前沿的发展路线

保的试剂替代。

总之，在形成全民意识进行废弃口罩分类处理的基础上，通过探索口罩相关材料分解、重构和再次功能化的机制，研发新型选择性绿色催化剂、降解剂，以及原位协同检测技术，设计合成下一代可化学循环的口罩材料，制定新型口罩标准，开发利用现有废弃一次性医用口罩剩余价值的新思路等途径，将大大助力废弃一次性医用口罩的升级再造，从而实现变“废”为“宝”，为社会可持续发展做出贡献。

图 2.2.5 为“个人防护装备回收再利用”工程开发前沿的发展路线。

在后疫情时代常态化防治需求的背景下，补足我国医疗废物处置的能力短板，建立健全应急响应机制，是我国完善重大疫情防控体制的应有之义，更是构筑国家公共卫生领域安全屏障的重要支撑。而医疗废物回收再利用，需要通过创新开发来实现。近年来，我国在废旧纺织品回收再利用发展研究中的投入在全球名列前茅，个人防护装备的回收再利用技术不断创新。如表 2.2.5 所示，近年来的技术核心专利中，我国公开量高达 974 项，占所有公开专利的 97.99%，其次为美国和韩国，我国个人防护装备的回收再利用技术专利总量远高于美国、俄罗斯、日本等国家。从平均被引数来看（表 2.2.5），我国专利平均被引数仅为 0.63，远低于美国、俄罗斯、日本等国家，个人防护装备的回收再利用技术原创仍较少，创新不足，影响力不够。从排名前十的核心专利产出机构来看（表 2.2.6），其中排名前两位的机构分别为我国的顺叱华（青岛）智能科技有限公司和博思英诺科技（北京）有限公司，但是它们的专利被引数和平均被引数都较低。各主要国家、机构间不存在研发合作关系，产业化程度较低，针对个人防护装备的回收再利用技术产－学－研合作仍有很大空间。我们应该进一步加强与其他国家、机构间的交流合作，进一步提升我国在这一领域的创新能力，在技术开发方面也应破除“唯数量论”，增加科研产出影响力的相关评估，以激励科研机构注重研究的质量与影响力，促进大学机构与企业之间的产学研结合，促进学科领域的长足发展。

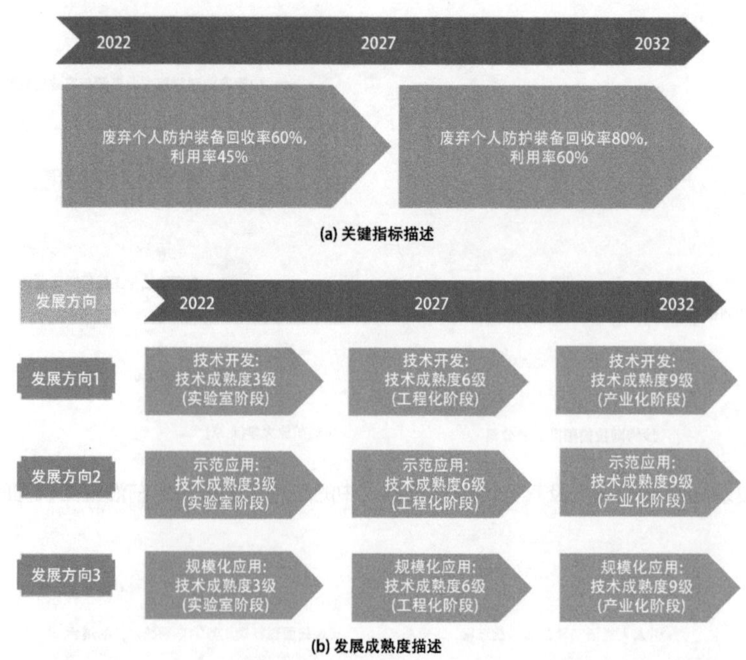

图 2.2.5 “个人防护装备回收再利用”工程开发前沿的发展路线

表 2.2.5 “个人防护装备的回收再利用”工程开发前沿中核心专利的主要产出国家

序号	国家	公开量	公开量比例 /%	被引数	被引数比例 /%	平均被引数
1	中国	974	97.99	610	85.67	0.63
2	美国	5	0.50	79	11.10	15.80
3	韩国	5	0.50	3	0.42	0.60
4	俄罗斯	4	0.40	11	1.54	2.75
5	日本	3	0.30	8	1.12	2.67
6	波兰	1	0.10	1	0.14	1.00
7	英国	1	0.10	0	0.00	0.00

表 2.2.6 “个人防护装备的回收再利用”工程开发前沿中核心专利的主要产出机构

序号	机构	公开量	公开量比例 /%	被引数	被引数比例 /%	平均被引数
1	顺吒华（青岛）智能科技有限公司	6	0.60	0	0.00	0.00
2	博思英诺科技（北京）有限公司	4	0.40	4	0.56	1.00
3	安徽坤健生物科技有限公司	3	0.30	2	0.28	0.67
4	中国国家铁路集团有限公司	3	0.30	1	0.14	0.33
5	绍兴煦橙环保设备有限公司	3	0.30	1	0.14	0.33
6	衡阳旺发锡业有限公司	3	0.30	0	0.00	0.00
7	EcoATM 公司	2	0.20	76	10.67	38.00
8	中国船舶重工集团公司	2	0.20	15	2.11	7.50
9	中国科学院沈阳自动化研究所	2	0.20	11	1.54	5.50
10	长沙鹏跃五洋信息科技有限公司	2	0.20	5	0.70	2.50

领域课题组成员

课题组组长：郝吉明　曲久辉

专家组：

贺克斌　魏复盛　张全兴　杨志峰　张远航
吴丰昌　朱利中　潘德炉　丁一汇　徐祥德
侯保荣　张　偲　蒋兴伟　孙宝国　庞国芳
孙晋良　俞建勇　陈克复　石　碧　瞿金平
岳国君　陈　坚

工作组：

黄　霞　鲁　玺　胡承志　李　彦　许人骥
陈宝梁　潘丙才　席北斗　徐　影　宋亚芳
白　雁　马秀敏　李　洁　王　静　刘元法
刘东红　范　蓓　覃小红　黄　鑫

办公室：

王小文　朱建军　张向谊　张　姣　郑　竞

执笔组：

黄　霞　鲁　玺　胡承志　李　彦　潘丙才
单　超　席北斗　白军红　陆克定　姜永海
贾永锋　尚长健　古振澳　盛雅琪　谢　湉
王亚琪　徐　楠　李　晓　郑　菲　许人骥
徐　影　石　英　王知泓　白　雁　李　洁
马秀敏　麦志茂　马　峥　王　静　范浩然
覃小红　张弘楠　黄　鑫　肖涵中

七、农业

1 工程研究前沿

1.1 Top 11 工程研究前沿发展态势

农业领域 Top 11 工程研究前沿主要有：① 有关农业动植物的分子生物学机制和机理的研究，如重要动物病原的免疫抑制与逃逸机制、土壤高效固碳与调控机制、木材形成的分子生物学机制、养殖环境－畜禽－肠道微生物－营养素代谢互作网络机制；② 一如既往的分子育种，如水产动物多倍体育种、畜禽多基因聚合育种；③ 关于提升动植物产品产量及绿色生产相关研究，如园艺作物产品器官发育与品质调控、作物绿色栽培技术、植物抗病小体的发现、作物从头驯化及野生种质资源开发利用、粮食安全对气候变化的响应。农业领域工程研究前沿的核心论文数区间为 7~143 篇，平均为 59 篇，与往年相近；篇均被引频次区间为 5.06~178.69 次，平均约为 59.58 次；核心论文出版年度以 2018 年和 2019 年为主，其中“重要动物病原的免疫抑制与逃逸机制”和“作物从头驯化及野生种质资源开发利用”的核心论文出版以近 3 年为主，且呈上升趋势（表 1.1.1 和表 1.1.2）。

（1）作物从头驯化及野生种质资源开发利用

作物驯化是将野生植物驯化繁殖为栽培作物，其在人类农耕文明的起源和演变过程中发挥了重要作用，推动了人类文明的持续发展和社会的快速进步。具体来看，驯化过程是以野生种质为起始材料，通过历史上长期的人工选择有目的地筛选有益农艺性状，如落粒少、少分枝、直立生长、芒短、种子大、易收获等。究其本质，驯化过程是聚合和保留基因组中优异遗传变异的过程。然而，驯化过程历时漫长，同时对性状的选择较为朴素盲目，因此筛选驯化优异性状的同时不可避免地使驯化群体遗传多样性降低。相较于现代栽培种，野生近缘种往往在特定性状方面具有优势，包括具有更强的抗性和更广的环境适应性，生物量与经济产量会相对较高。

表 1.1.1 农业领域 Top 11 工程研究前沿

序号	工程研究前沿	核心论文数	被引频次	篇均被引频次	平均出版年
1	作物从头驯化及野生种质资源开发利用	74	2 345	31.69	2019.4
2	重要动物病原的免疫抑制与逃逸机制	45	7 556	167.91	2020.2
3	土壤高效固碳与调控机制	83	14 831	178.69	2018.9
4	园艺作物产品器官发育与品质调控	61	588	9.64	2018.9
5	水产动物多倍体育种	18	91	5.06	2019.2
6	作物绿色栽培技术	98	4 868	49.67	2017.6
7	畜禽多基因聚合育种	50	569	11.38	2019.2
8	粮食安全对气候变化的响应	143	11 032	77.15	2017.8
9	木材形成的分子生物学机制	7	167	23.86	2017.7
10	植物抗病小体的发现	34	800	23.53	2020.2
11	养殖环境－畜禽－肠道微生物－营养素代谢互作网络机制	37	2 842	76.81	2017.3

表 1.1.2　农业领域 Top 11 工程研究前沿核心论文逐年发表数

序号	工程研究前沿	2016	2017	2018	2019	2020	2021
1	作物从头驯化及野生种质资源开发利用	4	10	6	12	13	29
2	重要动物病原的免疫抑制与逃逸机制	0	0	4	5	15	21
3	土壤高效固碳与调控机制	9	11	7	25	15	16
4	园艺作物产品器官发育与品质调控	4	10	14	9	7	17
5	水产动物多倍体育种	2	2	1	3	5	5
6	作物绿色栽培技术	29	17	26	21	5	0
7	畜禽多基因聚合育种	0	7	11	12	6	14
8	粮食安全对气候变化的响应	32	32	34	25	16	4
9	木材形成的分子生物学机制	2	2	1	0	2	0
10	植物抗病小体的发现	0	1	0	6	11	16
11	养殖环境–畜禽–肠道微生物–营养素代谢互作网络机制	15	6	9	4	3	0

如今随着生物技术特别是基因编辑技术的发展，从头驯化开始被提出作为作物育种的一种新策略。选择野生或半野生植物物种作为优良基础材料，通过现代育种技术手段快速导入驯化目标性状，短周期内实现培育突破性新作物物种，以重新挖掘利用在传统作物驯化过程中丢失的优异野生种质资源，对适应当前环境变化大趋势下的农业可持续发展有重要意义。

（2）重要动物病原的免疫抑制和逃逸机制

我国是世界畜禽养殖和畜禽类动物源食品消费大国，近年来畜牧业集约化和规模化养殖水平不断提高，但疫病问题尤其是一些重大动物疫病及人兽共患病一直是制约养殖业健康发展和社会公共卫生安全的主要因素。如何有效防控这些重要动物病原一直是兽医学、医学和生物安全等领域的关注焦点和研究热点。阻碍疫病防控的主要原因之一就是这些重要动物病原在长期进化中产生不同机制的免疫抑制和免疫逃逸。机体抵御病原感染主要依靠机体天然免疫和获得性免疫应答。一些重要病原能够通过逃逸宿主识别和抑制关键抗病毒天然免疫应答，导致病原能够有效突破机体的免疫屏障建立感染；同时，病原通过抑制宿主诱导获得性应答产生，通过突变或重组等机制产生新的变异体或毒株，逃逸机体产生的中和抗体或 T 细胞免疫，从而免于被机体清除，建立有效感染。揭示病原抑制机体免疫功能和逃避免疫系统的关键机制是有效防控重要动物病原的前提，也是当前研究的难点和热点，相关研究成果必将为防控疫病的发生与流行提供重要指导和技术支撑。

（3）土壤高效固碳与调控机制

全球土壤有机碳总量为 1 500~2 000 Pg，相当于大气中碳总量的 2~3 倍。农业土壤碳固定占自然气候解决方案总潜力的 25%。因此，促进农业土壤高效固碳对于保障粮食安全、减缓气候变化以及推进农业绿色发展具有重要意义。土壤高效固碳与调控的核心是深入认识土壤有机质的形成、周转和稳定等关键过程，建立高效固碳、减缓其矿化分解的调控机制。

土壤是一个多种物质并存、多种过程同时发生、多种因素共同影响的开放的复杂系统。目前土壤高效固碳机理还存在很多不清楚的地方。因此未来需要强化对其固碳过程和调控机制的深入研究。具体来看，解析土壤有机质的形成过程、赋存形态和稳定机理等问题是该方向重要的研究热点和前沿，未来应精确区分不同有机组分碳源、探究植物残体向土壤有机质转化的微生物作用机制、加快基于多因素协同调控的有机质稳定性研究、探索土壤碳平衡机理及植物残体输入阈值等，强化对土壤固碳本质和调控机制的研究。此外，创新高效固碳保肥新型碳基材料，提高土壤固碳效率，集成创新土壤固碳、耕地保育及产能提升关键技术及技术模式，推动大面积农业土壤固碳落地应用已成为该领域的重要应用研究前沿。

（4）园艺作物产品器官发育与品质调控

园艺作物（蔬菜、果树、花卉）产品器官多样，包括根及变态根、茎及变态茎、叶及叶球、花及花薹、果实及种子等，是园艺作物产量构成的基础。园艺产品品质包括营养品质（如碳水化合物、脂类、蛋白质、维生素、矿物质、微量元素等营养要素）、感官品质（包括产品的外观、质地、适口性等，如大小、形状、颜色、光泽、汁液、硬度、缺陷、新鲜度等）、卫生品质（包括果蔬表面的清洁程度，果蔬组织中的重金属含量、农药残留量及其他限制性物质如亚硝酸盐含量等）、商品化处理品质（如易清洗等）等复杂性状。随着园艺产业的快速发展，在不断提高作物产量的同时，产品品质性状变化、健康成分含量和园艺产品质量安全问题受到了密切关注。近年来，我国在园艺作物果形、色泽、营养品质、风味和苦味物质形成与调控机理方面已开展了一些研究，特别是运用基因组、转录组和代谢组等手段，通过园艺作物器官发育与产品品质相关物质代谢基因及其调控基因的挖掘、分析，对产量与品质等重要农艺性状分子机制和调控网络的了解也越来越多，但多数决定园艺作物器官发育与产品品质的代谢物质还不清晰，对其分子机制和代谢调控机理的研究更少。因此，未来应该在现有基础上，从转运蛋白、转录调控因子、表观修饰因子以及非编码 RNA 等方面开展不同层级的基因表达级联调控机制及其调控网络解析，探明园艺作物产品器官发育与品质形成的调控网络和信号传导机制，为园艺产业提质增效提供科学依据。

（5）水产动物多倍体育种

多倍体生物是具有 3 套或 3 套以上完整染色体组的生物。在植物和动物中，多倍体广泛存在。在长期的进化过程中，多倍化是物种发生的重要原动力之一。随着基因组和系统演化研究的深入，多项研究结果支持大部分物种在演化过程中经历了多倍化事件。一旦多倍化发生，其稳定性则依赖于基因组快速重组和基因表达调控的变化。可育多倍体的形成不仅促进了物种间的遗传物质交流，丰富了物种多样性，而且为多倍体育种奠定了基础。通过远缘杂交、物理诱导、化学诱导等技术可以获得水产动物多倍体。其中远缘杂交可获得大规模的多倍体可育品系。目前，研究人员基于水产动物多倍体育种技术已经获得了多个鱼类、虾蟹、贝类等水产动物新种质，并开展了系统研究。水产动物多倍体育种的研究不仅具有重要的理论意义，而且具有重要的应用价值。

（6）作物绿色栽培技术

绿色栽培是研究作物生长发育规律及其与外界环境条件的关系，并在此基础上通过栽培措施达到高产、优质、高效、生态、安全的一门应用科学领域。我国水稻、小麦、玉米三大作物单产显著高于世界平均水平，粮食总产量连创新高，为保障国家粮食安全做出了巨大贡献。但应清醒认识到，我国粮食作物种植方式多元且趋向粗放、机械化栽培技术不完善、工程技术集成度不高、水肥药投入多、农艺农机农智绿色低碳融合不足的问题突出。作物绿色栽培已成为当前亟待解决的热点和难点问题，其核心科学问题主要有：① 大田作物优质高产绿色高效协同提升机理与技术；② 大田作物优质高产（超高产）高效协同规律与可复制栽培模式；③ 大田作物健康抗逆固碳减排节能绿色栽培技术；④ 大田作物农艺农机农智融合关键技术；⑤ 作物全程“无人化”绿色栽培模式与技术。通过作物栽培学的自主创新及与生理学、环境生态学、信息学、机械工程学等前沿科学的交叉融合，创建中国特色作物优质高产绿色高效栽培技术新理论，创立面向规模化绿色生产的农艺农机农智协同的“无人化”栽培技术体系，实现大田作物产量与品质、生产效率与生产效益的协同提升，作物综合生产能力提升10%~30%，绿色高产栽培居世界领先水平，有效推进大田作物生产现代化。

（7）畜禽多基因聚合育种

畜禽多基因聚合育种是畜禽分子育种的主要方法之一，是指将分散在不同品种或品系中的优良个体的优良基因聚合到同一个体的基因组中，从而获得具备特定性状的新品种（系）。目前，实现多基因聚合主要有两种途径。一是在确定与优异性状相关的分子标记的基础上，通过杂交、回交和分子标记辅助选择技术，在后代中选择多个优良基因聚合到一起的个体。分子标记辅助选择所获得的与目标数量性状基因紧密连锁的分子标记，其结果可靠性强，且不受等位基因显隐性关系及环境的影响，在动物育种中的应用加快了遗传进展，缩短了育种周期。但是该方法选择的个体后代中聚合的基因可能重新分离，造成目标性状不稳定。近年来，随着转基因技术和基因编辑技术的不断发展，通过基因修饰技术实现多基因聚合已经成为畜禽多基因聚合育种的研究前沿。但是，在动物基因组中同时实现多基因编辑仍然有多重技术难点。一是与畜禽重要性状相关的功能基因没有完全解析清楚，基因组操作的靶点仍不明确。二是在动物基因组中同时进行基因编辑的数量有限，同时编辑几十、上百个位点难以实现。我国拥有丰富的畜禽遗传资源，各种表型和基因型数据库不断丰富，多种性状相关的重要功能基因和调控序列挖掘不断深入，同时，随着干细胞育种技术以及基因编辑技术的效率、准确性和安全性的不断提升，利用干细胞体外长期传代培养的特性，能够进行多次基因编辑操作，有望解决基因编辑聚合育种的技术难题。

（8）粮食安全对气候变化的响应

全球气候变化是指在全球范围内气候平均状态统计学意义上的巨大改变或者持续较长一段时间的气候变动。粮食生产对于气候变化的响应具有高度的敏感性，以气候变暖为主要特征的全球气候变化给全球粮食安全带来了严重影响。随着全球气候变暖，地表温度上升会增加农作物的呼吸消耗，影响光合作用的进行和农作物生长发育。在全球范围内，玉米产量年际波动中有18%是气候变化的结果。气候变异对大豆和小麦产量波动的影响分别占其综合影响的7%和6%。相关研究表明，到2050年，全球气候变暖可能导致世界粮食产量减少18%。目前，气候变化已对人类基本生存和社会经济稳定构成重大威胁，阐明气候变化驱动机制，以及对作物生产影响的规律已成为当前亟待解决的热点和难点问题，其核心科学问题主要有：① 气候变化核心驱动因素识别；② 农田生态系统水通量及生产力对全球变化的响应机制；③ 气候变化和人类活动作用下作物灾损变化机制。随着人工智能和大数据技术的发展，可以从全球尺度辨识气候变化的核心驱动因素，并从自然、经济、政策等多维度分析全球作物产量变化规律，为应对全球气候变化对粮食产量的消极影响提供科学决策依据，为构建全球人类命运共同体提供保障。

（9）木材形成的分子生物学机制

木材形成从树木维管形成层细胞分裂产生新的木质部前体细胞开始，经过细胞的分化、伸长和扩展、次生细胞壁合成与沉积，细胞程序性死亡等阶段，形成细胞壁特异加厚的木材组织。目前主要的研究方向有：① 次生细胞壁主要组分的合成机理；② 生长素、细胞分裂素、短肽和转录因子等对维管形成层细胞发生、增殖以及木质部细胞分化的调控；③ 形成层干细胞维持，分化以及协同调控木质部发育与环境适应性机制；④ 蛋白翻译后修饰和表观遗传修饰在形成层活性和木材发育中的调控作用；⑤ 应拉木形成的分子机制；⑥ 生长与木材品质性状表观数量性状基因座（quantitative trait locus，QTL）定位研究；⑦ 重要材性性状的全基因组关联分析。其发展趋势主要有：① 对木材形成研究更注重应用先进的研究方法、技术和分析仪器，如时空转录组、空间代谢组、单分子成像、原子力显微镜等；② 建立精细的多层级转录调控网络以及不同层级的反馈调节机制；③ 重要木材品质和材性性状的挖掘鉴定及层级调控机制的解析；④ 利用新型传感器技术进行材质信息的采集和分析；⑤ 关键调控蛋白的晶体结构解析和蛋白互作面位点鉴定；⑥ 基因编辑技术创制品质优良的林木新品种；⑦ 开展林木分子设计育种，培育速生、优质、高产林木新品种。

（10）植物抗病小体的发现

病菌在侵染植物时往往会分泌多种多样的致病性蛋白去干扰植物的生理活动，这些蛋白称为效应蛋白。植物中存在一类以 NB-LRR（nucleotide-binding site, leucine-rich repeat）结构为基础的抗病蛋白，这些蛋白可以直接或间接识别病菌效应蛋白，进而启动免疫反应，产生抗病性。自从 Harold Flor 于 1956 年提出“基因对基因”（gene for gene）理论以来，人们对于植物抗病性的理解就是 NB-LRR 基因编码的抗病蛋白对应于病菌中的某个效应蛋白，产生识别启动免疫。这一识别产生的结果通常是强烈的细胞超敏反应而导致的细胞死亡，进而可以限制病菌的入侵，也是 NB-LRR 介导植物抗病性的基础。尽管自 20 世纪 90 年代以来，基于“基因对基因”理论克隆了很多病菌中的效应蛋白以及对应的植物中的抗病 NB-LRR 蛋白，然而很长一段时间，对于 NB-LRR 蛋白是如何识别效应蛋白并启动免疫反应（如超敏细胞死亡）的，一直没有获得突破，其中一个重要的难点是无法获得完整的 NB-LRR 蛋白结晶，因而无法从结构上给予揭示。2019 年，中国科学院遗传与发育生物学研究所与清华大学合作发现了黄单胞菌效应蛋白 AvrAC 激活的 NB-LRR 与相关蛋白形成的复合体，该复合体是一个五聚体复合物。激活后的五聚体复合物靶向细胞膜，形成钙离子通道，造成钙离子内流，诱发活性氧在细胞内大量积累，导致细胞发生超敏反应死亡。由于该复合物的作用机制类似于 NAIP2-NLRC4（NB-LRR 蛋白）形成的抗病炎症小体，因而称之为植物的抗病小体。2020 年，德国和美国的科学家又发现了相似的四聚抗病小体复合物。这些工作揭开了 NB-LRR 蛋白识别病菌效应蛋白并启动免疫反应的分子机制，是植物病理学研究中的里程碑事件。

（11）养殖环境 – 畜禽 – 肠道微生物 – 营养素代谢互作网络机制

畜牧生产环境污染问题严重压缩畜牧业发展空间，新型生产生态系统尚处于探索阶段。原国家环保总局调查显示：我国每年产生的畜禽粪便量约为 19 亿 t，是工业固体废弃物的 2.4 倍；我国畜牧业化学需氧量（chemical oxygen demand，COD）年排放 1 200 多万吨，占农业排放总量的 95.8%、占全国 COD 排放总量的 41.9%，超过工业污染。针对养殖效率和环境污染以及畜禽舒适度与畜舍环境参数控制问题，需重点解决改善饲料品质、提高饲料营养价值和利用效率、降低加工成本、精准饲料配制及环境友好型饲料生产、实现精准饲养的自动化和智能化设备研发等重大技术瓶颈。发展饲料养分高效利用的体外预消化新技术；研究畜禽饲料营养高效利用与转化机理，针对不同饲料原料，利用微生物培养组学技术、微生物改造工程技术、蛋白质工程技术、合成生物学技术，发展微生物细胞工厂，创制饲料高效利用、抗营养因子及毒素消除的体外预消化添加剂；基于菌酶协同发酵工艺路线，以酸溶蛋白含量和抗营养组分及毒素的降解率为目标，建立关键工艺参数、安全评价和质量控制体系。有效提高饲料养分的利用率，减少饲料蛋白的添加，减少饲料抗营养因子及毒性成分，促进饲料的消化吸收，有效减少环境污染。

1.2 Top 3 工程研究前沿重点解读

1.2.1 作物从头驯化及野生种质资源开发利用

（1）作物从头驯化及野生种质资源开发利用研究的重要意义

作物驯化是将野生植物驯化繁殖为栽培作物，其在人类农耕文明的起源和演变过程中发挥了重要作用，推动了人类文明的持续发展和社会的快速进步。具体来看，驯化过程是以野生种质为起始材料，通过历史上长期的人工选择有目的地筛选有益农艺性状，如落粒少、少分枝、直立生长、芒短、种子大、易收获等。究其本质，驯化过程是聚合和保留基因组中优异遗传变异的过程。然而，驯化过程历时漫长，同时对性状的选择较为朴素盲目，因此筛选驯化优异性状的同时不可避免地使驯化群体遗传多样性降低。相较于现代栽培种，野生近缘种往往在特定性状方面具有优势，包括具有更强的抗性和更广的环境适应性，生物量与经济产量会相对较高。如今随着生物技术特别是基因编辑技术的发展，从头驯化开始被提出作为作物育种的一种新策略。选择野生或半野生植物物种作为优良基础材料，通过现代育种技术手段快速导入驯化目标性状，短周期内实现培育突破性新作物物种，以重新挖掘利用在传统作物驯化过程中丢失的优异野生种质资源，对适应当前环境变化大趋势下的农业可持续发展具有重要意义。

（2）作物从头驯化及野生种质资源开发利用研究现状

现代作物驯化伴随的负向效应。野生物种驯化后的作物适应各种气候和土壤条件，使得早期种植业可以扩展到更大的区域，而随后的作物育种催生了更高的粮食产量并促进了人口增长和人类文明繁衍。驯化与育种过程相似，都是选择最佳表型，即基因型与环境的最佳组合。很多作物驯化前后的性状改变有一定的共通规律，包括株型直立紧凑、穗型增大、籽粒增多、落粒性丧失、休眠性降低、开花时间以及种子色素沉积的改变。新的基因型由突变产生并表现出新的性状，而不同基因型依赖交换重组实现不同优异性状在单株植物中的聚合。然而，基因型突变和交换重组都是偶然发生的不定向过程，驯化者或育种者无法准确预测。同时，基因组中的自发突变频率极低，驯化或育种过程中的外源基因组片段渗入也可能抑制重组，导致有害等位基因在这些区域固定，而造成连锁累赘、优异等位变异无法聚合。例如在番茄中的根结线虫抗性（由 *Mi-1* 基因控制）和黄叶卷曲病毒抗性（由 *Ty-1* 基因控制）均位于6号染色体上一个交换重组抑制区内，遗传距离很近，同时聚合这两个抗性性状必须借助大量、长期的遗传筛选。另外，驯化和早期育种过程将目标过多聚焦于作物产量提升，基因组中大量的优质基因因未被选择而丢失，造成“驯化瓶颈”；对控制某一特定目标性状基因区域的选择，使该区域和其相邻区间的遗传多样性显著降低，出现“选择性清除”，致使现有栽培作物遗传多样性降低，抗逆和某些品质营养性状较差，品种同质化严重。

驯化和早期育种当时都是凭经验进行的，对其背后的生物机制了解甚少。随着近代驯化群体遗传学的发展，尤其是新兴的泛基因组测序的兴起，不断深入了人们对作物驯化遗传机理的认识。不同作物经历成百上千年的长期驯化过程，然而对200余种作物的驯化综合性状分析表明，84%的作物仅有2~5个主要性状为主要的驯化性状。更重要的是，以玉米为代表的驯化遗传学分析结果证实，作物驯化往往由少数几个关键基因控制。通过对作物驯化遗传机理和基因组学基础的深入解析，结合快速发展的基因组编辑技术，通过对优异性状的作物野生近缘种进行从头驯化或半驯化作物的再驯化的时代已经来临。2018年，中外两组科研团队同时报道了野生醋栗番茄的从头驯化，保持野生番茄优异耐盐碱和抗病能力的前提下，培育出株型优异、产量品质协同提升的新型番茄。同年，美国科学家也成功对半驯化小众作物灯笼果进行了再驯化，快速实现了产量和综合农艺性状的突破性提高。2021 年中国科学家团队首次实现了快速从头驯化异源四倍体野生稻，为最终培育出产量高、环境适应能力强的新型水稻作物开辟了全新的育种方向。

（3）未来研究方向与创新点

为进一步挖掘野生种质资源，拓展从头驯化的应用范围，作物从头驯化的技术潜力需从以下几个方向进一步提升：① 深化主要作物驯化遗传机理的解析，挖掘物种间共性或物种特异的关键驯化性状相关基因，为从头驯化提供基因基础；② 野生种质资源的收集与遗传鉴定，筛选具备部分优异农艺性状的野生种或半驯化物种，为从头驯化提供种质基础；③ 野生物种中高效快速的遗传转化体系的建立和持续优化，打破多数野生种难以遗传转化的瓶颈，为从头驯化提供技术先决条件；④ 野生种中高效基因编辑系统的建立和持续优化，实现野生种中精准调控的基因敲除、单碱基编辑、引导编辑、表达量激活或抑制编辑等；⑤ 高通量驯化表型鉴定，实现大规模转化体的优异性状精准高效筛选。

在“作物从头驯化及野生种质资源开发利用”工程研究研究中，核心论文数排名前三位的国家分别是中国（占 51.35%）、美国（占 37.84%）和德国（占 13.51%）（表 1.2.1）。该领域核心论文篇均被引频次分布在 12.00~127.00，其中以色列和沙特阿拉伯篇均被引频次均超过了 100。该领域核心论文的主要产出机构（表 1.2.2）方面，中国科学院、

表 1.2.1　“作物从头驯化及野生种质资源开发利用”工程研究前沿中核心论文的主要产出国家

序号	国家	核心论文数	论文比例 /%	被引频次	篇均被引频次	平均出版年
1	中国	38	51.35	1 189	31.29	2019.8
2	美国	28	37.84	1 486	53.07	2019.2
3	德国	10	13.51	633	63.30	2019.5
4	澳大利亚	9	12.16	844	93.78	2019.0
5	英国	7	9.46	456	65.14	2019.1
6	法国	6	8.11	197	32.83	2018.8
7	日本	6	8.11	72	12.00	2020.3
8	巴西	5	6.76	332	66.40	2019.2
9	以色列	3	4.05	381	127.00	2019.0
10	沙特阿拉伯	3	4.05	309	103.00	2020.3

表 1.2.2　“作物从头驯化及野生种质资源开发利用”工程研究前沿中核心论文的主要产出机构

序号	机构	核心论文数	论文比例 /%	被引频次	篇均被引频次	平均出版年
1	中国科学院	13	17.57	779	59.92	2019.8
2	中国农业科学院	8	10.81	197	24.62	2020.8
3	华中农业大学	7	9.46	181	25.86	2020.0
4	美国农业部农业研究局	4	5.41	359	89.75	2019.0
5	浙江大学	4	5.41	336	84.00	2019.8
6	明尼苏达大学	4	5.41	329	82.25	2018.2
7	圣保罗大学	4	5.41	326	81.50	2019.2
8	维索萨联邦大学	3	4.05	300	100.00	2020.0
9	亚利桑那大学	3	4.05	198	66.00	2019.7
10	图卢兹大学	3	4.05	143	47.67	2019.7

中国农业科学院和华中农业大学产出的核心论文数及被引频次较高。主要国家间的合作网络（图 1.2.1）方面，国家间的研究合作较为普遍，以中国、美国、德国之间合作相对更紧密。主要机构间的合作网络（图 1.2.2）方面，各机构间均存在一定的合作关系。施引核心论文的主要产出国家是中国、美国和澳大利亚，中国占比超过 1/3，美国占比为 20% 以上（表 1.2.3）。施引核心论文的主要产出机构（表 1.2.4）方面，中国农业科学院、中国科学院和美国农业部农业研究局的施引核心论文数排在前三位。图 1.2.3 为“作物从头驯化及野生种质资源开发利用”工程研究前沿的发展路线。

1.2.2 重要动物病原的免疫抑制和逃逸机制

我国是世界养殖大国和动物源食品消费大国，生猪存栏占世界总量的 50%，年出栏约 7 亿头，养禽 140 亿羽，肉禽产量世界第一，全国畜牧业总产值超过 3.2 万亿元，占农业总产值比例接近 30%，带动上下游相关产业产值在 3 万亿元以上。然而，我国畜牧业的生产水平远低于世界平均水平，制约其发展的其主要瓶颈因素是疫病问题。非洲猪瘟、小反刍兽疫等动物疫病的不断发生给我国畜牧业造成了巨大的经济损失，严重影响畜产品的产量和质量，如 2018 年在我国首次暴发的非洲猪瘟，给我国养猪业造成毁灭性的破坏，2019 年生猪存栏量

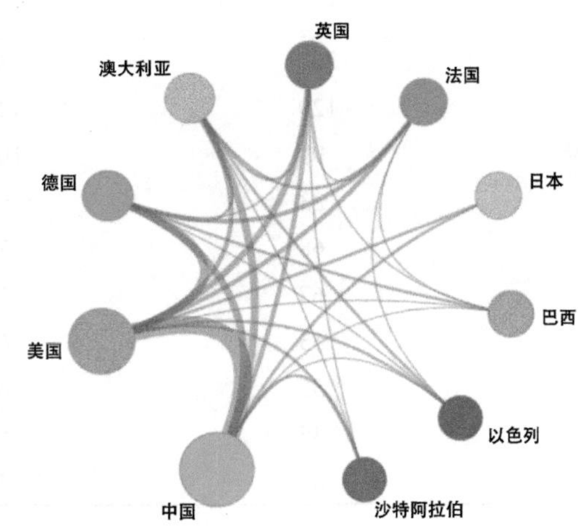

图 1.2.1 “作物从头驯化及野生种质资源开发利用”工程研究前沿主要国家间的合作网络

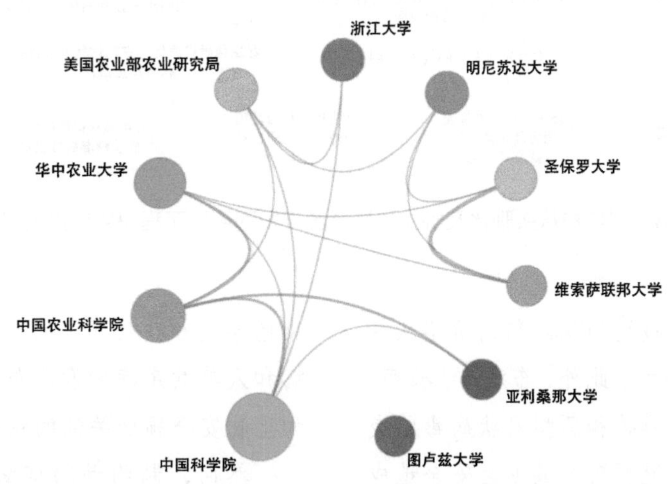

图 1.2.2 “作物从头驯化及野生种质资源开发利用”工程研究前沿主要机构间的合作网络

表 1.2.3 “作物从头驯化及野生种质资源开发利用”工程研究前沿中施引核心论文的主要产出国家

序号	国家	施引核心论文数	施引核心论文比例 /%	平均施引年
1	中国	863	35.81	2020.4
2	美国	499	20.71	2020.2
3	澳大利亚	164	6.80	2020.2
4	印度	160	6.64	2020.2
5	德国	159	6.60	2020.3
6	英国	142	5.89	2020.1
7	法国	119	4.94	2020.0
8	意大利	92	3.82	2020.3
9	日本	81	3.36	2020.1
10	西班牙	66	2.74	2020.2

表 1.2.4 “作物从头驯化及野生种质资源开发利用”工程研究前沿中施引核心论文的主要产出机构

序号	机构	施引核心论文数	施引核心论文比例 /%	平均施引年
1	中国农业科学院	207	23.44	2020.5
2	中国科学院	129	14.61	2020.3
3	美国农业部农业研究局	91	10.31	2020.2
4	华中农业大学	83	9.40	2020.6
5	南京农业大学	68	7.70	2020.4
6	郑州大学	67	7.59	2020.7
7	中国农业大学	55	6.23	2020.6
8	浙江大学	55	6.23	2020.7
9	西澳大学	45	5.10	2020.2
10	昆士兰大学	43	4.87	2019.9

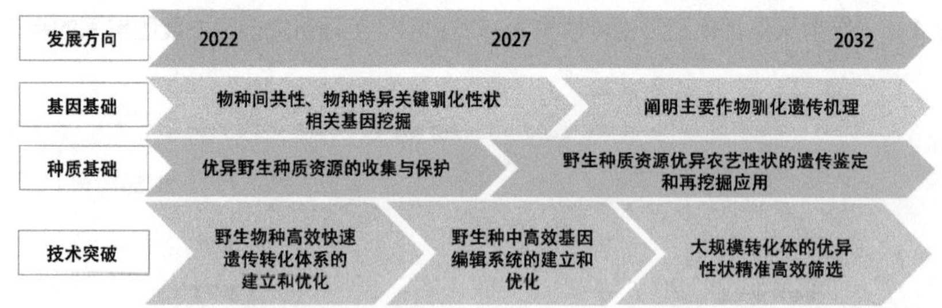

图 1.2.3 “作物从头驯化及野生种质资源开发利用”工程研究前沿的发展路线

下降 60%，有些地方甚至超过 70%。猪肉价格从每千克 22~24 元飙升到 60 多元。此外，布病、结核病、鼠疫、流感、狂犬病、埃博拉和新型冠状病毒肺炎等动物源性人兽共患病的流行对公共卫生安全造成严重威胁，如当前仍在肆虐全球的新型冠状病毒肺炎已导致 600 余万人的死亡。如何有效防控动物疫病和人兽共患病的发生与流行一直是兽医学、医学和生物安全领域关注的焦点和研究的热点。

然而，制约动物疫病及人兽共患病防控研究取得突破的关键原因就是病原的免疫抑制和免疫逃逸。机体抵御病原感染主要依靠机体免疫系统。免疫逃逸可导致病原能够有效突破机体的免疫屏障或疫苗诱导的免疫应答，建立有效感染。而免疫抑制可促进病原感染或者建立持续感染。例如流感病毒和冠状病毒经过长期演化都能够通过多种机制逃逸宿主的天然免疫应答建立感染，并不断产生新的变异毒株逃逸现有疫苗的保护。因此，揭示病原抑制机体免疫功能和逃避免疫系统的机制是有效防控这些重要动物病原的前提，也是当前研究的热点和难点。

宿主免疫系统是抵御病原感染的关键力量，包括天然免疫和获得性免疫。宿主通过模式识别受体（pattern recognition receptor，PRR）监测到病原感染后最先诱导天然免疫应答，天然免疫应答是抵抗病原感染的第一道防线，而很多病原与其宿主在长期共同进化过程中获得能够逃避或主动抑制宿主免疫的能力。PRR是抗感染免疫的关键成分，可检测病毒病原体的保守分子特征并启动天然免疫应答。因此，很多病原都存在免疫逃避或抑制的能力，其分子机制包括：①隔离或修饰病毒RNA或DNA核酸配体以逃逸细胞内PRR的识别和激活，如流感病毒的非结构蛋白1（NS1）和牛痘病毒的E3蛋白通过与病毒dsRNA结合来避免被RNA感应器RIG-I识别；②操纵PRR蛋白的翻译后修饰使其失去功能或降级，如冠状病毒的木瓜蛋白酶样蛋白酶（PLP）和口蹄疫病毒（FMDV）的先导蛋白酶（Lpro）可以切割或降解天然免疫中关键蛋白RLR和MAVS，以逃逸天然免疫应答。此外，许多病毒还通过靶向天然免疫应答共享的一些关键下游分子来抑制先天免疫反应，如TBK1、IRF3、IRF7和NF-κB，或者阻断IFNα/β受体的信号传导。

一些重要病原在长期进化中除了产生逃逸或抑制天然免疫应答的能力外，还拥有多种不同机制逃逸或抑制获得性免疫应答。病原突破机体天然免疫应答屏障建立感染后，机体主要通过获得性免疫来抑制和清除病原。机体获得性免疫应答主要通过抗体介导（特别是中和抗体）的体液免疫和细胞毒性T细胞（cytotoxic T-lymphocyte，CTL）介导的细胞免疫来发挥作用。然而，病原可通过遗传变异和重组产生新的变异毒株，从而逃逸获得性免疫应答中的中和抗体和CTL。病毒基因组，特别是RNA病毒，在免疫选择压力下可不断地快速突变以适应宿主系统。例如流感病毒和冠状病毒可通过抗原漂移来逃避T细胞和病毒中和抗体的识别，削弱机体获得性免疫保护性，其中一些变异毒株还可获得比原始毒株更强大的传播能力或毒力，如当前新冠病毒的奥密克戎（Omicron）变异株的传播能力较武汉原始毒株显著增加，Omicron BA.4/5 R0从武汉原始毒株的3.3增加到18.6，并且由于spike蛋白突变导致现有疫苗的保护力大大降低，这也是导致疫情反复流行的重要原因之一。

除了被动逃逸机体免疫应答，一些重要病原能够通过多种机制主动攻击宿主免疫系统从而抑制宿主免疫应答，促进感染。很多病原能够感染机体重要免疫器官，如猪繁殖与呼吸综合征病毒（PRRSV）和猪圆环病毒能够感染胸腺与骨髓，机体分别负责T细胞和B细胞发育的重要免疫器官，导致免疫器官功能损伤，抑制机体获得性免疫应答产生，从而建立持续感染。此外，PRRSV和猪伪狂犬病毒还可通过干扰抗原加工和呈递达到抑制诱导获得性免疫应答。

病原体和宿主的长期博弈就像一场无休止的进化军备竞赛。人类要想在这场军备竞赛中取得胜利，必须知己知彼，继续加大对相关领域的研究和投入，突破传统模式，从病原和宿主两方面进行创新性构想。① 不同物种免疫系统差异非常大，需继续加大对畜禽免疫学基础研究，揭示机体诱导免疫应答的一些重要分子和信号通路，以及重要病原感染后免疫保护的分子机制。② 通过基因编辑技术构建基因缺失毒株，进一步揭示病原介导免疫逃逸或免疫抑制的关键基因，在此基础上构建弱毒疫苗株。③ 研发广谱性疫苗。利用不断发展的新技术研发广谱性疫苗是有效防控当前高度变异重要病原最有效、最经济的方法。尽管病毒比宿主进化得更快，但病毒的重要蛋白质受到许多影响病毒复制的功能限制，存在一些保守位点。大量研究已经证实易发生变异的病毒都存在广谱性中和抗体和T细胞表位。利用单个细胞测序技术和高通量筛选技术鉴定出广谱性中和抗体和CD8+T细胞识别位点，以及利用生物信息学和核酸合成技术设计合成保守抗原基因的广谱性mRNA或DNA疫苗，可为未来开发广谱性疫苗提供重要指导。

在“重要动物病原的免疫抑制与逃逸机制”工程研究前沿中，核心论文数排名前三位的国家分别是美国（占51.11%）、英国（占31.11%）和中国（占17.78%）（表1.2.5）。该前沿的核心论文被引频次分布在240~3 616，篇均被引频次均超过100，其中英国篇均被引频次超过200，泰国和丹麦的篇被引频次均超过了300。研究机构分布方面，牛津大学、南安普敦大学和剑桥大学产出的核心论文及被引次数较多（表1.2.6）。主要国家间的合作网络（图1.2.4）方面，国家间的研究合作较为普遍，以英国和美国合作相对更紧密。主要机构间的合作网络（图1.2.5）方面，各机构间均存在一定的合作关系。施引核心论文的主要产出国家主要是美国和中国，美国占比接近1/3，中国超过10%，且平均施引年较晚，表现出较强的研发后劲（表1.2.7）。施引核心论文的主要产出机构为中国科学院、哈佛

表1.2.5 “重要动物病原的免疫抑制与逃逸机制”工程研究前沿中核心论文的主要产出国家

序号	国家	核心论文数	论文比例/%	被引频次	篇均被引频次	平均出版年
1	美国	23	51.11	3 063	133.17	2020.0
2	英国	14	31.11	3 616	258.29	2020.4
3	中国	8	17.78	1 156	144.50	2019.9
4	瑞士	4	8.89	554	138.50	2021.0
5	荷兰	4	8.89	510	127.50	2019.5
6	南非	3	6.67	438	146.00	2021.0
7	泰国	2	4.44	774	387.00	2020.5
8	丹麦	2	4.44	681	340.50	2021.0
9	印度	2	4.44	300	150.00	2021.0
10	新加坡	2	4.44	240	120.00	2020.5

表1.2.6 “重要动物病原的免疫抑制与逃逸机制”工程研究前沿中核心论文的主要产出机构

序号	机构	核心论文数	论文比例/%	被引频次	篇均被引频次	平均出版年
1	牛津大学	8	17.78	2 202	275.25	2020.5
2	南安普敦大学	5	11.11	1 493	298.60	2020.2
3	剑桥大学	4	8.89	1 183	295.75	2020.2
4	得克萨斯大学奥斯汀分校	3	6.67	879	293.00	2020.3
5	哈佛大学	3	6.67	570	190.00	2021.0
6	爱丁堡大学	2	4.44	1 101	550.50	2021.0
7	格拉斯哥大学	2	4.44	775	387.50	2021.0
8	维康桑格研究所	2	4.44	739	369.50	2021.0
9	帝国理工学院	2	4.44	681	340.50	2021.0
10	哥本哈根大学	2	4.44	681	340.50	2021.0

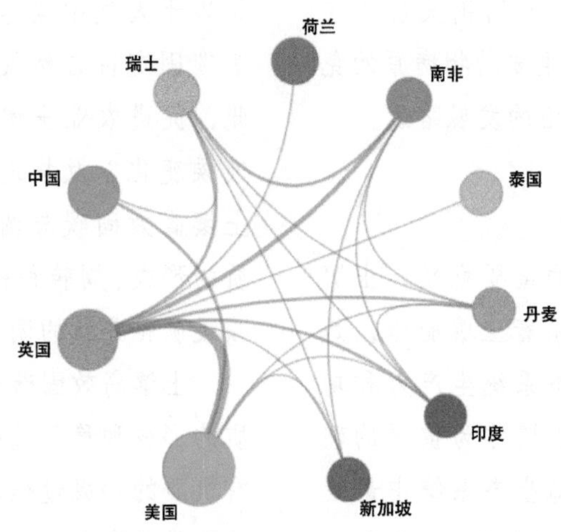

图 1.2.4 “重要动物病原的免疫抑制与逃逸机制”工程研究前沿主要国家间的合作网络

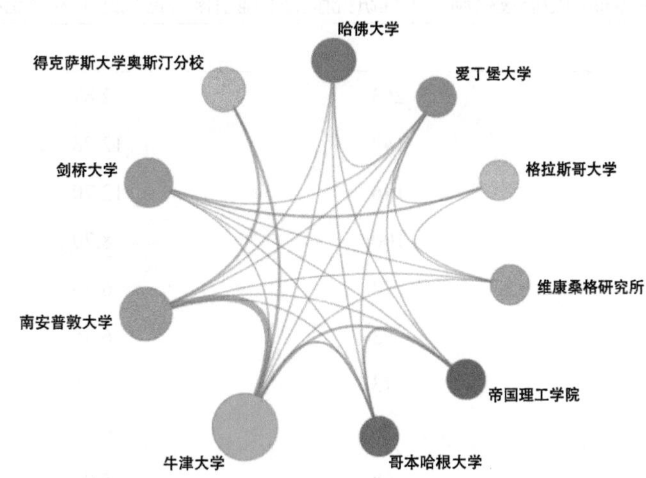

图 1.2.5 “重要动物病原的免疫抑制与逃逸机制”工程研究前沿主要机构间的合作网络

表 1.2.7 “重要动物病原的免疫抑制与逃逸机制”工程研究前沿中施引核心论文的主要产出国家

序号	国家	施引核心论文数	施引核心论文比例 /%	平均施引年
1	美国	1 835	31.70	2020.7
2	中国	1 050	18.14	2020.7
3	英国	555	9.59	2020.7
4	印度	419	7.24	2020.7
5	德国	404	6.98	2020.8
6	意大利	354	6.12	2020.7
7	法国	283	4.89	2020.7
8	巴西	263	4.54	2020.8
9	澳大利亚	235	4.06	2020.7
10	加拿大	218	3.77	2020.7

大学和牛津大学，中国科学院的施引论文量排在首位（表 1.2.8）。图 1.2.6 为“重要动物病原的免疫抑制与逃逸机制”工程研究前沿的发展路线。

1.2.3 土壤高效固碳与调控机制

土壤高效固碳与调控研究的重要意义。土壤有机质是土壤健康的核心，维系着土壤肥力，是保障粮食安全的基础，且与生态系统生产力和功能可持续性息息相关。此外，土壤作为重要的碳封存场所，土壤有机碳库是陆地生态系统中最大的碳库，全球土壤有机碳总量为 1 500~2 000 Pg，相当于大气中碳总量的 2~3 倍。研究发现农业土壤碳固定占自然气候解决方案总潜力的 25%。因此，促进农业土壤固碳对于保障粮食安全、减缓气候变化以及推进农业绿色发展具有重要意义。土壤高效固碳与调控的核心是深入认识土壤有机质的形成、周转和稳定等关键过程，建立高效固碳、减缓矿化分解的调控机制。

土壤高效固碳与调控机制研究现状。土壤有机质的形成和稳定过程具有高度复杂性。目前对土壤有机质的形成过程、赋存形态和稳定机理等认知仍然不足并存在分歧。经典腐殖化理论所定义的腐殖

表 1.2.8 “重要动物病原的免疫抑制与逃逸机制”工程研究前沿中施引核心论文的主要产出机构

序号	机构	施引核心论文数	施引核心论文比例 /%	平均施引年
1	中国科学院	263	22.87	2020.8
2	哈佛大学	147	12.78	2020.8
3	牛津大学	146	12.70	2020.7
4	华盛顿大学	100	8.70	2020.7
5	剑桥大学	77	6.70	2020.8
6	香港大学	73	6.35	2020.6
7	复旦大学	73	6.35	2020.7
8	帝国理工学院	70	6.09	2020.8
9	圣保罗大学	68	5.91	2020.8
10	西奈山伊坎医学院	68	5.91	2020.7

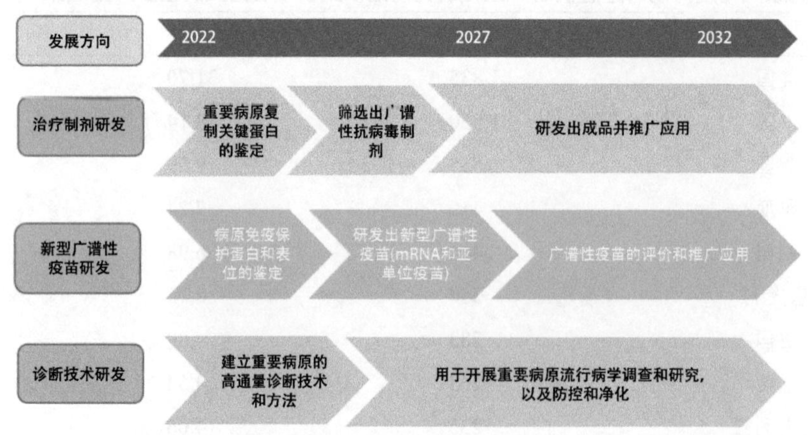

图 1.2.6 “重要动物病原的免疫抑制与逃逸机制”工程研究前沿的发展路线

质具有高度复杂性和模糊性，传统的研究手段尚不足以建立较明确的“白箱”模型。目前关于有机质形成和稳定的最新学说是有机质连续体模型，即植物残体向土壤有机质的转化是从大的植物生物聚合物到小分子化合物的微生物逐级分解过程，因而土壤有机质的存在形式是从大的植物碎片到逐渐分解成的小分子化合物的连续体。在该模型中，外源有机物料在被微生物利用的过程中体积不断减小，热动力学梯度逐渐下降，而极性组分、可溶性组分和离子化组分相应增加。并且，随着分子复杂程度的逐渐下降，有机化合物更易于与矿物表面结合或进入团聚体内部而增加其稳定性。但也有研究认为尽管土壤微生物可将腐殖质完全或部分分解，但同时会产生新的腐殖质使有机质得以更新。总之，传统的腐殖化理论和有机质连续体模型均承认动植物碎片在输入土壤后，会先经过物理化学作用而破碎，进而通过胞外酶等降解成相对更小的组分，最终在土壤中固存。

有机质形成和稳定过程与周围土壤基质相互作用密切相关。土壤团聚体是土壤有机质主要的赋存场所，能通过自身的物理保护作用将有机质包被起来，从而免受微生物的分解。因此，团聚体保护能力和容量是土壤固碳潜力的物理基础。土壤对有机质的化学保护作用主要指土壤无机分子与有机分子之间的相互作用而使有机质难以被微生物利用。新的研究发现，微生物可通过同化作用将土壤中可利用碳源以代谢产物的形式贡献于土壤有机质，在农业土壤中，其贡献可占有机碳的 50% 以上。此外，其还能通过影响团聚体的周转而间接作用于土壤有机质稳定性。因此，目前研究认为，有机质的稳定性是团聚体的物理保护 – 土壤矿物的结合 – 微生物代谢过程相互作用、相互依存的结果。

合理的管理措施可以通过影响碳输入与输出之间的平衡，进而调控土壤固碳。外源碳输入是土壤有机质形成的重要来源，土壤中微生物的代谢活动可以将植物残体转化为土壤有机质。传统耕作模式有机物料补给不足、土壤翻动频繁，导致土壤团聚体结构被破坏、有机碳损耗加快，从而限制微生物的生长和代谢，不利于土壤有机质的累积。此外，多样化种植及轮作改变了作物残体的数量和质量，显著影响土壤微生物群落结构和活性，进而提高了土壤有机质的含量。

未来研究方向和创新点。土壤是一个多种物质并存、多种过程同时发生、多种因素共同影响的开放的、复杂的系统。目前土壤高效固碳机理还存在很多不清楚的地方，土壤有机质提升困难。因此未来需要强化对固碳过程和调控机制的深入研究。如：精确区分不同有机组分碳源、探究植物残体向土壤有机质转化的微生物作用机制、加快基于多因素协同调控的有机质稳定性研究、探索土壤碳平衡机理及植物残体输入阈值等，强化对土壤固碳本质和调控机制的研究。创新高效固碳保肥新型碳基材料，提高土壤固碳效率、集成创新土壤固碳、耕地保育及产能提升关键技术及技术模式，推动大面积农业土壤固碳落地应用为该领域的重要应用研究前沿（图 1.2.7）。

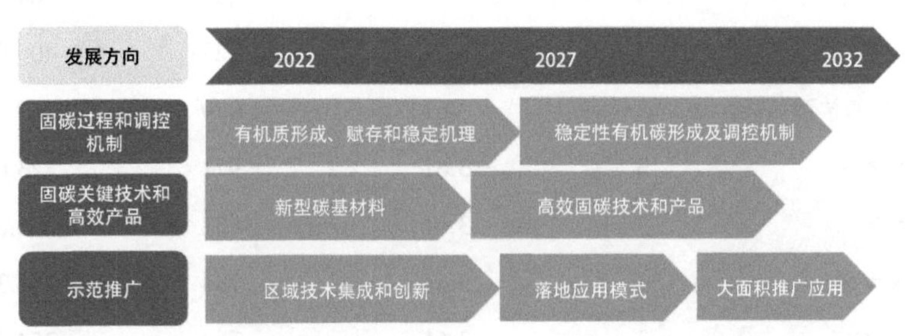

图 1.2.7 “土壤高效固碳与调控机制”工程研究前沿的发展路线

在“土壤高效固碳与调控机制”工程研究前沿中，核心论文数排在前三位的国家分别是中国、美国和德国（表 1.2.9）。该前沿的核心论文篇均被引频次分布在 94.80~297.75，除沙特阿拉伯外，其他国家篇被引频次均超过了 100。研究机构分布方面（表 1.2.10），兰州大学、苏黎世联邦理工学院、苏塞克斯大学、清华大学产出的核心论文及被引次数较多。施引核心论文的主要产出国家是中国、美国和澳大利亚（表 1.2.11）。在施引核心论文的主要产出机构（表 1.2.12）方面，中国科学院大学、湖南大学、清华大学施引论文数排在前三位。国家间的合作较为普遍、网络复杂（图 1.2.8），中国、美国、德国和英国合作相对更为紧密。主要机构间的合作网络（图 1.2.9）方面，同一国家内的不同机构及不同国家的各机构间均存在一定的合作关系，如兰州大学与中国科学院，清华大学与韩国大学，苏黎世联邦理工学院、萨塞克斯大学和莫纳什大学间均有紧密合作。

表 1.2.9 “土壤高效固碳与调控机制”工程研究前沿中核心论文的主要产出国家

序号	国家	核心论文数	论文比例 /%	被引频次	篇均被引频次	平均出版年
1	中国	51	61.45	9 480	185.88	2019.1
2	美国	32	38.55	5 545	173.28	2018.5
3	德国	15	18.07	2 954	196.93	2018.3
4	英国	13	15.66	2 702	207.85	2018.5
5	澳大利亚	10	12.05	1 821	182.10	2018.5
6	韩国	9	10.84	1 267	140.78	2018.6
7	奥利地	5	6.02	1 061	212.20	2018.0
8	沙特阿拉伯	5	6.02	474	94.80	2019.6
9	瑞士	4	4.82	1 191	297.75	2018.5
10	法国	4	4.82	1 098	274.50	2019.5

表 1.2.10 “土壤高效固碳与调控机制”工程研究前沿中核心论文的主要产出机构

序号	机构	核心论文数	论文比例 /%	被引频次	篇均被引频次	平均出版年
1	湖南大学	5	6.02	782	156.40	2018.0
2	韩国大学	4	4.82	605	151.25	2018.5
3	中国科学院	4	4.82	480	120.00	2019.5
4	沙特国王大学	4	4.82	257	64.25	2019.5
5	兰州大学	3	3.61	1 227	409.00	2018.3
6	苏黎世联邦理工学院	3	3.61	1 079	359.67	2018.3
7	萨塞克斯大学	3	3.61	971	323.67	2019.0
8	清华大学	3	3.61	852	284.00	2018.7
9	马萨诸塞大学	3	3.61	784	261.33	2016.7
10	莫纳什大学	3	3.61	763	254.33	2019.7

表 1.2.11 “土壤高效固碳与调控机制” 工程研究前沿中施引核心论文的主要产出国家

序号	国家	施引核心论文数	施引核心论文比例 /%	平均施引年
1	中国	1 492	43.90	2019.3
2	美国	522	15.36	2019.1
3	澳大利亚	240	7.06	2019.3
4	英国	236	6.94	2019.4
5	德国	225	6.62	2019.1
6	韩国	148	4.35	2019.4
7	加拿大	123	3.62	2019.4
8	印度	116	3.41	2019.8
9	西班牙	115	3.38	2019.1
10	荷兰	96	2.82	2019.3

表 1.2.12 “土壤高效固碳与调控机制” 工程研究前沿中施引核心论文的主要产出机构

序号	机构	施引核心论文数	施引核心论文比例 /%	平均施引年
1	中国科学院大学	246	26.59	2019.0
2	湖南大学	160	17.30	2019.0
3	清华大学	123	13.30	2019.3
4	韩国大学	62	6.70	2019.5
5	香港理工大学	58	6.27	2019.5
6	兰州大学	48	5.19	2017.9
7	苏黎世联邦理工学院	47	5.08	2018.9
8	韩国世宗大学	47	5.08	2019.4
9	浙江大学	47	5.08	2019.1
10	哈尔滨工业大学	44	4.76	2019.2

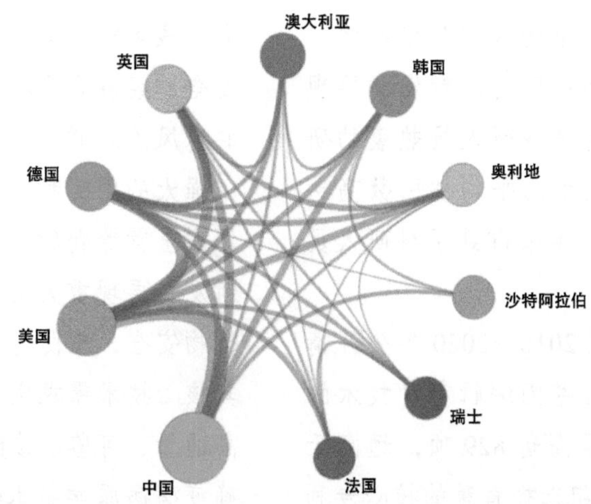

图 1.2.8 “土壤高效固碳与调控机制”工程研究前沿主要国家间的合作网络

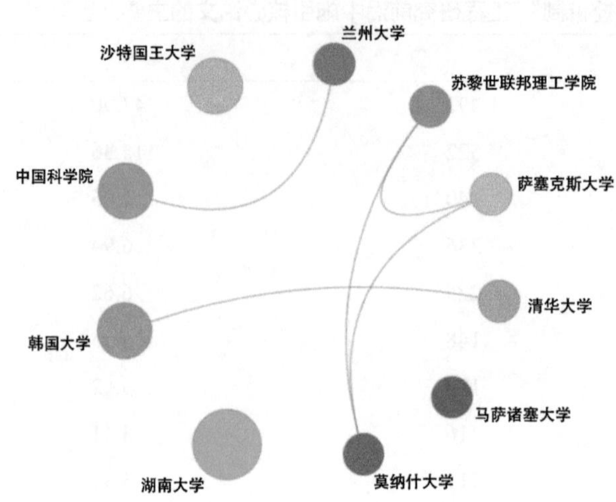

图 1.2.9 “土壤高效固碳与调控机制”工程研究前沿主要机构间的合作网络

2 工程开发前沿

2.1 Top 11 工程开发前沿发展态势

农业领域的 Top 11 工程开发前沿主要涉及生物育种、智慧农业、绿色农业等方向（表 2.1.1）。其中，与生物育种相关的开发前沿包括动物精准基因编辑育种技术、智能制种技术、园艺作物基因编辑技术应用、林木全基因组选择育种、基于 RNA 干扰的病虫害防控技术；与智慧农业相关的开发前沿包括农业自主作业机器人、作物无人化智慧栽培技术、生态智能池塘养殖技术；与绿色农业相关的开发前沿包括有机污染物催化降解技术、饲用抗生素替代技术与产品；同时，新发和再现重大动物疫病监测与预警也是科研人员热衷的研究对象。其中，智能制种技术的平均被引数高达 67.69，说明智能制种技术近年来得到了科研人员的广泛关注。

各前沿涉及的核心专利 2016—2020 年公开情况见表 2.1.2，其中动物精准基因编辑育种技术的核心专利最多，2021 年更是高达 829 项，远高于其他开发前沿。林木全基因组选择育种的核心专利最少，只有 2017 年、2021 年出现过核心专利。

（1）新发和再现重大动物疫病监测与预警

“新发和再现重大动物疫病”是指新出现或再度肆虐的且造成危害巨大的动物传染病，其包括原有病原体变异或演化导致的传染病、原先未被认识的传染病、扩散到新的地理区域或动物群体的已知传染病、已被控制但因抗药性改变或防控措施削弱而重新出现或再度流行的传染病。近年来境外新传入动物疫病达 30 余种，非洲猪瘟、小反刍兽疫和牛结节性皮肤病等重大疫病相继传入，特别是非洲猪瘟席卷全国，重创我国养猪业。同时，境外动物疫情呈多发态势，非洲马瘟、疯牛病等在“一带一路”沿线国家和地区扩散与蔓延，跨境传入风险巨大。该类重大动物疫病不仅严重威胁畜禽养殖生产安全、经济安全和生态安全，部分疫病还具有人兽共患风险。联合国粮食及农业组织（FAO）指出，“强大的国际和国家动物卫生体系是预防疫病、确保安全营养食物、保护农民利益的关键”。因此，新发和再现重大动物疫病监测与预警对于保障国家生物安全，预防与控制疫病暴发与流行至关重要。其核心技术需求主要包括：① 快速、准确、便捷、高通量、可鉴别诊断的检测技术创新与集成；② 明确疫病病原学基本特性、传播规律、分布特征、分子演化路径、与宿主协同进化关系以及暴发机理，

表 2.1.1 农业领域 Top 11 工程开发前沿

序号	工程开发前沿	公开量	引用量	平均被引数	平均公开年
1	新发和再现重大动物疫病监测与预警	454	1 186	2.61	2018.7
2	动物精准基因编辑育种技术	4 546	10 294	2.26	2018.2
3	智能制种技术	88	5 957	67.69	2016.7
4	园艺作物基因编辑技术应用	50	121	2.42	2019.3
5	林木全基因组选择育种	2	7	3.50	2019.0
6	基于 RNA 干扰的病虫害防控技术	94	913	9.71	2018.4
7	农业自主作业机器人	259	861	3.32	2019.3
8	有机污染物催化降解技术	1 000	2 039	2.04	2018.4
9	饲用抗生素替代技术与产品	108	140	1.30	2018.4
10	作物无人化智慧栽培技术	261	720	2.76	2018.9
11	生态智能池塘养殖技术	103	182	1.77	2019.0

表 2.1.2 农业领域 Top 11 工程开发前沿核心专利逐年公开量

序号	工程开发前沿	2016	2017	2018	2019	2020	2021
1	新发和再现重大动物疫病监测与预警	78	62	62	76	68	108
2	动物精准基因编辑育种技术	433	654	697	814	685	829
3	智能制种技术	4	9	10	14	9	15
4	基因编辑技术应用	1	4	11	9	13	12
5	林木全基因组选择育种	0	1	0	0	0	1
6	基于 RNA 干扰的病虫害防控技术	10	20	19	22	12	11
7	农业自主作业机器人	9	28	48	43	56	63
8	有机污染物催化降解技术	68	142	240	191	211	95
9	饲用抗生素替代技术与产品	16	10	13	11	22	24
10	作物无人化智慧栽培技术	22	28	36	47	48	72
11	生态智能池塘养殖技术	3	16	25	8	13	35

依据病原分子生态学建立疾病发生和扩散模型，提出相应的疾病暴发预测指标；③ 建立并完善动物重大疫病信息数据库、预警与报告系统，提升对发病概率和潜在危害的精准评估能力。相关技术突破将为国家重大动物疫病的防控和生物安全预警提供技术支撑和解决方案。

（2）动物精准基因编辑育种技术

动物育种技术经历了从最初的表型值育种技术到现代的基因组编辑育种技术的跨越式发展。传统的杂交改良方法成本高、耗时长、过程复杂，还可能因基因连锁引入缺陷基因，而基因编辑技术则可以对目的基因进行精确修饰，通过修饰动物重要性状相关的关键功能基因和调控序列，一代即可获得具有特性表型的动物新品种（系），从而提高动物育种效率。基因编辑技术自问世以来已经发展更新 3 代：锌指核酸酶（ZFNs）编辑技术、类转录激活因子效应物核酸酶（TALENs）编辑技术和 CRISPR-Cas9 编辑技术。基因编辑技术由最先对目标基因的随机打靶失活到现在可以实现对基因单个碱基的精准替换，技术上已经实现了重大突破。近几年来，基因编辑技术已成为动物育种的重要方法，在动物育种领域得到十足的发展和应用。已通过基因编辑技术精准创制了一批高产、优质、高繁殖和抗病育种新材料和新品系，如抗繁殖与呼吸综合征的基因编辑猪、肌肉生长抑素（MSTN）基因编辑的高产肉牛和抗结核病奶牛等。随着多组学测序技术的不断进步，各种表型和基因型数据库不断丰富，多种性状相关的重要功能基因和调控序列挖掘不断深入，基因编辑技术的效率、准确性和安全性不断提升，动物精准基因编辑育种技术将逐渐向工程化和规模化方向发展，未来将在动物育种领域广泛应用，为动物新品种培育提供重要技术支撑。

（3）智能制种技术

自20世纪中期开始，玉米水稻等作物杂交种在生产中的普及使用是杂种优势提升农业生产水平的一大革命性标志。杂交种的生产可以通过利用母本雄性不育系或对母本人工去雄来实现。然而，在生产杂交种的过程中，由于环境的变化可能导致雄性不育或去雄不彻底，从而导致母本自交授粉，致使生产的杂交种中混杂了母本自交系的种子，母本自交系的产量远低于杂交种的产量，这为种子生产带来了重要的潜在威胁。同时，传统不育制种技术依赖长周期的导育和合适的配套恢复系，去雄则附加了大量的人力和时间成本。建立新一代杂交种智能制种技术，一方面能够大大节约制种成本，另一方面还能够潜在地提升杂交种的群体产量。目前智能制种研究领域经多年技术优化，已经初步建立了基于种子大小、荧光、种皮及植物色素等筛选标记的大规模、高精度核不育系的技术体系，在此基础上，结合多个不育基因的利用，继续优化和改进该技术，将为解决我国杂交种制种技术更新换代提供新的解决方案。

（4）园艺作物基因编辑技术应用

基因编辑是通过敲除几个碱基对或一段DNA序列从而改变原有基因序列的技术，主要利用的3种工具酶分别为ZFNs、TALENs和CRISPR-Cas9，其中近年诞生的CRISPR-Cas9基因编辑系统由于编辑效率高、操作简单、成本低等优点，近年来成为基因编辑炙手可热的工具，在植物中均得到广泛应用。基因编辑技术由最先对目标基因的随机打靶失活到现在可以实现对基因单个碱基的精准替换，技术上已经实现了重大突破，为基因功能研究及作物性状改良做出了重要贡献。2021年，一种经过CRISPR技术改造的富含γ-氨基丁酸的番茄在日本上市销售。基因编辑技术在作物和模式植物中已得到广泛应用，基因编辑技术在作物遗传改良上相较于传统杂交育种有很大的优势。而园艺作物种类繁多，目前已在番茄等园艺作物建立了较为成熟的基因编辑体系，但很多的园艺作物尚未有较好的基因编辑体系，在不同的园艺作物中建立高效的基因编辑体系还需要大量的实践探索。

（5）林木全基因组选择育种

林木全基因组选择育种属于林业科学学科，是林木育种的新兴开发前沿技术。林木重要性状多为复杂的数量性状、遗传杂合性高，常规育种技术难以高效快速定向培育林木良种。分子标记辅助选择育种（molecular marker assistant selection breeding，MAS）难以捕获微效位点、遗传作图分辨率低，数量性状遗传定位结果间难以互相验证，不能有效推动林木遗传改良进程。全基因组选择（genomic selection，GS）是指利用覆盖全基因组的高密度遗传标记对复杂数量性状进行预测的育种方法，能够克服MAS利用少量标记选择育种的不足，极大地提高对微效位点的捕获功效。主要技术环节包括：① 建立训练群体，测定所有个体的表型和基因型，利用合适的统计模型估计单核苷酸多态性位点效应值，建立表型和基因型间的GS预测模型；② 基于候选群体中个体基因型数据，利用GS预测模型计算候选群体个体基因组估计育种值（genome estimated breeding value，GEBV）；③ 根

据GEBV排序在苗期筛选个体，测定表型后再纳入训练群体持续更新和优化GS模型，增强预测精度和功效；④ 促进林木GS与新兴技术（如早花、体细胞胚发生、基因编辑等）融合，真正实现利用基因组信息指导育种实践。林木全基因组选择育种可在林木幼苗甚至种子阶段开展优良基因型选育，增强遗传增益、加快选育进程、促进林木精准高效育种，是具有巨大潜力的林木育种策略。

（6）基于RNA干扰的病虫害防控技术

RNA干扰现象是一项获得诺贝尔生理学或医学奖（2006年）、具有跨时代伟大意义的发现。RNA干扰技术已经在医药、农业等多个领域展现出巨大的应用前景，截至2022年，全球已有近20种基于RNA干扰的医药新产品进入临床研究阶段。在农业领域，RNA干扰可以沉默有害生物生长发育或重要过程中的关键基因，阻碍有害生物正常的生长和繁殖，导致其死亡，从而降低有害生物的危害程度。基于RNA干扰的病虫害防控技术被称为“农药史上的第三次革命”，该技术具有靶标专一性强、无毒、无残留等特点，在发展环境友好型农业中具有跨时代意义。2017年，美国环境保护署批准了全球第一款基于RNA干扰的抗虫转基因玉米——MON87411（拜耳公司），该产品于2020年获得中国农业农村部转基因安全许可证书。此外，已有多种RNA生物农药已提交EPA审核，如BioDirect（拜耳公司）、Ledprona GS2（绿光生物科学）等。我国关于RNA干扰的病虫害防控技术研发起步较早，但商品化应用进程缓慢，相关的技术标准、法律法规也不完善。此外，在RNA干扰产品的商品化研发过程中，有几个关键的核心问题亟待解决：① RNA干扰抗病虫靶标基因的筛选；② 双链RNA工业化合成方法的开发；③ 双链RNA递送或缓释载体的构建。尽快解决上述问题，可以推进我国新型RNA抗病虫技术商品化的进程，有助于我国追赶国际前沿科技、抢占国际市场、树立我国在该领域的国际地位。

（7）农业自主作业机器人

农业自主作业机器人是具有感知、决策、控制和执行的智能农机装备。农业自主作业机器人是机器人领域的重要分支，是农业机械、人工智能、机器人和信息工程等技术交叉融合领域，是现代农业发展的重要趋势。当前，我国农业综合机械化率已超过70%，农业机械化解放了劳动力、提高了劳动生产率和资源利用率、促进了农民增收。然而，随着我国城镇化进程加快和农村劳动力大量进城务工，农村劳动力出现了季节性和结构性短缺，农业自主作业机器人将是解决“谁来种地”和“怎样种地”的重要农机装备。针对非结构化复杂农业场景，农业自主作业机器人重点突破如下关键理论与技术：① 作业机器人、作业环境和作业对象的信息精准感知机理和传感技术；② 基于多源感知异构信息的物景认知方法，以及基于作业流程和机器学习的自主决策、规划与控制技术；③ 融合先进农艺的作业装置、末端执行器和机械臂先进设计与精准高效作业技术；④ 全地形、多遮挡和动态农业场景下的底盘结构设计与线控技术，以及多传感融合的地图构建、自主规划与避障导航技术；⑤ 机器人群体实时通信、群体自主协同和人机共融技术。农业自主作业机器人代表着最先进的农业生产力，将最大程度地解放农业劳动力，极大地提高生产率、资源利用率和产出率，实现农业智慧生产。

（8）有机污染物催化降解技术

有机污染物种类繁多、成分复杂、结构多样，具有环境迁移性、生物积累性和生态毒性，成为农业环境领域的新兴关注点。有机污染物的赋存影响农田土壤环境质量，并给城乡生活废水处理及农业农村有机废弃物资源化利用带来挑战。开发经济、高效的有机污染物催化降解技术，是当前的研究热点和应用前沿。现阶段备受关注的有机污染物催化降解技术主要包括光催化降解技术、非均相催化过硫酸盐降解技术、臭氧催化氧化技术、电催化降解技术等。尽管催化降解技术去除有机污染物效率较高，但在实际应用中易受共存物质的干扰，创新特异性目标有机污染物专项去除的催化降解技术是该方向的重要研究趋势之一。此外，有机物催化降解的中间产物会影响催化降解效率，且可能对生态系统构成威胁，因此定向调控有机污染物催化降解的中间产物是该方向的另一重要需求。因此，提高有机污染物的矿化效率，揭示其催化降解途径及降解机理，开发节能高效的催化降解技术及设备，是该领域亟须突破的重点和难点。

（9）饲用抗生素替代技术与产品

抗生素的大量、长期使用不仅造成了严重的生态环境污染，更使一些病原微生物产生了耐药性，造成“超级细菌”的出现，危及人类和动物的健康。我国已于2020年7月1日起正式禁止饲用抗生素的使用。从欧洲的“禁抗”历程来看，饲料全面“禁抗”后养殖业会出现畜禽发病率、死亡率提高，养殖成本增加等问题。开发高效、环保、无毒副作用的饲用抗生素替代品，提高畜禽自身免疫抗病力，有利于促进我国养殖业健康发展。研究较多的饲用抗生素替代品有酸化剂、抗菌肽、植物精油等。益生菌、益生元、抗菌肽、植物提取物、中草药以及酶制剂等已被证明具有较好的调控畜禽肠道微生态以及改善肠道健康的效果，在无抗养殖发展过程中具有广泛的前景。合成生物学在这些产品的创制过程中发挥了重要作用。目前，以合成生物学为核心的第三代生物技术已经进入一个技术日新月异、产业蓬勃发展的新阶段。经济合作与发展组织（OECD）预测，至2030年，35%的化学品和其他工业产品将来自生物制造，奠定了生物制造产业作为全球战略新兴产业的核心位置。以合成生物学为指导，发展基于微生物的农业生物制造技术，设计饲用生物活性分子的高效合成路线和人工生物体，突破自然生物体合成的局限，重塑生物饲料生产方式，创制新型饲料资源和饲料添加剂并实现产业化，可有效解决我国饲料原料短缺、抗生素超量添加及畜牧产品安全的问题，将产生广泛的社会效益和经济效益。

（10）作物无人化智慧栽培技术

现代科技的迅猛发展以及农业生产经营方式的升级转型使无人化智慧栽培成为作物生产未来发展的基本方向。世界各国依靠经济与科技的投入正向作物无人化智慧栽培方向进军。作物无人化智慧栽培，即以绿色优质丰产高效生产为目标，利用卫星导航系统、物联网、大数据、人工智能等新一代信息技术与现代作物栽培技术相融合，通过智能机具（设备）代替人实施作物田间耕种收精确化作业、作物生长精准化监测诊断以及水肥药精准变量施用，实现全程栽培作业无人化与作物稳健生育，具有精准智能、自动高效、安全可靠、多能通用等特点，是作物生产方式的重大颠覆性变革。作物无人化智慧栽培是一项作物栽培、机械工程、信息科学等多领域深度融合的系统工程技术，其核心科学问题主要有：① 作物无人化智慧栽培并能实现绿色优质丰产高效协同生产的有效途径与机制；② 适合无人化智慧化栽培系统的种、肥、药等产品的研制与筛选；③ 应用于无人化智慧栽培的融合信息技术的农机装备与设施设备的研制及选型配套；④ 作物绿色优质丰产高效的“栽培－机械－信息”深度融合的栽培技术开发与应用。例如，以稻麦轮作为对象，通过多学科协同创新，创建绿色丰产优质高效协同的关键栽培农艺与全程化最轻简无人化智慧栽培作业模式，周年生产无人化智慧化率达85%以上，周年均产稳定达每亩[1] 1 300 kg以上，实现大规模推广应用，推动稻麦轮作无人化智慧栽培达到国际领跑水平。

（11）生态智能池塘养殖技术

目前，我国水产养殖面积约为70 360 km^2，其中淡水养殖面积为50 410 km^2（占71.6%），池塘养殖是淡水养殖的主要方式（占74%），池塘养殖业在淡水养殖业甚至是全球水产养殖业中都占有举足轻重的地位，是稳定水产品供给的基础。池塘养

1　1亩≈667 m^2。

殖的健康可持续发展涉及国家粮食安全，亟须持续且稳步地推进发展。池塘养殖面临的关键问题包括种源缺乏、池塘老旧、配套技术落后等。针对这些问题，国内外学者通过制备优质养殖苗种、研发池塘养殖水质精准调控技术、开发高效净化装备与减排系统、建立以物联网为基础的全程信息化养殖管控系统，提升传统池塘养殖智能及精准控制水平，最终建立生态化、智能化、工业化的现代池塘养殖模式，推动了现代池塘养殖的健康可持续发展。

2.2 Top 3 工程开发前沿重点解读

2.2.1 动物精准基因编辑育种技术

动物精准基因编辑育种技术是指利用 CRISPR-Cas9 等基因组编辑工具，精确修饰动物重要性状相关功能基因和调控序列，定向培育具有特定表型的动物新品种（系）的方法。基因编辑技术自问世以来已经发展更新 3 代：ZFNs 编辑技术、TALENs 编辑技术和 CRISPR-Cas9 编辑技术。由最先对目标基因的剪切断裂引入突变，到现在可以实现对基因单个碱基的精准替换，以及大片段的精确插入或者替换等操作，技术上已经实现了重大突破。随着多组学测序技术的不断进步，各种表型和基因型数据库不断丰富，多种性状相关的重要功能基因和调控序列挖掘不断深入，基因编辑技术的效率、准确性和安全性不断提升，动物精准基因编辑育种技术将逐渐向工程化和规模化方向发展，未来将在动物育种领域广泛应用，为动物新品种培育提供重要技术支撑。

基因编辑技术已成为动物育种的重要方法，在动物育种领域得到十足的发展和应用。通过基因编辑技术精准创制了一批高产、优质、高繁殖和抗病育种新材料与新品系，如 MSTN 基因编辑的高产动物、抗繁殖与呼吸综合征的基因编辑猪和抗结核病奶牛等。家畜肉产量和品质、绒毛产量和品质等生产性状的改良对畜牧业高效可持续发展至关重要，通过基因编辑技术对关键基因的精准修饰已成为家畜重要经济性状改良的有效工具。利用基因编辑技术突变 *BMP15* 和 *GDF9* 基因，显著提高了牛羊繁殖效率，创制了高繁殖动物育种材料。通过精确修饰调控肌肉生产的关键基因 MSTN，获得的基因编辑猪、肉牛和羊均表现出双肌表型，产肉率显著提升。通过基因编辑技术将外源的 *Fat1* 基因成功插入猪基因组中，显著增加了猪肉中 n-3 多不饱和脂肪酸的含量，提高了猪肉的风味。精确突变 *FGF5* 基因，提高了高山美利奴羊的羊毛品质。针对动物抗病性状，发掘了一批宿主的重要抗病基因，通过精准改造病原进入细胞的受体基因，或者将抗性基因精准插入动物基因组安全性位点，培育多种特定病原抗性的动物育种新材料。使用 ZFNs 产生了具有抵抗非洲猪瘟能力的猪。通过基因编辑技术获得了抗猪瘟病毒（CSFV）猪。使用 CRISPR-Cas9 敲除 CD163 受体而产生抗 PRRSV 的猪。针对导致猪伪狂犬病、猪繁殖与呼吸综合症、断奶仔猪多系统衰竭综合征等疾病的病原体，利用了 CRISPR-Cas9 系统对宿主进行了多个关键基因的修饰，培育了相应的抗病猪种。通过精确整合 *Ipr1* 和 *NRAMP1* 基因，创制了抗结核病奶牛。使用 CRISPR-Cas9 技术对鸡 B 亚型肿瘤病毒基因（TVB）进行编辑，建立了抗 B 亚型白血病的鸡细胞系。以上研究表明，动物精准基因编辑育种技术在动物新品种培育领域具有重要应用价值。

基因编辑技术解决了动物育种周期长等问题，加速育种进程，降低育种成本。基于 CRISPR-Cas9 等系统的精准基因编辑技术可以运用到多种生物体和细胞的基因编辑中，且靶向修饰更精准、作用时间更短、操作更简单，获得的修饰后基因还可以实现种系遗传，在动物生产领域表现出巨大的潜力和优势。然而，当前的基因编辑技术仍处于研究和应用的初级阶段，还需要解决其脱靶效率高、编辑效率待进一步提高等关键问题。在未来的发展中，在实践中不断完善与成熟的基因编辑技术必将成为畜牧研究与生产领域的有力辅助工具，最终推动畜牧业的高质量发展。

“动物精准基因编辑育种技术”相关核心专利主要产出国家、主要产出机构分别见表 2.2.1 和表 2.2.2。核心专利公开量最多的是中国，为 3 860 项，占比为 84.91%；排名第二的是美国，有 187 项专利，占比为 4.11%，排名第三的是韩国，有 168 项专利，占比为 3.70%。我国专利被引数比例为 56.63%，远超第二名的美国，但篇均被引频次只有 1.51，远远落后于法国、加拿大和美国。主要产出国家间的合作方面，美国、英国、荷兰、加拿大、澳大利亚之间有合作关系，其他国家间没有合作（图 2.2.1）。

核心专利产出最多的机构是中国农业科学院，共有 237 项，中国农业大学和西北农林科技大学分别排在第二、第三名。被引数比例排名前三的机构分别是中国农业大学（4.35%）、中国农业科学院（3.26%）和华南农业大学（2.16%）。平均被引数最高的机构是中国农业大学，达到 3.07 次。而各主要产出机构间没有合作。

图 2.2.2 为“动物精准基因编辑育种技术”工程开发前沿的发展路线。

表 2.2.1 “动物精准基因编辑育种技术”工程开发前沿中核心专利的主要产出国家

序号	国家	公开量	公开量比例 /%	被引数	被引数比例 /%	平均被引数
1	中国	3 860	84.91	5 830	56.63	1.51
2	美国	187	4.11	2 854	27.72	15.26
3	韩国	168	3.70	155	1.51	0.92
4	俄罗斯	88	1.94	55	0.53	0.62
5	日本	69	1.52	190	1.85	2.75
6	法国	20	0.44	664	6.45	33.20
7	英国	20	0.44	480	4.66	24.00
8	澳大利亚	18	0.40	98	0.95	5.44
9	加拿大	13	0.29	382	3.71	29.38
10	荷兰	12	0.26	52	0.51	4.33

表 2.2.2 “动物精准基因编辑育种技术”工程开发前沿中核心专利的主要产出机构

序号	机构	公开量	公开量比例 /%	被引数	被引数比例 /%	平均被引数
1	中国农业科学院	237	5.21	336	3.26	1.42
2	中国农业大学	146	3.21	448	4.35	3.07
3	西北农林科技大学	124	2.73	197	1.91	1.59
4	华南农业大学	123	2.71	222	2.16	1.80
5	扬州大学	96	2.11	114	1.11	1.19
6	华中农业大学	51	1.12	98	0.95	1.92
7	山东农业大学	45	0.99	72	0.70	1.60
8	四川农业大学	43	0.95	94	0.91	2.19
9	贵州大学	36	0.79	37	0.36	1.03
10	南京农业大学	33	0.73	54	0.52	1.64

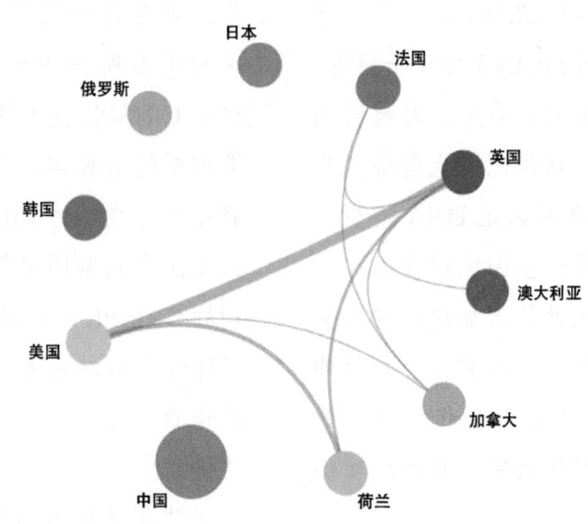

图 2.2.1 “动物精准基因编辑育种技术”工程开发前沿主要国家间的合作网络

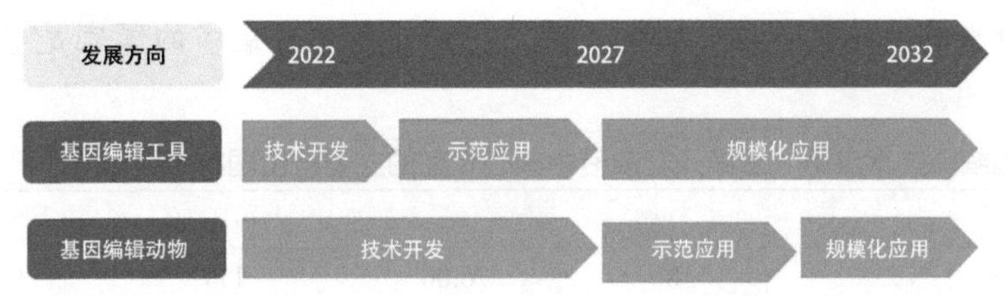

图 2.2.2 “动物精准基因编辑育种技术”工程开发前沿的发展路线

2.2.2 园艺作物基因编辑技术应用

园艺作物基因编辑技术主要是通过敲除几个碱基对或一段 DNA 序列从而改变原有基因序列的技术。基因编辑技术自问世以来已经发展更新 3 代：ZFNs 编辑技术、TALENs 编辑技术和 CRISPR-Cas9 编辑技术。其中 CRISPR-Cas9 基因编辑系统由于编辑效率高、操作简单、成本低等优点，成为目前园艺作物基因编辑的主要技术。基因编辑技术由最先对目标基因的剪切断裂引入突变，到现在可以实现对基因单个碱基的精准替换，以及大片段的精确插入或者替换等操作，技术上已经实现了重大突破。近年来，在番茄、西瓜、黄瓜、大白菜、柑橘、苹果、猕猴桃、月季、中国莲等重要园艺作物基因组解析方面取得突破性进展，在重要园艺作物营养和风味品质、产品器官形成、植株生长发育等重要性状的基因挖掘、园艺作物与环境互作机制等方面取得了一些重要成果，基因编辑技术起到重要推动作用。随着基因编辑技术的效率、准确性和安全性不断提升，园艺作物基因编辑技术将逐渐向工程化和规模化方向发展，未来将在园艺作物生产领域广泛应用，为培育更加优良的园艺品种及精准调控产量与品质奠定了良好基础。

基因编辑技术已成为园艺作物重要基因功能研究重要方法，在园艺作物研究领域得到长足的发展和应用。CRISPR-Cas9 系统首次于 2014 年在番茄中应用，研究人员成功将 *Argonaute 7* 基因敲除后使番茄叶片产生 Wiry 表型。随着 CRISPR-Cas9 技术的发展，在越来越多的园艺作物（包括黄瓜、草莓、香蕉、葡萄、苹果、西瓜和猕猴桃）中得到应用，在研究植物生长发育、产品品质、生物与非生物胁迫响应以及作物驯化等方面的重要基因功能方面取得了重要突破。例如，利用 CRISPR-Cas9 技术敲除草莓生长素响应因子8（*ARF8*），产生了幼苗生长更快的植株；诱导番茄SlCLV3启动子突变，获得了具有较多心室和较大果实的番茄；对抗番茄黄叶卷曲病毒进行基因编辑，获得比野生型番茄更高效的病毒抗性，积累的病毒基因组DNA较少，且这种免疫活性可以世代传递；基因编辑技术通过引入远缘模式植物的已知农艺性状来加速各种野生植物的驯化过程。另外，基因编辑的有效性和目的性、无外源DNA的再生遗传材料和遗传改良作物监管法规的开放正在促进园艺作物中的基因编辑的研究与应用。

园艺作物基因编辑技术不仅在科学研究中起到巨大的推动作用，在商业应用方面，2021年，一种经过CRISPR技术改造的番茄富含在日本上市销售，主要是降低了γ-氨基丁酸降解酶活性，因此这种番茄所含的γ-氨基丁酸是普通番茄的5倍，这对CRISPR技术用于园艺作物育种来说是一个非常重要的里程碑。然而，仍有大部分园艺作物尚未有建立起成功的CRISPR基因编辑体系，转化率低，或无法得到基因编辑植株。因此，突破不同园艺作物的CRISPR基因编辑体系，确定合理的目的性状、阐释性状的功能基因、提高编辑效率和分离无性繁殖作物中基因编辑引入的外源DNA等仍然是面临的挑战。

“园艺作物基因编辑技术应用”相关核心专利的主要产出国家、主要产出机构分别见表2.2.3和表2.2.4。在核心专利数量方面，总体偏少，核心专利公开最多的国家是中国，为38项，占比为

表2.2.3 “园艺作物基因编辑技术应用”工程开发前沿中核心专利的主要产出国家

序号	国家	公开量	公开量比例/%	被引数	被引数比例/%	平均被引数
1	中国	38	76.00	117	96.69	3.08
2	韩国	4	8.00	0	0.00	0.00
3	日本	3	6.00	1	0.83	0.33
4	德国	1	2.00	2	1.65	2.00
5	美国	1	2.00	1	0.83	1.00
6	瑞士	1	2.00	0	0.00	0.00
7	荷兰	1	2.00	0	0.00	0.00
8	俄罗斯	1	2.00	0	0.00	0.00

表2.2.4 “园艺作物基因编辑技术应用”工程开发前沿中核心专利的主要产出机构

序号	机构	公开量	公开量比例/%	被引数	被引数比例/%	平均被引数
1	江苏省农业科学院	6	12.00	36	29.75	6.00
2	北京市农林科学院	4	8.00	2	1.65	0.50
3	新疆农业科学院园艺作物研究所	3	6.00	17	14.05	5.67
4	浙江省农业科学院	2	4.00	23	19.01	11.50
5	西北农林科技大学	2	4.00	6	4.96	3.00
6	浙江大学	2	4.00	2	1.65	1.00
7	中国农业科学院	2	4.00	1	0.83	0.50
8	南京农业大学	2	4.00	0	0.00	0.00
9	中国科学院上海生命科学研究院	1	2.00	14	11.57	14.00
10	华南农业大学	1	2.00	6	4.96	6.00

76.00%；排名第二的是韩国，有4项专利，占比为8.00%；排名第三的是日本，有3项专利，占比为6.00%。我国专利被引数为117次，比例为96.69%，远超第二名的韩国。各主要产出国家间没有合作。

核心专利产出最多的机构是江苏省农业科学院，共有6项，北京市农林科学院、新疆农业科学院园艺作物研究所分别排在第二、第三名。被引数比例排名前三的机构分别是江苏省农业科学院（29.75%）、浙江省农业科学院（19.01%）和新疆农业科学院园艺作物研究所（14.05%）。平均被引数最高的机构是中国科学院上海生命科学研究院，达14次。各主要机构间没有合作。

图2.2.3为“园艺作物基因编辑技术应用”工程开发前沿的发展路线。

2.2.3 林木全基因组选择育种

林木重要性状多为复杂的数量性状、遗传杂合性高，常规育种技术难以高效快速定向培育林木良种。分子标记辅助选择不能捕获微效位点、遗传作图分辨率低、数量性状遗传定位结果间无法互相验证，导致林木育种进展缓慢，人工林的生长和生产效率远不能满足经济和生态的需求。鉴于性状表型选择和分子标记辅助选择育种策略的不足，Meuwissen等提出了基因组选择（GS），亦称为全基因组选择。GS是一种全基因组范围的标记辅助选择方法，主要利用覆盖全基因组的高密度遗传标记信息，估计个体基因组范围的育种值GEBV，并以GEBV为依据选择优良基因型。GS是结合功能基因组研究成果和单核苷酸多态性（SNP）芯片技术建立的早期选择技术，基于林木种子或幼苗基因型，预测林木性状表现，准确鉴定并筛选带有优良基因的个体。为最终建立以GS为核心的林木智能设计育种体系，需要：研发GS技术在林木亲本选配、杂交组合预测和优良子代早期选育的实现路径；精准挑选聚合多基因、表型优良的林木新品，科学控制育种过程；促进林木GS和基因编辑、QTL、全基因组关联分析（genome wide association study，GWAS）、表型组学多技术和学科的交叉融合，推动林木复杂性状关键育种基因的挖掘。

GS的优势主要体现在如下几个方面。① 育种速度更快。相比表型选择，依据GEBV能进行早期个体选择，效率更高，能有效降低世代间隔，对育种周期长的林木育种最为关键。② 选择强度更大。实现高通量的基因分型比表型测定成本更低，依据基因型能评估更多候选者，增大选育群体规模对子代群体庞大的植物育种尤为重要。③ 预测准确性高。基于分子标记的GEBV比单纯基于表型和谱系的EBV估算更准确，能极大地提高对微效位点的捕获功效，从而提高复杂数量性状预测的准

图2.2.3 “园艺作物基因编辑技术应用”工程开发前沿的发展路线

确性和遗传标准差。④ 更有利于保持遗传多样性。通过有效整合不同双亲群体和育种项目的遗传材料，在大规模群体中开展遗传评估和选择，有利于保存丰富的遗传资源。⑤ 更节省时间和人力成本。能省去或减少子代测定工作，可直接对预选个体进行无性系化和子代测定试验。综上，GS 特别适合于育种周期较长、目标性状遗传复杂、表型测量难度大或成本高的林木树种，可显著提升目标性状的遗传改良精度，降低操作成本，是具有巨大潜力的林木育种策略。

GS 是目前动物和作物遗传育种的关键技术和研究热点，已在一些动植物的遗传改良工作中取得了重要进展，然而林木 GS 育种相对落后，尚处于初级阶段。自 2010 年以来，林木 GS 领域有近 80 项成果发表，多集中于桉树、云杉、火炬松、花旗松等用材树种，主要针对林木生长、材性和抗病虫等性状构建 GS 预测模型，并探究其影响因素，包括训练群体规模与组成、性状遗传率、标记数量、模型算法优化对比等。林木 GS 育种应用实例和跨越多世代的 GS 研究鲜有报道，林木 GS 育种滞后的原因包括：大多数树种遗传资源收集和种质评价工作不深入，缺乏用于快速建立大规模训练群体的已建成的试验林；遗传研究基础薄弱、高通量表型测定技术落后、标准化低成本基因型分型技术缺乏；基因型 × 年龄 / 环境互作模型缺乏、针对林木特点分析工具缺少；树种参考基因组和分子标记质量低，会降低模型预测精度。

为克服困难促进林木 GS 育种发展，应在以下几个方向开展研究。① 建立统一基因型和表型获取平台：利用高密度 SNP 芯片等技术高通量、低成本、标准化采集基因型数据，通过高通量表型测定平台非破坏性、大尺度获取多维表型组数据。② 优化和开发林木 GS 模型算法：根据林木特点，结合多组学、多环境和多年份数据，利用机器学习与深度学习，开发基因型 × 环境 / 年龄互作模型，实现 GS 算法的优化和提升，不断扩充和更新训练群体优化预测模型，提高未知气候环境中林木 GS 模型的普适性和长期功效性。③ 整合分析跨越多群体的上千株样本数据，综合 GS 和 meta-QTL 获得稳定可靠分子标记，开发特定性状选育 SNP 芯片产品。④ 利用 C++、Julia 和 R 等编程语言开发针对林木特点（多年生、异交和样本量庞大）的分析工具，最常用的 R 语言分析速度慢，需开发能快速处理海量分子标记数据（>100 k）的分析软件。⑤ 对于难以获得高质量基因组的针叶树和多倍体物种，开展林木泛基因组研究，建立高质量参考基因组，以提高 GS 模型预测准确性。另外，林木 GS 样本需求量大、成本高，应促进数据收集和共享，注重研究机构和育种公司合作，保证长期稳定投入和研究。

“林木全基因组选择育种”工程开发前沿包含 2 项核心专利（表 2.2.4、表 2.2.5），共被引 7 次，均为中国专利，均来自华南农业大学，发明人是以林元震为核心的林木遗传育种研究团队。其中，专利“基于多性状的基因组选择进行林木多性状聚合育种”方法联合基因组选择技术与多

表 2.2.4　“林木全基因组选择育种”工程开发前沿中核心专利的主要产出国家

序号	国家	公开量	公开量比例 /%	被引频次	被引频次比例 /%	平均被引频次
1	中国	2	100.00	7	100.00	3.50

表 2.2.5　“林木全基因组选择育种”工程开发前沿中核心专利的主要产出机构

序号	机构	公开量	公开量比例 /%	被引频次	被引频次比例 /%	平均被引频次
1	华南农业大学	2	100.00	7	100.00	3.50

性状聚合技术，建立林木多性状聚合育种新方法体系，实现多性状定向、精确育种，显著缩短林木育种周期；专利"基于个体遗传竞争与环境空间分析的林木基因组选择"方法充分考虑遗传材料和种植环境的背景差异，采用 SNP 标记构建基因组关系矩阵，US 结构拟合个体遗传竞争效应，AR1 结构拟合环境空间效应，进行基因组选择分析，显著提高林木基因组选择的准确性。图 2.2.4 为"林木全基因组选择育种"工程开发前沿的发展路线。

图 2.2.4 "林木全基因组选择育种"工程开发前沿的发展路线

领域课题组成员

课题组组长：

张福锁

专家组：

曹光乔　陈源泉　戴景瑞　韩丹丹　韩建永
韩　军　郝智慧　康绍忠　李德发　李道亮
李　虎　刘少军　刘平黄　李天来　刘晓娜
罗锡文　董朝斌　蒲　娟　齐明芳　申建波
沈建忠　王桂荣　王红亮　王军军　魏海燕
吴孔明　吴普特　武振龙　张福锁　张洪程
张守攻　张小兰　张　涌　赵春江　臧　英
周　磊　周　毅　朱齐超　朱旺升　朱作峰

课题组：

初晓一　郜向荣　李红军　李云舟　刘德俊
刘　军　师丽娟　孙会军　汤陈宸　王桂荣
姚银坤　张晋宁　赵　杰　周丽英

执笔组：

董朝斌　高　辉　韩丹丹　韩建永　胡　炼
金诚谦　李少锋　李　思　刘　军　刘晓娜
罗锡文　钱永强　钱震杰　权富生　孙康泰
孙世坤　田　静　王军辉　王军军　武振龙
邢志鹏　杨　青　赵春江　张　涌　张苗苗
周焕斌　周　毅　朱齐超

八、医药卫生

1 工程研究前沿

1.1 Top 10 工程研究前沿发展态势

医药卫生领域组所研判的 Top 10 工程研究前沿见表 1.1.1，涉及基础医学、临床医学、医学信息学和生物医学工程、药学、中药学等学科方向，包括“实体瘤的免疫异质性及干预策略研究”“肿瘤动态演进机制研究”“干细胞衰老”“蛋白质折叠结构的精准预测与设计研究”“人工智能辅助药物设计”“生物大分子相分离与相变”“基因组调控机制研究”“新生抗原产生及其在肿瘤免疫中的作用机制”“3D 打印和器官再生”和“人工智能辅助疾病诊疗系统”。各前沿所涉及的核心论文 2016—2021 年的发表情况见表 1.1.2。

（1）实体瘤的免疫异质性及干预策略研究

实体瘤中普遍存在免疫微环境的异质性，并且随着肿瘤的发展以及治疗干预而在空间上或时间上发生变化。这种免疫异质性与疾病进展和治疗反应性密切相关，准确了解免疫异质性、开展相应的干预策略研究，对于临床中正确评估免疫异质性、促进更加有效的个体化治疗发展至关重要。在多部位活检取样、多组学测序、单细胞测序以及纵向液体活检（liquid biopsy）等方法的帮助下，一系列研究进展显示了肿瘤免疫异质性的复杂性及其在指导临床诊疗策略中的潜在价值。目前主要的研究方向包括：建立健全免疫异质性的诊断技术；开发免疫异质性研究的新模型；发展针对免疫异质性的治疗策略，如利用细胞毒剂、光动力疗法等新型治疗策略诱发表位扩展与漂移增强免疫原性；利用联合治疗手段克服异质性等。作为肿瘤治疗研究的重要前沿领域，世界多国对实体瘤的免疫异质性均有较大的研究投入，并开展了广泛的合作。我国目前处于与国外同类研究跟跑的态势。未来仍需利用我国在临床样本资源方面的数量优势，建立实体瘤免疫微环境异质性研究平台，建立体系化肿瘤样本生物资源库和信息库；强化空间组学等新兴研究技术在解码肿瘤免疫异质性中的应用；进一步加强免疫异质性研究的新模型与新技术研究；积极开展临床试验，鼓励多模式联合治疗；加强国际合作，推动数据共

表 1.1.1 医药卫生领域 Top 10 工程研究前沿

序号	工程研究前沿	核心论文数	被引频次	篇均被引频次	平均出版年
1	实体瘤的免疫异质性及干预策略研究	945	144 130	152.52	2017.9
2	肿瘤动态演进机制研究	474	47 136	99.44	2018.3
3	干细胞衰老	610	63 316	103.80	2017.5
4	蛋白质折叠结构的精准预测与设计研究	491	41 898	85.33	2018.2
5	人工智能辅助药物设计	453	49 852	110.05	2018.1
6	生物大分子相分离与相变	858	79 732	92.93	2017.6
7	基因组调控机制研究	280	37 959	135.57	2017.3
8	新生抗原产生及其在肿瘤免疫中的作用机制	211	56 200	266.35	2017.7
9	3D 打印和器官再生	700	79 548	113.64	2017.8
10	人工智能辅助疾病诊疗系统	975	202 804	208.00	2019.2

表 1.1.2 医药卫生领域 Top 10 工程研究前沿逐年核心论文数

序号	工程研究前沿	2016	2017	2018	2019	2020	2021
1	实体瘤的免疫异质性及干预策略研究	201	208	211	188	114	23
2	肿瘤动态演进机制研究	81	101	89	73	62	68
3	干细胞衰老	169	155	140	95	43	8
4	蛋白质折叠结构的精准预测与设计研究	107	104	73	72	47	88
5	人工智能辅助药物设计	79	81	109	96	74	14
6	生物大分子相分离与相变	265	165	203	134	80	11
7	基因组调控机制研究	93	70	63	32	16	3
8	新生抗原产生及其在肿瘤免疫中的作用机制	51	50	53	37	16	4
9	3D 打印和器官再生	143	172	159	136	55	35
10	人工智能辅助疾病诊疗系统	51	104	155	198	214	253

享，推动精准免疫治疗水平发展。

（2）肿瘤动态演进机制研究

肿瘤的发生发展是不断变化的动态演进过程。健康组织产生体细胞突变、染色体重排、拷贝数变异等改变后导致基因组不稳定，抑癌基因丢失、原癌基因激活，从而获得恶性表征。早期驱动祖先突变逐步延伸出多点分支突变，形成不同亚克隆。在微环境和治疗等压力下，优势克隆持续被选择，出现肿瘤进展、转移和耐药。这些分子事件参与肿瘤的各个阶段。对肿瘤动态演进机制的认识，很长时间内局限在肿瘤细胞基因组本身，随着技术的进步和研究的深入，表观遗传畸变和微环境互作网络等机制也被发现能够促进演变。发育过程中，细胞身份可被表观遗传编码，肿瘤中也是如此，DNA 甲基化、染色质可塑性和组蛋白修饰等表观遗传调节可以控制基因的“开”或“关”，诱导基因表达的瞬时变化，从而影响肿瘤进化。而肿瘤微环境，包括血管、免疫细胞、成纤维细胞、基质等，对肿瘤细胞施加直接的选择压力，同时肿瘤细胞的适应性改变也会塑造微环境。对肿瘤动态演进机制的研究正逐渐走向系统化、整体化、深入化，其中高通量测序和单细胞技术的飞速发展无疑起到了极大的加成作用。理解肿瘤动态演进机制对于癌症的预防、诊断、预后分层、耐药的识别和新型治疗策略的开发至关重要。

（3）干细胞衰老

干细胞是一类具有自我更新能力和分化潜能的细胞，在维持组织器官结构和功能、应对损伤修复等方面发挥着关键作用，是组织再生的源泉和器官稳态维持的根基。随着机体年龄的增加，干细胞数目减少、功能渐进性衰退，致使组织再生能力减损，进而导致组织稳态失衡和一系列衰老相关疾病的发生，包括神经退行性改变、造血和免疫功能紊乱、生殖能力降低、肌量减少、骨量减少和肺纤维化等。因此，深入解析干细胞衰老的分子机制，挖掘调控干细胞内源与外源微环境的重要因子，进而发展可增强干细胞的稳态和功能的新方法，对于干预衰老相关疾病和实现健康长寿具有重要意义。近年来，干细胞研究领域取得了一系列突破性进展，包括鉴定出不同类别的成体干细胞、探索其功能调控的分子机制，以及利用小分子诱导等手段维持特定类型干细胞的动态平衡等。然而，干细胞衰老研究领域目前仍面临诸多挑战——如何建立干细胞衰老研究的新模型，如何系统深入地解析干细胞衰老的机制，如何发展干细胞衰老及相关疾病的干预策略等。此外，不同组织中的成体干细胞在分子特征、调控网络、微环境等方面均存在特异性。因此，发展干细胞衰老研究新模型与新技术，利用多学科交叉手段开展多维度、多层次研究，系统解析不同类型干细胞衰老的特性和共性调控机制，有助于实现激活衰老干细胞的再生潜能，系统重建组织或器官的稳态与功能。同时，这些研究将为建立干预衰老及相关疾病的干细胞治疗平台提供技术储备，也将为延缓衰老和防治一系列衰老相关疾病提供重要依据。

（4）蛋白质折叠结构的精准预测与设计研究

蛋白质折叠结构的精准预测与设计是指对于蛋白质的折叠结构针对输入序列，利用多序列比对结合机器学习的方法进行精准的三级结构预测，在预测结构的基础上，结合人工智能进行蛋白质骨架以及序列的自动设计，使其实现特定的生物学功能。蛋白质是生命的物质基础，蛋白质的结构决定其功能。20 世纪 50 年代，研究人员通过 X 射线测定蛋白质的三维结构，最终形成了 X 射线衍射、核磁共振和冷冻电镜的蛋白质结构分析领域三大主流技术。根据实验测定的结构，构建了蛋白质结构数据库（Protein Data Bank），迄今为止，该数据库包含了大约 194 000 个实验室解析的蛋白质结构。但是这些已知结构只占已知蛋白质序列的很小一部分。由于结构测定耗时、耗力，为了加速这一进程，科学家们在 20 世纪 70 年代开始建立各种计算机模型，预测给定的蛋白质序列如何折叠。1994 年，John Moult 开始组织两年一次的蛋白质结构预测竞赛（Critical Assessment of protein Structure Prediction，CASP）。但最初进行结构预测的评分低于 60 分。直到 2020 年，人工智能软件 AlphaFold2 的出现打破了现有的“游戏规则”，其结构预测平均得分超过 92 分，并宣称解决了困扰人类 50 年的蛋白质折叠问题。随着蛋白质折叠结构预测的快速发展，也推动了蛋白质设计的迭代优化，基于随机序列的幻想生成以及功能位点的修复算法（inpainting）等骨架设计、蛋白质序列的自动生成等都提升了蛋白质设计的精准度。目前蛋白质折叠结构的精准预测与设计取得的突破主要集中在五个方面。① AlphaFold2 等预测工具对蛋白质无规则区域的预测评分普遍在 50 分（总分 100 分），处于低可信度范围，需要通过人工智能结合精准分子力场的模拟提高精准度，真正实现端到端的信息回传。② 对于较少同源序列的蛋白质折叠结构预测还存在很大的改进空间。③ 对于蛋白质复合物的预测，由于涉及蛋白质之间的相互作用，精准度还需要进一步优化。④ 对于蛋白质设计，需要考虑蛋白质骨架与动态构象之间的关系，从而实现设计蛋白质结构的功能化。⑤ 对于设计的蛋白质折叠结构进行蛋白质序列自动生成，增加序列空间的覆盖度，能够体现序列的多样性。为了解决以上问题，可能需要借助更加精准的人工智能架构结合序列结构大数据，在更大算力条件下经过迭代优化，从而实现蛋白质折叠结构的精准预测与设计。近年来，中国科学家在蛋白质结构预测与设计领域获得了举世瞩目的成绩，特别是在蛋白质设计方法学上做出了多项奠基性工作，然而大多数蛋白质结构预测研究仍然在很大程度上沿袭前人的研究架构和解决方案。此外，在信号调控、疾病机制、新药筛选等生物医学前沿领域，中国在蛋白质折叠结构预测与设计方法的应用尚处在起步阶段。

（5）人工智能辅助药物设计

人工智能已经成为医药科技领域的战略前沿方向之一，作为新兴技术也逐步应用于药物发现与设计领域。现阶段人工智能辅助药物设计仍处于起步阶段，目前还存在诸多瓶颈需要突破。① 药物研发数据的来源和种类亟须拓宽、质量有待提高。基于人工智能的药物设计是以数据为基础，从数据中发现规律，因而依赖高质量有标识的数据。现阶段开放获取的药物研发数据很有限，多数为药物发现阶段的化合物体外测试数据；新药研发数据涉及企业机密、受试者隐私等，共享程度低，且未实现标准化；小分子靶向药物设计中，给定靶标的生物活性数据量较小，尤其是阴性数据和新靶标数据；同时，人为的实验数据质量差异很大。② 人工智能模型应充分考虑药物体内过程及其靶标的生物学特点。现有的辅助药物设计的人工智能模型多数仅从化合物结构角度出发，未充分考虑药物在体内的代谢和转化，也未考虑所作用靶标的生物学特点，包括药物与靶标作用的三维或立体特征、诱导契合效应、生理环境、脱靶效应等因素，模型预测精准度还不够理想。③ 分子生成模型缺乏标准化评测方法，分子协同优化还有很大提升空间。从技术层面，基于人工智能的分子生成模型扩大了所设计分子的化学空间、考虑了分子可合成性、可实现协同优化。但现有人工智能模型设计的小分子多数仅针对分子的一种或两种性质；设计出的兼顾生物活性、可合成性、结构多样性和成药性的分子常常存在合成难度大、毒性大、成药性欠佳等问题，预测结果的可操作性较差，实验验证难度大，因而理论研究与实践环节未形成闭环。④ 解决药物设计领域的若干关键科学问题，也是人工智能成功应用的关键。现阶段，因模型精准度限制，人工智能辅助设计的分子往往存在多种可能，需要传统计算机辅助药物设计技术的进一步预测筛选，因此蛋白–配基的相互作用模式和亲和力的预测仍是关键。

针对上述关键科学问题或难点技术提出如下建议。① 加强对药物临床研究阶段数据的挖掘和建模，通过联邦学习（“数据可用不可见”）实现企业保密数据的利用和模型共享，以数据增强等方式充分利用有限数据，由此建立可预测药物多维性质（包括临床研究命运）的人工智能模型。② 发展表征药物靶标生物学特点（三维立体、诱导契合等）的计算方法，研究与化合物结构信息的融合方式，赋予基于数据的人工智能模型物理学和生物学意义。③ 发展分子生成模型的评测体系，定量比较不同模型的效率和性能，选择最优的分子生成框架或模型，将高精度的活性 / 性质预测模型作为打分函数，开展分子设计，与有机合成和生物活性评价紧密结合，实现理论与实践的闭环，通过反馈实验数据来提升模型性能。④ 发展高精度的蛋白–配体亲和力打分函数，提高结合自由能计算的速度，实现精度和速度的平衡，解决传统药物设计领域的关键科学问题。从而建立专门应用于药物设计的人工智能新技术和平台，对于提升新药研发效率具有重大意义。

（6）生物大分子相分离与相变

当生物大分子与其配体均含有串联结合模块或重复基序时，其在溶液中可通过多价–多价相互作用形成高度动态的“超级复合物”，从原溶液（稀释相）中自发地分离出来，形成独立的、生物大分子富集的、黏稠的凝聚相，该动态过程被称为“液–液相分离”（简称“相分离”或“相变”）。相分离描述了均相溶液自发分解成两个或多个不同相的过程，其生物学意义由细胞中发现的许多无膜细胞器证明。2009 年，德国马克斯–普朗克研究所的关于线虫早期胚胎中 P 颗粒的研究，首次明确报道细胞里存在相分离现象。2012 年，美国得克萨斯大学西南医学中心的两个团队分别通过体外生化体系重构生物大分子凝聚体阐释了相分离与相变的分子机制及驱动力。此后，各国科学家开始以“相分离”作为全新视角重新审视以往悬而未决的生物学问题。

作为一条新的细胞内关键组织原则，相分离在各种生物过程和蛋白聚集疾病的发病机制中发挥着重要作用，因此也成为生命科学领域的前沿热点之一。一方面，研究人员明确了相分离是介导细胞内无膜细胞器形成的关键驱动力，而已知无膜细胞器已经广泛参与了各种细胞活动，包括基因表达调控、细胞信号转导、细胞结构维持、内环境稳态维持、细胞胁迫应激、细胞命运决定、细胞增殖分化调控等。可见，生命活动的正常运转离不开相分离。另一方面，相分离异常与疾病的关系也备受关注，尤其是在神经退行性疾病、癌症发生发展过程中所扮演的重要角色，为相关机制研究和治疗提供了新思路，典型范例之一便是领域内基于逆转异常相分离的化学小分子筛选及其作用机制评估。与此同时，巧妙利用相分离底层物理化学原理开发新型生物医学技术的发展也日趋蓬勃。

如今，相分离研究已经渗透到生命医学科学的诸多领域中。我国科学家在生物大分子相分离领域做出的卓越贡献及展现的核心竞争力受到了国际同行的高度关注和广泛认可。然而，在相分离研究如火如荼的同时，我们需要清醒认识到大量的国内外研究依然停留在发掘更多相分离现象以及用相分离概念解释已有现象的层面，对深层机制不甚了解，包括细胞如何精准调控相分离凝聚体的聚集与解聚、无膜细胞器之间如何独立稳定存在并实现功能性协调、有膜细胞器与无膜细胞器之间如何交流互相作用并调控怎样的生物学功能、如何在生物体内研究相分离功能、特定小分子药物是否能精确特异地调控相分离的发生……可以说，相分离相关研究是机遇，也是挑战。随着认知的深入，我们将有望最大限度地发挥其作用，实现从基础发现到临床应用的有效转化，开启精准治疗的新篇章。

（7）基因组调控机制研究

基因表达的时空精细调控是细胞结构与功能多样性的分子基础。基因组测序技术的飞速发展让基因组学研究的重点由解析 DNA 碱基线性排列顺序转向了对基因组结构、功能以及调控机制的研究。基因组调控机制研究以非编码基因组 DNA 为关注点，从基因组表观遗传修饰、染色质状态与三维结构、非编码 RNA 等角度，解析基因调控元件的组成与结构，分析其在三维核空间内的动态变化，构建基因调控元件与基因之间的调控网络，研究基因调控元件与细胞特异性表达基因的互作机制。目前的主要研究策略包括：在不同生理和病理条件下通过多组学手段构建染色质表观遗传修饰与三维结构图谱，利用多组学数据和生物计算预测细胞类型特异的基因调控元件及其靶向基因，利用 CRISPR 等基因编辑技术在细胞和模式动物体内验证基因调控元件的功能。基因组调控机制研究是理解细胞多样性和表型复杂性的基础，也是从基因表达调控角度解析人类疾病非编码变异致病机制的关键。

当前基因组调控机制研究的关键科学问题包括：① 细胞类型特异性基因调控机制与模型，主要利用单细胞多组学、空间组学等技术建立包含细胞分类的染色质表观遗传组、转录组和重要细胞表型信息的细胞全息图谱，通过整合多组学数据建立基因调控元件与网络预测模型；② 基因组调控元件的功能注释，主要建立高通量、多尺度研究基因组调控功能的新技术和新系统，系统性地建立包含时空二维与细胞表型信息在内的功能数据库；③ 基因组关键调控机制，主要利用遗传变异、高分辨率活细胞成像、相分离等技术分析非编码调控元件与基因互作机制，解析参与互作的调控因子与复合物，建立若干基因组调控的一般模型；④ 疾病非编码变异的致病机制，主要整合全基因组关联分析（genome wide association study，GWAS）等群体遗传学数据与基因组调控数据库，建立疾病类型相关的非编码标志物，揭示复杂疾病的发生、发展机制。

近年来，多个大型国际合作组织如 DNA 元素百科全书（ENCODE）、4D Nucleome 等都在基因组调控机制研究方面做出了许多奠基性的工作，系统性地贡献了海量多组学数据，开发了一系列基因组学新技术，并制定了相关数据分析标准等。中国科学家在基因组调控机制研究领域也取得了许多重要成就，特别是在解析哺乳动物早期胚胎发育的基因组动态调控过程以及活细胞成像技术等方面。未来，中国科学家需要开发更具原创性、引领性的基因组学研究技术与方法，建立大型多机构、多平台合作研究与机制，在构建基于中国人群特征的大型基因组数据和标准等方向做出更多努力。

（8）新生抗原产生及其在肿瘤免疫中的作用机制

肿瘤新生抗原来源于肿瘤细胞发生的体细胞突变，这种突变如果发生在编码蛋白质的区域，就会造成其所编码的蛋白质发生相应的氨基酸突变。如果该突变的氨基酸正好处于主要组织相容性复合体（major histocompatibility complex，MHC）可呈递的多肽片段上，就会被呈递到细胞表面，进而被T细胞识别为“非己”，触发T细胞发生攻击。新生抗原是T细胞识别肿瘤细胞的天然靶点。新生抗原不同于肿瘤相关抗原，肿瘤相关抗原的氨基酸序列没有发生突变，只是表达量增加。基于中枢免疫耐受原理，肿瘤相关抗原不会被免疫细胞认为是“非己”，也不会产生免疫响应。由于体细胞突变是随机发生的，因此，新生抗原具有个体化特征，以往的实验技术很难在个体水平上对新生抗原进行分析。直至基因测序成本大幅度下降，人类才有机会对同一个体不同来源的细胞进行比对性基因测序，在组学水平上对肿瘤细胞的体细胞突变进行分析，并解析相应的新生抗原。2010年，*Nature*首次报道了患者肿瘤组织和对照组织的全基因组对照测序结果，被检测的肺癌细胞存在2万多个体细胞突变、黑色素瘤细胞存在3万多个体细胞突变。2017年，*Nature*又率先报道了利用肿瘤体细胞突变分析新生抗原，再设计相应的个体化疫苗，观察到注射疫苗患者的免疫响应和实际疗效。从此，一个全新的研究领域诞生。

癌症基因组图谱（Cancer Genome Atlas，TCGA）和国际癌症基因组联盟（International Cancer Genome Consortium，ICGC）等国际肿瘤基因测序数据库中，已经存在超过数万例测序结果。统计发现绝大多数体细胞突变位点都具有个体化特征，只有少数肿瘤驱动突变，如Kras G12V、BRAF V600E、IDH1 R132H、PIK3CA H1047R等在患者中有一定分布。不同的个体有不同的肿瘤体细胞突变谱，也会有不同的肿瘤新生抗原谱，因此，每一位患者的治疗药物都需要根据新生抗原定制。这种专门为每一位患者定制一种药物的精准医疗技术初见端倪。

利用患者肿瘤组织样本和自身对照样本的基因测序结果，通过基因组分析软件，可以检测肿瘤细胞的体细胞突变。根据生物学中心法则可以解析相应的蛋白质中氨基酸突变。这部分生物信息学技术相对容易，分析软件也颇为成熟。突变后的多肽是否会被MHC分子呈递，是决定体细胞突变是否有相应新生抗原的关键。人群中存在很多MHC基因多态性，造成个体拥有不同的MHC分型，不同类型的MHC会呈递不一样的多肽。只有那些体细胞突变产生的突变多肽和自身MHC分子有足够的亲和力，才会成为被呈递的新生抗原。进而，该新生抗原能否激活T细胞免疫，造成足够的肿瘤细胞杀伤作用，是进一步设计新生抗原疫苗的难点。预测技术的建立与成熟不仅依赖于大量实验数据的积累，还需要人工智能技术的进步，尤其需要在MHC、新生抗原和T细胞受体（T lymphocyte receptor，TCR）三者在空间结构上相互作用的认识。由于新生抗原不仅在肿瘤治疗方面有重要意义，其在难治性疾病如糖尿病、动脉粥样硬化、老年痴呆症等的发生发展中也扮演重要角色，人工智能预测新生抗原已经成为国内外研究者竞争的新赛道。生物信息学和人工智能技术在医学上显示了前所未有的重要性。

我国学者在该领域的研究与国外的差距不大，尤其是在人工智能分析技术方面还具有不少优势。在转化医学研究方面也有不少成绩：新生抗原T细胞治疗技术和新生抗原树突状细胞（dendritic cell，DC）疫苗都已经获得了国家药品监督管理局药品审评中心进行临床试验的批准，新生抗原多肽疫苗、新生抗原mRNA疫苗和新生抗原DNA疫苗等都在快速研究中，可以预期。

（9）3D打印和器官再生

体外再造具有生理功能的人工器官对于病变器官的修复和替换具有重大意义，是生物制造的前沿课题。生物3D打印是制造人工器官的主要方式，通过3D打印机控制细胞在时空上的三维可控组装，构建具有生物活性的功能体。其中，细胞和生物材料为基本单元，用来制备生物墨水作为打印原料，生物3D打印是生命科学、材料、工程和信息等诸多大学科大交叉诞生的新兴学科，可为21世纪再生医学、先进医疗器械等生物技术产业发展提供新的技术手段与机遇。

人体器官由多种类细胞在多尺度和多维度上精准组装而构成，由细胞间及细胞与细胞外基质微环境间的复杂相互作用赋予器官特定的功能。如何控制多细胞复杂的相互作用是决定人工器官能否精准构建的关键，这对生物3D打印提出了多种挑战：① 需要各种细胞；② 需要合成具有优异生物相容性、可打印性、可培养性且匹配细胞外基质物化特性的生物墨水；③ 必须具备高存活率下高精度打印多种类细胞的能力，且能够在宏微尺度精准控制其空间位置分布；④ 需要保证不同尺度器官长期培养的营养供给及物质代谢流通；⑤ 打印的人工器官必须能够在外界诱导或自发作用下产生真实人体器官的部分或全部功能。

现阶段，3D打印人工组织器官方面已取得诸多进展，对于一些组成简单的组织，包括皮肤、软骨和骨骼等，已经能够实现人工打印制造及临床转化应用；对于一些复杂的器官，比如心脏、肝脏和肾脏等，虽然能够打印形态相似的人工器官，但因细胞种类少、打印精度低、宏微结构不匹配等因素，其功能距离真实人体器官仍有很大差距。未来的人工器官打印将聚焦于由形似到神似的转变。具体而言，3D打印精度上，将由现阶段低精度发展到高精度，乃至匹配生物体组成的单细胞精度；器官组成及功能上，将由单一细胞、单一功能到多种类细胞、多功能协同；器官尺度上，将由微组织与逼真外形器官到具有宏微结构的真正生理功能器官。

中国众多高校及研究机构很早就开展了生物3D打印及人工器官制造等方面研究，部分研究处于世界前列，但整体上较世界先进水平仍有较大差距。具体表现为：生物3D打印技术及核心装备以仿制为主，缺乏引领性原创技术；人工器官以跟随研究为主，缺乏首创性的功能器官制造。人工器官打印是技术驱动的应用研究，生物3D打印技术水平的先进性决定了制造的人工器官的功能性。实现我国在人工器官打印对世界先进水平的赶超，关键在于先进生物3D打印技术的研发、器官生命功能与结构的解析、功能活性材料的研发等，同时强调临床、基础和工程科学的交叉合作。建议集中力量实现个别重要器官的人工制造，来促进我国在器官打印再生领域的进步和发展。

（10）人工智能辅助疾病诊疗系统

人工智能辅助疾病诊疗系统利用深度学习等人工智能新技术，从患者影像、病理、多组学等临床大数据中挖掘出反映疾病分子细胞水平改变的高维量化信息，从而辅助临床实现更准确快速的疾病筛查、诊断和疗效预判。人工智能辅助疾病诊疗的常用方法包括基于特征工程的影像组学和端到端的深度学习等。影像组学从多模态医学影像数据中提取大量预定义特征，然后从中筛选出与临床任务高度相关的核心特征，最后构建机器学习模型实现疾病的辅助诊疗；深度学习通过深层神经网络同时完成特征提取和建模预测两个任务，其代表性模型有卷积神经网络、transformer等。此外，融合影像组学和深度学习的人工智能方法也得到了关注和研究。

国际权威医学期刊*CA: A Cancer Journal for Clinicians*和*Nature Medicine*等上发表的多篇综述论文都显示，人工智能在辅助疾病诊疗方面已有一些典型的国内外临床应用案例，在部分临床任务中，人工智能的性能可以达到甚至超越临床医生的判断，一些人工智能技术还被写入国内外临床诊疗指南中。人工智能的典型应用案例主要体现在肿瘤、心脑血管疾病和其他疾病等方面。在肿瘤方面，一系列研究通过挖掘宏观影像中的高维量化特征，逼近微观病理和基因信息，进而辅助肿瘤的早期筛查、分型分期诊断、疗效预判等任务，取得了显著的临床效果。例如，利用影像人工智能进行肺结节筛查、肺癌EGFR基因突变预测、胃癌隐匿性腹膜转移判断、肝癌微血管侵犯预测、脑肿瘤病理分型、肺癌免疫治疗疗效评估等；还有研究通过影像和病理的融合分析来预测结直肠癌新辅助化疗疗效、鼻咽癌放化疗疗效等，也取得了较好的效果。在心脑血管疾病方面，研究多集中在血管斑块分析方面，如冠脉斑块成分分析、血流储备分数预测、颈动脉狭窄程度判断等。在其他疾病方面，人工智能还被应用于肝纤维化分期诊断、儿童骨龄预测、孕早期胎儿唐氏综合征筛查、新型冠状病毒肺炎（以下简称“新冠肺炎”）诊断等临床任务。这些典型应用显示人工智能为减轻医生的工作量、提高诊疗效率、提升诊疗效果提供了有效的辅助手段。

此外，国内外也非常重视人工智能辅助疾病诊疗产品的研发和推广，美国、欧盟等国家和地区已经批准了一批医疗人工智能产品。中国国家药品监督管理局医疗器械技术审评中心2022年发布了《人工智能医疗器械注册审查指导原则》，并积极推进医疗人工智能产品的审批，截至2022年8月，我国已有近50项人工智能辅助疾病诊疗产品获得了国家药品监督管理局颁发的Ⅲ类医疗器械注册证，为医疗人工智能产品的临床应用提供了支撑。

综上所述，目前人工智能辅助疾病诊疗系统的研究和应用在国际上呈现百花齐放的发展态势，获得了临床的广泛关注。未来，人工智能辅助疾病诊疗系统将朝着规范化、标准化的方向发展，通过克服不同中心、不同设备和不同采集参数带来的影响，提升系统的准确性和泛化性，最终使临床患者获益。

1.2 Top 3 工程研究前沿重点解读

1.2.1 实体瘤的免疫异质性及干预策略研究

肿瘤免疫治疗已经革新了肿瘤临床治疗实践。然而，诸多因素仍然显著限制肿瘤免疫治疗的疗效，其中最为学界所关注的便是肿瘤的免疫异质性。它是指在肿瘤的发生过程中，随着肿瘤细胞的不断进化、演变和选择，抗肿瘤免疫由免疫清除、免疫平衡发展至免疫逃逸，表现为参与抗肿瘤免疫的免疫细胞亚群构成、表型和功能的异质性。在肿瘤转移的过程中，由于肿瘤细胞转移的选择性（如上皮–间充质细胞和肿瘤干细胞等）和其对器官的转移倾向性，以及转移器官的免疫特异性，导致原发灶和转移灶以及不同转移器官的免疫异质性。在肿瘤治疗的过程中，由于肿瘤细胞的选择性杀伤、治疗药物对免疫细胞本身的影响以及对肿瘤微环境的重塑，表现为时间异质性。由此可见，免疫异质性不但表现在不同瘤种，同一瘤种的不同人群、不同分子分型患者，也表现在同一患者的不同转移部位，同一肿瘤内的不同区域以及不同发展阶段和治疗进程中。因此，深入阐释并深刻理解肿瘤免疫时间和空间异质性，对于发展新型免疫治疗策略，发现新型标志物、实现精准免疫治疗，发展免疫治疗耐药克服策略具有重要的科学意义。

肿瘤免疫异质性主要源自遗传不稳定性、表观遗传修饰的差异、微环境扰动适应度、抗肿瘤治疗的反应等方面。在这些因素的影响下，肿瘤免疫表现为两个维度的异质性，即空间异质性和时间异质性。无论是空间异质性还是时间异质性，都主要由肿瘤细胞和肿瘤微环境决定。其定位、丰度或活性在空间和时间的不同，包括免疫检查点的表达、免疫抑制性细胞因子、促炎细胞因子的分泌、免疫抑制或效应细胞的浸润、血管系统的状态，以及代谢营养元素的分布等，共同决定了肿瘤免疫异质性，并对临床预后和治疗反应产生影响。

免疫异质性的存在显著影响肿瘤诊疗。从对肿瘤免疫治疗的生物标志物的影响而言，程序性死亡蛋白配体1（programmed death ligand-1，PD-L1）水平已被广泛用作伴随诊断，预测各种类型实体瘤对免疫检查点抑制剂（immune checkpoint inhibitor，ICI）的疗效。然而，PD-L1的表达无论是在肿瘤内或肿瘤间尺度上还是在空间和时间维度都存在显著的异质性，导致PD-L1作为生物标志物预测免疫治疗疗效的效能有限。肿瘤突变负荷（tumor mutation burden, TMB）是新抗原负荷的一种合理近似替代，已被用于在各种实体瘤类型中确定ICI治疗的潜在获益人群。然而，TMB水平高的患者对ICI治疗的反应是高度异质性的，相当一部分TMB水平较低的患者也可以从ICI治疗中获益，反之亦然。从对肿瘤治疗的效果而言，研究显示，同一肿瘤的不同转移部位对免疫治疗反应性迥异，骨转移病灶及肝转移病灶对免疫治疗抵抗，而淋巴结转移病灶则对免疫治疗敏感。另外，不同的传统肿瘤治疗方式会引起肿瘤免疫微环境的动态变化，导致其对肿瘤治疗有利或不利的影响。因此，肿瘤免疫异质性是导致目前免疫治疗生物标志物研发及精准免疫治疗实现的关键瓶颈。

目前主要从以下方面建立针对免疫异质性的诊疗策略：

1）建立健全免疫异质性的诊断技术。当前，运用液体活检等无创诊断技术可以对肿瘤免疫异质性进行动态评估，包括检测循环肿瘤细胞（circulating tumor cell，CTC）、循环肿瘤DNA（circulating tumor DNA，ctDNA）、组织间液等来评估肿瘤进展以及ICI的疗效。鉴于免疫异质性的时空特性，利用现有的单细胞测序、空间转录组测序等手段将获得庞大的数据，需结合人工智能的机器学习、数据运算、图像识别等优势，快捷和系统地评估患者的免疫微环境，用以开展基础研究和指导临床治疗。

2）开发免疫异质性研究的新模型。鉴于实体瘤免疫异质性以时间异质性和空间异质性为主要表现形式，针对实体瘤免疫异质性的研究模型选择较为重要。目前主要在与人类同源较高的小鼠中开展，通过小鼠肿瘤模型（转基因小鼠、药物诱导以及细胞系接种成瘤）免疫微环境的研究类比人类肿瘤免疫微环境的变化。运用类器官模型已经可以筛选针对肿瘤细胞敏感的药物，在一定程度上实现个体化治疗，但是由于肿瘤免疫微环境的细胞和分子与机体的紧密联系，目前在类器官上维持在体的免疫微环境仍然面临挑战。运用人源化动物模型研究肿瘤免疫异质性的困境在于构建模型的供体免疫系统和移植物肿瘤的免疫排斥，很大程度上限制该模型用于研究肿瘤免疫微环境。未来亟须建立反映在体肿瘤免疫微环境的体外类器官模型等。

3）发展针对免疫异质性的治疗策略。① 发展针对新生抗原的过继细胞治疗。发现个体化的肿瘤新生抗原进而设计抗原特异性的T细胞进行过继治疗是运用精准医学思想指导靶向肿瘤免疫异质性的实践方案之一。新生抗原的发现依赖于转录组学、蛋白质组学、代谢组学等的临床应用和个体化分析。但由于个体患者特有新生抗原发现以及自体来源新生抗原特异性T细胞制备的高成本、长周期等因素，运用新生抗原建立过继T细胞治疗还处于个案阶段。退而求其次，针对共有新生抗原的T细胞过继治疗已有临床试验开展，但过继T细胞的耗竭是一个待解之题。未来将会有多抗原靶点的T细胞过继治疗以及个体化的新生抗原特异性T细胞过继治疗临床试验开展。② 诱发表位扩展与漂移增强免疫原性。肿瘤免疫异质性的成因之一是机体的免疫监视清除了具有优势表位抗原的肿瘤细胞，而隐蔽表位抗原的肿瘤细胞得以存活和进展。利用细胞毒剂、光动力疗法、射线照射、热消融或者冷冻、溶瘤病毒等诱导肿瘤细胞免疫原性死亡，促进抗原表位扩展，尤其是抗原隐蔽表位的扩展以及增加抗原表位漂移，是当前以及今后一段时间增强机体抗瘤免疫应答的一种有效策略。③ 利用联合治疗手段克服异质性。免疫检查点抑制剂的使用对肿瘤的治疗手段进行了革新，部分肿瘤患者得以生存获益，但是其耐药性的出现在一定程度上促进了免疫异质性的发生。免疫治疗联合靶向其他免疫异质性成因的策略，多管齐下，有助于克服免疫异质性。众多的联合治疗临床试验正在开展，包括联合化疗、放疗、靶向药物等传统方式；联合代谢靶点药物、共刺激分子激动剂、肿瘤疫苗、过继细胞治疗以及双免疫检查点抑制剂等。未来，多靶点药物的整合，如免疫检查点抗体－药物偶联物、双特异性T细胞衔接器（bispecific T cell engager，BiTE）、免疫治疗联合肠道菌群移植等将会有所突破。

解析肿瘤免疫异质性的形成机制以及利用免疫异质性开发针对性的诊疗策略是当前肿瘤免疫在基础研究和临床治疗中面临的挑战。肿瘤的精准治疗与免疫学的特异性特征不谋而合，利用肿瘤的免疫异质性针对患者设计个体化的免疫治疗方案有可能成为现实。首先，新技术的发展是推动研究的基石，快捷而系统地监测肿瘤免疫微环境变化的技术有待进一步提升，这将有利于基础研究和临床试验疗效的早期监控。其次，新药物设计理念亦需跟进，比如利用免疫异质性的特点设计免疫毒性分子的前药、双靶抗体和细胞的研发等。最后，个体化的肿瘤新生抗原和细胞群体的鉴定与运用，新型个体化肿瘤疫苗、溶瘤药物的使用等有望提升免疫治疗的疗效。

当前，“实体瘤的免疫异质性及干预策略研究”工程研究前沿中，核心论文数排名前三位的国家分别是美国、英国和中国（表 1.2.1）。其中，中国核心论文占比为 14.50%，是该前沿的主要研究国家之一。从主要国家间的合作网络（图 1.2.1）来看，“实体瘤的免疫异质性及干预策略研究”核心论文数排名前十的国家之间合作密切。

“实体瘤的免疫异质性及干预策略研究”工程研究前沿中，核心论文数排名前十位的机构来自美国、法国和中国。其中排名前三位均来自美国，分

表 1.2.1　“实体瘤的免疫异质性及干预策略研究”工程研究前沿中核心论文的主要产出国家

序号	国家	核心论文数	论文比例 /%	被引频次	篇均被引频次	平均出版年
1	美国	489	51.75	83 470	170.70	2017.8
2	英国	142	15.03	23 369	164.57	2018.0
3	中国	137	14.50	17 863	130.39	2018.6
4	德国	99	10.48	19 057	192.49	2017.8
5	法国	90	9.52	16 953	188.37	2017.9
6	意大利	89	9.42	15 972	179.46	2017.8
7	西班牙	57	6.03	13 508	236.98	2017.7
8	荷兰	51	5.40	10 251	201.00	2017.9
9	加拿大	49	5.19	9 195	187.65	2017.7
10	澳大利亚	44	4.66	8 606	195.59	2017.7

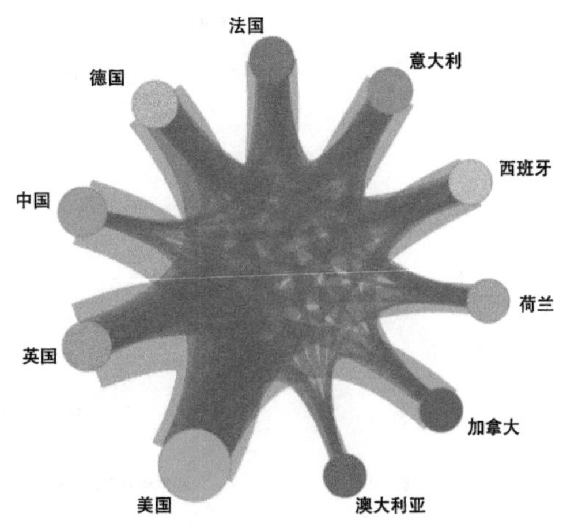

图 1.2.1　“实体瘤的免疫异质性及干预策略研究”工程研究前沿主要国家间的合作网络

别是哈佛大学、丹娜法伯癌症研究院和得克萨斯大学安德森癌症中心（表 1.2.2）。中国科学院排名第九位。从主要机构间的合作网络（图 1.2.2）来看，美国科研机构间有较强合作，其他机构有部分合作。

免疫异质性在几乎所有实体瘤中普遍存在，并且随着肿瘤的发展以及治疗干预而在空间上或时间上发生变化。抗肿瘤免疫的异质性与疾病的进展和治疗的反应性密切相关，尤其是在免疫治疗领域。准确了解肿瘤免疫异质性对于有效治疗的发展至关重要。在多区域和组学测序、单细胞测序、纵向液体活检和类器官的新技术下，显示了研究肿瘤免疫异质性的复杂性及其在免疫治疗中临床相关性的潜力。单细胞测序已经在免疫学和免疫肿瘤学领域发生了变革。单细胞测序技术正快速发展。随着技术的进步和细胞通量的指数级增长，可以获得包括单个细胞及其组合的表观基因组、基因组、转录组和蛋白质组特征在内的多组学信息。这种高分辨率非常适合于研究免疫细胞的特性，免疫细胞的发育周期、抗原特异性、表型可塑性和对各种微环境的适应性。类器官为免疫系统与肿瘤细胞的相互作用提供了一个新的、可靠的模型系统。类器官目前为几乎所有器官的人类上皮细胞培养提供了最精确的体外系统，并显示出未来基础和临床转化的巨大前景。新技术发展用于探索肿瘤免疫异质性机制，有助于对肿瘤异质性的临床评估，从而促进更有效的个性化治疗的发展（图 1.2.3）。

表 1.2.2 “实体瘤的免疫异质性及干预策略研究”工程研究前沿中核心论文的主要产出机构

序号	机构	核心论文数	论文比例 /%	被引频次	篇均被引频次	平均出版年
1	哈佛大学	83	8.78	18 002	216.89	2017.6
2	丹娜法伯癌症研究院	51	5.40	11 641	228.25	2017.6
3	得克萨斯大学安德森癌症中心	48	5.08	11 923	248.40	2018.1
4	纪念斯隆 – 凯特琳癌症中心	48	5.08	10 668	222.25	2017.4
5	约翰斯·霍普金斯大学	31	3.28	7 090	228.71	2018.1
6	斯坦福大学	28	2.96	6 144	219.43	2018.1
7	布莱根妇女医院	27	2.86	5 425	200.93	2017.1
8	法国国家健康与医学研究院	24	2.54	5 876	244.83	2017.3
9	中国科学院	22	2.33	2 487	113.05	2018.6
10	威尔康乃尔医学院	21	2.22	5 998	285.62	2017.7

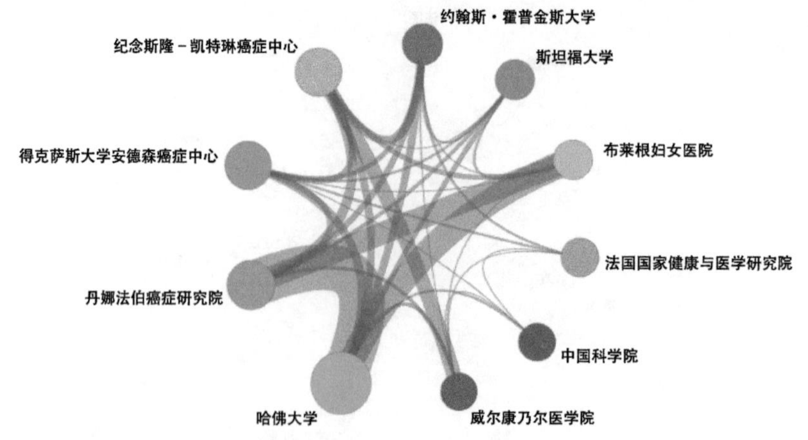

图 1.2.2 “实体瘤的免疫异质性及干预策略研究”工程研究前沿主要机构间的合作网络

图 1.2.3 “实体瘤的免疫异质性及干预策略研究”工程研究前沿的发展线路

综合以上统计分析结果，对于“实体瘤的免疫异质性及干预策略研究”这一前沿，我国目前处于与国外同类研究跟跑的态势。针对该前沿领域提出如下建议。① 利用中国在临床样本资源的数量优势，建立实体瘤免疫微环境异质性研究平台，建立体系化肿瘤样本生物资源库和信息库，解析人实体瘤免疫微环境的构成特征与演进规律，助力建立有效临床干预策略，为改善实体瘤患者治疗预后、促进社会和经济持续发展提供重要支持。② 强化空间组学技术在解码肿瘤免疫异质性中的应用。推动空间转录组、空间蛋白组、空间代谢组、空间表观组、空间多组学等新兴技术用于免疫时间 – 空间异质性探索，多层次描述免疫环境结构，解析肿瘤内转录调节与细胞间通信，开发新型空间组学数据挖掘计算策略，深层次揭示肿瘤内、病灶间、个体间的免疫空间异质性，结合动态活检组织标本探索免疫空间环境的动态演进机制，解析免疫微环境功能与异质性形成的关系及调控机制，挖掘克服免疫异质性的干预靶点，并据此开发新型治疗策略、新的临床相关生物标志物、新的免疫治疗方案，最终促使免疫空间图谱成为推动干预策略研发的关键资源。③ 进一步加强免疫异质性研究的新模型与新技术研究，充分结合基因编辑技术、文库筛选技术、类器官培养技术、放射线诱导突变技术等，开发模拟免疫异质性的建立、构成与演进的体内体外模型，助力发现免疫异质性相关的关键分子、关键特征。④ 积极开展临床试验，鼓励多模式联合治疗。围绕肿瘤免疫异质性构成及演进中的关键分子、关键细胞及关键信号通路，将原创性的原理和技术转化应用于临床干预策略中的一个或多个环节，开展前瞻性临床试验，并推动临床应用，证明其有效性、临床收益和风险，形成临床诊疗新技术。⑤ 加强国际合作，推动数据共享。目前，国际研究机构在肿瘤免疫异质性研究理论、组学数据生产与积累、生物信息学分析手段、临床资料完整性系统性等方面均具有一定优势。应进一步加强与领先学术机构的交流合作，推动建立临床数据、遗传数据有效共享机制，促进相关研究领域发展。

1.2.2 肿瘤动态演进机制研究

1859 年，查尔斯·达尔文（Charles Darwin）在《物种起源》一书中首次提出了自然选择下的进化论学说，1976 年，美国病理学家彼得·诺威尔（Peter Nowell）将进化论学说引入肿瘤领域。肿瘤的进化遵循达尔文法则，突变发生和有利新突变的选择推动了亚克隆的扩增，在选定的克隆之间和内部，细胞群经历中性进化。从进化生物学的角度来看，肿瘤被认为是一个不断进化的生态系统。

过去十多年，科学家开展研究工作复现多种癌症中的细胞结构、功能特性和演变过程。肿瘤有着复杂的生态系统，在来自微环境（包括营养、代谢、免疫和治疗等成分）的强大选择压力下形成和进化。这些压力促进了肿瘤生态龛中恶性和非恶性（即内皮、间质和免疫）组分的时空多样化，最终导致特定程度的瘤内异质性（intratumoral heterogeneity），能够推动疾病进展并对肿瘤治疗产生抵抗力。多区域基因组测序研究结果显示，恶性肿瘤细胞的遗传构成不仅在不同的解剖位置和疾病阶段存在相当大的差异，而且在同一病灶的不同区域也存在着相当大的差异，即空间异质性。纵向研究也证明，同一病变的遗传特征可随着时间的推移而显著变化，称为时间异质性。重要的是，肿瘤异质性不仅表现在遗传水平上，还包括表观遗传、转录、表型、代谢和分泌等层面。这些层面可独立变化（如遗传稳定的肿瘤却表现出高度的表观遗传变异性），或者以紧密相互联系的方式变化（如基因和表观遗传变化协同定义转录和表型特征）。因此，肿瘤生态系统中每个细胞成分的丰度、定位和功能都会随着时间与空间的演变而变化，这样的时空进化是由其来源的动态性质决定的，包括肿瘤细胞固有的遗传不稳定性以及肿瘤微环境特征等，肿瘤克隆选择、合作和竞争在恶性细胞和肿瘤微环境其他细胞之间多维度相互作用的背景下进行。然而，定义肿瘤异质性及其时空演化的关键要素很大程度上仍未知。

肿瘤动态异质性的机制包括：① 遗传异质性。遗传异质性赋予不断进化的肿瘤可塑性，对肿瘤细胞的增殖、侵袭和耐药至关重要，其所造成的克隆多样性为肿瘤进化提供了肥沃的土壤，最终塑造了驱动基因、免疫原性、突变负荷和核型图谱等基因组特征。② 表观遗传异质性。肿瘤细胞往往利用表观遗传畸变在细胞状态之间转换，虽然这些表观遗传学改变通常是可逆的，但可以由细胞后代获得，从而影响肿瘤的克隆及其进化。③ 行为和免疫学异质性。遗传和表观遗传模式最终决定了肿瘤细胞行为和免疫学异质性，行为异质性影响与疾病进展有关的“经典”过程，如增殖和侵袭特性，免疫学异质性涉及抗原性、佐剂性和免疫逃避。④ 免疫和间质异质性。作为具有复杂细胞组成的多细胞生态系统，肿瘤所包括的免疫细胞和间质细胞在种类、数量、状态和空间分布上差别均较大，是肿瘤异质性的重要来源。

肿瘤动态演进机制研究亟须解决的关键科学问题包括：① 如何跨越时间和空间对肿瘤进行更为整体的解析，从孤立的点走向完整的时间线和全貌？② 除了基因组，表观遗传组、转录组、蛋白组、代谢组以及微环境等在肿瘤演进中起什么作用？而肿瘤演进又如何影响肿瘤微环境和相应的治疗？有无其他协同机制？③ 在检测到的众多变异中，怎样区分功能性和非功能性瘤内异质性？④ 如何识别肿瘤演进过程的不同模式和正向或负向选择事件？⑤ 如何进一步优化测序技术和算法分析，利用多组学联用获取更高分辨率和更高维度的数据？⑥ 如何基于演进机制的深入理解对驱动突变基因进行合理分型？⑦ 如何利用动态演进机制研究服务于临床，如发掘更多耐药机制和新型治疗策略？⑧ 怎样提高液体活检的灵敏度，以应用于肿瘤动态演进机制研究，并针对不同癌种探索合适的体液生物标志物？

高通量测序技术和单细胞测序技术的发展很大程度上推动了肿瘤动态演进机制研究，其主要应用包括：① 推测克隆结构。基因组测序数据中体细胞突变的读取深度和变异等位基因频率可用于推断每个突变的肿瘤纯度、倍性和局部拷贝数，从而确定包含突变的癌细胞比例和克隆结构。② 描绘谱系图谱。多重采样可以定义肿瘤克隆的动态进化过程，由于包含突变的癌细胞比例随时间变化，在不同时间点进行多次采样可以提供更高分辨率；另一种形式是在肿瘤内的多个区域进行采样，以评估肿瘤内克隆的空间组成，并刻画克隆关系，改善临床分层。③ 追踪单细胞遗传史。尽管多重采样有助于癌症进化过程中的克隆解构，但仍需要以单细胞分辨率分析系统发育才能得出精确的克隆动力学和肿瘤进化史。④ 揭示细胞状态异质性。细胞状态可塑性、转录状态异质性和表观遗传可塑性可以成为癌症进化的媒介，驱动肿瘤的克隆演进，单细胞转录组和表观遗传测序作为变革性技术对这一领域具有重要推动作用。⑤ 界定肿瘤生态系统空间动态。肿瘤细胞空间位置以及导致的差异性微环境互作代表了与适应度相关的另一个维度，空间单细胞组学研究在界定肿瘤生态系统空间动态方面独具优势，成为发展迅速的前沿领域。

“肿瘤动态演进机制研究”工程研究前沿中，核心论文发表位于前三位的国家分别是美国、中国和英国（表 1.2.3）。其中，中国核心论文数占比为 15.50%，是该前沿的主要研究国家之一。从主要产出国家间的合作网络（图 1.2.4）来看，核心论文数排名前十位的国家之间都有密切的合作关系，说明“肿瘤动态演进机制研究”是各国共同关注的前沿方向。

“肿瘤动态演进机制研究”核心论文发文量前十位的机构主要来自美国、中国和英国。其中前三名来自美国和中国，分别是哈佛大学、中国科学院和丹娜法伯癌症研究院（表 1.2.4）。从主要机构间的合作网络（图 1.2.5）来看，机构之间有着广泛的合作。

表 1.2.3 “肿瘤动态演进机制研究”工程研究前沿中核心论文的主要产出国家

序号	国家	核心论文数	论文比例 /%	被引频次	篇均被引频次	平均出版年
1	美国	261	55.06	37 421	143.38	2018.0
2	中国	148	31.22	6 109	41.28	2018.9
3	英国	78	16.46	15 234	195.31	2018.3
4	德国	49	10.34	11 469	234.06	2018.1
5	法国	42	8.86	3 228	76.86	2018.0
6	意大利	39	8.23	9 273	237.77	2017.6
7	澳大利亚	39	8.23	5 685	145.77	2018.6
8	加拿大	28	5.91	5 448	194.57	2018.3
9	西班牙	25	5.27	4 468	178.72	2017.7
10	荷兰	25	5.27	2 953	118.12	2018.5

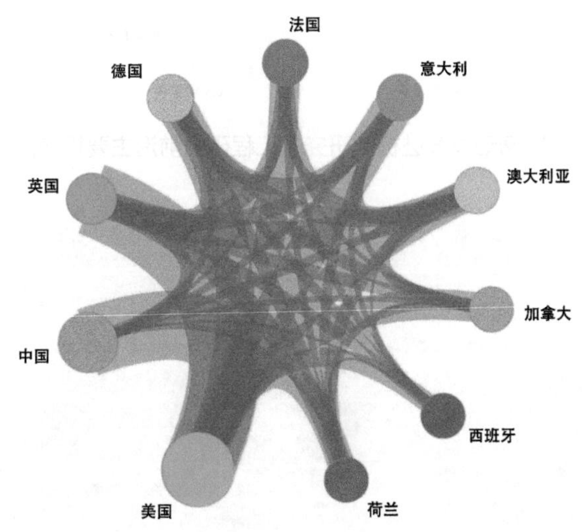

图 1.2.4 “肿瘤动态演进机制研究”工程研究前沿主要国家间的合作网络

肿瘤动态演进包括基因水平、细胞状态水平、表观遗传水平，空间水平和肿瘤微环境因素的复杂相互作用。在过去 10 年中，单细胞分析彻底改变了我们对所有生命科学学科中细胞过程和异质性的理解。单细胞多组学研究为复杂和动态系统的细胞组成提供了前所未有的视角。高通量测序技术和新开发的多组学技术已在单细胞水平的分辨率上有所突破，能够整合肿瘤演进上的一些遗传因素和非遗传因素。这些方法通过对临床样本的研究，为解决有关肿瘤动态演进的核心问题的研究铺垫了道路（图 1.2.6）。

综合以上统计分析结果，对于“肿瘤动态演进

表 1.2.4　“肿瘤动态演进机制研究”工程研究前沿中核心论文的的主要产出机构

序号	机构	核心论文数	论文比例 /%	被引频次	篇均被引频次	平均出版年
1	哈佛大学	54	11.39	11 583	214.50	2017.8
2	中国科学院	45	9.49	1 629	36.20	2019.0
3	丹娜法伯癌症研究院	33	6.96	8 063	244.33	2017.6
4	纪念斯隆 – 凯特琳癌症中心	29	6.12	10 341	356.59	2018.2
5	剑桥大学	25	5.27	5 391	215.64	2019.0
6	斯坦福大学	21	4.43	3 474	165.43	2018.1
7	北京大学	21	4.43	1 500	71.43	2018.8
8	弗朗西斯·克里克研究所	20	4.22	6 462	323.10	2018.5
9	得克萨斯大学安德森癌症中心	18	3.80	6 101	338.94	2018.2
10	伦敦大学学院	18	3.80	5 494	305.22	2018.6

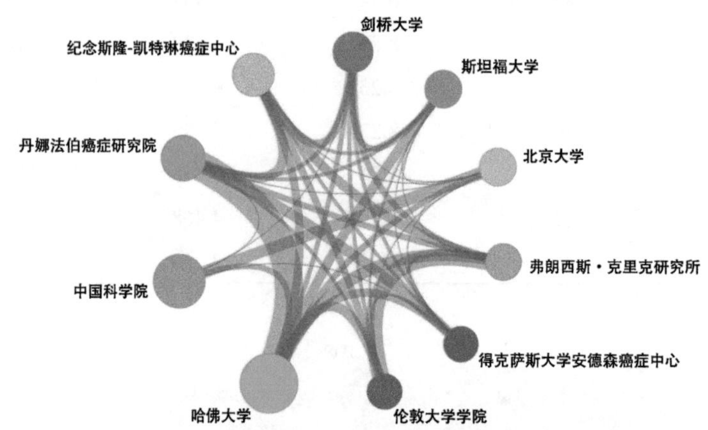

图 1.2.5　“肿瘤动态演进机制研究”工程研究前沿主要机构间的合作网络

图 1.2.6　“肿瘤动态演进机制研究”工程研究前沿的发展线路

机制研究”前沿，我国目前处于与国外并跑的态势。肿瘤进化包括遗传、细胞状态、表观遗传、空间和微环境因素的复杂相互作用，由于人群中个体差异极大，需要在更大样本量的队列中深入研究肿瘤起源和演化轨迹，逐步揭示肿瘤动态演进的相应理论和分子机制。

1.2.3 干细胞衰老

衰老是一种机体功能性衰退的复杂生物学过程，而干细胞衰老通常被认为是器官或机体衰老的重要标志之一。解析干细胞衰老是认识机体衰老和衰老相关疾病的必要基石，也是发展衰老相关干预策略的关键抓手。干细胞分为全能干细胞、多能干细胞和成体干细胞。其中，成体干细胞存在于机体的多种组织中，包括造血干细胞、皮肤干细胞、骨骼肌干细胞、神经干细胞等。这些成体干细胞具有单向或者多向分化潜能，在特定器官的稳态维持和功能恢复中发挥着不可或缺的作用。通常情况下，成体干细胞存在于特定的局部组织微环境中，如免疫、血管及神经微环境等。干细胞通过与组织微环境相互作用，维持组织再生能力，共同维持器官正常功能及机体稳态。

随着机体年龄的增加，干细胞在体内逐渐累积各种损伤，包括基因组 DNA 损伤、表观遗传改变、细胞周期异常、活性氧累积、线粒体功能障碍、蛋白质稳态失衡、微环境和系统变化以及代谢异常等；同时，衰老伴随的系统慢性炎症也会导致干细胞的稳态失衡，从而引发干细胞的衰老耗竭。这些内在和外在因素共同导致干细胞功能和再生能力的渐进性降低与衰退。干细胞衰老被认为是机体衰老最重要的驱动因素之一，它会损害组织和器官的正常功能及再生能力，并诱发衰老相关疾病。因此，系统解析干细胞衰老的分子机制，开发延缓干细胞衰老、促进干细胞再生的干预手段，是提高组织和器官再生能力、防治衰老相关疾病的前提和基础。目前，靶向干细胞的干预策略主要集中在两方面：一是激活内源干细胞的再生活力；二是移植外源干细胞进行替代和补充。一方面，通过靶向干细胞的药物或者基因干预，提高组织内的干细胞活力；或者通过改善干细胞微环境，调控其相互作用，提升内源干细胞的活力和功能。另一方面，体外扩增培养成体干细胞，并回输到体内，补充组织内的干细胞储库，亦可结合工程化手段，提高成体干细胞遗传特征，进一步改善组织的稳态和功能。目前，干细胞疗法在多种疾病治疗方面均表现出了巨大潜力，包括老年衰弱症、脊髓损伤、I 型糖尿病、帕金森病、肌萎缩侧索硬化症、阿尔茨海默病、心肌梗死和骨关节炎等。此外，各类交叉领域的飞速发展也进一步推动了干细胞衰老方面的机制研究，为发展新的干预策略提供了独特视角与手段。例如，类器官技术助力打造人类器官衰老研究体系，从而实现在体外观察人类衰老干细胞与其微环境的相互作用；基因编辑和追踪技术有助于探究不同基因对于干细胞衰老的影响及其分子机制；细胞重编程技术，可以推动对干细胞衰老的表观遗传学特征的理解，为重塑表观时钟提供可能；单细胞和空间多组学技术，有助于揭示组织异质性和干细胞衰老调控的关系。在干细胞衰老研究领域，交叉整合多学科新兴技术，开辟研究的新角度与新路径，挖掘关键机制和靶标、并基于基础研究搭建干细胞衰老干预的研究与转化平台，将为有效防治衰老相关疾病奠定理论和技术基础，助力实施积极应对人口老龄化的国家战略。目前，干细胞衰老研究领域仍然面临以下亟待解决的关键科学问题：

1）如何建立干细胞衰老研究的新模型？干细胞衰老是一个复杂的生物学过程，在不同物种和不同组织中具有高度的异质性和异步性。因此亟须建立跨物种多元化模型相结合的新型衰老研究范式，整合多谱系、多疾病类型人类干细胞及其衍生细胞、类器官等体外研究模型，为干细胞衰老的机制探索提供先决条件。

2）如何系统深入地解析干细胞衰老的新机制？探索干细胞衰老的诱因是当前衰老研究领域最为前沿和活跃的分支。然而，不同生活环境、不同生理生态下表观遗传、代谢、免疫、炎症、节律等因素影响或调控干细胞衰老的机制尚缺乏系统性研究。因此，利用单细胞多组学、空间多组学和高分辨率动态成像等多维研究新技术，结合新材料、人工智能、合成生物学、再生医学、光学成像、生物传感、基因编辑等多学科交叉研究体系，系统绘制不同谱系干细胞衰老的时空动态多维景观地貌，解析其共有及特有的基因表达调控机制，回答干细胞衰老进程的异质性和时空特异性等复杂问题，深层次挖掘干细胞衰老的潜在干预靶标，是推动基础研究向临床转化的关键所在，对于改善老龄健康、防治衰老相关疾病至关重要。

3）如何发展干细胞衰老及相关疾病干预的新策略？干细胞衰老是器官和机体衰老的驱动因素之一，因此基于新模型、新技术对干细胞衰老的深入研究将有助于找到适应体内衰老病变微环境、抵御恶性转化并且改善老龄健康、防治衰老相关退行性疾病的新型干预手段，利用高通量筛选平台，发掘可延缓干细胞衰老、促进其再生的年轻因子，并通过 CRISPR-Cas9 等基因编辑技术以及相关高效递送系统，发展特异性的基因治疗手段以增强干细胞活力；利用生物工程技术等手段找到可改善干细胞与微环境稳态的材料或方法，如特殊生物材料、纳米机器人等，以此开发新型干细胞替代疗法；通过探寻主动健康模式，如运动、饮食调控和节律调节等相关调控规律及关键调控因素，挖掘干细胞衰老的关键靶点，从而增强干细胞活力，维持器官稳态。

未来的研究重点包括：① 建立并利用跨物种多元化体内研究模型，同时结合多谱系、多疾病类型的人类干细胞及其衍生谱系细胞、类器官等体外研究模型，建立人类干细胞衰老系统性研究的新范式；② 建立并优化跨层次、多维度、高分辨率的多组学时空解析技术，系统阐述多谱系干细胞衰老的组织特异性和异质性；③ 解码干细胞衰老过程中细胞与细胞、细胞与微环境之间时空调控规律的底层逻辑，特别是干细胞与免疫、造血、代谢和神经内分泌等微环境之间的相互作用；④ 以干细胞衰老表型为指征，建立新型高通量筛选平台，遴选可增强干细胞活力的新型小分子化合物与调控因子，获得遗传增强型干细胞；⑤ 系统挖掘干细胞衰老多维调控靶点，进而发展基于遗传增强干细胞及其衍生物的细胞治疗新策略，利用动物模型或临床试验系统评估其长期安全性和有效性；⑥ 发展特异性靶向衰老干细胞抗原的新型药物、疫苗或免疫细胞疗法，安全、高效地清除衰老干细胞；⑦ 探索饮食调控、运动、节律调节等主动健康模式在干预干细胞衰老方面的有效性、安全性以及关键调节机制。“干细胞衰老”工程研究前沿的发展路线见图 1.2.7。

“干细胞衰老”工程研究前沿中，美国的核心论文产出处于明显领先的地位，中国和英国分列第二、三位（表 1.2.5）。其中，中国核心论文篇均被引频次为 86.64。在主要产出国家间的合作方面，核心论文数排名前十位的国家之间都有合作关系，尤其是前四位国家——美国、中国、英国和德国，在该领域合作关系密切（图 1.2.8）。

“干细胞衰老”工程研究前沿中，核心论文发表数排名前十位的机构主要来自美国、中国和英国（表 1.2.6）。其中，来自美国的机构是哈佛大学、斯坦福大学、梅奥诊所、约翰斯·霍普金斯大学、加利福尼亚大学洛杉矶分校、加利福尼亚大学旧金山分校和巴克衰老研究所；来自中国的机构是中国科学院；来自英国的机构是剑桥大学和伦敦大学学院。从主要机构间的合作网络（图 1.2.9）来看，部分机构间有较紧密的合作关系。

基于以上统计分析结果，对于“干细胞衰老”研究前沿，中国目前处于与国外同类研究并跑的态势，据此提出如下建议：① 打造干细胞基础和转化创新中心，鼓励设立人类干细胞资源管理库、干细

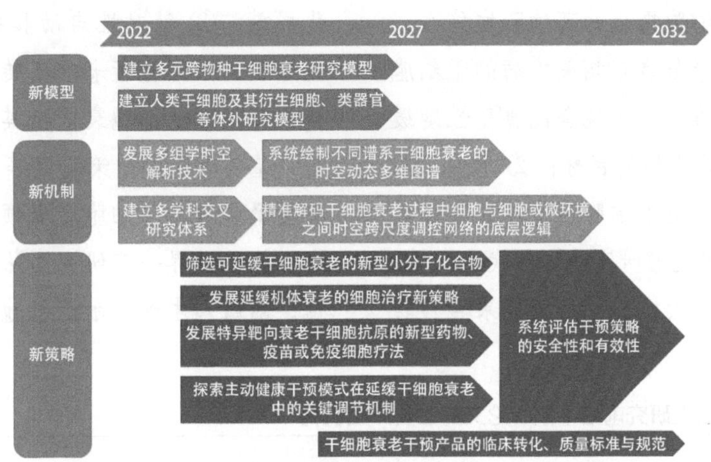

图 1.2.7　“干细胞衰老”工程研究前沿的发展路线

表 1.2.5　“干细胞衰老”工程研究前沿中核心论文的主要产出国家

序号	国家	核心论文数	论文比例 /%	被引频次	篇均被引频次	平均出版年
1	美国	314	51.31	37 629	119.84	2017.6
2	中国	100	16.34	8 664	86.64	2017.7
3	英国	85	13.89	9 725	114.41	2017.7
4	德国	55	8.99	6 226	113.20	2017.4
5	意大利	44	7.19	4 888	111.09	2017.6
6	西班牙	33	5.39	3 647	110.52	2017.6
7	加拿大	31	5.07	3 801	122.61	2017.4
8	法国	29	4.74	3 159	108.93	2017.7
9	荷兰	28	4.58	3 788	135.29	2017.5
10	日本	24	3.92	3 942	164.25	2017.8

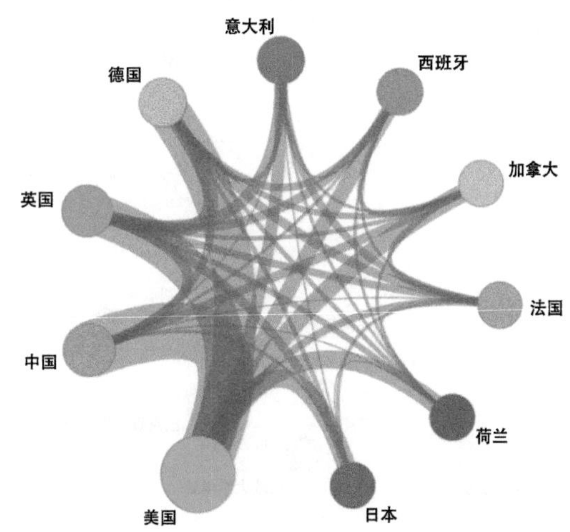

图 1.2.8　“干细胞衰老”工程研究前沿主要国家间的合作网络

胞功能评估体系以及干细胞再生的药物研发体系，积极推动靶向干细胞衰老与衰老相关疾病的干细胞治疗产品的研发和商业推广，实现全民普惠性延缓衰老、有效防治衰老相关疾病的目标；② 加快干细胞衰老研究伦理建设，健全干细胞衰老的评估体系和标准规范，抢占干细胞衰老研究的国际战略高地，同时加强知识产权保护，大幅提高科技成果转移转化成效；③ 针对性启动和拓展国家干细胞衰老研究专项、干细胞衰老临床转化研究基金，加大国家科技计划对干细胞衰老及其临床转化研究在科技创新、基础理论和政策研究等方面的支持力度；④ 着重凝聚和培养干细胞衰老领域的创新型科技战略人才、打造世界一流研究团队，依托地方科技研究机构、创新人才培养示范基地、医疗卫生机构以及大

表 1.2.6 “干细胞衰老”工程研究前沿中核心论文的主要产出机构

序号	机构	核心论文数	论文比例 /%	被引频次	篇均被引频次	平均出版年
1	哈佛大学	30	4.90	3 951	131.70	2017.9
2	斯坦福大学	27	4.41	2 558	94.74	2017.9
3	中国科学院	25	4.08	3 220	128.80	2017.9
4	梅奥诊所	23	3.76	3 741	162.65	2018.2
5	约翰斯·霍普金斯大学	20	3.27	3 196	159.80	2017.7
6	剑桥大学	17	2.78	1 590	93.53	2018.2
7	加利福尼亚大学洛杉矶分校	16	2.61	2 508	156.75	2017.8
8	加利福尼亚大学旧金山分校	15	2.45	1 552	103.47	2018.0
9	巴克衰老研究所	14	2.29	2 916	208.29	2017.5
10	伦敦大学学院	13	2.12	1 927	148.23	2016.8

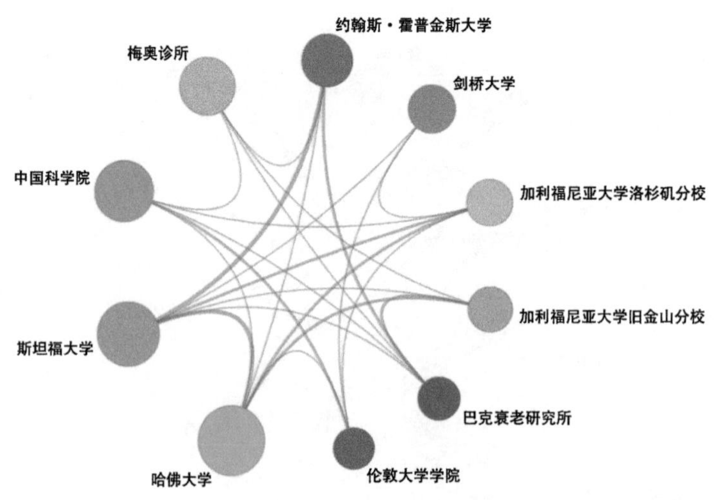

图 1.2.9 “干细胞衰老”工程研究前沿主要机构间的合作网络

型生物医药企业等单位，形成人才驱动中心的新布局，引领国际衰老干细胞研究领域发展。

2 工程开发前沿

2.1 Top 10 工程开发前沿发展态势

医药卫生学领域 Top 10 工程开发前沿涉及基础医学、临床医学、药学、中药学、医学信息学与生物医学工程等学科方向（表 2.1.1），其中，新兴前沿包括体内基因编辑技术、单碱基编辑器的开发与应用、靶向蛋白降解剂、可溯源标记多重单细胞测序技术；作为传统研究深入的前沿包括基于类器官技术的药物筛选、AI+ 手术机器人、中药药效物质高效发现技术体系、植入式柔性脑机接口技术、干细胞体外扩增培养体系的建立和基于多模态生物医学大数据的肿瘤风险智能评估关键技术。各前沿相关核心专利 2016—2021 年施引情况见表 2.1.2。

（1）基于类器官技术的药物筛选

类器官是利用人体组织干细胞或患者肿瘤组织建立的具有稳定表型和遗传学特征的重要体外模型，并能长期稳定传代培养。自 2009 年研究者建

表 2.1.1 医药卫生领域 Top 10 工程开发前沿

序号	工程开发前沿	公开量	引用量	平均被引数	平均公开年
1	基于类器官技术的药物筛选	185	473	2.56	2019.7
2	体内基因编辑技术	726	5 668	7.81	2019.1
3	单碱基编辑器的开发与应用	246	850	3.46	2019.9
4	AI+ 手术机器人	1 103	3 363	3.05	2019.8
5	靶向蛋白降解剂	344	774	2.25	2018.5
6	可溯源标记多重单细胞测序技术	24	80	3.33	2019.2
7	中药药效物质高效发现技术体系	2 225	2 136	0.96	2019.0
8	植入式柔性脑机接口技术	179	1 492	8.34	2019.6
9	干细胞体外扩增培养体系的建立	969	1 394	1.44	2018.9
10	基于多模态生物医学大数据的肿瘤风险智能评估关键技术	200	917	4.58	2019.8

表 2.1.2 医药卫生领域 Top 10 工程开发前沿核心专利逐年公开量

序号	工程开发前沿	2016	2017	2018	2019	2020	2021
1	基于类器官技术的药物筛选	6	13	21	29	42	74
2	体内基因编辑技术	39	101	116	154	136	180
3	单碱基编辑器的开发与应用	1	3	23	51	77	91
4	AI+ 手术机器人	44	45	73	195	281	465
5	靶向蛋白降解剂	61	55	79	31	48	70
6	可溯源标记多重单细胞测序技术	1	3	4	5	4	7
7	中药药效物质高效发现技术体系	217	317	310	367	424	590
8	植入式柔性脑机接口技术	7	13	21	24	46	68
9	干细胞体外扩增培养体系的建立	141	120	115	164	176	253
10	基于多模态生物医学大数据的肿瘤风险智能评估关键技术	6	9	23	28	42	92

立了首个小鼠肠类器官以来，经历了十余年的飞速发展，类器官技术在精准医疗、再生医学、药物筛选和疾病建模等领域大放异彩，在全球范围内已经显示出强大的发展潜力。

目前，基于类器官技术的药物筛选仍存在以下问题亟待解决：构建各种类器官及疾病模型的问题；构建复杂类器官模型的问题；类器官培养基和基质胶商品化生产的问题；类器官培养和药物筛选标准化和自动化的问题；类器官多维度检测手段开发的问题；类器官高内涵成像和分析技术的问题；对人体来源的类器官追踪、监督和管理规范问题，社会认可度和伦理审查制度问题。

几大热点分支领域包括建立多样化的类器官和疾病模型，构建血管化、免疫化、系统化类器官模型，类器官培养体系优化及产业化，类器官高内涵成像系统和分析方法均取得了重要进展，类器官模型已经成为药物筛选和研发阶段的重要工具，获得国内外监管层、组织机构以及药企的广泛认可和大力支持。

基于类器官技术的药物筛选前沿方向的核心专利公开量逐年增加，我国名列首位，占整体专利产出数量的30.81%，美国和韩国分居第二、三位（表2.2.1）。世界范围内研究机构间的合作较少。中国在类器官领域的研究和应用起步稍晚，但具有丰厚的科研积累，并获得了政策和监管层面的高度重视和支持，发展前景广阔，加速推动我国类器官技术的产品转化和临床应用，必将为药物研发和精准医疗带来新突破和希望。

（2）体内基因编辑技术

随着CRISPR-Cas技术的广泛发展和迅速进化，已经开发了用于哺乳动物细胞编辑的多种基因编辑工具，包括可编程核酸酶、碱基编辑器和先导编辑器。这些基因编辑器已广泛应用于多种动物疾病模型，以探索基因编辑治疗的有效性和安全性。近年来，多项人体临床试验印证了以CRISPR为代表的基因编辑技术的广阔应用前景。相对于基因编辑工具本身的快速发展，其递送技术仍然是基因编辑治疗的最大瓶颈。因此，将基因编辑组分有效递送到动物和人体内，是推进体内基因编辑技术临床应用的关键步骤。研究人员发明了几类能够克服复杂分子障碍的细胞内递送工具。目前最先进的递送系统包括腺相关病毒（AAV）递送、脂质纳米颗粒（LNP）递送和病毒样颗粒（VLP）递送，可以达到体内递送的主要标准，因此很适合基因编辑器的体内递送。2021年6月，《新英格兰医学杂志》报道了世界首例体内CRISPR基因编辑治疗的安全性和有效性临床数据。这是首个体内CRISPR基因编辑疗法的临床结果，证明了直接注射CRISPR组分即可在体内进行高效的基因编辑，进一步扩展了CRISPR基因编辑疗法的应用范围，为众多人类疾病的治疗开辟了新途径。新的体内基因编辑疗法正迅速走向临床。

（3）单碱基编辑器的开发与应用

单碱基编辑器是CRISPR-Cas系统与碱基脱氨酶结合开发出来的新一代基因编辑工具。由于能够实现特定位点单碱基的替换，以及对基因组的编辑过程中不需要切割DNA双链，因而相比于CRISPR-Cas9等传统人工核酸酶系统，单碱基编辑器具有更高的精确性和安全性等优势，已成为当前基因编辑领域的研究新热点，被广泛应用于各种动物、植物和微生物的基础与应用研究中。在生物医药领域，单碱基编辑器已在基因功能研究、蛋白定向进化、谱系示踪、疾病模型构建、基因治疗等方面展示了重要的应用价值。自最初报道的C–G到T–A碱基对替换的胞嘧啶碱基编辑器（CBE）和A–T到G–C碱基对替换的腺嘌呤碱基编辑器（ABE）成功问世以来，科学家们围绕其编辑效率、精确性、特异性、靶向范围和递送效率不断进行优化，数百种不同性质的碱基编辑器相继被报道，使得单碱基编辑器的工具箱不断丰富和完善，进一步挖掘了单碱基编辑器在生物医药领域的应用潜力。目前，碱基编辑器已被成功应用于各种体外和体内治疗性基因编辑，通过纠正致病点突变，或插入单核苷酸变异达到预防或治疗疾病目的。

（4）AI+ 手术机器人

AI+ 手术机器人（AI + surgical robotics，AI+SR）是一种通过研究手术专用人工智能高级学习算法并赋能于手术机器人，使得手术机器人在无人干预下能够自主感知患者体内环境、自主实时决策手术方案、自主实施手术操作，并以更高精度、安全性和效率全自主开展手术的新一代智能诊疗技术。要实现 AI+ 手术机器人技术在临床的大规模应用，需要解决的关键技术问题包括：① 腔内手术器械图像智能分割、运动跟踪与环境交互感知；② 复杂手术操作任务的示范学习、辨识与执行；③ 多功能、轻便化灵巧手术机器人硬件及智能人机交互控制系统。随着人工智能与手术机器人技术的发展成熟，特别是手术专用学习数据集与训练模型、新型机器人构型设计与人机交互技术不断获得突破，AI+ 手术机器人技术将逐渐从实验室样机走入实际临床应用，有望在普外科、泌尿外科、心血管外科、胸心外科、妇科、骨科、神经外科、口腔科等多个领域得到广泛应用。因其在人类医疗健康领域的广阔前景，我国和欧美发达国家均高度重视对 AI 与手术机器人技术研究的投入，瞄准重大疾病和关键临床技术中的“AI+ 手术机器人”解决方案，构建了“产学研用”协同创新机制。近年来，我国陆续出现了一系列技术初创公司，并不断实现单元技术上的突破，推出了一些新型产品。我国基于 AI 技术的智能诊疗装备与手术机器人产品已形成一定规模，并且其市场规模持续高速增长。腔内动态环境下的术中实时引导、多模态信息融合感知、复杂手术环境下人机智能交互控制、多自由度灵巧型手术机器人构型与驱动技术、有限手术训练数据集标记与模型训练技术的开发，将是促进 AI+ 手术机器人技术突破的关键。AI+ 手术机器人技术是集医学、人工智能、机器人学、机械学、控制科学、生物力学及计算机科学等多学科于一体的高端医疗技术，多学科的深度融合发展必将为众多重大疑难疾病的诊断和治疗带来新希望，在人类健康领域产生巨大的社会效益与经济效益。

（5）靶向蛋白降解剂

靶向蛋白降解（proteolysis targeting chimeras, PROTAC）是一种通过异双功能小分子化合物将细胞内的靶蛋白和 E3 连接酶拉近，利用泛素–蛋白酶体系统诱导靶蛋白选择性降解的新技术。PROTAC 分子由靶蛋白配体、E3 连接酶配体和连接两个配体的连接链三部分组成，通过两端配体的招募形成“靶蛋白–PROTAC–E3 连接酶”三元复合物以诱导靶蛋白的降解。这种降解是以催化循环的模式实现对靶蛋白功能的调控。如何快速、高效发现并优化 PROTAC 分子是该技术的关键问题。① PROTAC 分子的配体发现。受限于目标蛋白配体的匮乏和可使用的 E3 连接酶种类，如何快速有效筛选目标蛋白配体和发现可用于 PROTAC 技术的 E3 连接酶及相应配体是制约 PROTAC 分子设计开发的重要科学问题；同时配体间连接链优化也是 PROTAC 开发中的重要问题。② PROTAC 选择性和降解活性。目前针对 PROTAC 选择性和降解活性的提高尚无规律可循，需要凝练指导理论；PROTAC 分子通常存在的“钩状效应”也会影响降解选择性和活性。③ PROTAC 成药性优化。异于传统小分子抑制剂的作用机制使得 PROTAC 成药性优化也需要新的探索，不能照搬小分子优化经验。④ PROTAC 分子临床前评价体系。传统方法无法准确评估 PROTAC 成药的 PK、PD 和毒理等，目前尚无成熟的针对 PROTAC 分子的临床前评价体系。因此，如何理性开发 PROTAC 药物是目前尚不明确且亟待解决的问题。PROTAC 技术可以克服小分子抑制剂、抗体、细胞疗法等无法触及的靶点，如不可成药靶点、小分子药物耐药靶点、具有支架功能的蛋白等，因此 PROTAC 已成为新一代药物开发的创新策略。此外，作为一种新型化学小分子敲降蛋白策略，PROTAC 也在生物医学基础研究中发挥越来越重要的作用。PROTAC 技术目前已成为药物研发的前沿技术，包括激酶、转录因子、受体等 130 多个靶点可以利用 PROTAC 技术实现降解。欧美不仅有多家初创及已上市的生物技术公司专注于 PROTAC 药物开发，国际制药巨头也都纷纷加入 PROTAC“赛道”，国内布局 PROTAC 技术的药企已有 20 余家。目前已有十余款 PROTAC 药物进入临床阶段，但 PROTAC 新药整体尚处于研发早期阶段，大多数新开发的临床期 PROTAC 分子用于治疗不同类型的癌症，其中进展最快的已处在Ⅱ期临床试验。PROTAC 分子适应证未来不仅局限于肿瘤学，也在向炎症、免疫疾病、神经退行性疾病、激发抗癌免疫反应、抗病毒等不同领域扩展。同时，各种创新型的 PROTAC 分子、分子胶或相似作用机制的降解技术也在不断涌现。靶向蛋白降解剂有望成为独立于传统小分子抑制剂、生物大分子、细胞治疗外的第四种主要的药物治疗形式。PROTAC 技术是当前我国实现创新药物“弯道超车”的巨大契机，应加速推动我国 PROTAC 技术药物开发和应用。

（6）可溯源标记多重单细胞测序技术

可溯源标记多重单细胞测序技术（lineagetraceable multiplexed single-cell sequencing technology）是一类通过高通量单细胞测序与计算分析，重建器官和组织中细胞谱系动态变化过程的新兴组学技术。可溯源标记多重单细胞测序技术通过整合近年来逐步发展起来的单细胞多重分子标签测序，单细胞多组学测序，以及基于 CRISPR 的细胞克隆分析技术，将与细胞谱系、细胞类型、分化状态等信息通过高通量测序数据分析解析出来，可获得正常组织与疾病组织中的细胞和分子调控图谱，也可从分子水平上推导细胞正常分化与异常病变的动态过程。随着高通量单细胞测序技术的不断进步，可溯源标记多重单细胞测序技术已逐步应用于构建人类正常器官发育过程中的细胞图谱，在癌症研究中用于解析癌症初发与复发患者中癌细胞克隆与演变模式，为癌症精确诊断与治疗提供有效分子标记和客观指标。因单细胞测序在生命科学基础研究与临床医学转化研究中的广阔前景，当前世界各国科学家正在联合进行人类单细胞图谱与癌症单细胞图谱计划，可溯源标记多重单细胞测序技术是这些计划实施过程中孕育出的新兴技术，正在用于推动以癌症为代表的人类重大疾病的前沿研究。高通量长片段 DNA 与 RNA 测序、细胞与分子标签颗粒的设计与合成、临床样本采集与解离、单细胞基因突变与单细胞多组学数据整合分析方法的开发，将是促进可溯源标记多重单细胞测序技术突破的关键。可溯源标记多重单细胞测序技术与癌症诊断与治疗，特别是癌症复发患者样本的研究，将有望提高肿瘤预后评估的准确性，同时推动癌症复发机制的基础研究与药物研发，成为精准医学的重要基础。

（7）中药药效物质高效发现技术体系

中药药效物质是从中药材、中药饮片、中成药或方剂内提取、分离制备得到的具有特定药理活性且能治疗、预防疾病或有目的地调节机体生理功能的化学物质。其既包括中药原有成分，也包括中药进入体内新生成的代谢产物。如何从复杂中药物质体系中高效地发现其中的药效物质，是中药现代化研究的核心科技问题之一。随着现代分析、分离技术的不断发展，色谱－质谱分析、色谱分离、核磁共振结构鉴定、多组学分析等技术手段正逐步被应用于中药药效物质发现领域，这对于促进中药物质基础研究和基于中药、天然药物资源的活性先导化合物及创新药物的发现起到了技术支撑作用。目前相关技术也在不断更新整合中。例如：使用直接注射－多级质谱全扫描法 (DI-MS/MSALL) 替代传统的液相色谱质谱法（LC-MS），其分析时间短，可以同时检测不同极性的化学成分；开发精准单细胞微流控技术平台；将高内涵成像技术和质谱技术等先进分析技术结合，在不需要对中药成分进行预分离的情况下，直接从复杂体系中筛选活性成分等。生物色谱技术中的细胞膜色谱成为近年来中药领域的研究热点，其依据提取物中的成分与活性细胞是否具有特异亲和能力进行药效成分分离与鉴定。体外细胞膜色谱法可以快速、有效地对中药复方的有效部位和活性成分进行初步筛选，为中药的高通量筛选提供了途径。

近年来，基于“组学思路”的中药体内代谢产物鉴定技术被广泛关注。转录组学、蛋白质组学和代谢组学在中药药效物质研究中的应用方兴未艾，通过比较中药干预前后 miRNA、基因、蛋白或代谢物的表达谱差异，一方面有利于阐明中药药效物质的作用机制，另一方面也有望对活性成分或组分进行系统性的药效评价。组学领域的快速发展为中医药与现代技术和系统生物学的融合提供了新的工具。高通量、高内涵筛选借助创新型的平台工具，大幅提高活性评价效率和活性化合物的筛选速率，高通量实现对成分的快速大规模活性筛选，高内涵实现同时刻的评价维度增加，对于中药复杂体系中活性物质的快速发现有着极大的助力，为大规模分析生物系统的基因、蛋白质、代谢物谱以及机体生命活动规律提供了可能。基于计算机模拟的网络药理学越来越广泛地被应用于中药药效物质基础研究。通过计算构建“疾病表型 – 基因靶点 – 药物成分”的复杂生物学网络，阐明中药成分的靶标谱，预测药理活性成分与机制，发掘方剂配伍规律等。

今后，一方面，随着人们对复杂性疾病的理解不断加深，传统的从分子、基因到细胞的还原论思维已逐渐被系统生物学、网络生物学等系统论方法所取代。通过多模态、跨尺度观察中药对细胞表型、组织 / 器官结构形态以及机体功能影响，探寻多种组分 / 成分对机体多个子系统的作用及其协同效应，有望开辟中药药效物质研究新途径。另一方面，以中医药大数据为驱动，模型构建和生物信息技术为手段，针对中药治疗疾病多成分、多靶点的特性，可通过人工智能技术，深度解析中药“多成分 – 多靶点 – 多疾病”的关系，构建“药物成分 – 成分靶标 – 疾病基因”互作网络，预测中药复方的活性成分、潜在药效、临床适应症和作用机制等，为中药新药的研发提供新的研究路径。

（8）植入式柔性脑机接口技术

脑机接口是大脑和外部设备之间创建的直接连接通路，是国际脑科学最前沿研究的重要工具，也是神经疾病临床诊治的重要手段。脑机接口的核心挑战是如何在最低限度损伤大脑和最大限度利用大脑之间达到平衡。相比于非植入式脑机接口，植入式脑机接口直接与神经元紧密接触，在神经信号质量和神经调控精度等关键性能上有着天然的优势，但植入手术对大脑的创伤和植入器件长期在体的安全性等问题是当前瓶颈。植入式脑机接口是一个复杂的系统，涉及电极、芯片、算法、植入等多种关键技术，包括：生物器件集成电路制造技术，用于提高脑机接口记录带宽；超薄超柔电极制备技术，实现海量神经活动信号的长期稳定获取；神经信号模拟域特征提取技术，实现海量神经信号的实时探测、处理和压缩，大幅降低数字神经网络的规模和功耗；微创植入技术，自动躲避血管，减少植入创伤。脑机接口作为脑与类脑研究的核心技术，在前沿脑科学研究、重大脑疾病诊疗以及军事应用中发挥着不可替代的作用。科学研究方面，脑机接口作为新工具可进一步推动脑基础科学的持续进步，通过多脑区高通量神经数据记录绘制大脑有效性连接网络，解析新的神经环路；脑疾病诊疗方面，脑机接口可以通过提取与解码大脑神经活动实现人脑与神经假体之间的连接，达到替代肢体运动功能的目的，也可模拟并传输相应信号至目标位置，给出神经刺激达到神经修复的目的；军事应用方面，依托高性能脑机接口技术，以信息直接交互的方式优化大脑和电子系统的信息沟通，提高信息的分析执行效率，让人类有效参与决策并跟上机器步伐。

目前，全球提供脑机接口相关产品和服务的公司有 200 多家，主要集中在中国和美国，纵观国际，北美等外国企业占据了全球 50% 以上脑机接口产品市场份额。根据国外相关研究机构预测，从 2020 年到 2027 年，全球脑机接口市场预计将以 13.8% 的复合年增长率增长，到 2027 年，行业规模将增长至超过 30 亿美元。临床应用是脑机接口的关键出口之一，但记录通道不足、植入创伤大、缺乏反馈是植入式脑机接口需要解决的关键问题，高通量微创植入式闭环脑机接口技术逐步成为国际上当前乃至未来一段时间内重点研究方向。在植入式脑机接口领域，我国当前缺乏原创性核心技术，在带宽、精度、在体稳定性等方面落后于美国，并且跟踪居多，布局分散。最近几年，国内越来越多的机构开始转向植入式脑机接口技术研究，如 2021 年，中国科学院上海微系统与信息技术研究所开发出“免开颅微创植入式高通量柔性脑机接口”技术，并在鼠、兔、猴等动物身上进行了验证。将各环节技术有机地高质量地组合起来实现高性能系统集成，是目前亟须攻克的难题。尽快合法合规地进入临床试验阶段以加快对关键技术的验证和整体系统的优化是关键。

（9）干细胞体外扩增培养体系的建立

干细胞是一类具有自我复制能力的多潜能细胞，在一定条件下能分化成多种功能细胞，其在组织与胚胎发育研究、再生医学以及新药创制中具有不可替代的作用。干细胞扩增体系（stem cell expansion system，SCES）是干细胞分离纯化、形态学和分子生物学鉴定，以及使其数量增加并维持干细胞特性与功能的无菌细胞制备技术和设备。SCES 通过在体外仿生构建体内干细胞微环境（包括物理、化学及生物信号参数），精准调控细胞 – 细胞、细胞 – 细胞因子以及细胞 – 细胞外基质的相互作用，规模化促进干细胞分裂生长，减少细胞损伤、衰老和干性丢失；维持细胞稳态及分化潜能，提高干细胞的数量、功能及安全性，满足干细胞应用需求；同时，根据应用建立个性化干细胞扩增工艺和质量控制标准，提高干细胞扩增效率，降低生产成本。随着干细胞的研究不断深入及其体外扩增技术的多样化、标准化和规模化发展，SCES 已成为基于干细胞的生物医药基础研究及其转化医学发展的关键技术平台之一。其中，人诱导多能干细胞的 SCES 有力地支撑了人类器官及智能人多器官芯片系统的构建研究，显示了其在人体生理病理模拟、新药研发等领域的应用前景。多种成体干细胞的 SCES 也已逐渐进入了干细胞再生医学临床转化，包括最早用于白血病治疗的造血干细胞、已获得多项临床应用备案并用于免疫调控、子宫 / 皮肤 / 软骨等多种组织器官修复的人间充质干细胞，以及用于多种神经系统损伤修复的神经干细胞，均显示了突破传统医药治疗局限性的发展潜能。因 SCES 在生物医学基础研究及临床转化医学领域的广泛应用前景，我国与欧美、日本、韩国等国家和地区均十分重视干细胞扩增体系研究的投入，随着近年国家政策的开放，国内外陆续成立了大量技术初创公司，开发并优化了一系列可实现干细胞安全应用于临床和药物筛选的新型试剂和自动化设备，如成分安全明确的整套细胞培养试剂，减少人为操作误差、降低污染风险的全封闭式细胞培养设备，以及通过 SCES 制备工程化外泌体推进的无细胞治疗方案，这些技术和产品已形成一定规模，SCES 的市场将随着干细胞的发展持续高速增长。建立干细胞的高效、安全扩增与筛选、赋能技术及相关试剂的规模化生产工艺，完善全面、精准的质量控制标准体系，进一步研发生物活性干细胞载体材料和全封闭式实时监控细胞状态并控制细胞扩增微环境的设备，将是突破 SCES 现有瓶颈的关键。SCES 与材料工程、成像技术、数控技术深度融合，将为众多临床疾病治疗以及药物筛选提供新策略，也将开启基于干细胞的可视化、可量化、可控化的新生物活性药时代。

（10）基于多模态生物医学大数据的肿瘤风险智能评估关键技术

基于多模态生物医学大数据的肿瘤风险智能评估是指基于宏观和微观尺度的海量多源（异构）生物医学大数据，利用高性能计算系统、生物信息技术、机器 / 深度学习方法及其他“IT+BT”融合技术动态地为恶性肿瘤的预防和诊疗提供全流程、可解释、高精度和可交互的风险评估和决策系统。肿瘤风险智能评估系统要求建立可扩展的高质量标准化数据集、智能医院资源规划系统、日常健康监测／随访系统、肿瘤影像学／生物组学／病理学检测方法、可信生物计算和多尺度数据可视化／分析工具（如肿瘤细胞及其微环境去卷积算法）、自然语言检索系统和专业知识库／数据库等软硬件平台，并提供复杂实验／模型验证体系和临床应用解决方案。需要为跨尺度多模态生物医学大数据收集、存储、共享、融合、深度挖掘、模型／标志物验证及临床应用提供理论、技术和平台支撑，以加速肿瘤风险评估新工具的构建。肿瘤智能化风险评估系统对于各类恶性肿瘤的动态监测、实时预警和早期筛查有重要意义。可以为健康人群、真实世界以及临床试验研究患者提供不同层次的疾病风险报告，是肿瘤早期干预以及全病程个性化治疗的基础。目前，人工智能辅助诊断（如医学影像）和高通量多组学分子检测技术等商业化产品在国内外被大规模推广应用，为疾病的精准诊断以及小分子药物／细胞免疫疗法等新型靶向治疗方法开发提供了丰富的病例和数据资源。随着老龄化趋势日益严重和肿瘤发病率的不断升高，人们对于相关智能化健康诊断产品的需求将进一步增长，预计未来数年内相关市场规模将从目前的数百亿美元上升至数千亿美元以上。以美国癌症基因组图谱计划、癌症细胞系百科全书、英国生物样本数据库、人类蛋白质组和国际表型组计划等为代表的大科学项目为肿瘤的早期预防和精准诊疗提供了前所未有的机遇。未来，面向全癌种数据类型的共享平台建设、大规模电子病历系统的整合分析、面向多源数据和百万级别健康人群／疾病队列大数据研究的动态建模方法的提出是肿瘤风险智能评估产品取得突破的关键。另外，组学分子诊断（如单细胞／单分子检测）、基于人工智能的药物虚拟筛选和其他云计算和信息化技术仍在不断发展，相关研究进展和人工智能风险辅助系统的建立将加速推动肿瘤易感机制的发现、分子靶向药物的敏感人群筛选及其临床试验的开展，从而进一步降低肿瘤易感人群／患者经济负担，并提高患者的长期生存和生活质量。

2.2 Top 3 工程开发前沿重点解读

2.2.1 基于类器官技术的药物筛选

类器官（organoids）是利用人体组织干细胞或患者肿瘤组织进行体外三维（3D）培养而形成的具有一定空间结构的组织类似物。类器官具有稳定的表型和遗传学特征，并能长期稳定传代培养。与传统二维培养模型相比，类器官在结构和功能上能更好地模拟来源器官或组织的生理功能，而相较于动物模型，类器官构建成功率高、操作简单、培养速度快且成本更低，更适合用于疾病病理研究和药物高通量筛选，因而在精准医疗、再生医学、药物筛选和疾病建模等领域有着广泛的应用。自 2009 年建立首个小鼠肠类器官以来，目前已经成功培养出大量具有部分关键生理结构和功能的类组织器官以及相应肿瘤组织类器官，包括肾、肝、肺、肠、脑、前列腺和胰腺等。指导临床用药和精准治疗是类器官技术的重要发展方向，2013 年，类器官被《科学》杂志评为年度十大技术，2018 年，类器官被《自然·方法》评为 2017 年度方法。截至 2020 年 9 月，美国食品药品监督管理局（FDA）已备案 63 项类器官临床试验。中国 2017 年起注册并获伦理委员会批准的类器官临床研究有 20 项，涵盖 8 个癌种。类器官技术在全球范围内已经显示出强大的发展潜力。

基于类器官的药物筛选拟解决的重要问题包括：构建各种类器官及疾病模型的问题；构建复杂类器官模型的问题，如模拟肿瘤微环境的类器官；开发标准化、批次稳定、低成本的类器官培养基成分和基质胶的问题；类器官培养和药物筛选操作的标准化、自动化问题；开发针对类器官的多维度检测手段的问题；建立针对类器官的高内涵成像和分析技术的问题；对人体来源的类器官追踪、监督和管理规范问题，社会认可度和伦理审查制度问题。对基于类器官的药物筛选实际应用有关键影响的分支领域包括：

1）建立多样化的类器官和疾病模型。目前，已有文献报道的类器官（含肿瘤类器官）包括心、脑、肺、肝、肠、胃、肾、乳腺、卵巢、膀胱、舌、胰腺、前列腺、甲状腺、胸腺、视网膜等多种器官来源，并用于药物筛选。例如，基于肠癌类器官库，Merus 公司筛选出双特异性抗体分子 MCLA-158，目前已进入 1/2 期临床试验，最新数据显示，入组的 7 名头颈部鳞状细胞癌患者均出现肿瘤缩小。另一个典型案例是在肠类器官上进行 CFTR 单基因突变构建的囊性纤维化疾病模型。福泰制药有限责任公司（Vertex）的重磅囊性纤维化药物 ORKAMBI 在荷兰获批完全基于该类器官模型实验结果。人体有 78 种器官，构建为类器官的比例不足 1/3。而在类器官基础上构建的非肿瘤疾病模型则更为有限。因此，建立涵盖人类疾病谱的多样化类器官和疾病模型是进行药物筛选和开发的前提，存在巨大发展空间。

2）构建血管化、免疫化、系统化类器官模型。研究者已构建多种肿瘤类器官，这些肿瘤类器官可用于筛选大部分细胞毒性药物和靶向药物，但不适用于当下热门的血管生成抑制剂、免疫疗法等。其原因在于，单纯的肿瘤类器官缺乏血管、免疫细胞、基质细胞等肿瘤微环境，无法完整反映血管生成抑制剂和免疫疗法的效果。目前已有研究构建了具有血管结构的肿瘤类器官，以及将免疫细胞与肿瘤类器官共培养产生抗肿瘤免疫细胞。近年来也有研究组报道将多种类器官按照一定的空间结构组成“类装配体”（assembloids），以精确模拟人体组织或者器官。这些模型提升了肿瘤类器官微环境的复杂度，但距体内肿瘤微环境仍有差距，运用于药物筛选的尝试也较少。系统化类器官模型则需要将多种类器官串联，模拟人体内这些器官的物质、能量、体液循环，以更完整全面地评估药物的疗效和毒性。例如，将心、肝、肾、肠类器官富集于一块芯片中制成类器官芯片，灌注培养基，模拟循环系统，可一次性测试出候选药物对多种重要脏器的毒性。血管化、免疫化、系统化类器官模型的构建进一步提高了类器官模拟真实体内情况的准确性，为药物筛选提供更全面的药效和毒性信息。

3）优化类器官培养体系，使其适应于药物筛选。药物筛选要求大规模、稳定地制造类器官，而其中关键制约因素是成分复杂的类器官培养基和基质胶。类器官培养基通常含有多种关键的生长因子，如 EGF、FGF2、R-Spondin 1、Noggin、Wnt3a 等。目前这些生长因子均已商业化，但往往价格昂贵，批次间差异大，不同企业间质控标准不一，一定程度上限制了类器官在药物筛选中的大规模应用。而基质胶存在更多制约因素。以最常用的 Matrigel 为例，它为类器官生长提供必要的三维支撑和一些生长因子。但其来源为 EHS 小鼠肉瘤细胞分泌物，成分复杂、批次间差异大，且与某些人源类器官存在潜在的排异问题。目前已有一些研究者和公司发现了纯化学合成的基质胶替代物，并进行了少量类器官培养试验。但这些新型基质胶在功能性上尚未完全被证明可替代 Matrigel，且可及性较低。目前，大部分生长因子可实现国产替代，基质胶国产程度低，符合药物申报的 GMP 级产品则基本都需要进口。另外，3D 生物打印技术在类器官设计和构建中的发展与应用也为批量化、标准化、精准化制造复杂类器官提供了可能的解决方案。

4）开发类器官多维度检测手段及药物筛选标准化评估方法。常规的检测手段包括细胞成像、病理检测、基因测序等，但是为了进一步适用于大规模的药物筛选，需要开发一系列检测方法以便标准化、多维度地制造和评价类器官。例如普通显微镜难以拍摄三维空间中的类器官，高内涵成像系统的应用可以获得类器官丰富的生理或病理表型信息。

然而，一些商业化高内涵拍摄系统则存在价格昂贵、拍摄速度慢、系统运行稳定性一般等缺点。此外，对于已获得的类器官高内涵照片，研究者对其中的信息挖掘不够充分，仅靠肉眼观察或简单软件分析很难获取完整信息。同时为了进行高通量的药物筛选，需要建立标准化的评价体系。可以借助图像识别、人工智能等方法，开发针对类器官活性、大小、组分、空间结构等参数评价和药物作用效果、安全性评估的标准化分析算法。

细胞模型和动物模型是疾病建模和药物研发的重要基础。大量的罕见病因缺乏模拟这些疾病的动物模型而无法进行药物开发。传统的细胞模型与生理状态差异较大，而动物模型存在培养周期长、成本高、不易自动化培养等问题，因此，药物研发面临经费高、周期长以及失败率高的窘境。类器官的出现，为更高效和精准的药物筛选与研发带来了希望。2015 年后，辉瑞、强生、赛诺菲、阿斯利康等全球顶尖的药企纷纷布局类器官“赛道”，通过购买服务、合作授权以及投资等形式直接入场。2022 年，FDA 批准了全球首个基于“器官芯片”研究获得临床前数据的新药（NCT04658472）进入临床试验，不仅反映 FDA 对类器官研究可信度的认可，也为缺乏相应动物模型的疾病提供了药物研究新渠道。中国在类器官领域的研究和应用起步稍晚，但具有丰厚的科研积累，并在政策和监管层面得到了高度重视。2009 年至 2019 年间，在类器官研究领域发表的论文中，来自中国团队的研究成果仅占 8%；2020 年，中国团队发表的该领域论文占 14%，仅次于美国；2021 年 1 月，科技部下发关于对“十四五”国家重点研发计划“数学和应用研究”等 6 个重点专项 2021 年度项目申报指南征求意见的通知。其中，“基于干细胞的人类重大难治性疾病模型”被列为“十四五”首批重点专项；2022 年 12 月，国家药品监督管理局发布《基因治疗产品非临床研究与评价技术指导原则（试行）》，首次将类器官列入基因治疗及细胞治疗的验证指南；2022 年 7 月，中国首个类器官指导肿瘤精准药物治疗的专家共识面世。当前类器官行业高速发展，应用前景广阔，应加速推动我国类器官技术的产品转化和临床应用。

截至 2021 年，“基于类器官技术的药物筛选”工程开发前沿的核心专利 198 篇，产出数量较多的国家是中国、美国和韩国（表 2.2.1），其中，中国作者申请的专利占比达到了 30.81%，在专利数量方面位居首位，是该工程开发前沿的重点研究国家之一。各主要产出国家之间尚无合作关系。核心

表 2.2.1　“基于类器官技术的药物筛选”工程开发前沿中核心专利的主要产出国家

序号	国家	公开量	公开量比例 /%	被引数	被引数比例 /%	平均被引数
1	中国	57	30.81	74	15.64	1.30
2	美国	48	25.95	158	33.40	3.29
3	韩国	32	17.30	8	1.69	0.25
4	日本	15	8.11	43	9.09	2.87
5	荷兰	6	3.24	77	16.28	12.83
6	瑞士	5	2.70	54	11.42	10.80
7	英国	5	2.70	40	8.46	8.00
8	澳大利亚	5	2.70	3	0.63	0.60
9	德国	3	1.62	5	1.06	1.67
10	瑞典	2	1.08	3	0.63	1.50

专利产出数量排名前列的机构是延世大学、荷兰皇家科学院、洛桑联邦理工学院和庆应义塾大学（表2.2.2）；其中，日本庆应义塾大学和大阪大学之间均存在合作关系（图2.2.1）。

迄今为止，类器官技术已被广泛应用于多个领域，包括疾病建模、药物开发和药物筛选等。在3D培养条件下，已成功培养出多种类器官（如肺、胃、肠、肝、肾等类器官），指导临床用药和精准治疗是类器官技术的重要发展方向。工程化类器官技术，是一种结合生物工程技术，通过模拟在体内执行不同功能的组织原件来标准化和自动化生产、控制和分析人体器官的发育、体内平衡和疾病建模，从而再现发育器官的复杂和动态微环境。随着生物工程先进模型系统的建立，工程化类器官技术为生命医学研究和临床应用注入了新功能，其在药物研究中，用于毒性检测、药效评价和新药筛选和精准治疗。工程化类器官技术的研发在不断催生新领域的发展，随着类器官与其他高尖端的工程化技术如器官芯片、微移动阵列、scRNA-seq、CRISPR-Cas9、高通量筛选、3D打印以及智能生物材料的结合，

表2.2.2　“基于类器官技术的药物筛选”工程开发前沿中核心专利的主要产出机构

序号	机构	公开量	公开量比例/%	被引数	被引数比例/%	平均被引数
1	延世大学	7	3.78	2	0.42	0.29
2	荷兰皇家科学院	6	3.24	77	16.28	12.83
3	洛桑联邦理工学院	5	2.70	54	11.42	10.80
4	庆应义塾大学	5	2.70	39	8.25	7.80
5	哈佛大学	3	1.62	51	10.78	17.00
6	大阪大学	3	1.62	15	3.17	5.00
7	辛辛那提儿童医院医学中心	3	1.62	12	2.54	4.00
8	上海美峰生物技术有限公司	3	1.62	8	1.69	2.67
9	罗格斯大学	3	1.62	6	1.27	2.00
10	北京科途医学科技有限公司	3	1.62	4	0.85	1.33

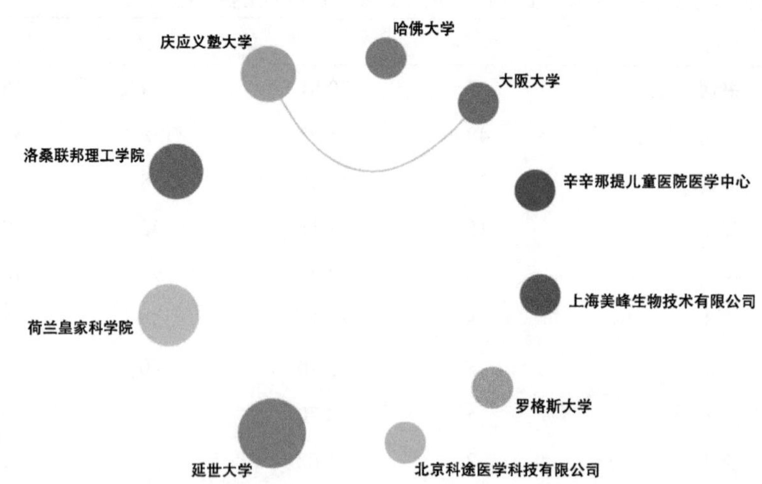

图2.2.1　“基于类器官技术的药物筛选”工程开发前沿主要机构间的合作网络

类器官在药物筛选的研究开发中，稳定性、精准性、重现性和可扩展性的发展将更加成熟。前沿发展方向包括建立多样化的类器官和疾病模型，构建血管化、免疫化、系统化类器官模型，优化类器官培养体系和开发类器官多维度检测手段，都将为进一步深化类器官在药物筛选领域的应用发展（图 2.2.2）。

2.2.2 体内基因编辑技术

自发现 DNA 双螺旋结构后近 70 年来，用于确定、分析和改变细胞与生物体中基因组序列及基因表达模式的技术已经发展起来。这些分子工具是分子生物学的基础，通过增加对正常和疾病性状遗传学的理解，推动了生物医药行业的蓬勃发展。随着基因组测序成本的降低，人类基因组序列的比较分析的增加以及高通量基因组筛选的应用增加，诊断遗传疾病的能力已经得到了迅速发展。前期研究表明基因编辑工具可用于失活或修复患者的致病基因，为遗传疾病等重大疾病的患者提供挽救生命的新型疗法。

基因编辑技术的常用工具包括锌指核糖核酸酶（zinc finger endonuclease，ZFN）、转录激活因子样效应物核酸酶（transcription activator like effector nuclease，TALEN）和 CRISPR-Cas（clustered regularly interspaced short palindromic repeats-associated）系统。其中，CRISPR-Cas9 最早在细菌和古细菌中被发现，是细菌长期演化过程中形成的一种适应性免疫防御机制，用来对抗入侵的病毒及外源 DNA。科学家利用 CRISPR-Cas9 基因编辑技术对靶基因进行特定 DNA 修饰，在血液病、肿瘤和其他遗传性疾病等涉及基因治疗的应用领域取得了重大进展。通过 Cas9 酶发现、剪切并取代 DNA 的特定序列，CRISPR-Cas9 基因编辑可以对患者的染色体进行永久、精确的改变，并修复潜在的基因突变，治愈具有遗传起源的疾病，因此也被誉为生物学领域的“规则改变者”。CRISPR-Cas 技术的广泛发展和优化已经开发出强大的用于哺乳动物细胞的基因编辑工具，包括可编程核酸酶、碱基编辑器和先导编辑器。这些基因编辑器已广泛用于治疗多种动物模型中具有遗传成分的多种疾病。目前，以 CRISPR 基因编辑技术作为基因治疗方式的产品研发涵盖了血液疾病、实体肿瘤、罕见病和再生医学等领域。治疗性基因编辑的前景极大地推动了将基因编辑疗法引入临床应用。

诺贝尔化学奖得主 Jennifer Doudna 在 2020 的 *Nature* 综述中指出，“Delivery remains perhaps the biggest bottleneck to somatic-cell genome editing.”（递送可能仍然是体细胞基因编辑治疗的最大瓶颈）。根据基因编辑过程发生在体内或体外，CRISPR 可分为体外基因编辑和体内基因编辑两种方式。目前大多数基因编辑临床试验都限于体外基

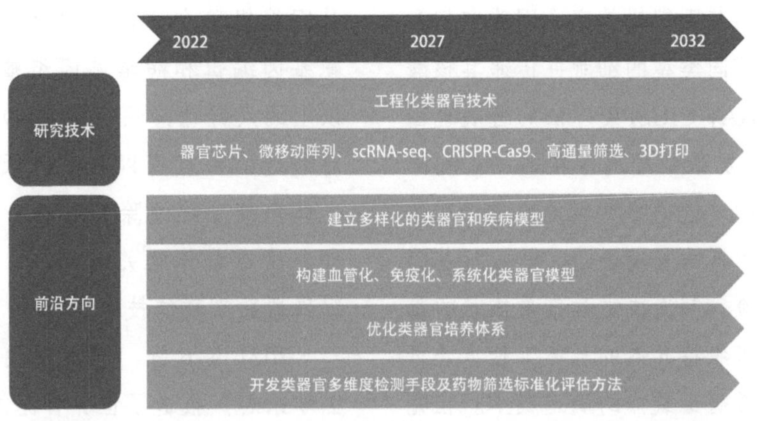

图 2.2.2 “基于类器官技术的药物筛选”工程开发前沿的发展线路

因编辑，其工艺相当复杂，包括从患者体内分离细胞、体外编辑和重新回输患者。这类研究在血液性遗传疾病中已取得了重要进展，并尝试应用于肿瘤治疗。但大多数疾病不适合离体操作。体内基因编辑则是利用载体将CRISPR直接递送至人体病变器官和组织，在人体内直接改造突变基因。体内基因编辑工艺简单，面向的适应证范围广，成本仅为体外基因编辑治疗的1/10左右，为开发患者可支付的众多遗传疾病药物提供了最大的希望。但想要使体内基因编辑治疗成为现实，关键在于如何能安全有效地将基因编辑器输送到体内的相关器官和组织。

为了克服体内基因编辑的脱靶风险和免疫反应风险，理想的体内递送基因编辑递送应该具有瞬时性和细胞靶向性的特点。目前用于实现治疗性体内基因编辑的递送技术主要有腺相关病毒（AAV）递送、脂质纳米颗粒（LNP）递送和病毒样颗粒（VLP）递送等。这些递送技术在小鼠、非人灵长类动物（NHP）和其他动物身上进行了验证，并且进入了临床验证的阶段。

1）病毒递送系统：病毒在进化过程中自然而然地克服了体内递送的障碍，可以将核酸载体自然地递送到多种细胞。由于这些有利的特性，病毒是递送基因编辑器的重要载体。许多病毒载体已被开发用于体内基因治疗应用。大多数体内基因编辑应用都利用了AAV，少数临床前研究使用了慢病毒或腺病毒。迄今为止，病毒载体提供了一些在许多器官中观察到的最高的基因编辑效率，因为它们具有在体内有效地转导不同类型的细胞并传递其核酸的固有能力。然而，AAV-CRISPR疗法的进展也面临着在AAV基因疗法发展中普遍存在的一系列障碍，未来对病毒载体的改进需要克服挑战包括载体的免疫原性、基因编辑器的长期表达、非目标基因编辑、基因组整合风险、制造成本和剂量依赖的毒性。提高感染效率和组织特异性的载体工程方法可以减少所需剂量并降低病毒载体的制造成本。在完成靶向编辑后持久关闭基因编辑器表达的方法也将大大改善病毒载体递送的安全性。

2）脂质纳米颗粒（LNP）递送系统：其作为在体内传递基因编辑器的非病毒载体越来越受到欢迎。几十年来，脂质纳米颗粒一直被用来传递核酸载体，包括siRNA和治疗性mRNA。为了将其封装的携带物送入目标细胞，它们首先通过内吞作用进入细胞，在内体酸化后通过破坏内体膜逃离内体，随后进入目标细胞的细胞膜。经过广泛的开发和优化，LNP已被FDA批准用于人体，包括通过静脉注射给肝细胞提供治疗性siRNA和通过肌肉注射给mRNA疫苗。LNP已经被用于临床试验，将Cas9 mRNA递送到肝脏，用于治疗转甲状腺素蛋白淀粉样变性（ATTR）。然而，通过LNP递送的核酸多数通过内涵体途径降解，仍然面临着内涵体逃逸。此外，LNP的进一步发展需要克服肝外组织递送的挑战。

3）病毒样颗粒（VLP）递送系统：其已成为传递基因编辑器的潜在工具。VLP是病毒蛋白的非传染性集合体，无需病毒自身的基因即可实现mRNA、蛋白质或核糖核酸蛋白（RNP）的高效递送。由于VLP来自现有的病毒骨架，它们充分利用了病毒的天然特性，包括运载的能力、逃避内涵体的能力，从而实现了高效的细胞内递送。VLP可以通过颗粒表面的重编程实现针对不同类型的细胞特异性递送。与病毒载体不同的是，VLP以mRNA或蛋白质而非DNA的形式完成递送。因此，基因编辑器在体内是瞬时存在的，大大降低了脱靶基因编辑和病毒基因组整合的风险。由于50%以上的人群已经预存抗Cas9的免疫反应，VLP瞬时递送的特点可以有效降低基因编辑过的细胞被人体免疫系统清除的风险。由于VLP综合了病毒和非病毒载体的关键优势，因此成为了递送基因编辑器新兴载体技术。

2021年6月，国际顶尖医学期刊《新英格兰医学杂志》报道了世界首例体内CRISPR基因编辑安全性和有效性的临床数据。这项研究的适应证为转甲状腺素蛋白淀粉样变性，这是一种罕见的常染色体显性遗传疾病。该疾病的特征是错误折叠的转甲状腺素蛋白（TTR）在神经和心脏中进行性积累。NTLA-2001 是体内基因编辑治疗剂，旨在通过静脉输注脂质体包裹的 CRISPR-Cas9 复合体，降低血清中 TTR 浓度来治疗 ATTR 淀粉样变性。该研究为人类疾病治疗开辟了新的途径，被誉为“开启了医学新时代”。此外，Editas Medicine 开展了基于 AAV 递送 CRISPR（EDIT-101）的 Leber 先天性黑蒙 10 型的临床研究。中国的上海本导基因技术有限公司开展了基于 VLP 递送的 CRISPR 抗病毒治疗单纯疱疹病毒性角膜炎（herpes simplex keratitis，HSK）的临床研究。

新的体内编辑技术也在不断涌现。2022 年 6 月，Precision BioSciences 公司宣布，已与诺华制药就体内基因编辑研发达成全球范围内独家合作和许可协议。Precision BioSciences 将开发一种定制的 ARCUS 核酸酶。ARCUS 是基于一种自然产生的基因组编辑酶 I-CreI，它由莱茵衣藻中进化而来，可以在细胞 DNA 中进行高度特定的切割。Precision BioSciences 的科学家通过对 I-CreI 进行重新设计形成了 ARCUS 核酸酶，从而能够编辑新的 DNA 序列，用于插入、移除或修复活细胞和有机体的 DNA。该方法有望治疗某些血红蛋白疾病，如镰状细胞病和 β-地中海贫血。

基因编辑的临床应用有着安全性和有效性的双重标准。一方面，病毒载体由于长时间的表达基因编辑酶会带来安全性上的不确定性；另一方面，纳米材料则面临效率上的挑战。理想的基因编辑递送工具需要兼具瞬时和高效的特点，以确保治疗的安全性和有效性。因此在 CRISPR 基因编辑技术的评估上还需谨慎。还要值得关注的问题是，CRISPR 基因编辑这把“上帝之刀”还必须解决伦理、道德方面的冲突。

在人类体内进行治疗性基因编辑的时代已经到来。CRISPR-Cas 技术的广泛开发和优化已经产生了强大的基因编辑工具，包括核酸酶编辑、碱基编辑和引导编辑。将这些基因编辑工具与有效的体内递送方案（病毒载体、LNP 和 VLP）相结合治疗疾病，已经从动物模型的概念验证应用到人类的临床治疗中。随着更多体内基因编辑疗法的开发，以及未来基因递送技术的进步，将为临床治疗不同器官的遗传性疾病提供可靠的途径和坚实的基础。

“体内基因编辑技术”工程开发前沿中，核心专利产出数量较多的国家是美国、中国和瑞士（表 2.2.3）；从主要国家间的合作网络（图 2.2.3）来看，美国和瑞士、中国、英国、德国、荷兰、日本存在合作。该领域核心专利产出数量较多的机构有哈佛大学、哈佛－麻省理工博德研究所和加利福尼亚大学（表 2.2.4）；哈佛大学－麻省理工学院博德研究所和麻省理工学院、哈佛大学、布列根和妇女医院之间，CRISPR Therapeutics 公司和美国福泰制药有限公司之间存在合作关系（图 2.2.4）。

综合以上统计分析结果，对于“体内基因编辑技术”工程开发前沿，我国目前处于与国外同类研究并跑的态势。由于 CRISPR 基因编辑技术在疾病治疗、疾病检测、遗传育种等领域有着巨大优势和前景，CRISPR 基因编辑技术商业化应用具有广阔的前景。中国学者自主开发的原创型基因治疗载体体现了中国在基因治疗领域的科技进步。

体内基因编辑在适应症的选择上更具多样性和灵活性，几乎可以覆盖所有病种。体内基因编辑对载体技术和工艺水平等关键环节有更高的要求。特别是载体技术，需要同时满足安全性与有效性。体内基因编辑疗法的安全性提升一是从酶入手，开发更加精准的基因编辑酶工具；二是从递送技术入手，实现高效的基因编辑酶递送系统。目前来看，VLP 与 LNP 可以实现 mRNA 的体内递送，并且经过了临床验证，是较为理想的体内基因编辑治疗递送载体。未来，需要进一步解决载体的组织靶向性问题。今后的前沿方向将主要集中在核酸酶介导的基因编辑技术的优化、新型碱基编

表 2.2.3 “体内基因编辑技术”工程开发前沿中核心专利的主要产出国家

序号	国家	公开量	公开量比例 /%	被引数	被引数比例 /%	平均被引数
1	美国	493	67.91	4 594	81.05	9.32
2	中国	103	14.19	209	3.69	2.03
3	瑞士	51	7.02	538	9.49	10.55
4	韩国	16	2.20	32	0.56	2.00
5	英国	15	2.07	55	0.97	3.67
6	法国	14	1.93	106	1.87	7.57
7	德国	12	1.65	28	0.49	2.33
8	荷兰	7	0.96	118	2.08	16.86
9	加拿大	7	0.96	22	0.39	3.14
10	日本	5	0.69	88	1.55	17.60

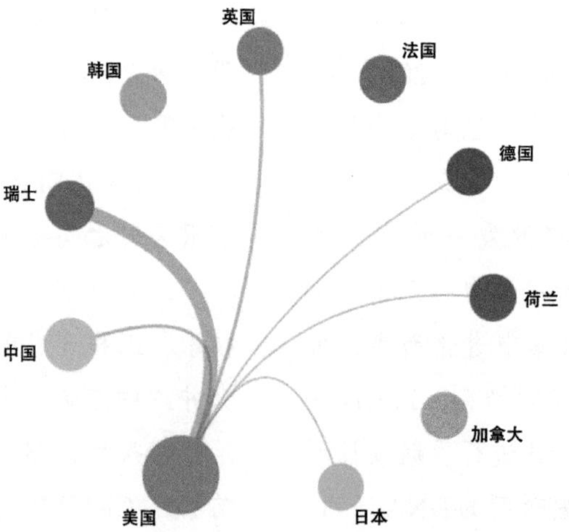

图 2.2.3 “体内基因编辑技术”工程开发前沿主要国家间的合作网络

表 2.2.4 “体内基因编辑技术”工程开发前沿中核心专利的主要产出机构

序号	机构	公开量	公开量比例 /%	被引数	被引数比例 /%	平均被引数
1	哈佛大学	61	8.40	1 229	21.68	20.15
2	哈佛大学 – 麻省理工学院博德研究所	54	7.44	644	11.36	11.93
3	加利福尼亚大学	48	6.61	469	8.27	9.77
4	CRISPR Therapeutics 公司	37	5.10	301	5.31	8.14
5	麻省理工学院	31	4.27	614	10.83	19.81
6	丹娜法伯癌症研究院	19	2.62	85	1.50	4.47
7	布列根和妇女医院	18	2.48	98	1.73	5.44
8	Beam Therapeutics 公司	17	2.34	70	1.24	4.12
9	斯坦福大学	14	1.93	77	1.36	5.50
10	美国福泰制药有限公司	11	1.52	112	1.98	10.18

辑治疗的开发、实现组织特异的基因编辑酶递送以及瞬时性的递送等方面。目前，体内编辑技术研发主要围绕在罕见病、眼部疾病，在神经系统疾病上的开发还处于非常早期的阶段。长远来看，体内基因编辑使得 HBV、HPV、HIV、HSV 等病毒感染的治愈成为可能。此外，体内基因编辑治疗代谢类疾病、神经系统疾病取得临床突破的可能性非常大，像亨廷顿舞蹈症这样长期以来没有实质性突破的疾病有可能通过体内基因编辑被治愈（图 2.2.5）。

2.2.3 单碱基编辑器的开发与应用

单碱基编辑器（base editor，BE）是一种由 CRISPR-Cas 系统与碱基脱氨酶联合开发的新型基因编辑工具。在 CRISPR-Cas 系统的引导下，融合的碱基脱氨酶负责催化目标位点的特定碱基发生脱氨基反应，进而触发 DNA 修复或复制途径来实现精准碱基替换。2016 年，胞嘧啶碱基编辑器（CBE）作为 CRISPR-Cas 系统衍生工具首次问世，由于其不需要双链断裂（DSB）和修复模板即可实现高效、精确的 C–G 到 T–A 碱基对替换的优势，迅速将基

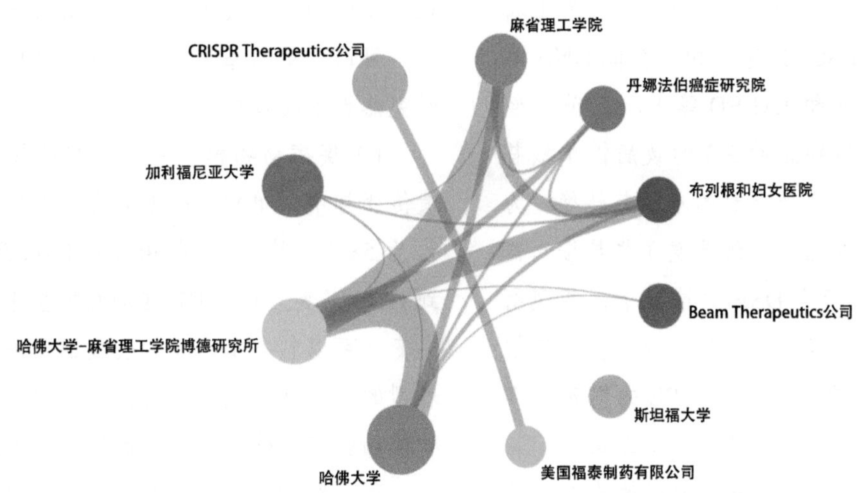

图 2.2.4 “体内基因编辑技术”工程开发前沿主要机构间的合作网络

图 2.2.5 “体内基因编辑技术”工程开发前沿的发展线路

因编辑技术带入了单碱基编辑时代，具有里程碑式意义。次年，能够实现A–T到G–C碱基对高效替换的腺嘌呤碱基编辑器（ABE）的成功开发，进一步推动了单碱基编辑工具的蓬勃发展。近年来，围绕BE进行的开发与优化研究使得BE的种类愈加丰富，功能日渐完善，应用场景也随之拓展。从功能上划分，除了上述CBE和ABE，研究人员还开发出可以实现C–G到G–C或C–G到A–T转换的糖苷酶碱基编辑器（CGBE），以及可以实现多种碱基同时转换的双碱基编辑器（如STEME、ACBE和AGBE等）。以编辑对象进行划分，除了常见的细胞核DNA碱基编辑器，也有RNA碱基编辑器（如REPAIR和RESCUE等）和线粒体DNA碱基编辑器（如DdCBE和TALED等）。目前已经报道的BE理论上可以纠正约2/3的致病性单核苷酸变异，但是它们无法实现所有的单碱基转换。为了突破这一限制，刘如谦课题组开发了先导编辑器（PE），它可以在不产生DSB的情况下，实现所有类型的单碱基自由转换，进一步扩大碱基编辑技术的适用范围，但已有数据显示，PE的编辑效率较低，尚无法成为碱基编辑领域的核心工具。

DNA碱基编辑器能够实现基因组的永久、不可逆的改变，而RNA碱基编辑器仅修饰RNA，不改变基因组序列，因此需要持续作用。二者各有优劣，在应用中应根据实际需求进行选择。

作为一种新型基因编辑工具，BE与传统人工核酸酶工具相比，具有高效、精准、安全和非细胞周期依赖等优势，但在应用中仍存在亟须解决的关键技术问题，主要包括：碱基随机修复降低产物纯度，基因组环境影响编辑效率，PAM兼容性不足阻碍BE的可作用范围，编辑活性窗口过大引起旁观者效应，引导RNA（gRNA）非特异性结合引起的Cas依赖的可预测脱靶编辑，脱氨酶编辑特性引起的基因组和转录组水平的随机脱靶编辑，大尺寸载体系统在体内递送困难，以及控制组织或器官特异性靶向难度大等。这些问题的存在，阻碍了BE深入应用的步伐，促使研究者不断开发和完善具有更好特性的单碱基编辑工具。当前不断扩容的BE工具箱已经在碱基编辑活性窗口、效率、精确性、特异性和PAM兼容性和载体递送新策略等方面取得了不俗的进展。特别是在基因治疗等对基因编辑工具安全性和有效性有着更严格要求的领域，这些进展对逐步扫清技术障碍，推动BE从实验室研究向临床转化至关重要。

BE的出现，满足了生命科学领域对精准基因编辑的需求，使基因功能研究进入了单核苷酸水平，已被成功应用到各种动物、植物及微生物中，尤其在生物医药领域展示了广阔应用前景。

目前，单碱基编辑技术在生物医药领域应用的研究热点主要包括：

1）疾病动物模型制备：在已知的人类致病性遗传变异中，单核苷酸变异导致基因功能异常占比约为58%，其中超过60%是C–G到T–A或A–T到G–C突变。利用BE在动物模型中引入致病性点突变，可以制备基因型和表型都精确模拟患者临床表型的疾病动物模型。目前已经通过胚胎显微注射和体细胞核移植等手段制备了斑马鱼、小鼠、家兔、犬、猪、猴和人类细胞等遗传性疾病模型，有助于疾病发生发展机制的研究和新型治疗方案的开发。

2）基因治疗：人体的绝大部分细胞为非分裂细胞，依靠传统的同源定向修复方式无法对其进行有效编辑，而BE通过错配修复通路实现错配修复，这一过程不依赖细胞周期，因此可以实现非分裂细胞的高效碱基突变。这一特性使BE被视为精准基因编辑的重要技术手段。通过向离体细胞或者直接向患者体内递送相应的碱基编辑元件，可以直接纠正致病突变来恢复正常功能，以达到治疗目的。

3）蛋白质定向进化和基因组多样性：利用BE对蛋白质特定功能域编码序列进行定点诱变，结合相应的筛选手段，可以鉴定出与蛋白质功能相关的关键氨基酸位点，尤其是与药物抗性相关的突变；

同样的方式也能用于人类疾病相关基因的突变文库构建，并从中发掘出决定目标基因功能的关键位点。

4）遗传谱系示踪：遗传谱系示踪是利用细胞标记技术追踪细胞在发育、疾病和再生过程中的细胞起源与命运转变的重要手段。基于 DNA 条形码结合单细胞测序技术，可以同时捕获单细胞转录组信息和细胞间的谱系关联信息，实现单细胞分辨率的谱系示踪。利用 BE 进行碱基突变，可以获得丰富的 DNA 条形码信息，而且相比于普通 CRISPR 条形码策略，可以减少 Indel 产生对条形码的消耗，从而积累更多的突变信息，有助于还原复杂多细胞生物的组织器官发育过程。

由于有以上用途，作为新基因编辑工具，BE 为遗传性疾病、癌症和病毒感染等多种疾病治疗带来了新的曙光。美国国立卫生研究院（NIH）在 2018 年发起“人类体细胞基因组编辑计划”（SCGE），旨在加速开发更安全、更有效的人类细胞基因组编辑方法，这无疑对包括 BE 在内的基因编辑工具的临床转化起到巨大的推动作用。

在正式进入临床试验前，BE 已经被用于动物模型的基因治疗研究，包括离体细胞编辑后移植和直接在体递送 BE 进行治疗两种策略。例如，利用 ABE 离体编辑小鼠肝脏前体细胞后移植以治疗 I 型遗传性酪氨酸血症，离体编辑小鼠造血干细胞后回输以治疗镰状细胞病；通过体内递送 ABE 载体以治疗 Hutchinson–Gilford 早衰综合征小鼠、遗传性视网膜疾病小鼠，体内递送 ABE 或 CBE 以治疗杜氏肌营养不良小鼠，利用 CBE 在体治疗肌萎缩侧索硬化症小鼠，利用 ABE 在体编辑猴 PCSK9 以降低胆固醇水平，利用 RNA 碱基编辑器在体治疗遗传性耳聋小鼠等。

这些动物实验的进展，为 BE 进入临床试验奠定了坚实的前期基础。2022 年 7 月，美国 Verve Therapeutics 公司宣布，其开发的碱基编辑候选疗法 VERVE-101 在新西兰完成首例患者给药。该疗法可用于治疗杂合子型家族性高胆固醇血症，是全球开展的首个体内碱基编辑临床试验。这一疗法被视为“新的里程碑”，是碱基编辑疗法从实验室研究迈向临床转化的关键一步。后续利用 BE 进行镰状细胞病和 β - 地中海贫血治疗，以及 CAR-T 细胞编辑的临床试验也即将开展。可见，BE 在生物医药领域具有广阔应用前景，利用 BE 进行精确、高效的 DNA 或 RNA 水平编辑，将是未来精准基因治疗的发展趋势。

基因治疗有着巨大的市场潜力，已成为资本投资的热门“赛道”。到 2025 年，全球基因治疗市场规模预计将达到 305.4 亿美元，中国的市场规模将达到 25.9 亿美元。目前，“单碱基编辑器的开发与应用”工程开发前沿的核心专利达 240 余项，产出数量较多的国家是美国、中国和韩国，其中中国作者申请的专利占比达 36.18%，可见中国在该前沿领域成果显著（表 2.2.5）；从主要国家间的合作网络（图 2.2.6）来看，美国和瑞士、中国、英国存在合作。核心专利产出数量较多的机构有哈佛大学、哈佛大学 – 麻省理工学院博德研究所和 Beam Therapeutics 公司（表 2.2.6）；哈佛大学 – 麻省理工学院博德研究所和哈佛大学、麻省理工学院、布列根和妇女医院、美国麻省总医院以及 Beam Therapeutics 公司之间存在合作关系（图 2.2.7）。当前中国在 BE 的开发和应用方面紧跟世界前沿，成果丰硕，但缺乏底层技术原始创新，专利的平均被引数和被引数比例与美国相关机构存在明显差距，要如何实现从“跟跑”和“并跑”向“领跑”的角色转换，是我们面临的巨大挑战。

在过去的十年里，基因编辑的迅速发展，为治疗曾经被认为是不治之症的遗传疾病带来了许多新的治疗可能性。BE 作为基因组编辑领域的最新进展之一，从 2016 年一经问世便备受关注。至今，科学家们围绕其编辑效率、精确性、特异性、靶向范围和递送效率不断进行优化，数百种不同性质的碱基编辑器相继得到报道。DNA 和 RNA 碱基编

表 2.2.5 “单碱基编辑器的开发与应用”工程开发前沿中核心专利的主要产出国家

序号	国家	公开量	公开量比例 /%	被引数	被引数比例 /%	平均被引数
1	美国	138	56.10	650	76.47	4.71
2	中国	89	36.18	142	16.71	1.60
3	韩国	5	2.03	21	2.47	4.20
4	瑞士	4	1.63	21	2.47	5.25
5	英国	3	1.22	15	1.76	5.00
6	法国	3	1.22	3	0.35	1.00
7	德国	2	0.81	0	0.00	0.00
8	意大利	1	0.41	4	0.47	4.00
9	立陶宛	1	0.41	4	0.47	4.00
10	加拿大	1	0.41	1	0.12	1.00

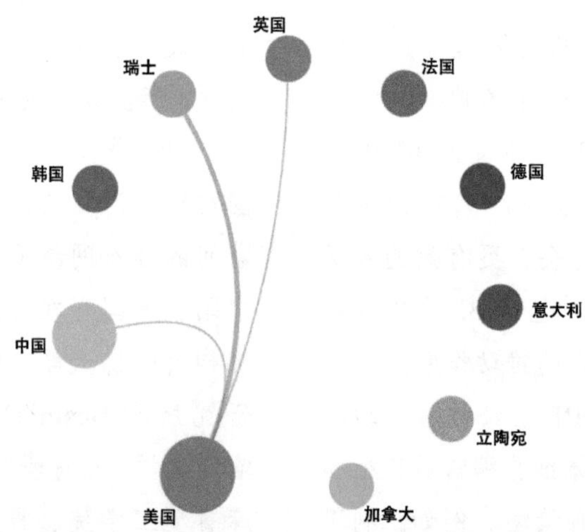

图 2.2.6 “单碱基编辑器的开发与应用”工程开发前沿主要国家间的合作网络

表 2.2.6 “单碱基编辑器的开发与应用”工程开发前沿中核心专利的主要产出机构

序号	机构	公开量	公开量比例 /%	被引数	被引数比例 /%	平均被引数
1	哈佛大学	26	10.57	373	43.88	14.35
2	哈佛大学 – 麻省理工学院博德研究所	26	10.57	122	14.35	4.69
3	Beam Therapeutics 公司	24	9.76	77	9.06	3.21
4	上海科技大学	20	8.13	91	10.71	4.55
5	美国麻省总医院	18	7.32	70	8.24	3.89
6	麻省理工学院	14	5.69	60	7.06	4.29
7	Arbor 生物技术公司	8	3.25	36	4.24	4.50
8	中山大学	8	3.25	24	2.82	3.00
9	布列根和妇女医院	7	2.85	8	0.94	1.14
10	加利福尼亚大学	5	2.03	25	2.94	5.00

辑器的最新进展揭示了这些技术令人兴奋的治疗机会。改进和扩展碱基编辑器技术以及建立各种适合人体体内传递的碱基编辑系统代表了精准医疗领域的下一步发展方向（图 2.2.8）。

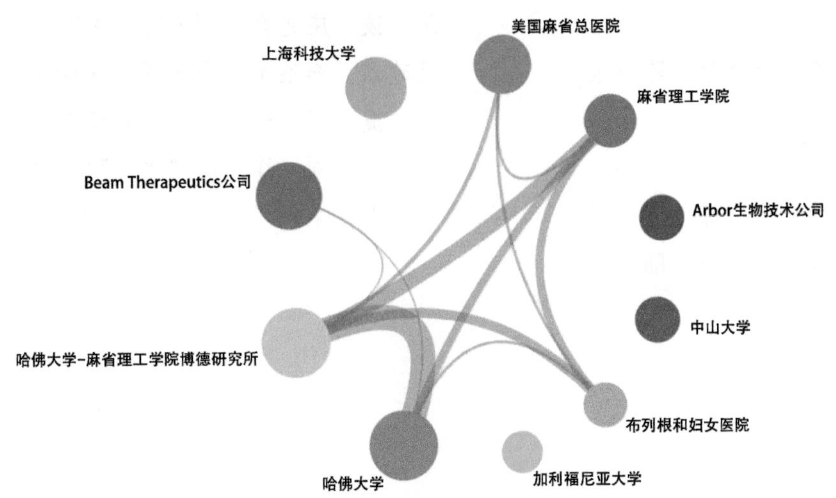

图 2.2.7　“单碱基编辑器的开发与应用”工程开发前沿主要机构间的合作网络

图 2.2.8　“单碱基编辑器的开发与应用”工程开发前沿的发展路线

领域课题组成员

领域课题组组长：陈赛娟

院士专家组：

张伯礼　王　辰　陈香美　张志愿　王　琦
宁　光　高天明　徐兵河　赵铱民　蒋建东
王　锐　姜保国　田金洲　陈可冀　程　涛
尹芝南　郑利民　潘星华　黎诚耀　陈晓光
徐湘民　黄晓军　于　君　马长生　王松灵
施松涛　林　野　闫福华　余　擎　赵信义
张　强　李琦涵　郝海平　刘昌胜　聂广军
席建忠　郑玉峰　陈良怡　刘　斌　寇玉辉

果德安　李　梢　倪　健　宋晓亭　孙晓波
张　彤　乔延江　屠鹏飞　刘建平　刘保延
童培建

工作组：

张文韬　赵西路　奚晓东　严晓昱　陈银银
尹　为　张宇亮　陆文清

文献情报组：

仇晓春　邓珮雯　吴　慧　樊　嵘　寇建德
刘　洁　陶　磊　江洪波　陈大明　陆　娇
毛开云　袁银池　范月蕾　张　洋　王朝晖
褚敬申

报告执笔组：

朱　波　庄光磊　刘光慧　宋默识　李静宜
蒋建东　李丕龙　李国强　陈枢青　席建忠
田　捷　谢　琦　蔡宇伽　赖良学　李红兵
饶　燏　刘　峰　屠鹏飞　陶　虎　吕宝粮
杨　军　李剑峰

九、工程管理

1 工程研究前沿

1.1 Top 10 工程研究前沿发展态势

在工程管理领域，本年度10个全球工程研究前沿分别是工业互联网平台赋能产业数字化转型研究，数字时代全球供应链安全风险管理研究，人工智能场景下的大数据治理方法研究，数字孪生模型精准构建与演化理论方法研究，双碳战略下的可持续交通系统研究，全球性公共卫生危机的形成机理、演化规律与治理策略，基础性、典型战略性资源中长期可持续供给路径及政策，社交网络下的群体共识机制，基于大数据的金融风险评估，社会技术系统理论视角下的基础设施智能运维管理研究。其核心论文发表情况见表1.1.1和表1.1.2。其中，工业互联网平台赋能产业数字化转型研究、数字时代全球供应链安全风险管理研究、人工智能场景下的大数据治理方法研究、数字孪生模型精准构建与演化理论方法研究为重点解读前沿，后文对其目前发展态势以及未来趋势进行详细解读。

（1）工业互联网平台赋能产业数字化转型研究

工业互联网平台是场景驱动新一代信息技术与制造业深度融合的载体，是数字技术和数据要素协同驱动产业数字化、网络化、智能化转型升级的关键基础设施。随着数字经济和新一轮科技革命在全球范围内向纵深演进，以亚马逊AWS、通用电气（GE）Predix、西门子MindSphere、海尔COSMOPlat、阿里supET、三一重工ROOTCLOUD、用友ERP、华为FusionPlant等为代表的工业互联网平台成为打造产业数字化动态能力、加速产业数字化转型的关键引擎、重要途径和全新载体。工业互联网平台通过数字化的综合赋能平台，实现人、机、物的全面互联和全产业链、全价值链、全创新链、全员全要素的全面链接，促进数字经济与实体经济深度融合，能够以更高效率、更低成本和动态性地满足多元工业场景的复杂综合性和个性化需求，推动形成全新的工业生产制造和数智化服务体系。工业互联网平台赋能产业数字化转型的研究主要集中在工业互联网平台的技术架构、赋能产业数字化转型的过程机制、产业数字化动态能力、大中小企业融通创

表1.1.1 工程管理领域Top 10工程研究前沿

序号	工程研究前沿	核心论文数	被引频次	篇均被引频次	平均出版年
1	工业互联网平台赋能产业数字化转型研究	115	10 561	91.83	2018.3
2	数字时代全球供应链安全风险管理研究	12	710	59.17	2017.9
3	人工智能场景下的大数据治理方法研究	33	2 789	84.52	2018.3
4	数字孪生模型精准构建与演化理论方法研究	199	17 231	86.59	2019.2
5	双碳战略下的可持续交通系统研究	96	7 830	81.56	2017.9
6	全球性公共卫生危机的形成机理、演化规律与治理策略	6	668	111.33	2017.3
7	基础性、典型战略性资源中长期可持续供给路径及政策	14	1 039	74.21	2018.3
8	社交网络下的群体共识机制	14	1 835	131.07	2017.8
9	基于大数据的金融风险评估	238	18 885	79.35	2018.4
10	社会技术系统理论视角下的基础设施智能运维管理研究	29	713	24.59	2018.0

表 1.1.2 工程管理领域 Top 10 工程研究前沿核心论文逐年发表数

序号	工程研究前沿	2016	2017	2018	2019	2020	2021
1	工业互联网平台赋能产业数字化转型研究	13	20	26	27	22	5
2	数字时代全球供应链安全风险管理研究	3	2	3	2	1	1
3	人工智能场景下的大数据治理方法研究	5	5	8	6	9	0
4	数字孪生模型精准构建与演化理论方法研究	10	20	19	56	56	38
5	双碳战略下的可持续交通系统研究	21	21	21	14	18	1
6	全球性公共卫生危机的形成机理、演化规律与治理策略	1	3	1	1	0	0
7	基础性、典型战略性资源中长期可持续供给路径及政策	2	1	6	1	4	0
8	社交网络下的群体共识机制	2	5	3	2	2	0
9	基于大数据的金融风险评估	37	35	36	48	55	21
10	社会技术系统理论视角下的基础设施智能运维管理研究	5	3	8	4	5	2

新生态建设、工业互联网平台治理等议题。卫星互联网、联邦学习、隐私增强计算、Web 3.0 和元宇宙等新一代数字技术的发展和绿色低碳发展的需求趋势，使得行业云原生平台、工业元宇宙、场景驱动的创新等成为工业互联网平台赋能产业数字化转型研究的未来趋势。

（2）数字时代全球供应链安全风险管理研究

在新一轮科技革命与产业变革中，数字技术正推动全球供应链行业发生巨大变革，供应链迎来数字化、网络化、智能化的“数字蝶变”。尽管数字化技术创新正逐步将全球产业服务的期望推向顶峰，但随之而来的全球供应链安全问题也日益突出。一方面，在国际贸易摩擦加剧、不确定因素增加、各产业面向高质量转型的关键时期，关键技术薄弱带来的供应链风险问题也逐渐暴露。究其根源，关键技术“卡脖子”问题来源于关键产业链布局的不完善，特别是在当前逆全球化、发达国家供应链主动脱钩等趋势下，如何确保全球高技术行业的供应链安全成为日益紧迫的问题。另一方面，数字经济的出现虽然有效地推动供应链向透明化、智慧化发展，但数据集成带来的信息泄露问题频发，国与国之间的数字鸿沟不断扩大，数字主权争夺也进入白热化阶段，影响了全球智慧供应链的快速发展。在近年的学术研究中，供应链关键技术产业链布局方法、逆全球化经济竞争加剧下高技术行业供应链的安全问题、数据集成带来的供应链数据泄露和信息安全威胁是重点研究方向。

（3）人工智能场景下的大数据治理方法研究

大数据治理（big data governance）是组织中涉及大数据使用的一整套管理行为。其包含了两种定义：一种是“对大数据进行治理”，即采取一定的方法或者形式，对大数据本身进行数据源汇入、清洗加工、数据规范化、数据存储、数据计算、数据服务应用等环节予以持续的治理，提升数据的质量和价值，有利于后续对大数据的利用；另一种则是“依靠大数据进行治理”，也就是运用大数据、云计算、人工智能等先进技术，实现流程规范、效率提升和社会治理手段的智能化。首先，在人工智能场景下大数据治理的关键技术上，主要包括数据结构化处理、数据质量评估及数据清洗、数据规范化、数据融合与摘取、数据整理和数据共享等全流程服务环节。其次，通过构建大数据知识图谱，实现理解数据、解释现象和知识推理，从而发掘深层关系，实现智慧搜索与智能交互。再次，人工智能场景下大数据治理面临着安全可控问题。需要着重解决隐私泄漏、数据确权、算法偏见、技术滥用等数据安全与算法安全问题，从而促进社会智慧化治理与产业智能化转型。最后，在大数据治理的典型人工智能应用场景上，应用在金融、医疗、城市管理、舆情监控等更复杂的高价值的场景，用于解决经营决策、资源配置、流程优化、运维保障和风险防控等管理需求。

（4）数字孪生模型精准构建与演化理论方法研究

数字孪生模型是现实世界实体或系统的数字化表现，可用于理解、预测、优化和控制物理世界的实体或系统，因此，数字孪生模型的构建是实现模型驱动的基础。数字孪生模型构建是在数字空间实现物理实体及过程的属性、方法、行为等特性的数字化建模。模型构建可以是“几何–物理–行为–规则”多维度的，也可以是机械、电气、液压等多领域的。数字孪生模型应涵盖多维度和多领域模型，从而实现对物理对象的全面真实刻画与描述。当构建相对复杂对象的模型时，需解决如何从简单模型组装和融合形成复杂模型的难题。为保证数字孪生模型的正确有效，需对模型进行校验和演化，以保证模型描述及刻画物理对象的状态或特征是正确的，即保证模型的虚实一致性。因此，主要研究方向可围绕数字孪生模型“建—组—融—验—校—管”六个阶段，进行多维度 / 多领域数字孪生模型精准构建、全要素 / 多尺度孪生数字模型组装与融合，数字孪生模型虚实一致性验证与校正，数字孪生模型交互迭代与动态演化等方向研究。数字孪生必须准确地表示当前状态下的物理系统，这要求数字孪生模型通过快速可靠地精准反映物理系统的变化和更新。未来，数字孪生模型的构建及演化必将朝着提升建模效率和精度的方向发展。

（5）双碳战略下的可持续交通系统研究

可持续交通系统的推进过程是寻求更科学的能源结构与用能机制、更低的排放和更方便的系统排放物治理或自我吸收固化途径及技术的过程，包括政策、标准以及法律法规的制定与实施等。

1992 年，中国成为最早签署《联合国气候变化框架公约》的缔约方之一。2002 年，中国政府核准了《京都议定书》。在中国的积极推动下，2015 年，世界各国达成应对气候变化的《巴黎协定》；2016 年，中国率先签署该协定。2020 年 9 月，习近平主席在第七十五届联合国大会上宣布，中国“二氧化碳排放力争于 2030 年前达到峰值，努力争取 2060 年前实现碳中和”。这一“双碳”战略为可持续交通系统的研究与推进提出了新方向。

围绕可持续交通系统，在环境层面的研究主要集中在三个方面：一是减少污染排放；二是转移排放；三是排放物治理。从减少污染排放的角度，从陆上交通，到航空，再到水运，都在推广更清洁的能源，研究如何克服技术或成本的制约，让比传统能源更清洁的能源得到更广泛的使用；持续优化车辆、设备的使用，设施的建设、养护与使用，以及时间、空间与相关资源的分配；通过技术提升以降低能耗。在“双碳”战略背景下，该研究从区域性空气质量问题逐渐向全球性气候变化问题转移，关注点越来越聚焦在碳排放上。从转移排放的角度，推广新能源车、设置海上污染排放控制区均属于该研究范畴，该领域的研究往往不以降低碳排放为出发点，而将重点放在降低有害气体在人口高密度区域的排放。从排放物治理的角度，主要是对有害气体的研究，针对碳中和的研究方兴未艾。

（6）全球性公共卫生危机的形成机理、演化规律与治理策略

全球性公共卫生危机是指由公共卫生突发事件诱发，给全球大部分国家的社会系统常态运行带来严重冲击（甚至导致停摆），对国际经贸交流、国家安全等造成严重影响的事件。主要研究方向包括：

1）全球性公共卫生危机的形成演化机理研究。该方向关注地方性卫生事件转化成全球性公共卫生危机的演化机理，经济、交通、信息等复杂系统的耦合对演化过程的作用机制，已有监测预警和风险治理体系的失效机制，以及危机中不同人群的脆弱性分析。

2）全球性公共卫生危机的治理策略研究。该

方向关注巨灾峰值需求场景的稀缺性管理、增产扩能、供应链失灵等资源优化配置和体制机制设计问题，全球性公共卫生危机治理中的国际参与及国际合作协调机制，典型场景的多元主体研判决策规律与机制，以及典型政策工具执行对多元主体的心态和行为的干预影响分析。

3）全球性公共卫生危机后的学习、变革与韧性提升研究。该方向可关注危机后的公私组织、制度与社会的恢复和学习机制，财税等政策工具组合对个体、企业和产业链恢复的影响机制，危机后多元主体变革及适应规律、应对体系的顶层设计与模式重构，以及韧性治理提升策略。

全球性公共卫生危机发生概率低，各国政府及其他主体对制度建设和能力储备工作缺少长期关注，如何以新型冠状病毒肺炎（以下简称“新冠肺炎”）疫情危机为契机推动研究、制度建设和能力储备将是未来值得关注的议题。

（7）基础性、典型战略性资源中长期可持续供给路径及政策

基础性、典型战略性资源一般指关系全球生计、在资源系统中居支配地位的资源，其可持续供给取决于资源禀赋、供求状况、经济发展、储备效能和国际物资可得性等因素。传统意义上能源、矿产、水和土地等资源是最为典型的基础性、典型战略性资源，但随着科技进步和全球经济发展，数据资源、高技能专业劳动者、碳排放权等同样被纳入基础性、典型战略性资源范畴。当前，围绕基础性、典型战略性资源的中长期可持续供给路径与政策开展了系统研究，从生产端和消费端两个维度构建了可持续供给路径与政策分析框架，重点讨论了基础性、典型战略性资源的生命周期测度与管理、资源利用效率提升、环境健康与废物循环利用、供应链安全风险评估、政府调控与资源优化配置、可持续供给绩效评估等议题。基于系统性思维和人工智能等技术方法，从中长期视角探索一套针对基础性、典型战略性资源可持续供给及管理政策的思维范式、实践范式和研究范式，成为未来研究突破的重点。基础性、典型战略性资源全生命周期效益与成本优化、可持续供应链建模与治理路径、绿色技术创新与循环经济、全球气候变化减缓与资源可持续供给、区块链视角下的资源优化配置、资源安全和政策模拟分析、人工智能与可持续管理决策系统等关键科学问题，是多学科交叉的前沿研究热点。

（8）社交网络下的群体共识机制

群体共识致力于协调决策者观点之间的冲突，寻求使多数人意见统一的群体决策方案。传统的群体共识模型认为决策者是互相独立的，然而实际上决策者处在一个社会网络中，彼此之间的相互关系以及所处网络的结构特征是影响群体共识的重要因素。

近些年来，社交媒体的广泛普及加速了决策个体间的交互和信息传递，群体共识面临越来越多的冲突和挑战，比如决策群体规模的扩大化、利益群体的多样化、个体偏好的差异化、决策问题的复杂化。社交网络能够准确刻画决策者之间的相互关系（利益关系、信任关系、冲突关系、情感关系等），为群体共识机制的发展提供了新的研究视角。在大数据背景下，将社交网络分析方法引入群体决策场景，能够广泛应用于重大舆情事件应急决策、社会热点与异常事件的自动发现等场景。

目前，社交网络下的群体共识机制的主要研究方向包括：群体共识模型在动态社交网络环境下的研究；社交网络环境下共识补偿以及非合作行为；社交网络环境下的恶意操纵行为。此外，随着人工智能和元宇宙技术的发展，社交网络上除了真实人类，还有社交机器人以及网络虚拟人。这些新的社交关系（如人机交互、机机交互）如何影响群体共识过程，亟须进行深入研究。

（9）基于大数据的金融风险评估

数据是通过观测得到的数字性的特征或信息，随着数字化技术的发展及在金融领域的广泛应用，具有类型多样、海量异构、关系复杂、价值密度低、

高噪声、非正态等特征的金融数据持续高速涌现，形成金融大数据浪潮。在此背景下，金融科技在金融风险的监测、评估、预警中的研究和应用愈发深入，赋能增效的同时也导致新型、潜在危害大的金融风险问题出现。金融风险具有复杂性、隐蔽性、跨域性、传导性、动态性等特点，导致其难表征、难认知、难识别、难追踪、难建模、难推理、难评估。当前金融风险的监测、评估和预警都是基于对海量金融数据的分析处理，通过建立算法模型来对风险进行识别和预测，研究主要集中在海量金融数据的安全防护、安全存储、安全传输、实时处理分析和共享流通；基于图数据、文本数据、流数据等非结构数据的金融风险快速识别方法；图模型和统计模型在系统性金融风险的防范预警研究；运用数据科学开展金融信用风险评估研究等方面。未来研究趋势主要包括：分业管理体制下的金融数据共享与溯源方法研究；自主可控的金融数据智能孪生及敏感特征遮蔽技术研究；金融孪生数据隐私风险及数据质量评估技术研究；金融数据孪生安全环境构建及数据存证技术研究；基于金融数据孪生的近似查询处理与下一代金融数据库测试基准构建技术研究；金融风险行为表征、认知和金融网络风险传导、建模与评估研究；大数据驱动的金融科技产品风险快速识别与分析技术研究；通过金融大数据，构建大规模金融风险认知图谱系统体系等。

（10）社会技术系统理论视角下的基础设施智能运维管理研究

现代基础设施系统以工程设施为载体，依靠复杂的技术与设备发挥功能，为社会生产和居民生活提供重要支撑。而其运维管理涉及运营、维护、消费服务等多个环节，受到技术人员、管理团队、终端用户等各类干系人决策与行为的影响，以及经济、社会、环境等外部条件的制约。因此，基础设施具有典型的社会技术系统特征。随着基础设施的不断发展，其社会组分与技术组分间的交互耦合关系日趋频繁和复杂，对于基础设施的效能与安全产生日益关键的影响。近年来，国内外学界在基础设施的社会技术系统建模仿真、基础设施与干系人交互的运维情景构建与推演、基于人因工程和行为决策理论的基础设施运维优化、基于信息物理社会融合系统的基础设施安全韧性管理、基础设施对社会经济发展与安全的作用路径与管理策略、基础设施绿色低碳发展的政策与体制机制等热点研究方向上取得了显著进展。在物联网、云计算和人工智能等信息技术快速发展的背景下，如何进一步推动基于物理–社会–信息多维融合的基础设施运维管理范式、方法和技术创新，优化基础设施技术组分与社会组分的交互模式与效率，实现基础设施智能化与低碳化转型和效能与安全水平的不断提升，有望成为未来重要的研究热点。

1.2 Top 4 工程研究前沿重点解读

1.2.1 工业互联网平台赋能产业数字化转型研究

工业互联网平台赋能产业数字化转型研究的重点是工业互联网平台如何通过打造数字技术、数据要素和智能制造深度协同的数智化综合服务平台，瞄准多元产业应用场景需求，加快产业数字化、网络化、智能化转型的过程机制和大中小企业融通创新生态建设及其有效治理。2012 年通用电气（GE）提出“工业互联网”的概念后，国内外政策和学术领域逐步达成共识，认为工业互联网是继消费互联网之后从供给侧视角驱动制造业数智化转型的关键新引擎。此后，GE 联合 IBM、思科、英特尔等国际龙头企业成立了工业互联网联盟（IIC），工业互联网平台在全球呈现井喷趋势。我国在“中国制造 2025”的基础上，日益重视工业互联网对深入推进两化融合以及产业数字化转型的牵引性作用。2021 年，全国工业互联网平台突破 600 个，具备一定行业、区域影响力的平台超过 100 个。工业和信息化部分别于 2021 年、2022 年印发《“十四五”信息化和工业化深度融合发展规划》和《工业互联网创新发展行动计划（2021—2023 年）》，均将工业互联网平台作为重点方向。尤其是在全球产业链供应链阻链断链风险加剧、制造业数字化转型进入深水区的趋势下，工业互联网平台赋能产业数字化转型升级成为更加重要且紧迫的议题。

近年来，国内外学者重点关注的议题包括工业互联网平台的技术架构、赋能数字化转型的过程机制、产业数字化动态能力、大中小企业融通创新生态建设、工业互联网平台治理等。其中，工业互联网平台的技术架构研究重点关注 IaaS、PaaS、SaaS 和正在涌现的 AIaaS 等不同技术架构，关键共性数字核心技术突破，以及平台软件国产化及其赋能产业数字化的差异化商业模式；赋能产业数字化转型过程机制的研究重点关注数字技术、数据要素和平台模块有机整合和多元产业场景应用的机制；产业数字化动态能力研究重点关注领军企业如何通过数字化技术能力体系、数字化管理能力体系和数字化场景应用能力体系建设，实现自身转型的同时，赋能产业链、价值链全方位转型；大中小企业融通创新生态建设研究重点关注如何支持缺少数据要素和关键数字技术的中小企业参与工业互联网平台生态建设、加快数字化转型，保障产业链供应链安全韧性发展；工业互联网平台治理研究则重点关注数据隐私、平台垄断、平台互联互通和治理标准体系等内容。

展望未来，随着新一代数字技术的不断涌现和工业互联网平台与产业数字化转型共演的加速，行业云原生平台、工业元宇宙、场景驱动的创新成为值得重视和前瞻布局的研究方向。

（1）行业云原生平台

行业云原生是云计算和工业互联网领域的新兴概念，是工业互联网平台建设和服务应用的全新思维与创新模式，是平台服务的关键基础设施，能够实现工业互联网平台面向行业个性化需求的应用敏捷开发、迭代效率提升和交付速度。行业云原生平台目前仍处于快速兴起和探索阶段，需要进一步关注即服务交付模式、持续的软件定义交付、基于行业云原生平台的分布式企业以及标准化、高度自动化的云服务和智能决策系统建设。

（2）工业元宇宙

工业元宇宙是在新一代人工智能技术引领下，将元宇宙相关技术和软件在工业领域的应用，能够实现工业领域中的物理空间、虚拟空间和赛博空间的虚实映射以及交互融合，从而实现以虚促实、以虚强实的工业全产业链、全价值链、全要素智慧协同开放互联和场景融合的新型数字工业经济系统。工业元宇宙是智能制造的未来典型形态之一，是数字孪生的进阶和升维。当前，工业元宇宙研究正处于概念验证、基础设施建设和模式探索的阶段，亟待进一步破局。

（3）场景驱动的创新

场景驱动的创新既是将现有数字技术和工业互联网平台服务应用于特定场景，进而创造更大价值的过程，也是基于未来趋势与愿景需求，驱动战略、技术、平台和市场需求等创新要素及情境要素整合共融，突破现有工业互联网平台技术瓶颈，开发新技术、新产品、新渠道、新商业模式，乃至开辟新市场和新领域的过程。场景驱动的创新为工业互联网平台赋能产业数字化转型提供了新的突破方向，未来要更加关注工业互联网平台赋能“碳达峰、碳中和”、共同富裕、军民融合、乡村振兴等重大社会发展民生需求场景的机遇和机制。

“工业互联网平台赋能产业数字化转型研究”工程研究前沿中，核心论文数排名前三位的国家分别是中国、美国和英国（表 1.2.1），核心论文主要产出机构为阿尔托大学、华南理工大学、北京航空航天大学等（表 1.2.2）。从主要国家间的合作网络（图 1.2.1）来看，美国、中国和其他国家间的合作较多；从主要机构间的合作网络（图 1.2.2）来看，华南理工大学、沙特国王大学、梅西纳大学合作较为紧密。由表 1.2.3 可以看出，中国的施引核心论文数排名第一。由表 1.2.4 可以看出，施引

表 1.2.1 "工业互联网平台赋能产业数字化转型研究"工程研究前沿中核心论文的主要产出国家

序号	国家	核心论文数	论文比例 /%	被引频次	篇均被引频次	平均出版年
1	中国	32	27.83	2 553	79.78	2018.6
2	美国	24	20.87	2 360	98.33	2017.9
3	英国	16	13.91	1 794	112.12	2018.3
4	德国	10	8.70	577	57.70	2018.0
5	加拿大	9	7.83	1 269	141.00	2018.8
6	芬兰	9	7.83	866	96.22	2018.7
7	印度	8	6.96	606	75.75	2018.8
8	西班牙	8	6.96	471	58.88	2018.1
9	韩国	7	6.09	785	112.14	2017.3
10	意大利	7	6.09	429	61.29	2018.9

表 1.2.2 "工业互联网平台赋能产业数字化转型研究"工程研究前沿中核心论文的主要产出机构

序号	机构	核心论文数	论文比例 /%	被引频次	篇均被引频次	平均出版年
1	阿尔托大学	5	4.35	446	89.20	2019.6
2	华南理工大学	5	4.35	404	80.80	2018.4
3	北京航空航天大学	4	3.48	445	111.25	2019.0
4	瓦萨大学	4	3.48	420	105.00	2017.5
5	奥克兰大学	3	2.61	565	188.33	2017.7
6	沙特国王大学	3	2.61	232	77.33	2018.7
7	梅西纳大学	3	2.61	214	71.33	2018.7
8	瑞典皇家理工学院	3	2.61	207	69.00	2017.0
9	巴黎国立高等工艺学院	2	1.74	466	233.00	2019.0
10	蒙特利尔综合理工学院	2	1.74	466	233.00	2019.0

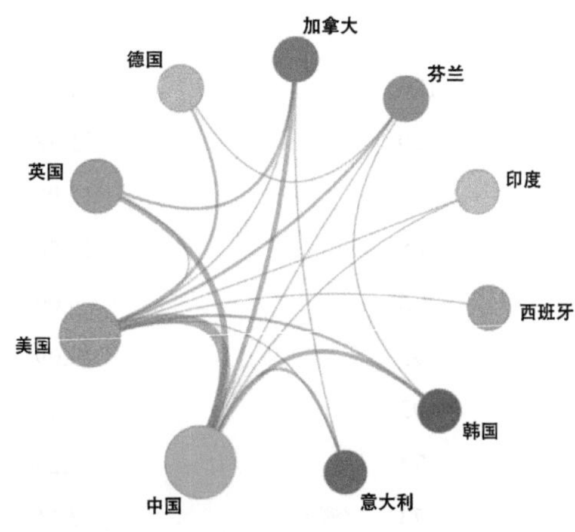

图 1.2.1 "工业互联网平台赋能产业数字化转型研究"工程研究前沿主要国家间的合作网络

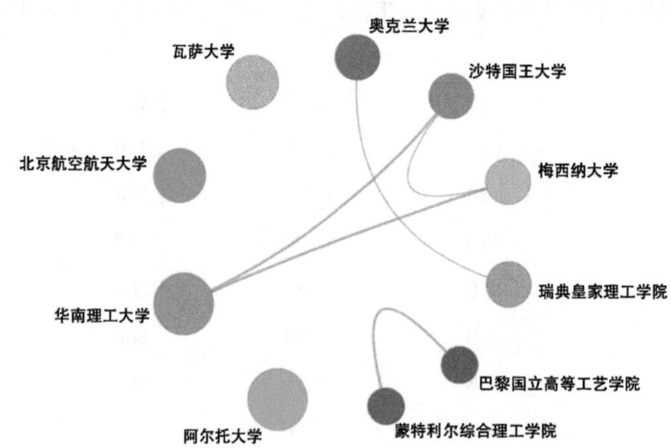

图 1.2.2 “工业互联网平台赋能产业数字化转型研究”工程研究前沿主要机构间的合作网络

表 1.2.3 “工业互联网平台赋能产业数字化转型研究”工程研究前沿中施引核心论文的主要产出国家

序号	国家	施引核心论文数	施引核心论文比例 /%	平均施引年
1	中国	2 705	31.44	2020.2
2	美国	1 091	12.68	2020.0
3	印度	942	10.95	2020.2
4	英国	777	9.03	2020.1
5	意大利	624	7.25	2020.1
6	韩国	460	5.35	2020.1
7	德国	430	5.00	2020.1
8	加拿大	419	4.87	2020.1
9	西班牙	402	4.67	2020.0
10	澳大利亚	401	4.66	2020.1

表 1.2.4 “工业互联网平台赋能产业数字化转型研究”工程研究前沿中施引核心论文的主要产出机构

序号	机构	施引核心论文数	施引核心论文比例 /%	平均施引年
1	中国科学院	126	12.32	2020.2
2	北京邮电大学	120	11.73	2020.1
3	北京航空航天大学	113	11.05	2019.6
4	上海交通大学	108	10.56	2019.7
5	南洋理工大学	93	9.09	2020.1
6	香港理工大学	93	9.09	2020.2
7	沙特国王大学	92	8.99	2020.2
8	清华大学	74	7.23	2020.1
9	浙江大学	73	7.14	2020.4
10	华中科技大学	66	6.45	2019.9

核心论文数排名靠前的机构是中国科学院、北京邮电大学、北京航空航天大学。图 1.2.3 为“工业互联网平台赋能产业数字化转型研究”工程研究前沿的发展路线。

1.2.2 数字时代全球供应链安全风险管理研究

供应链管理涉及商流、物流、信息流，包括生产、运输、仓储等诸多过程，其中任何一个过程出现问题都会影响供应链安全，造成供应链风险。在数字化时代，数字化分析方法与工具为抵御供应链风险提供了技术保障。但技术本身易受外界复杂系统影响，特别是在逆全球化、发达国家供应链主动脱钩等趋势下，如何确保全球高技术行业的供应链安全成为日益紧迫的问题。

当前，全球各国学者已经为应对数字化时代全球供应链风险提供了不少解决方案。从核心论文的主要产出国家来看，排名前三位分别为英国、中国和加拿大（表 1.2.5）。从核心论文的主要产出机构来看，排名前三位分别为不列颠哥伦比亚大学、圭尔夫大学和俄亥俄州立大学（表 1.2.6），三家机构核心论文被引频次高于 90 次。

从主要国家间的合作网络（图 1.2.4）来看，法国和德国、中国和比利时、英国和伊朗之间均存在合作。从主要机构间的合作网络（图 1.2.5）来看，只有东英吉利大学和俄亥俄州立大学没有与其他机构进行过合作。由表 1.2.7 可以看出，施引核心论文数排名前三位分别为中国、英国和美国，其施引核心论文数均达 100 余篇，尤其是中国的施引核心论文比例高达 20% 以上。由表 1.2.8 可以看出，排名靠前的机构分别是哈马德－本－哈利法大学、波尔多大学和中国科学院。

在回顾已有文献的基础上，针对数字化时代如何对全球供应链风险识别、评估、防范等方面进行更加深入的分析，并针对未来发展趋势提出见解。具体的研究趋势如下。

（1）复杂情境下基于数字化技术的全球供应链风险识别方法

在供应链风险的识别中，数字化技术较为直观的体现是大数据算法。其根据供应链网络中信息流的收集分析供应链风险特征，组建风险预测体系，预先判断供应链是否存在安全风险。常用的供应链风险识别算法有模糊综合评价法、神经网络等，应用领域倾向于供应链金融中的信用风险、流动风险识别，企业运营风险预测等方面。在当前新冠肺炎

图 1.2.3 “工业互联网平台赋能产业数字化转型研究”工程研究前沿的发展路线

表 1.2.5 “数字时代全球供应链安全风险管理研究”工程研究前沿中核心论文的主要产出国家

序号	国家	核心论文数	论文比例 /%	被引频次	篇均被引频次	平均出版年
1	英国	4	33.33	213	53.25	2017.5
2	中国	2	16.67	82	41.00	2019.0
3	加拿大	1	8.33	99	99.00	2019.0
4	美国	1	8.33	98	98.00	2020.0
5	西班牙	1	8.33	70	70.00	2017.0
6	法国	1	8.33	60	60.00	2016.0
7	德国	1	8.33	60	60.00	2016.0
8	波兰	1	8.33	48	48.00	2016.0
9	伊朗	1	8.33	41	41.00	2016.0
10	比利时	1	8.33	40	40.00	2021.0

表 1.2.6 “数字时代全球供应链安全风险管理研究”工程研究前沿中核心论文的主要产出机构

序号	机构	核心论文数	论文比例 /%	被引频次	篇均被引频次	平均出版年
1	不列颠哥伦比亚大学	1	8.33	99	99.00	2019.0
2	圭尔夫大学	1	8.33	99	99.00	2019.0
3	俄亥俄州立大学	1	8.33	98	98.00	2020.0
4	东英吉利大学	1	8.33	73	73.00	2018.0
5	IE 商学院	1	8.33	70	70.00	2017.0
6	萨拉戈萨物流研究中心	1	8.33	70	70.00	2017.0
7	贝尔法斯特女王大学	1	8.33	60	60.00	2018.0
8	Youngs Seafood 公司	1	8.33	60	60.00	2018.0
9	法国国家科学研究中心	1	8.33	60	60.00	2016.0
10	奥格斯堡大学	1	8.33	60	60.00	2016.0

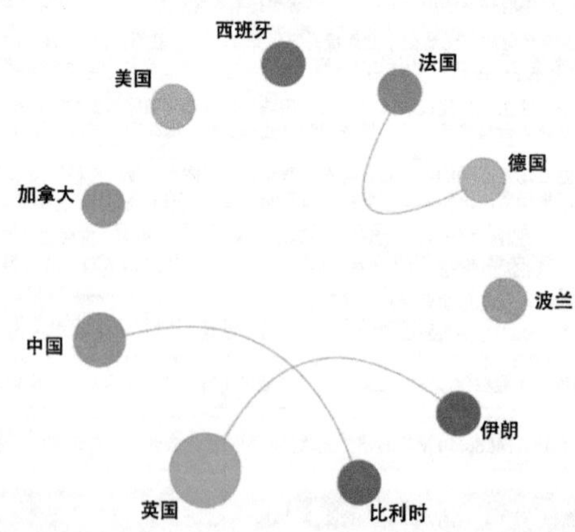

图 1.2.4 “数字时代全球供应链安全风险管理研究”工程研究前沿主要国家间的合作网络

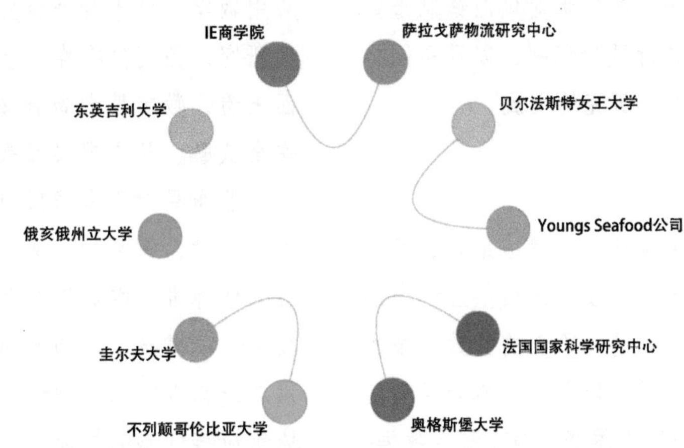

图 1.2.5 “数字时代全球供应链安全风险管理研究”工程研究前沿主要机构间的合作网络

表 1.2.7 “数字时代全球供应链安全风险管理研究”工程研究前沿中施引核心论文的主要产出国家

序号	国家	施引核心论文数	施引核心论文比例 /%	平均施引年
1	中国	144	20.20	2020.3
2	英国	107	15.01	2019.9
3	美国	106	14.87	2020.2
4	印度	56	7.85	2020.2
5	德国	56	7.85	2019.8
6	澳大利亚	46	6.45	2020.2
7	法国	45	6.31	2019.7
8	意大利	45	6.31	2020.4
9	波兰	42	5.89	2019.7
10	加拿大	39	5.47	2020.3

表 1.2.8 “数字时代全球供应链安全风险管理研究”工程研究前沿中施引核心论文的主要产出机构

序号	机构	施引核心论文数	施引核心论文比例 /%	平均施引年
1	哈马德 – 本 – 哈利法大学	17	12.14	2020.5
2	波尔多大学	16	11.43	2019.4
3	中国科学院	16	11.43	2019.8
4	滑铁卢大学	13	9.29	2019.2
5	伊朗国立大学	13	9.29	2020.1
6	波兰国家科学院	13	9.29	2019.5
7	柏林工业大学	13	9.29	2019.5
8	克兰菲尔德大学	10	7.14	2020.1
9	法国国家科学研究中心	10	7.14	2019.6
10	根特大学	10	7.14	2020.1

疫情背景下，运用多方法、多技术对供应链制造能力、生产水平等多方面进行风险识别，以及不同方法的优化、结果间的比较是研究的主流。

（2）基于数字化技术的全球供应链风险影响评估

数字化技术可以将供应链全过程虚拟化、可视化，通过大数据、模拟仿真等技术评估供应链中潜在风险。近年来，评估供应链风险影响的数字技术更具系统化特征，如应用射频识别、传感器等智能设备收集实时数据，结合历史维护数据、派生数据，实时模拟供应链运作过程，全面评估供应链中存在的未知风险及影响。通过决策支持系统、追踪系统以及数字孪生技术评估供应链风险已成为研究热点。在当前国际贸易摩擦加剧、不确定因素增加、各产业面向高质量转型的关键时期，如何评估在当前逆全球化、发达国家供应链主动脱钩等趋势下，全球高技术行业的供应链安全风险成为日益紧迫的问题，这一问题值得深入研究。

（3）数字化背景下的全球供应链中断与安全防范

数字化技术实现了数据共建共享，推动了供应链的多链协作，也提高了供应链集成化决策能力，这对于防范供应链风险至关重要。在新冠肺炎疫情时期，3D 打印、云物流，以及自动导引车（automated guided vehicle，AGV）、射频识别（radio frequency identification，RFID）等无接触配送相关技术与设备为防止供应链中断提供了解决重要支持。这一领域的研究热点主要包括如何防止供应链中断，设计并实践基于区块链、云平台等技术的供应链架构等。因此，在近年的学术研究中，关键技术产业链供应链布局方法、逆全球化经济竞争加剧下的高技术行业供应链安全问题、数据集成带来的供应链数据泄露和信息安全威胁是重点研究方向。

（4）数据驱动下全球供应链风险影响规律与控制机制

作为识别、评估、防治供应链风险的重要工具，应用数字化技术管理供应链风险已经被学者们广泛地研究，但仍然存在一些方面需要思考。从微观层面来看，数字技术尚有漏洞，存在数据泄露和信息安全威胁。从宏观层面来讲，智慧供应链创新和政府产业布局对于全球供应链风险的影响与解决机制尚不明确，需要构建适用于数字化时代的供应链风险管理标准。在数据驱动下，未来研究将着力解决数字化关键技术薄弱的问题，特别是数字化时代下供应链韧性的基础理论与方法、中美贸易摩擦对全球供应链的影响规律和仿真模拟、中国关键产业的供应链安全评估与预警机制、全球供应链断链风险、系统预测与安全治理体系等方面，这些问题值得深入研究。

图 1.2.6 为“数字时代全球供应链安全风险管理研究”工程研究前沿的发展路线。

1.2.3　人工智能场景下的大数据治理方法研究

回顾已有的文献，并对当前发展境况和未来趋势加以分析，人工智能场景下的大数据治理方法研究主要聚焦于以下几个方面。

（1）人工智能场景下大数据治理的关键技术

数据全流程服务包括数据结构化处理、数据质量评估及数据清洗、数据规范化、数据存储和数据共享等环节。数据结构化处理首先要对多源异构数据源进行解析，使用信息抽取技术提取出需要的信息，再进一步将其转换成结构化数据。数据质量评估的关键技术是数据可视化技术。用户定义一些数据清洗规则，批量化地处理数据中存在的质量问题，提高数据清洗的效率。在数据库研究领域，也有研究借助众包的思路提升数据清洗的效率。在数据清洗过程中，需要多轮次的人机交互，系统的交互界面和交互方式对于数据清洗算法的有效性尤为重要。数据的规范化处理根据应用的需求特点，确定数据粒度和表达方式。考虑大数据保存时间与存储空间的平衡，识别对业务有关键影响的数据元素。建立数据治理标准体系，解决数据难以共享的体制

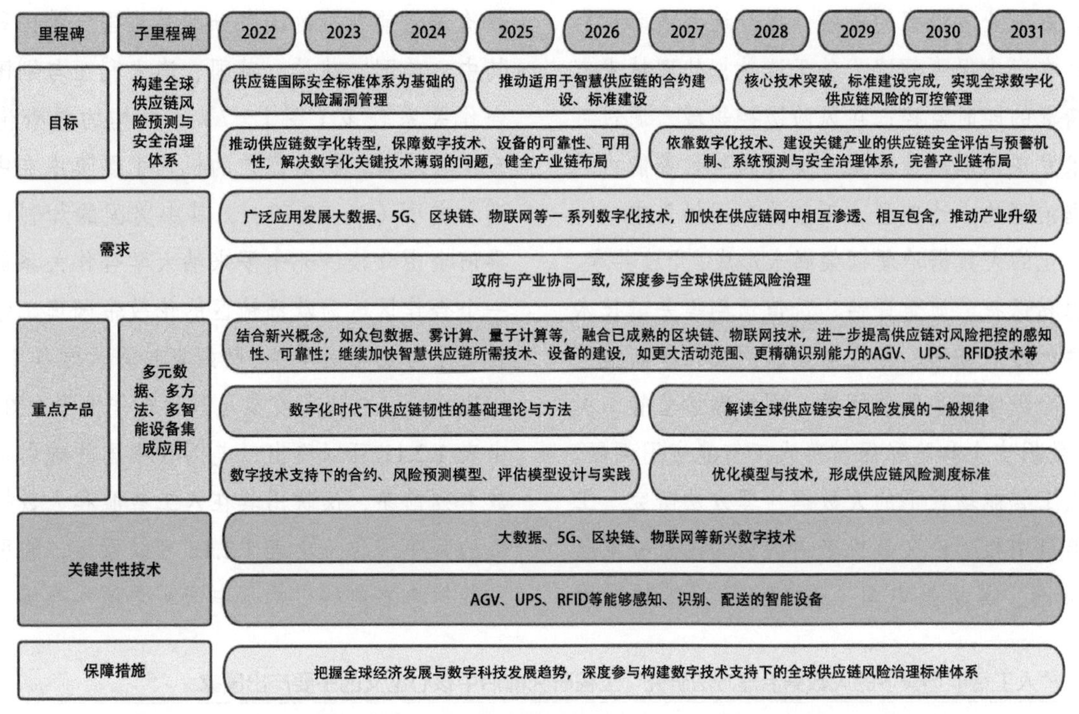

图 1.2.6 “数字时代全球供应链安全风险管理研究”工程研究前沿的发展路线

和技术难题。

（2）人工智能场景下的大数据知识图谱构建

通过构建大数据知识图谱，实现理解数据、解释现象和知识推理，从而发掘深层关系，实现智慧搜索与智能交互。首先，基于企业和社交等元数据信息，通过自然语言处理、机器学习、模式识别等算法，以及业务规则过滤，提高处理效率，提升知识提取准确度。其次，以本体形式表示和存储知识，自动构建成知识图谱。最后，通过知识图谱关系，利用图计算进行知识发现、知识推理和挖掘等工作，借助智能搜索、关联查询手段，为最终用户提供更加精确的数据。

（3）人工智能场景下的大数据安全可控问题

需要着重解决隐私泄漏、数据确权、算法偏见、技术滥用等数据安全与算法安全问题。首先，密码学技术、智能合约、隐私计算是实现数据安全的关键技术。利用公钥密码等技术对数据进行加密，可以定义数据主体身份，有效支撑数据确权。多方安全计算等隐私计算技术，可以在不转移原始数据的前提下实现对数据的开发利用，推动数据所有权和使用权分离。通过融合隐私计算与可信隐私计算技术，可以有效解决匿名化后个人信息重新被识别的问题，实现“可算不可识”。运用合约理论和激励机制，可以平衡安全保护与利益共享，实现“数据可用不可见”。其次，算法模型存在难以解释、难以控制、难以问责的特征，导致歧视、脆弱不稳定、操纵剥削、信息茧房等安全风险。利用知识、数据、算法和算力四个要素，建立新的可解释和鲁棒的人工智能理论与方法，进一步发展安全、可信、可靠和可扩展的人工智能技术。

（4）大数据治理的典型人工智能应用场景

大数据治理已经应用在金融、医疗、零售、城市管理、舆情监控等更复杂的高价值的人工智能场景中，用于解决经营决策、资源配置、流程优化、运维保障和风险防控等管理需求。在经营决策领域，应用大数据可视化技术，实现复杂分析过程和分析要素的有效传递；在资源配置领域，依托大数据采集和计算能力实现资源配置的动态管理；在流程优化领域，发现业务流程的瓶颈，提升运营效率和客户体验；在运维保障领域，基于流数据处理技术实现运行情况的即时监控；在风险防控领域，通过可视化技术发现识别风险线索，提升风险预警能力。在大数据治理的上述典型人工智能应用场景中，一方面系统化的大数据治理框架尚未形成，开放共享、安全与隐私保护、质量评估、价值预测等关键技术远未成熟；另一方面，存在着互联网公司垄断监管问题、金融数字业务监管问题、网络舆情监管与引导问题、数据安全和隐私保护等人工智能应用问题。

“人工智能场景下的大数据治理方法研究”工程研究前沿中核心论文数排名前两位的国家分别是美国和英国，其次是中国（表 1.2.9），篇均被引频次排名前三位的国家分别是法国、韩国和瑞典。其中，美国、荷兰、英国、澳大利亚与别国之间的合作关系较多（图 1.2.7）。机构的核心论文数分布比较均匀，排名靠前的机构主要集中在中国、欧洲和美国（表 1.2.10），其中美国的加利福尼亚大学旧金山分校、北卡罗来纳大学合作关系最多，另一个合作区域为欧洲地区的伦敦帝国理工学院、伦敦卫生与热带医学院、阿姆斯特丹大学和牛津大学。相比之下，中国高校参与国际合作偏少（图 1.2.8）。由表 1.2.11 可以看出，美国和中国的施引核心论文数名列前茅，反映出其在人工智能和大数据研究领域的领先地位。由表 1.2.12 可以看出，施引核心论文数排名靠前的机构是中国科学院和哈佛大学。图

表 1.2.9 “人工智能场景下的大数据治理方法研究”工程研究前沿中核心论文的主要产出国家

序号	国家	核心论文数	论文比例 /%	被引频次	篇均被引频次	平均出版年
1	美国	13	39.39	1 178	90.62	2018.7
2	英国	10	30.30	685	68.50	2017.9
3	中国	8	24.24	561	70.12	2019.0
4	荷兰	7	21.21	380	54.29	2018.6
5	法国	5	15.15	542	108.40	2017.0
6	澳大利亚	5	15.15	326	65.20	2018.2
7	韩国	3	9.09	302	100.67	2018.7
8	德国	3	9.09	178	59.33	2018.0
9	奥地利	3	9.09	177	59.00	2018.3
10	瑞典	2	6.06	187	93.50	2018.5

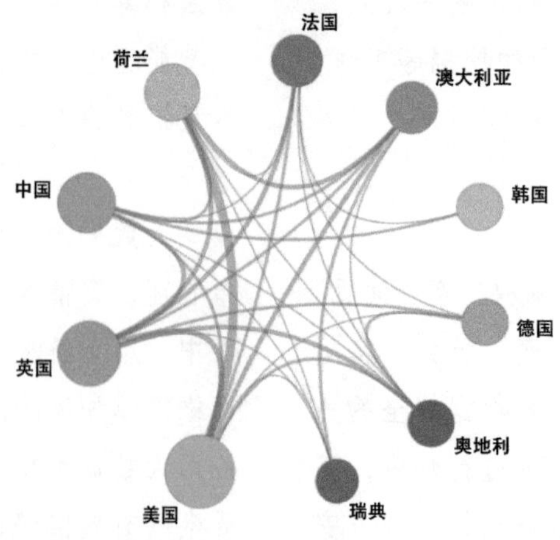

图 1.2.7 “人工智能场景下的大数据治理方法研究”工程研究前沿主要国家间的合作网络

表 1.2.10　“人工智能场景下的大数据治理方法研究”工程研究前沿中核心论文的主要产出机构

序号	机构	核心论文数	论文比例 /%	被引频次	篇均被引频次	平均出版年
1	浙江大学	3	9.09	288	96.00	2019.0
2	帝国理工学院	3	9.09	258	86.00	2018.7
3	伦敦卫生与热带医学院	3	9.09	210	70.00	2017.0
4	阿姆斯特丹自由大学	3	9.09	164	54.67	2018.7
5	牛津大学	2	6.06	136	68.00	2017.5
6	伦敦大学学院	2	6.06	131	65.50	2018.0
7	密歇根大学	2	6.06	116	58.00	2019.0
8	加利福尼亚大学旧金山分校	2	6.06	111	55.50	2017.5
9	北卡罗来纳大学	2	6.06	111	55.50	2017.5
10	郑州大学	2	6.06	110	55.00	2019.0

图 1.2.8　“人工智能场景下的大数据治理方法研究”工程研究前沿主要机构间的合作网络

表 1.2.11　“人工智能场景下的大数据治理方法研究”工程研究前沿中施引核心论文的主要产出国家

序号	国家	施引核心论文数	施引核心论文比例 /%	平均施引年
1	美国	686	22.96	2020.1
2	中国	595	19.91	2020.4
3	英国	361	12.08	2020.0
4	意大利	237	7.93	2020.0
5	澳大利亚	219	7.33	2020.3
6	德国	174	5.82	2020.0
7	印度	171	5.72	2020.4
8	加拿大	163	5.46	2020.2
9	法国	141	4.72	2019.7
10	西班牙	124	4.15	2020.0

表 1.2.12 “人工智能场景下的大数据治理方法研究”工程研究前沿中施引核心论文的主要产出机构

序号	机构	施引核心论文数	施引核心论文比例 /%	平均施引年
1	中国科学院	49	11.32	2020.4
2	哈佛大学	47	10.85	2019.9
3	墨尔本大学	45	10.39	2020.1
4	伦敦大学学院	44	10.16	2019.8
5	悉尼大学	44	10.16	2020.1
6	索邦大学	39	9.01	2019.3
7	帝国理工学院	39	9.01	2020.1
8	华中科技大学	36	8.31	2019.9
9	约翰斯·霍普金斯大学	31	7.16	2019.6
10	牛津大学	30	6.93	2019.4

1.2.9 为“人工智能场景下的大数据治理方法研究”工程研究前沿的发展路线。

1.2.4 数字孪生模型精准构建与演化理论方法研究

数字孪生是以多维模型和融合数据为驱动来实现监控、仿真、预测、优化等服务和应用需求，其中数字孪生模型构建是实现数字孪生实践和落地应用的前提。数字孪生模型可以通过接收来自物理对象的数据而实时演化，从而与物理对象在全生命周期保持一致。基于数字孪生模型可进行分析、预测、诊断、训练等，并将仿真结果反馈给物理对象，从而帮助对物理对象进行优化和决策。模型是数字孪生的核心基础，但建模技术自 20 世纪 50 年代就已出现，经过几十年的发展已形成了模型工程、数据驱动建模、高性能建模、复杂系统建模等 10 多种新建模模式、技术与业态。数字孪生的出现进一步促进了建模技术的发展。数字孪生建模的目的就是消除各种物理实体特别是复杂系统的不确定性。

数字孪生模型构建是在数字空间实现物理实体及过程的属性、方法、行为等特性的数字化建模。模型构建可以是“几何－物理－行为－规则”多维度的，也可以是“机械－电气－液压”多领域的。复杂实体的建模往往是跨领域、跨类型、跨尺度的，涉及多个维度，通过单一维度的建模效果欠佳，还需从多层次、多粒度上通过模型组装和融合实现更复杂对象模型的构建，以实现复杂物理对象各领域特征的全面刻画。为保证数字孪生模型的正确有效，需对构建以及组装或融合后的模型进行验证来检验模型描述以及刻画物理对象的状态或特征是否正确。若模型验证结果不满足需求，则需通过模型校正使模型更加逼近物理对象的实际运行或使用状态，保证模型的精确度。因此，围绕数字孪生模型“建—组—融—验—校—管”六个阶段，主要研究方向为多维度 / 多领域数字孪生模型精准构建、全要素 / 多尺度孪生数字模型组装与融合，数字孪生模型虚实一致性验证与校正，数字孪生模型交互迭代与动态演化等。

构建数字孪生模型不是目的，而是手段，是通过对数字孪生模型的分析，来改善其对应的现实对象的性能和运行效率。未来的重要发展方向包括复杂实体的多维深度融合建模、建模效率和精度的不断提升、模型的互操作和交互演化、模型和物理实体的互迭代与动态演进、统一的模型语义和语法等。数字孪生正处于发展的上升期，技术体系不断完善，产业融合持续提速，行业应用加速渗透。应用场景包括航空航天、智能制造、健康医疗、智慧城市、能源电力、综合交通等各个领域。

“数字孪生模型精准构建与演化理论方法研

究”工程研究前沿中核心论文数排名前三的国家分别是中国、美国和德国（表 1.2.13），核心论文的主要产出机构为广东工业大学、北京航空航天大学和奥克兰大学等（表 1.2.14）。从主要国家间的合作网络（图 1.2.10）来看，中国和其他国家间的合作非常密切，从主要机构间的合作网络（图 1.2.11）

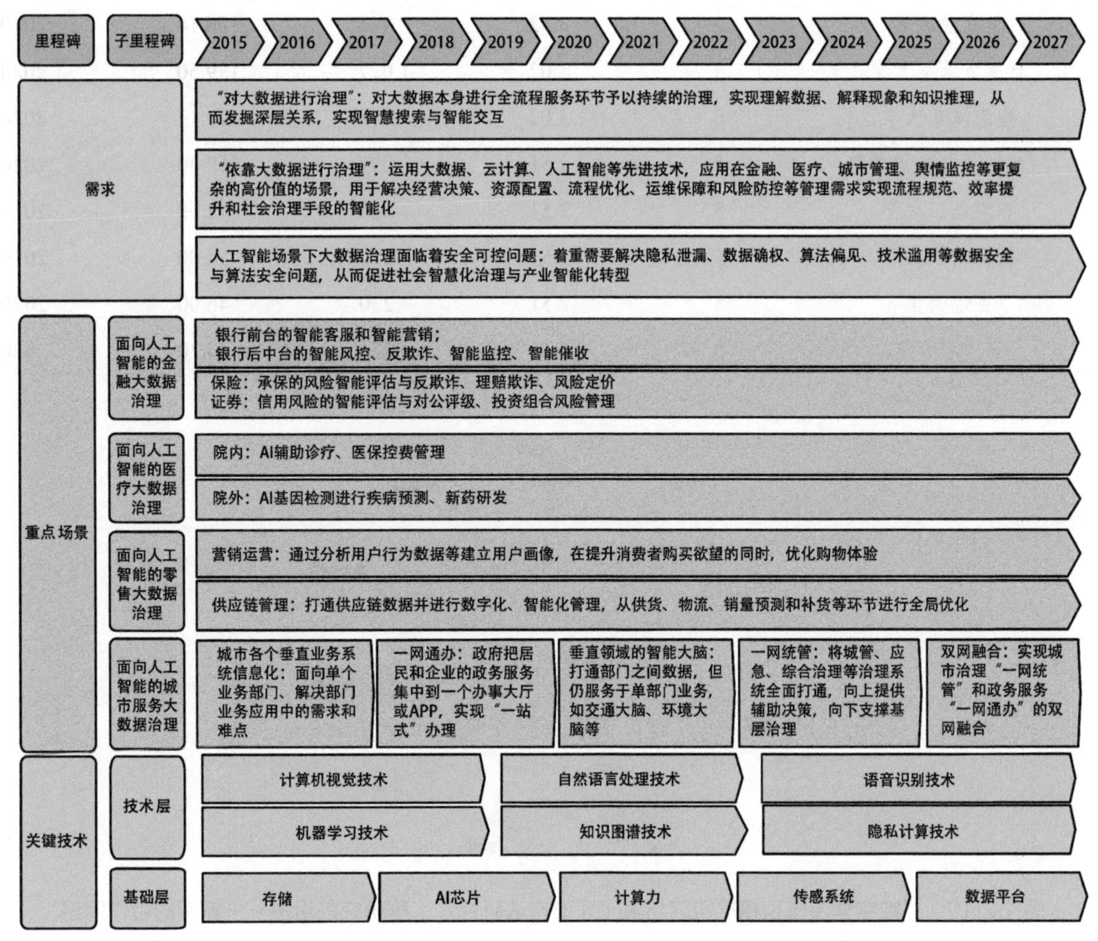

图 1.2.9 “人工智能场景下的大数据治理方法研究”工程研究前沿的发展路线

表 1.2.13 “数字孪生模型精准构建与演化理论方法研究”工程研究前沿中核心论文的主要产出国家

序号	国家	核心论文数	论文比例 /%	被引频次	篇均被引频次	平均出版年
1	中国	72	36.18	6 501	90.29	2019.8
2	美国	33	16.58	2 526	76.55	2019.0
3	德国	25	12.56	3 209	128.36	2018.1
4	英国	19	9.55	1 699	89.42	2019.0
5	瑞典	13	6.53	980	75.38	2019.4
6	新加坡	10	5.03	1 359	135.90	2020.0
7	澳大利亚	10	5.03	1 262	126.20	2019.9
8	意大利	9	4.52	448	49.78	2018.9
9	法国	8	4.02	1 178	147.25	2019.5
10	韩国	8	4.02	358	44.75	2018.9

表 1.2.14　“数字孪生模型精准构建与演化理论方法研究”工程研究前沿中核心论文的主要产出机构

序号	机构	核心论文数	论文比例 /%	被引频次	篇均被引频次	平均出版年
1	广东工业大学	10	5.03	1 041	104.10	2019.5
2	北京航空航天大学	9	4.52	2 094	232.67	2019.4
3	奥克兰大学	7	3.52	743	106.14	2019.7
4	新加坡国立大学	6	3.02	1 077	179.50	2020.2
5	香港城市大学	6	3.02	475	79.17	2020.0
6	柏林经济与法律学院	5	2.51	1 097	219.40	2020.2
7	香港理工大学	5	2.51	363	72.60	2019.6
8	帕特拉斯大学	5	2.51	270	54.00	2019.2
9	香港大学	5	2.51	230	46.00	2020.4
10	密歇根大学	5	2.51	221	44.20	2020.2

瑞典
英国
新加坡
德国
澳大利亚
意大利
美国
法国
中国
韩国

图 1.2.10　“数字孪生模型精准构建与演化理论方法研究”工程研究前沿主要国家间的合作网络

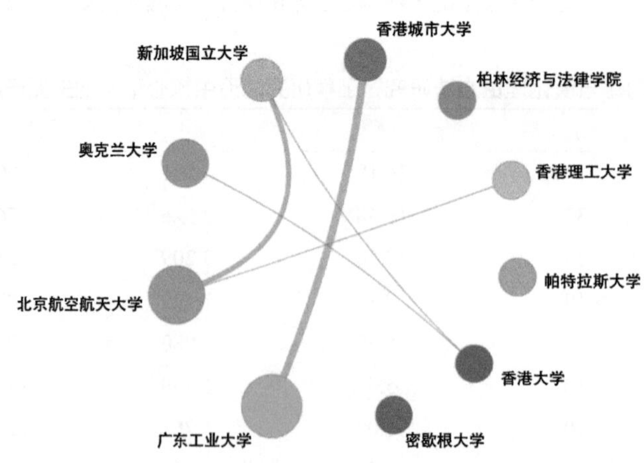

图 1.2.11　“数字孪生模型精准构建与演化理论方法研究”工程研究前沿主要机构间的合作网络

来看，广东工业大学与香港城市大学、新加坡国立大学与北京航空航天大学之间的合作较为密切。由表 1.2.15 可以看出，中国的施引核心论文数排名第一。由表 1.2.16 可以看出，施引核心论文数排名靠前的机构是美国西北理工大学、北京航空航天大学和上海交通大学。图 1.2.12 为“数字孪生模型精准构建与演化理论方法研究”工程研究前沿的发展路线。

表 1.2.15 “数字孪生模型精准构建与演化理论方法研究”工程研究前沿中施引核心论文的主要产出国家

序号	国家	施引核心论文数	施引核心论文比例 /%	平均施引年
1	中国	2 720	32.12	2020.5
2	美国	1 281	15.13	2020.3
3	德国	900	10.63	2020.2
4	英国	811	9.58	2020.4
5	意大利	550	6.50	2020.4
6	印度	481	5.68	2020.4
7	法国	411	4.85	2020.3
8	澳大利亚	384	4.53	2020.4
9	西班牙	336	3.97	2020.3
10	韩国	307	3.63	2020.4

表 1.2.16 “数字孪生模型精准构建与演化理论方法研究”工程研究前沿中施引核心论文的主要产出机构

序号	机构	施引核心论文数	施引核心论文比例 /%	平均施引年
1	美国西北理工大学	115	11.09	2020.3
2	北京航空航天大学	113	10.90	2020.1
3	上海交通大学	111	10.70	2020.5
4	中国科学院	104	10.03	2020.5
5	香港理工大学	97	9.35	2020.4
6	米兰理工大学	95	9.16	2020.3
7	清华大学	87	8.39	2020.4
8	香港大学	87	8.39	2020.4
9	华中科技大学	80	7.71	2020.6
10	亚琛工业大学	76	7.33	2020.4

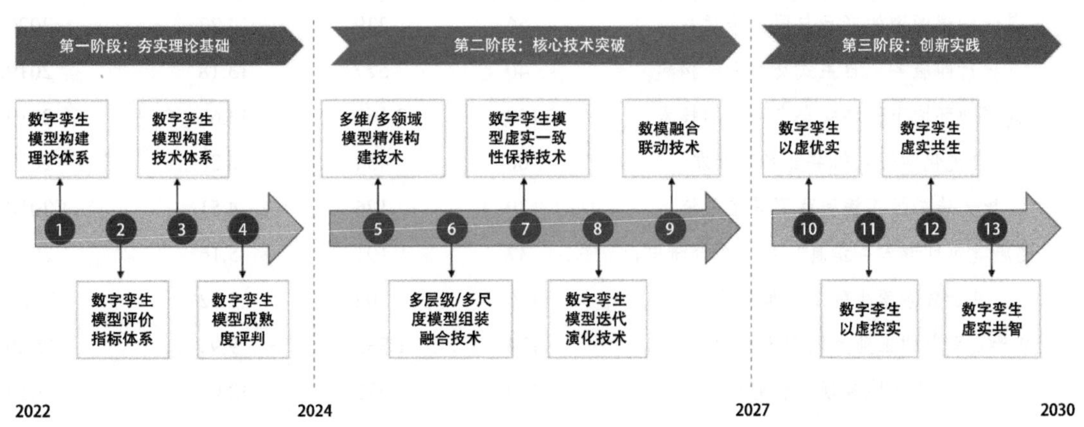

图 1.2.12 “数字孪生模型精准构建与演化理论方法研究”工程研究前沿的发展路线

2　工程开发前沿

2.1　Top 10 工程开发前沿发展态势

在工程管理领域中，本年度10个全球工程开发前沿分别是基于知识图谱的产品与服务推荐系统、“出行即服务”自主式交通系统构建、高威胁环境下网络安全态势感知技术、自进化学习人机共驾系统开发、重大传染性疾病医联网管控系统、健康建筑环境人–信息–物理系统研发、基于数字孪生的工厂预警系统、基于云平台的工业互联网生产管理系统、沉浸式建筑环境建模与智能评审系统、面向特定应用的智能合约与自动生成方法。其核心专利情况见表2.1.1和表2.1.2。这10个工程开发前沿包含了医学、建筑、交通、计算机等众多学科。其中基于知识图谱的产品与服务推荐系统、“出行即服务”自主式交通系统构建、高威胁环境下网络安全态势感知技术、自进化学习人机共驾系统开发为重点解读前沿，后文会对其目前发展态势以及未来趋势进行详细解读。

（1）基于知识图谱的产品与服务推荐系统

知识图谱可以对复杂的语义关联进行准确的组织和表示。基于知识图谱的产品与服务推荐系统是指利用知识图谱建立用户、产品与服务之间的复杂知识关联，理解用户的个性化偏好和需求，帮助用户筛选出感兴趣的产品和服务的智能系统。收集多源异构数据，抽取和融合用户、产品和服务的知识及其关联，构建知识图谱；通过对知识图谱的分析，准确地为用户推荐个性化的产品与服务，提高推荐的准确率和可解释性。基于知识图谱的产品与服务推荐系统存在数据多源异质、价值密度稀疏、用户安全隐私保护难、应用场景复杂等问题，使得系统开发面临诸多挑战。因此，多源数据获取与集成、数据迁移与交互的跨领域推荐、文本信息理解与处理、知识图谱智能数据分析、动态推荐技术、多任务学习模型开发、以智能设备为媒介的用户信息获取与处理，以及用户隐私安全与保护等方面的创新与优化，是未来开发的重要方向。

（2）“出行即服务”自主式交通系统构建

近年来，随着全球城市化的加速推进，出行服务逐渐呈现出去中心化、精细化、轻量化、异质化等显著特点。“出行即服务”（mobility as a service，MaaS）是以用户为中心的智能化出行管理和分配系统，将多种出行服务一体化，通过数据界面提供给终端用户，使用户无缝规划出行并进行支付。自主式交通系统（autonomous transportation

表2.1.1　工程管理领域 Top 10 工程开发前沿

序号	工程开发前沿	公开量	引用量	平均被引数	平均公开年
1	基于知识图谱的产品与服务推荐系统	56	239	4.27	2020.3
2	“出行即服务”自主式交通系统构建	40	527	13.18	2019.7
3	高威胁环境下网络安全态势感知技术	158	2 162	13.68	2019.2
4	自进化学习人机共驾系统开发	68	434	6.38	2019.8
5	重大传染性疾病医联网管控系统	39	176	4.51	2018.9
6	健康建筑环境人–信息–物理系统研发	37	191	5.16	2019.0
7	基于数字孪生的工厂预警系统	120	302	2.52	2019. 6
8	基于云平台的工业互联网生产管理系统	134	1 332	9.94	2020.0
9	沉浸式建筑环境建模与智能评审系统	139	1 672	12.03	2019.0
10	面向特定应用的智能合约与自动生成方法	119	892	7.50	2019.8

表 2.1.2 工程管理领域 Top 10 工程开发前沿核心专利逐年公开量

序号	工程开发前沿	2016	2017	2018	2019	2020	2021
1	基于知识图谱的产品与服务推荐系统	1	1	1	5	20	28
2	“出行即服务”自主式交通系统构建	2	4	3	4	11	16
3	高威胁环境下网络安全态势感知技术	8	11	28	37	40	34
4	自进化学习人机共驾系统开发	0	0	6	16	33	13
5	重大传染性疾病医联网管控系统	5	5	7	5	7	10
6	健康建筑环境人 – 信息 – 物理系统研发	1	5	11	6	5	9
7	基于数字孪生的工厂预警系统	2	7	16	23	41	31
8	基于云平台的工业互联网生产管理系统	3	6	11	22	26	66
9	沉浸式建筑环境建模与智能评审系统	7	21	25	30	26	30
10	面向特定应用的智能合约与自动生成方法	0	1	9	30	51	28

system，ATS）基于自主感知、学习、决策、响应的业务逻辑，通过自组织运行与自主化服务完成交通运输，实现安全、高效、便捷、绿色和经济等目标。与现有交通系统相比，“出行即服务”自主式交通系统具有一站式出行、预约式出行、自主化决策、自主式服务、即时需求响应、供需动态匹配等功能，通过信息服务平台融合多种交通方式，鼓励绿色、低碳、慢行出行模式，快速、精准匹配出行需求和交通供给，减少了交通系统的人为被动干预，提高了交通系统的自主能力，缓解了传统交通系统分散出行需求与集约交通供给的矛盾、灵活出行需求与计划交通服务的矛盾，提升了用户的智能出行体验效果，对于实现交通出行智慧化转型具有重要意义。基于 MaaS 自主式交通系统构建技术出现了两大研究热点：在个体出行的多维决策变量环境中，基于异质性用户画像，优化设计面向需求端的“千人千面”个性化出行方案；在移动互联环境下，基于用户预约出行信息、实时交通网络态势研判、车辆供给状态等多源交通信息，依托实时动态仿真技术以及数学优化算法，自主构建预约出行动态供需匹配与协同系统。

（3）高威胁环境下网络安全态势感知技术

在全球网络空间博弈日益激烈、现实冲突与网络冲突相互交织的背景下，网络安全面临由黑客群体到国家级高级持续性威胁（advanced persistent threat，APT）组织等多层级攻击行为体共存的高威胁环境。网络安全态势感知是一种动态洞悉安全风险的能力，通过持续监测网络系统状态及安全事件，结合威胁情报以及国际关系与地缘政治等信息，理解威胁攻击意图并评估影响范围，对后续行动和影响做出预测预警，以辅助决策和行动。网络安全态势感知主要包括安全数据采集、安全数据处理、安全数据分析、可视化技术等。安全数据采集是获取与安全紧密关联的海量基础数据，包括流量、日志、漏洞、样本等；安全数据处理是对采集的海量安全数据进行清洗、分类、标准化等操作；安全数据分析利用数据挖掘、智能分析等技术提取网络威胁特征和指标，综合评估网络安全风险；可视化技术则是将安全风险直观展示出来。传统网络安全态势感知受数据源、处理能力、部署环境等因素限制，对态势的感知与预测能力不足。高威胁环境下网络安全态势感知依托数据采集获取、海量数据存算平台、智能态势评估预测等建立系统架构，在技术方法上采用主动发现与被动采集结合、静态分析与动态分析结合、分布部署与集中处理结合等方式，兼顾宏观与中观层面，将实时监测数据采集与情报、经验和知识积累相结合，以实现自动化、智能化的行动响应和策略调整。

（4）自进化学习人机共驾系统开发

狭义而言，人机共驾是指驾驶人和智能驾驶系统均具有部分或全部的车辆控制权，通过恰当的协调机制共同决定车辆的运动。广义而言，人机共驾指纯人类驾驶车辆、狭义上的人机共驾的车辆和纯智能系统驾驶的车辆共同行驶在道路上。

新一代人工智能、车用无线通信和车路协同等技术的飞速发展将加速人机共驾的实现落地，有望减轻驾驶人的生理和心理负担。传统的驾驶辅助系统仅仅考虑帮助驾驶人简化实施特定控制动作，即控制增强。而从研究者提出先进驾驶辅助系统（advanced driver assistant systems，ADAS）开始，智能汽车开始向替代感知增强、辅助决策、特定功能乃至完全替代人类驾驶等方面发展。与纯无人驾驶不同，人机共驾的主要目标是在现有人类驾驶不可或缺的情况下，整合驾驶人和机器的优势，实现人机智能的混合增强，达到“1+1>2”的驾驶效果。

由于很多驾驶人希望保留全时段或者部分时段完全自主驾驶的意愿，且当前人工智能的发展水平尚难以实现在复杂交通环境下的完全无人驾驶，相关法律与法规也还在进一步发展完善中，狭义和广义的人机共驾将在未来一段时间成为地面私家车、出租车、物流卡车等车辆的主要运行模式。因此，相关研究具有重要的科学价值和应用前景。

（5）重大传染性疾病医联网管控系统

重大传染性疾病医联网管控系统是指分布在不同医疗健康机构或社区、家庭等空间中，利用重大传染性疾病“防–控–治”相关的人、财、物、信息等要素，针对突发的重大传染性疾病展开精准化风险评估与监测预警、协同化物资调配和防控治协同优化的智慧疫情管理系统。

相关学者依托云计算、大数据、人工智能等新一代信息技术，将医联网这一全新的学术概念融入重大传染性疾病管控系统，面向重大传染性疾病防控逐步形成了疫情管控的多主体数据治理、跨区域救治协同和全过程防控监管等一系列技术方向，推动重大传染性疾病管控模式的变革。例如，2020年新冠肺炎疫情暴发初期，合肥工业大学联合相关企业共同搭建武汉市疫情防控大数据治理平台，快速完成了火神山、雷神山等70家医院以及公安、民政的数据解析接入工作，显著提升了疫情的管控效率。

随着重大传染性疾病医联网管控系统的持续演进，未来将逐步构筑“高覆盖、高敏捷、高协同”的医疗服务体系，并在智慧精准的非接触式监测技术和上下联动的传染性疾病防控机制方面不断提升管控系统的防控能力，促进医疗服务体系从“人适应系统”向“系统服务人”转变，打破各级医院的信息壁垒，有效实现各级医疗健康资源的调动与共享，形成“基层哨点预警，监测数据驱动，全域联防联控”的重大传染性疾病医联网常态化管控。

（6）健康建筑环境人–信息–物理系统研发

建筑是为满足居住者的安全和健康以及生活生产过程的需要而创建的微环境。随着科学技术的发展和进步，人们开始依赖设备主动地改造可以受控的建筑环境。目前人们所说的建筑环境主要指室内物理环境，即通过人体感觉器官对人的生理发生作用和影响的物理因素，内容包括室内热湿环境、空气质量、气流环境、光环境、声环境等。人与室内物理环境发生作用和影响，主要依靠的是信息技术。信息技术的主体是感测技术、通信技术、计算机技术和控制技术。其中，感测技术获取信息，赋予建筑感官器官的功能；通信技术传递信息，赋予建筑神经系统的功能；计算机技术处理信息，赋予建筑思维器官的功能；控制技术使用信息，赋予建筑效应器官的功能。因此，健康建筑人–信息–物理系统就是以健康为目标，以智能化技术为手段，具有感知、推理、判断和决策综合智慧能力，并能实现人与室内物理环境相互协调的建筑智能化系统，其理论支撑包括建筑环境理论、控制理论、信息理论、系统理论等。计算机网络技术的不断更新发展，促进健康建筑人–信息–物理系统技术向控制网络与信息网络集成技术发展，以实现智能化的系统监控、信息共享和集约管理，基于物联网技术的智能电网也正对建筑人–信息–物理系统的应用和发展产生深刻影响。

（7）基于数字孪生的工厂预警系统

工厂危险包括设备和声、光、火、电、毒等对人与环境造成损害的可能，也包括人给物料、设备和生产带来损害的可能。与传统依赖现场人员感受和经验的方法不同，基于数字孪生的工厂危险预警系统通过物理实体、虚拟实体、预警服务、孪生数据和连接的五维模型，可远程、准确、快速地实现工厂危险预警。当前主要的研究包括但不限于：① 基于数字孪生的车间设备远程诊断；② 模块化的工厂数字孪生低代码平台快速构建；③ 基于建筑信息模型（building information model，BIM）技术的工厂建筑环境健康监测与管理；④ 工厂环境不确定对象智能识别与预警；⑤ 多元孕灾数字孪生感知辨识与预警；⑥ 数据驱动的关重件寿命预测与健康管理；⑦ 基于数字孪生的疏散方案设计与演练；⑧ 工厂运维监控与仿真云平台；⑨ 人–机交互安全预警与控制；⑩ 工厂物流仿真与动态实时调度。随着全球化智能工厂的建设，基于数字孪生的工厂危险预警系统需求激增，基于数字孪生技术更全面反映危险，更快速、准确预测危险，更科学设计危险预案，是必然的发展趋势。要达到这一目的，迫切需要吸纳传感技术、感知技术、通信技术、人工智能技术、仿真技术、大数据技术等领域的成果，在增强对各类工业生产规律认知的基础上，为智能工厂危险预警提供支撑。

（8）基于云平台的工业互联网生产管理系统

工业互联网是全球工业系统与高级计算、分析、感应技术以及互联网连接融合。工业互联网的本质是通过开放的、全球化的工业级网络平台把设备、生产线、工厂、供应商、产品和客户紧密地连接和融合起来，高效共享工业经济中的各种要素资源。云平台是基于云计算信息技术实现制造资源的高度共享平台，将巨大的制造资源通过工业互联网连接在一起，实现制造资源与服务的开放协作、社会资源高度共享。生产管理系统是包括生产计划、组织、协调、控制的综合管理。通过合理组织生产过程，有效利用生产资源，经济合理地进行生产活动，以达到预期的生产目标。

当前生产管理系统大多基于专家知识和启发式规则针对封闭静态领域管理，难以适应复杂多变的个性化制造任务，缺少对制造资源大数据潜在知识的有效运用。以云计算、大数据、人工智能为代表的新一代信息技术与制造业深度融合，工业互联网借助底层各类工业系统互联与上层云制造平台，推动制造系统从封闭走向开放互联，实现全产业链制造资源开放共享与全流程生产管理。为高端装备制造等需要高度协同的生产管理提供支撑技术。生产管理系统作为工业互联网云平台的核心，是实现工业互联网开放环境下大规模分布式制造资源智能化配置、企业降本增效的核心支撑引擎，提高对动态变化的适应能力、对复杂约束条件的可扩展能力，从数据与人工智能双轮驱动的新技术角度全面有效地解决现代制造调度所面对的高实时性、高复杂性、高动态性等核心问题。

发展趋势是基于制造大数据和人工智能驱动的高效、可迁移、自适应生产管理系统的研究，包括边云协同分布式人工智能处理框架（以实现兼顾制造云端与边缘侧异构制造资源的智能动态协同调度、合作组织之间应用的无缝集成）、共享业务数据和联合进行管理（以实现跨组织业务流程协同，使整个跨组织工作实现高效率、低成本、高质量），以及基于深度强化学习的多元化需求建模方法与融合企业内部调度模型、生产要素数据、人工排产经验的人机协同生产管理技术。

（9）沉浸式建筑环境建模与智能评审系统

“沉浸式”是指基于虚拟现实（virtual reality，VR）技术，使用户的视觉等感官通道沉浸在计算机生成的内容之中并可与之互动，从而产生具有置身虚拟世界的感官体验。相较于二维图纸或计算机的呈现效果，VR 能够在设计付诸实施前就使项目各利益相关方以真实空间尺度体验和评价建筑设计方案，从而能更好地满足用户对建筑的功能、审美与舒适要求，促进设计管理水平的提升。

沉浸式的建筑评审需要解决建模、交互和知识提取三个层面的技术问题。首先，需完成建筑及环境三维模型的快速构建，并实现主流建模软件与虚拟现实相关软件的数据互通。其次，需解决沉浸式环境下的人与虚拟建筑环境的自然交互问题，通过各种外部交互设备，实现第一人称视角下对建筑及构件的尺寸、布局、材质等属性的观察，并能同建筑模型以及其他用户进行基于动作、语音等信号的自然互动。最后，在沉浸式体验过程中，用户与建筑、环境及其他用户的交互过程会产生大量数据，对这些交互数据进行储存、整合、表达和重用并形成设计知识，将为研究智能评审算法和系统提供支持。

随着虚拟现实技术的不断发展，未来 VR 设备的便携性、舒适性、流畅性将得到进一步改善，沉浸式设计体验系统也会更加普及，形成对现有工程设计工作方式的有力补充。VR 技术提供的沉浸式工作空间，也将使分布式多方协同设计更为便利。

（10）面向特定应用的智能合约与自动生成方法

智能合约是运行在区块链平台上的一段由事件驱动、具有状态的程序，可以保存并处理区块链账本上的数据资产，被广泛应用于工程管理、医疗、金融等领域。区块链上的智能合约具有去中心化、去信任、可编程、不可篡改等特性，可实现高效的信息交换、价值转移和资产管理。在技术上，不同区块链平台上智能合约使用的编程语言也不尽相同。例如，比特币使用特定的比特币脚本开发，以太坊使用 Solidity 语言开发，超级账本可以使用多种编程语言开发智能合约。智能合约的自动生成能够在很大程度上降低编写智能合约代码的难度，提升其友好性。但是，智能合约的开发语言众多且不同领域的智能合约应用设计区别较大，导致智能合约自动生成的难度较大，不利于大型工程项目中的标准化设计和多个区块链平台协同使用。针对智能合约的自动生成，可以根据领域特征对智能合约进行分类，针对不同合约分类的数据进行大数据和人工智能分析，同时根据分析结果选取特定的编程语言生成统一的、针对领域的智能合约模板。在应用领域，智能合约被广泛应用于工程管理、医疗、金融等各个领域，可以针对特定应用场景开发具有特定功能的智能合约。例如，相对于传统金融领域，智能合约能够实现较低的法律开销和交易开销，同时降低用户使用门槛；而在大型工程建设应用领域，工程开发者能够利用智能合约解决工程监管中事故追责以及反腐败等问题。在未来的发展中，智能合约主要面临隐私监管和性能两大方面的问题。智能合约处理的数据通常是完全公开透明的，任何人都可经由公开查询获取账户余额、交易信息和合约内容等，这些公开的操作和数据在特定应用场景中可能导致用户数据的泄漏以及攻击者对区块链或智能合约的去匿名攻击。此外，在性能方面，目前绝大多数区块链在基础架构上的吞吐量较低，但是可以根据特定的应用场景优化智能合约的设计，从而降低合约执行成本，提高系统效率。

2.2 Top 4 工程开发前沿重点解读

2.2.1 基于知识图谱的产品与服务推荐系统

基于知识图谱的产品与服务推荐系统是知识驱动的推荐平台，通过深度挖掘数据价值，使产品与服务推荐更加智能化、精准化、个性化且具备可解释性。从专利分析来看，目前的主要研究领域集中以下方面。

（1）基于知识图谱的智能问答与数据分析技术

基于知识图谱的智能问答技术通过自然交互得到用户需求，检索知识图谱存储的事实，得到问题答案。基于知识图谱的数据分析技术将数据孤岛串联起来，提供一个完整的数据分析视图，获取数据洞察力、改善决策制定、提高推荐质量。现有技术包括数据库储存、数据挖掘、异构数据处理等。因此，海量知识图谱储存、多源异构数据采集与处理分析技术的开发成为重点。

（2）基于知识图谱的产品与服务智能推荐技术

基于知识图谱的产品与服务智能推荐通过对知识图谱中海量的知识关联进行分析，发现用户与产品、服务之间的潜在关联，为用户提供高质量的推荐。开发的热点涵盖了大数据、云计算、机器学习、深度学习等关键技术。

（3）不同业务场景的产品与服务推荐系统开发

系统开发主要分布在智能医疗、电子商务、智慧生活等领域。智能医疗领域的开发虽涵盖医疗信息提供、医疗物资分配、疾病预测与医疗辅助等方面，但用户隐私安全保护技术开发较少。电子商务领域在智能客服、推荐系统方面已经较为完备，但受静态推荐、用户复杂环境影响等问题制约；媒介设备的语音、视频、图像、情感信息采集与处理技术、知识图谱动态更新技术开发应予以重视。智慧生活领域涉及家居物品推荐等方面技术开发，多与智能机器人、电子设备相辅相成。如何通过媒介设备采集信息，分析用户需求，精准推荐产品与服务，以及终端服务器开发等成为开发重点。

从核心专利的数量来看，专利公开量最多的国家为中国，平均被引数最高的国家是美国（表 2.2.1）。专利公开量排名前三位的机构分别为中国平安财产保险股份有限公司、腾讯科技（深圳）有限公司和北京大学（表 2.2.2）。各国家、机构之间均无合作关系。

中国侧重于知识图谱、大数据与医疗融合发展的智慧医疗，如医疗健康服务推荐方法、系统、电子设备及存储介质研发，基于医学知识图谱的临床检验结果分析方法及系统等。韩国注重智能家居和智慧旅游产品与服务推荐系统，如装修、电视、宠物、社交、饮食健康智能管家等产品与

表 2.2.1　“基于知识图谱的产品与服务推荐系统”工程开发前沿中核心专利的主要产出国家

序号	国家	公开量	公开量比例 /%	被引数	被引数比例 /%	平均被引数
1	中国	52	92.86	75	31.38	1.44
2	韩国	3	5.36	2	0.84	0.67
3	美国	1	1.79	162	67.78	162.00

表 2.2.2　“基于知识图谱的产品与服务推荐系统”工程开发前沿中核心专利的主要产出机构

序号	机构	公开量	公开量比例 /%	被引数	被引数比例 /%	平均被引数
1	中国平安财产保险股份有限公司	4	7.14	3	1.26	0.75
2	腾讯科技（深圳）有限公司	4	7.14	3	1.26	0.75
3	北京大学	3	5.36	1	0.42	0.33
4	珠海格力电器股份有限公司	2	3.57	0	0.00	0.00
5	美国 Viasat 公司	1	1.79	162	67.78	162.00
6	桂林电子科技大学	1	1.79	13	5.44	13.00
7	陕西师范大学	1	1.79	13	5.44	13.00
8	南京硅基智能科技有限公司	1	1.79	8	3.35	8.00
9	山东舜网传媒股份有限公司	1	1.79	6	2.51	6.00
10	阿里巴巴集团	1	1.79	5	2.09	5.00

服务系统，交通、住宿、景区等各方面个性化推荐与服务等。美国比较关注有关智能设备和电子商务的应用，如用于将第三方服务与数字助理集成的系统和方法、计算设备的自动化辅助系统、电子购物推荐的精准营销等。

图 2.2.1 为“基于知识图谱的产品与服务推荐系统”工程开发前沿的发展路线。

2.2.2 “出行即服务”自主式交通系统构建

“出行即服务”自主式交通系统构建技术旨在满足人们对于出行的智能化、舒适性、个性化、立体化等要求，以提供多模式、全链条、预约出行服务为特征，通过联程票务优惠套餐服务等经济激励手段，引导个体集约化出行，调控多模式出行需求并优化服务供给，实现城市交通可持续。在管理侧，针对多方式、多目标的组合出行优化，建立快速优化决策模型；在供给侧，研究出行资源时空优化配置；在用户端，提高信息实时性及个性化程度，满足个性化出行需求。下面从 MaaS 多方式供给资源协同优化、个性化与一体化的智慧出行服务、自主式交通系统多分辨率仿真三个角度进行更加深入的分析。

（1）MaaS 多方式供给资源协同优化

MaaS 的重要特征是以高效运营的公共交通为骨架，将各种交通方式和服务体系进行整合，与传统交通网络不同，多层复合网络可以实现物理层(道路网、轨道网等）和方式层（小汽车、公共汽车、地铁）分离。跨交通方式供给资源协同优化是基于方式链综合出行成本测算来解析方式转移机理、估计转移矩阵，融合复合网络重构交通流分配模型，并以网络交通流时空分布为基础优化供给资源配置。近年来，随着共享出行的日益普及，研究理念由静态单一交通方式时空资源配置向基于预约和实时响应的共享资源配置转变。

（2）个性化与一体化的智慧出行服务

基于交通网络实时感知信息，精准把控出行需求与多模式交通供给的匹配关系，实现动态供需匹配优化算法在线迭代与更新。分析供需匹配优化方案对各出行方式自身的出行时长、等待时长、换乘次数、载具拥挤度等影响，对其他相关出行方式的影响，以及对路况的影响。建立出行者出行方式选择预测模型，开发基于大数据的城市多模式交通动态需求预测技术，推演全体客流出行分布，并基于此评估各出行方式的运营服务水平与全局优化效果，实现移动互联网环境下基于实时交通信息的个性化、一体化智慧出行服务。

（3）自主式交通系统多分辨率仿真

当前正以数字孪生城市为导向推进智慧城市建设，从多源数据接入层到计算仿真层，再到决策应用层，为自主式交通系统提供具有高保真度的多分辨率数字孪生平台。基于对静态、动态数据的全息感知，实现基于孪生数据的情景再现，对孪生场景进行衍生和泛化，加速实现共享自动驾驶技术，助力自主式交通系统构建。利用以数字孪生技术为驱动的宏观、中观、微观多分辨率仿真系统，并借助高效率仿真优化技术，优化设计一站式与预约式服务的运力组织运营方案。

“‘出行即服务’自主式交通系统构建”工程开发前沿中的专利公开量排名前三位的国家分别是美国、韩国和日本，其次是部分亚洲国家和欧洲国家，专利平均被引数排名前三位的国家分别是中国、塞浦路斯和德国（表 2.2.3）。其中，日本和英国之间的合作关系较多（图 2.2.2）。专利的主要产出机构为 Mobileye 视觉科技有限公司、索尼集团、丰田汽车公司、LG 电子公司等（表 2.2.4），各个机构间并没有建立相关合作。

展望未来，新型移动互联环境下的 MaaS 自主式交通系统构建将出现重大技术变革，特别是随着移动传感器、通信网络、人工智能、大数据分析、云计算、深度学习、强化学习等技术的快速发展，交通出行动态信息精准获取与智能分析能力得到极大提高，基于这些新兴技术的 MaaS

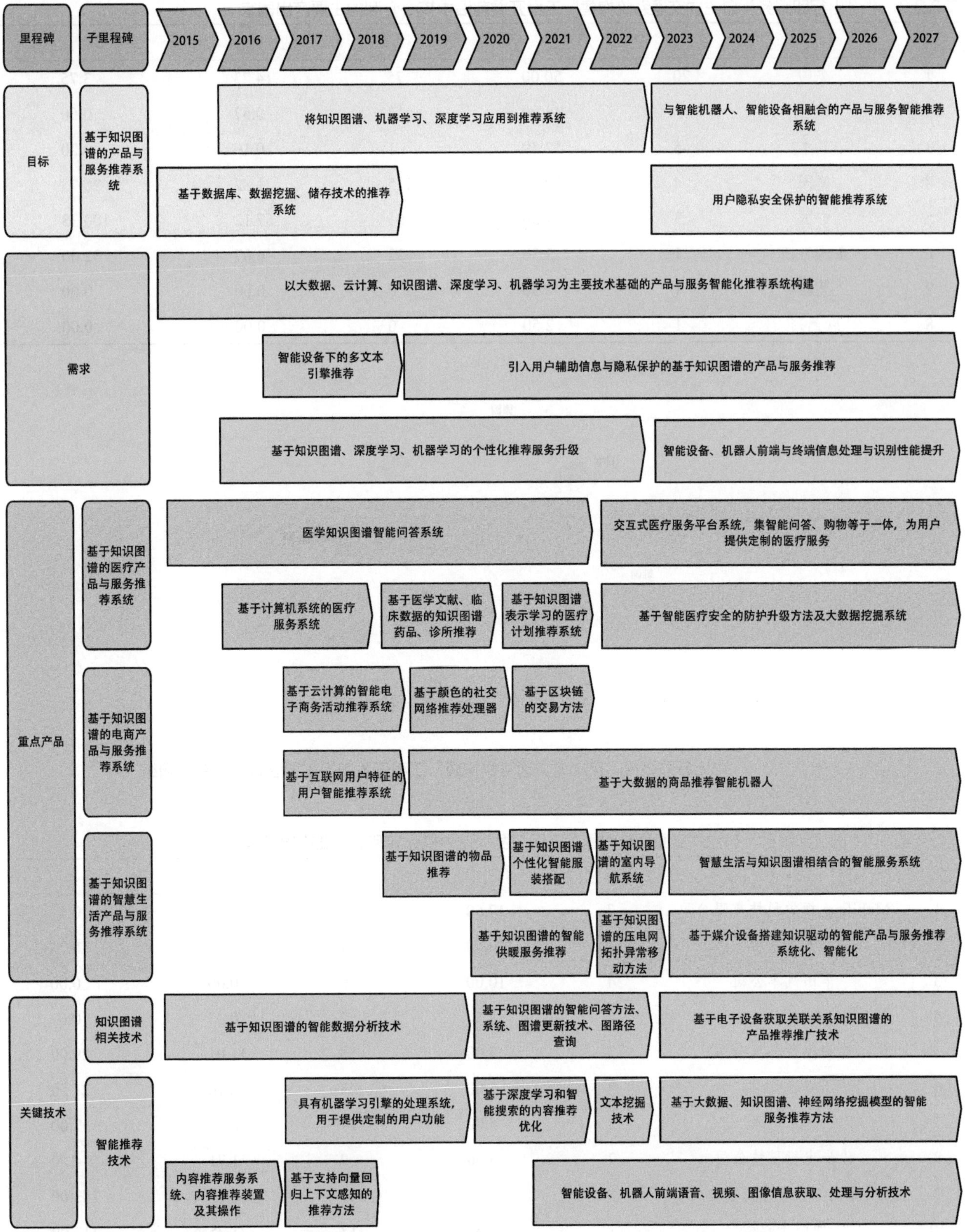

里程碑	子里程碑	2015 2016 2017 2018 2019 2020 2021 2022 2023 2024 2025 2026 2027
目标	基于知识图谱的产品与服务推荐系统	将知识图谱、机器学习、深度学习应用到推荐系统；与智能机器人、智能设备相融合的产品与服务智能推荐系统
		基于数据库、数据挖掘、储存技术的推荐系统；用户隐私安全保护的智能推荐系统
需求		以大数据、云计算、知识图谱、深度学习、机器学习为主要技术基础的产品与服务智能化推荐系统构建
		智能设备下的多文本引擎推荐；引入用户辅助信息与隐私保护的基于知识图谱的产品与服务推荐
		基于知识图谱、深度学习、机器学习的个性化推荐服务升级；智能设备、机器人前端与终端信息处理与识别性能提升
重点产品	基于知识图谱的医疗产品与服务推荐系统	医学知识图谱智能问答系统；交互式医疗服务平台系统，集智能问答、购物等于一体，为用户提供定制的医疗服务
		基于计算机系统的医疗服务系统；基于医学文献、临床数据的知识图谱药品、诊所推荐；基于知识图谱表示学习的医疗计划推荐系统；基于智能医疗安全的防护升级方法及大数据挖掘系统
	基于知识图谱的电商产品与服务推荐系统	基于云计算的智能电子商务活动推荐系统；基于颜色的社交网络推荐处理器；基于区块链的交易方法
		基于互联网用户特征的用户智能推荐系统；基于大数据的商品推荐智能机器人
	基于知识图谱的智慧生活产品与服务推荐系统	基于知识图谱的物品推荐；基于知识图谱个性化智能服装搭配；基于知识图谱的室内导航系统；智慧生活与知识图谱相结合的智能服务系统
		基于知识图谱的智能供暖服务推荐；基于知识图谱的压电网拓扑异常移动方法；基于媒介设备搭建知识驱动的智能产品与服务推荐系统化、智能化
关键技术	知识图谱相关技术	基于知识图谱的智能数据分析技术；基于知识图谱的智能问答方法、系统、图谱更新技术、图路径查询；基于电子设备获取关联关系知识图谱的产品推荐推广技术
	智能推荐技术	具有机器学习引擎的处理系统，用于提供定制的用户功能；基于深度学习和智能搜索的内容推荐优化；文本挖掘技术；基于大数据、知识图谱、神经网络挖掘模型的智能服务推荐方法
		内容推荐服务系统、内容推荐装置及其操作；基于支持向量回归上下文感知的推荐方法；智能设备、机器人前端语音、视频、图像信息获取、处理与分析技术

图 2.2.1 “基于知识图谱的产品与服务推荐系统”工程开发前沿的发展路线

表 2.2.3 “‘出行即服务’自主式交通系统构建”工程开发前沿中核心专利的主要产出国家

序号	国家	公开量	公开量比例 /%	被引数	被引数比例 /%	平均被引数
1	美国	20	50.00	75	14.23	3.75
2	韩国	6	15.00	3	0.57	0.50
3	日本	5	12.50	1	0.19	0.20
4	德国	4	10.00	115	21.82	28.75
5	中国	3	7.50	301	57.12	100.33
6	塞浦路斯	1	2.50	32	6.07	32.00
7	英国	1	2.50	0	0.00	0.00
8	以色列	1	2.50	0	0.00	0.00

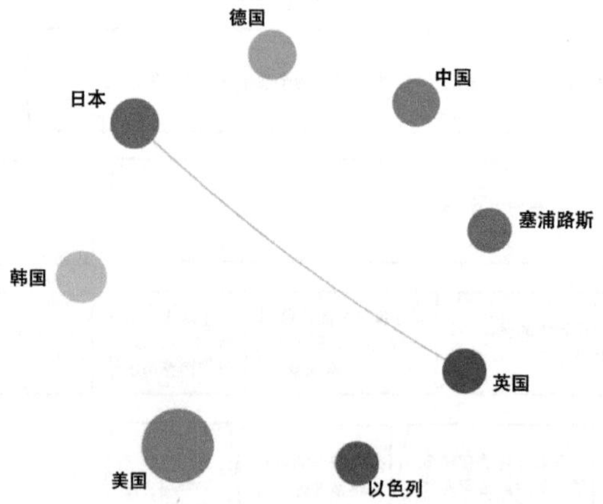

图 2.2.2 “‘出行即服务’自主式交通系统构建”工程开发前沿主要国家间的合作网络

表 2.2.4 “‘出行即服务’自主式交通系统构建”工程开发前沿中核心专利的主要产出机构

序号	机构	公开量	公开量比例 /%	被引数	被引数比例 /%	平均被引数
1	Mobileye 视觉科技有限公司	7	17.50	4	0.76	0.57
2	索尼集团	4	10.00	1	0.19	0.25
3	丰田汽车公司	4	10.00	0	0.00	0.00
4	LG 电子公司	3	7.50	2	0.38	0.67
5	滴滴出行科技公司	2	5.00	58	11.01	29.00
6	谷歌公司	2	5.00	43	8.16	21.50
7	施乐集团	2	5.00	14	2.66	7.00
8	优步出行科技公司	2	5.00	9	1.71	4.50
9	上海兆芯半导体有限公司	1	2.50	243	46.11	243.00
10	西门子集团	1	2.50	112	21.25	112.00

自主式交通系统数智监管、个性化出行需求管理以及平台在线决策优化将得以实现，有力推动面向未来城市交通的一站式智慧出行服务。研究大数据和人工智能双驱动的一站式出行与预约式交通出行优化方法，建立自适应感知的多任务动态学习方法和去中心化多智能体强化学习框架，提出智慧出行服务平台高效匹配、优化调度、方式组合、动态定价等多种策略动态优化方法，搭建新兴技术个性化出行需求管理以及预约出行在线决策优化平台，形成面向未来自主式交通系统的 MaaS 技术体系。图 2.2.3 为“‘出行即服务’自主式交通系统构建”工程开发前沿的发展路线。

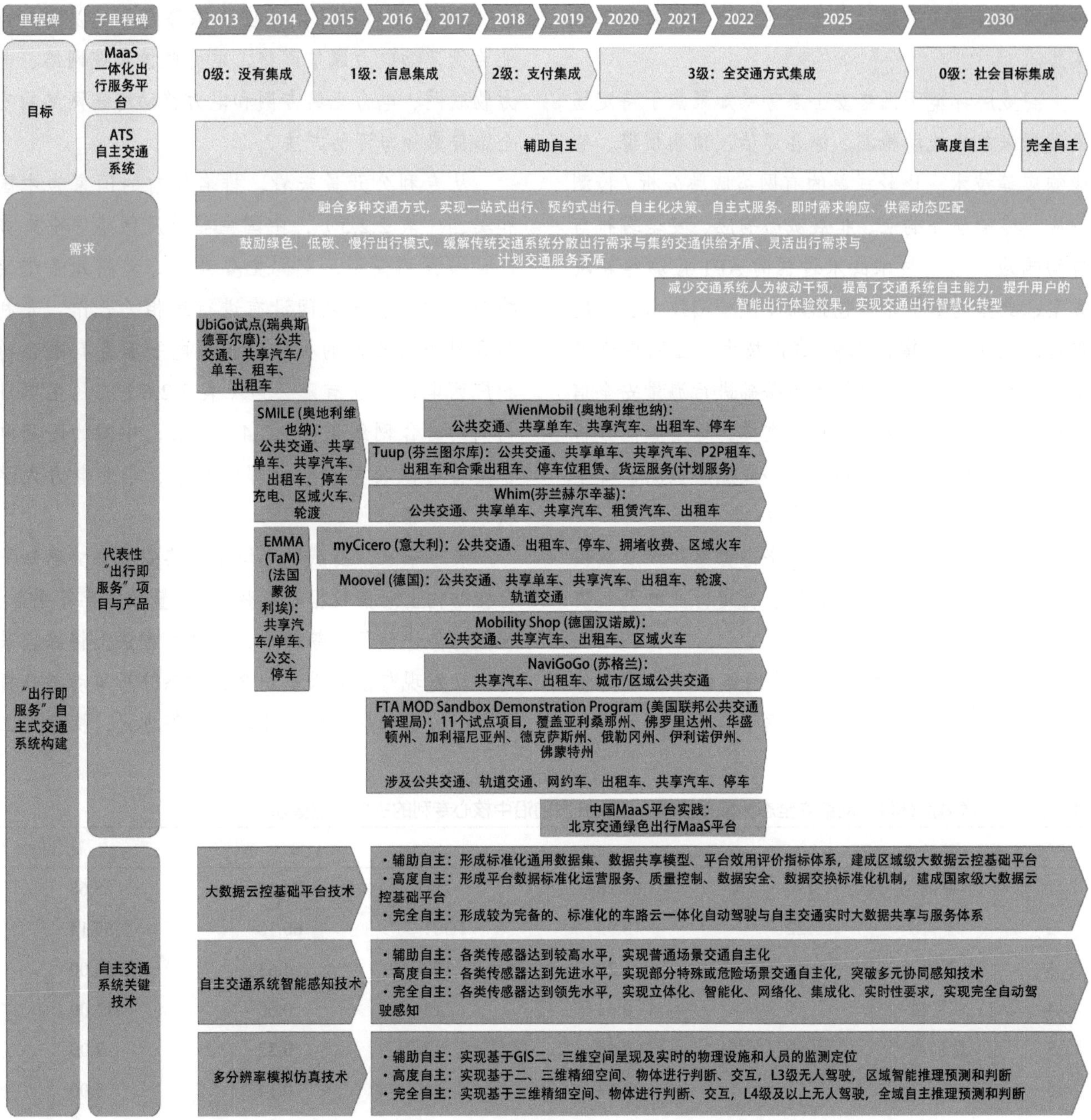

图 2.2.3 “‘出行即服务’自主式交通系统构建”工程开发前沿的发展路线

2.2.3 高威胁环境下网络安全态势感知技术

习近平总书记指出要“全天候全方位感知网络安全态势，增强网络安全防御能力和威慑能力”。网络安全态势感知对引发网络安全状态变化的要素进行获取、理解、展示并预测发展趋势，辅助决策和行动，是实现网络安全保障的重要条件。在多层级攻击行为体共存的高威胁环境中，感知威胁、防控风险面临诸多挑战，需进行前瞻技术探索和工程实践。

高威胁环境下网络安全态势感知聚焦于特定场景数据采集、威胁检测、综合评估、预测预警、智能响应等技术。比较成熟的有网络威胁分析 / 检测响应、终端检测响应、扩展威胁响应、安全编排与自动响应、基于技术战术过程的 APT 检测等解决方案；典型的数据采集包括深度流检测技术、深度包检测技术、蜜罐 / 蜜场 / 蜜网技术、互联网资产探测技术等；以大数据技术为基础进行海量安全信息和事件管理，以威胁情报为支撑，运用智能分析等技术实现综合评估与预警，形成威胁检测、安全分析与共享协作的态势感知能力。

从专利分析来看，网络安全态势感知涉及数据采集与处理、态势评估与预测、特定行业的网络安全态势感知等方面。

1）数据采集与处理。接收网络和系统状态信息以及设备日志信息，经大数据平台进行预处理、聚合、关联分析等，实现态势感知要素提取，为态势评估与预测提供数据基础。

2）态势评估与预测。通过构建分析模型实现对安全态势的评估与预测，主要包括：基于神经网络的方法，如 BP 神经网络、RBF 神经网络等；基于专家知识的方法，如知识图谱、博弈论等；基于模式识别的方法，如灰色关联法、粗糙集理论等。

3）特定行业的网络安全态势感知。以电力行业为例，如电力通信网络、电力监控系统网络、电力物联网、电力无线专网和电力移动终端网络的安全态势感知与评估方法。

从专利公开量来看，排名靠前的国家为中国和美国（表 2.2.5），中国主要涉及网络安全态势评估与预测模型，美国主要涉及态势感知系统架构与实现。各国之间没有进行过相关合作。专利公开量排名靠前的机构为国网电子商务有限公司和广西电网责任有限公司（表 2.2.6）。从主要机构间的合作网络（图 2.2.4）来看，中国的国网电子商务有限公司和北京邮电大学、华北电力大学联系较紧密。

展望未来，高威胁环境下网络安全态势感知平台在结构上涵盖数据采集获取、海量数据存算平台、智能态势评估预测等部分，在技术方法上将综合采用主动发现与被动采集结合、静态分析与动态分析结合、分布部署与集中处理结合等方式，探索人工

表 2.2.5 “高威胁环境下网络安全态势感知技术”工程开发前沿中核心专利的主要产出国家

序号	国家	公开量	公开量比例 /%	被引数	被引数比例 /%	平均被引数
1	中国	130	82.28	738	34.14	5.68
2	美国	22	13.92	1 301	60.18	59.14
3	英国	2	1.27	100	4.63	50.00
4	以色列	1	0.63	13	0.60	13.00
5	爱尔兰	1	0.63	7	0.32	7.00
6	瑞士	1	0.63	3	0.14	3.00
7	波兰	1	0.63	0	0.00	0.00

表 2.2.6 "高威胁环境下网络安全态势感知技术"工程开发前沿中核心专利的主要产出机构

序号	机构	公开量	公开量比例 /%	被引数	被引数比例 /%	平均被引数
1	国网电子商务有限公司	12	7.59	121	5.60	10.08
2	广西电网有限责任公司	8	5.06	46	2.13	5.75
3	湖北央中巨石信息技术有限公司	4	2.53	36	1.67	9.00
4	北京理工大学	4	2.53	19	0.88	4.75
5	盛庞卡 (Splunk) 公司	3	1.90	76	3.52	25.33
6	北京邮电大学	3	1.90	29	1.34	9.67
7	中国民航大学	3	1.90	15	0.69	5.00
8	杭州安恒信息技术有限公司	3	1.90	12	0.56	4.00
9	加利福尼亚大学	3	1.90	8	0.37	2.67
10	华北电力大学	3	1.90	5	0.23	1.67

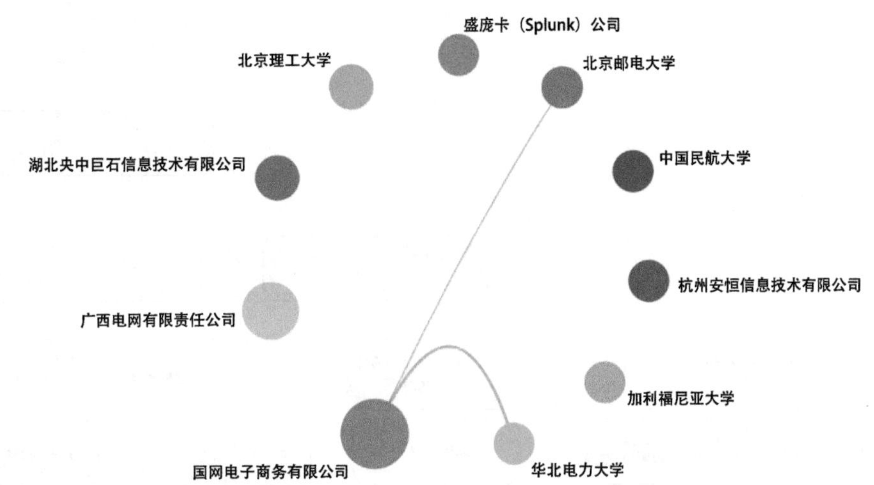

图 2.2.4 "高威胁环境下网络安全态势感知技术"工程开发前沿主要机构间的合作网络

智能、边缘计算、隐私计算等技术的应用，兼顾宏观与中观，将实时数据与情报、经验和知识积累相结合，支撑实现自动化、智能化的行动响应和策略调整，形成对互联网、物联网的全覆盖（图 2.2.5）。

2.2.4 自进化学习人机共驾系统开发

（1）狭义人机共驾和智能汽车自主性分级

美国汽车工程师协会（SAE）2016 年发布了智能汽车自主性的六级分级原则。中国工业和信息化部 2022 年发布《汽车驾驶自动化分级》推荐性国家标准，将智能汽车自主性分为六级：0 级为应急辅助；1 级为部分驾驶辅助，驾驶自动化系统在其设计运行条件内能够持续地执行车辆横向或纵向运动控制；2 级为组合驾驶辅助，除上述功能外，还具备部分目标和事件探测与响应的能力，在 0 级至 2 级自动驾驶中，监测路况并做出反应的任务都由驾驶员和系统共同完成，并需要驾驶员接管动态驾驶任务；3 级为有条件自动驾驶，驾驶自动化系统在其设计运行条件内持续地执行全部动态驾驶任务，用户能够以适当的方式执行动态驾驶任务接管；4 级为高度自动驾驶，在其设计运行条件内，系统能够持续地执行全部

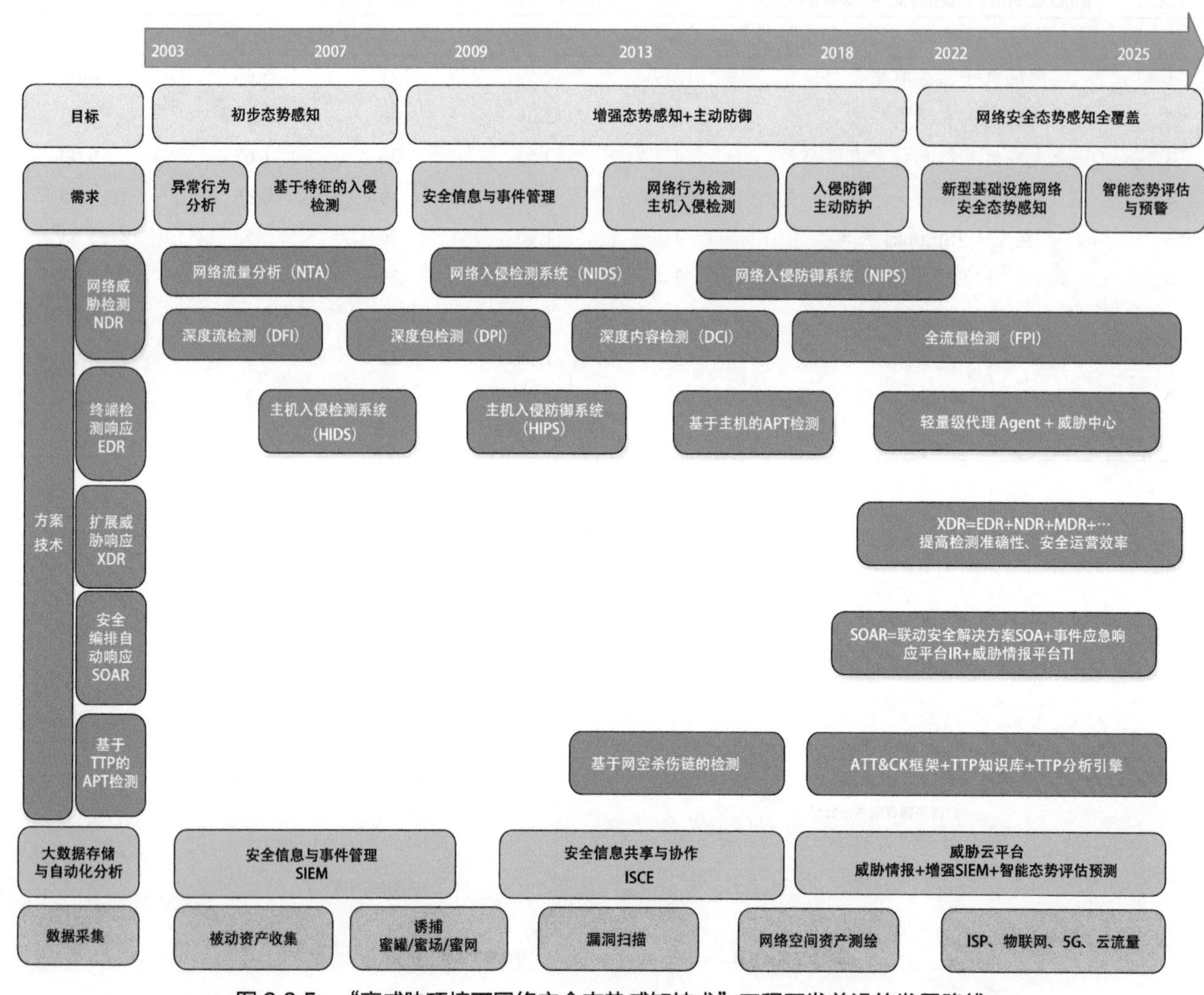

图 2.2.5 “高威胁环境下网络安全态势感知技术”工程开发前沿的发展路线

动态驾驶任务和执行动态驾驶任务接管。当系统发出接管请求时，若乘客无响应，系统具备自动达到最小风险状态的能力；5 级为完全自动驾驶。在 4 级和 5 级自动驾驶中，驾驶人完全转变为乘客的角色，车辆甚至可以不再装备方向盘和脚踩刹车。

狭义的人机共驾研究主要集中在上述 2 至 4 级智能驾驶（也有学者认为，4 级智能驾驶已经不属于狭义的人机共驾范畴）。由于人类驾驶行为易受心理和生理状态等因素的影响，2 级人机共驾研究的重点在于结合智能系统的不会分心走神、能够执行规范化决策和精准化控制的特点，在紧急情况下接管车辆，实现人类智能和机器智能的优势互补，减少人为交通事故的发生，也被称为后备式人机共驾。随着智能系统能力的提升，3 级人机共驾研究的重点在于人机主导权的切换，在合理的条件下，让智能系统接管部分驾驶任务，减少人类的驾驶负担，也被称为分工人机共驾。而在智能系统能力的进一步提升下，4 级人机共驾研究的重点在于通过车用无线通信和车路协同等多种技术，实现超越人类驾驶的场景感知和决策能力，在大多数情况下，长时间替代人类驾驶车辆，显著提高汽车的安全性、舒适性等性能，也被称为分时人机共驾。

（2）人类驾驶员的状态监控和意图理解

人类驾驶员的驾驶行为由其生理状况和心理活动所决定，并同时产生相应的车辆行驶行为。早期的研究主要关注人类驾驶员的驾驶行为和驾驶状态的实时监测和智能评估，尽早发现可能的操作失误，避免交通事故的发生。由于直接观测和定量描述驾驶员的驾驶行为较为困难，相关研究主要集中在较为简单的评估驾驶员是否保持安全合理的行车间距的纵向驾驶行为分析，监测预警驾驶员拐弯特性以避免冲出车道的横向驾驶行为分析，以及检测驾驶员是否疲劳驾驶、酒后驾驶、驾驶时分心（如驾驶时拨打或者接听移动电话）的生理和心理状态监控。

随着人工智能技术的发展，研究者近年来开始深入分析复杂道路环境中人类驾驶员感知周边驾驶环境，采取合理驾驶行为的心理生理认知过程。各大智能汽车厂商和研究机构均采集大量的人类驾驶员真实驾驶数据进行分析与学习，希望让智能汽车从人类驾驶员的驾驶行为中“学”到更多驾驶技术和驾驶形势判断及决策经验。通过这样模仿学习得到的正确驾驶意图理解模型不仅对于人机协同共驾，同时也对完全无人驾驶有着重大应用价值。

由于自动驾驶的场景和任务非常复杂，目前的人机共驾系统大多将规则式设置和数据驱动学习相结合，通过不断在新的场景和任务中测试系统来逐步提升人机共驾能力。而自主探索新的场景和任务并加以自我改进提升构成的闭环自进化学习不仅在人机共驾和无人驾驶领域中大放异彩，同样也在其他很多领域取得了突破。

（3）人机切换和人机互信

人机共驾同样涉及2021年中国工程院选取的工程管理领域Top 10工程研究前沿中提及的“人机协同决策中的人机信任与合作机制研究”。从目前量产的人机协同共驾车辆事故数据来看，很多人类驾驶员过高地信任了车辆的智能自主水平，不能在危急时刻及时接管车辆的操控，导致时有事故发生。随着人工智能系统在生产生活中的不断推广应用，自动化系统的信任问题（over-trust in automation）将是未来的研究重点之一。

“自进化学习人机共驾系统开发”工程开发前沿中专利公开量排名前三的国家分别是韩国、美国和中国（表2.2.7），专利公开量排名前三的机构分别是StradVision公司、百度在线网络技术（北京）有限公司和丰田汽车公司（表2.2.8）。各主要产出国家间没有进行过相关合作。机构方面，只有

表2.2.7　“自进化学习人机共驾系统开发”工程开发前沿中核心专利的主要产出国家

序号	国家	公开量	公开量比例 /%	被引数	被引数比例 /%	平均被引数
1	韩国	23	33.82	73	16.82	3.17
2	美国	19	27.94	271	62.44	14.26
3	中国	11	16.18	49	11.29	4.45
4	日本	11	16.18	32	7.37	2.91
5	德国	2	2.94	7	1.61	3.50
6	以色列	2	2.94	2	0.46	1.00

现代汽车公司和起亚汽车公司之间进行过合作（图 2.2.6）。

从文献和专利调研来看，人机共驾目前的研究重点在于以下四点。其一，驾驶场景和驾驶任务的正确理解，这也是全无人自动驾驶所面临的研究难点。其二，驾驶人员的状态检测和意图理解，需要及时识别不正常的驾驶人员状态，以便实施干预，并能迅速识别多变的驾驶意图，进行驾驶辅助。其三，驾驶主导权的切换时机和切换机制研究，减少人类驾驶员的认知冲突和应急心理 / 生理负担。其四，人机共驾中的信任问题，研究如何使人类驾驶员理解何时应自己操控车辆。图 2.2.7 为“自进化学习人机共驾系统开发”工程开发前沿的发展路线。

表 2.2.8 “自进化学习人机共驾系统开发”工程开发前沿中核心专利的主要产出机构

序号	机构	公开量	公开量比例 /%	被引数	被引数比例 /%	平均被引数
1	StradVision 公司	12	17.65	45	10.37	3.75
2	百度在线网络技术（北京）有限公司	7	10.29	72	16.59	10.29
3	丰田汽车公司	5	7.35	14	3.23	2.80
4	现代汽车公司	4	5.88	9	2.07	2.25
5	起亚汽车公司	4	5.88	9	2.07	2.25
6	Mobileye 视觉科技有限公司	3	4.41	9	2.07	3.00
7	英伟达公司	2	2.94	102	23.50	51.00
8	马自达汽车公司	2	2.94	11	2.53	5.50
9	东风日产汽车公司	2	2.94	11	2.53	5.50
10	华为技术有限公司	2	2.94	7	1.61	3.50

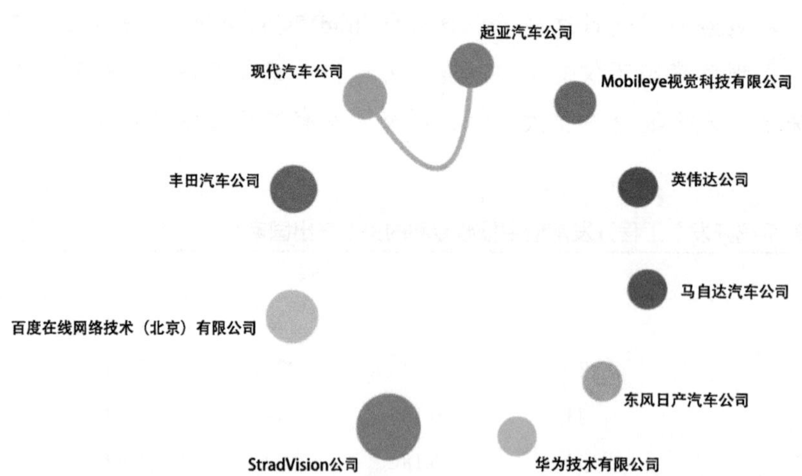

图 2.2.6 “自进化学习人机共驾系统开发”工程开发前沿主要机构间的合作网络

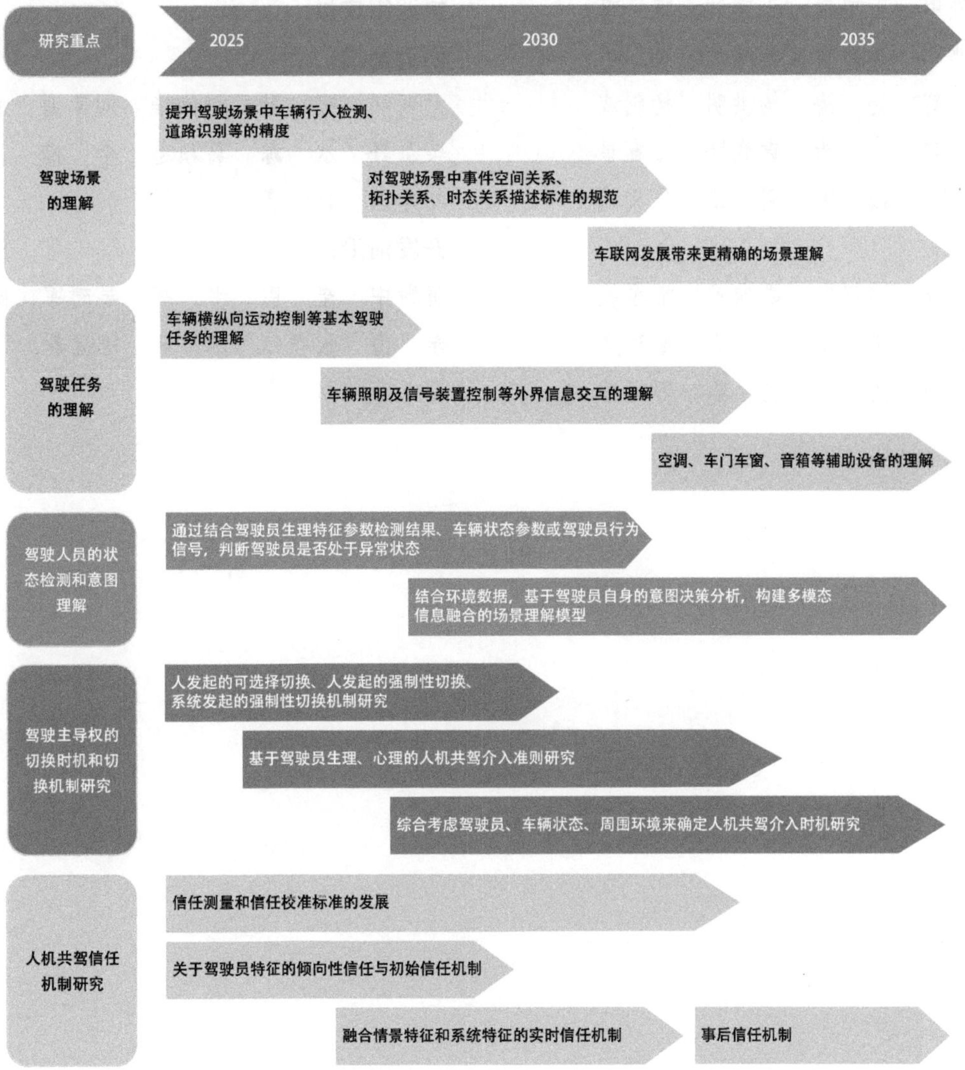

研究重点	2025　2030　2035
驾驶场景的理解	提升驾驶场景中车辆行人检测、道路识别等的精度 对驾驶场景中事件空间关系、拓扑关系、时态关系描述标准的规范 车联网发展带来更精确的场景理解
驾驶任务的理解	车辆横纵向运动控制等基本驾驶任务的理解 车辆照明及信号装置控制等外界信息交互的理解 空调、车门车窗、音箱等辅助设备的理解
驾驶人员的状态检测和意图理解	通过结合驾驶员生理特征参数检测结果、车辆状态参数或驾驶员行为信号，判断驾驶员是否处于异常状态 结合环境数据，基于驾驶员自身的意图决策分析，构建多模态信息融合的场景理解模型
驾驶主导权的切换时机和切换机制研究	人发起的可选择切换、人发起的强制性切换、系统发起的强制性切换机制研究 基于驾驶员生理、心理的人机共驾介入准则研究 综合考虑驾驶员、车辆状态、周围环境来确定人机共驾介入时机研究
人机共驾信任机制研究	信任测量和信任校准标准的发展 关于驾驶员特征的倾向性信任与初始信任机制 融合情景特征和系统特征的实时信任机制 事后信任机制

图 2.2.7　“自进化学习人机共驾系统开发”工程开发前沿的发展路线

领域课题组成员

课题组组长：丁烈云　何继善　胡文瑞　向　巧

课题组成员：

陈晓红　柴洪峰　陈清泉　傅志寰　刘人怀
陆佑楣　栾恩杰　凌　文　孙永福　邵安林
王基铭　王礼恒　王陇德　汪应洛　王众托
薛　澜　许庆瑞　徐寿波　杨善林　殷瑞钰
袁晴棠　朱高峰　郑静晨　赵晓哲
Miroslaw Skibniewski　Peter E. D. Love
毕　军　蔡　莉　陈　劲　程　哲　丁进良
杜文莉　方东平　冯　博　高自友　胡祥培
华中生　黄季焜　黄　伟　黄思翰　江志斌
康　健　骆汉宾　李　恒　李永奎　李　政
李慧敏　李　果　李小冬　李玉龙　刘晓君
刘炳胜　刘德海　罗小春　吕　欣　林　翰
马　灵　欧阳敏　裴　军　任　宏　司书宾
唐加福　唐立新　唐平波　王红卫　王慧敏

王孟钧　王先甲　王要武　王宗润　魏一鸣
吴德胜　吴建军　吴启迪　吴泽洲　吴　杰
许立达　肖　辉　杨　海　杨洪明　杨剑波
叶　强　杨　阳　於世为　袁竞峰　曾赛星
周建平　张跃军　镇　璐　周　鹏　朱文斌

工作组成员：

钟波涛　王红卫　骆汉宾　聂淑琴　常军乾
郑文江　穆智蕊　张丽南　李　勇　董惠文
孙　峻　陈　珂　潘　杏　杨　静　郭家栋
胡啸威

执笔组成员：

研究前沿：

尹西明　陈　劲　刘伟华　刘德海　戚庆林
柴洪峰　水　源　葛颖恩　李　楠　吕孝礼
刘建国　金　贵

开发前沿：

黄殿中　崔　甲　洪　亮　吴建军　陈喜群
李　力　张颖伟　陈维亚　陈嘉耕　丁　帅
罗　西　赵　宁

总体组成员

顾问：周　济　陈建峰

项目组长：杨宝峰

项目组成员（排名不分先后）：

李培根　郭东明　潘云鹤　卢锡城　王静康　刘炯天　翁史烈　倪维斗
彭苏萍　顾大钊　崔俊芝　张建云　顾祥林　曲久辉　郝吉明　张福锁
康绍忠　陈赛娟　丁烈云　何继善　胡文瑞　向　巧　吴　向　延建林
周炜星　张　勇　吉久明　蔡　方　蒋志强　高彦静　郑文江　穆智蕊

综合组执笔：

穆智蕊　郑文江　延建林　周炜星　吉久明　蔡　方　蒋志强

数据支持：

科睿唯安

工作组：

组　长：李冬梅　焦　栋　龙　杰
执行组长：吴　向　延建林
副组长：丁　宁　陈姝婷　张　勇　周炜星　周　源　郑文江
成　员（排名不分先后）：
姬　学　高　祥　何朝辉　宗玉生　张　松　王小文　张秉瑜　张文韬
聂淑琴　李艳馥　闻丹岩　穆智蕊　李佳敏　潘腾飞　刘宇飞　郭鹏远
周海川

致谢：

感谢高等教育出版社有限公司、科睿唯安公司、中国工程院院刊（系列）编辑部、中国工程院战略咨询中心、中国工程科技知识中心、中国工程院各学部和学部办公室、哈尔滨医科大学、华东理工大学、华中科技大学、浙江大学、天津大学、上海交通大学、同济大学、清华大学、中国农业大学、上海交通大学医学院附属瑞金医院、《中国工程科学》杂志社的大力支持！

郑重声明